国学经典文库

图文珍藏版

动物百科全书

走进动物世界 开启探索之旅

刘凯◎主编

线装书局

海洋乐园饱经忧患

1956年,美国海洋学家尤因和希曾潜心研究海底地貌时,曾提出了这样一种看法:在世界大洋洋底,贯穿着一条绵延6.4万千米的中央海岭体系,长度几乎为赤道的一倍半!这条"客观存在"的中央海岭,是一条其长无比的地理界线。中央海岭体系,有人也把它叫做"海底山脉"。由于它常常位居海洋中间,如同大洋地壳的"脊梁",因此科学家又称其为"大洋中脊"。

海底山脉宛如潜伏在海底的巨大苍龙,逶迤连绵于地球上的四大洋。

大洋中脊不仅崇峻高大,一般高出周围海底1000~3000米,边缘坡度很大。常以悬崖陡壁的形态出现,地势崎岖坎坷,若登临其上,会令人心惊胆战,而且更奇特的是整条中脊的峰巅,竟如被利斧劈开似的,沿中轴分割为两半。

科学家们估计,在太平洋的海水下面约有30000座海底山脉,大西洋中约有1000座,而印度洋中有多少座尚属未知。

这些水中山脉是大洋中的生命之岛。在山脉顶上的浅层海水中,浮游生物生机勃勃地生长着,环绕海山的洋流从海底深处将营养物质带给它们。大片的浮游生物会引来成群结队的小鱼,它们又会将更大的鱿鱼、金枪鱼、旗鱼、鲨鱼和海豚等递次吸引过来,最后还有海豹和海鸟,都会争先恐后地来品尝这大自然的慷慨赠予。

再往稍深的海水中去,我们可以看到一个完全不同的世界。在这里,珊瑚、海葵、海团扇在陡峭的海底斜坡上构成一片摇曳的水中丛林,但构成这丛林的不是植物,而是海洋动物。漂亮的海星、小龙虾、小鱼和蠕虫在茂密的丛林中快乐地穿行着,它们很能适应阴冷的海水和高气压的环境。

这里还有络绎不绝的客人。一些通常在大洋中游动的深海鱼类会周期地来到海山周围,集群产卵并抚育幼子。海龟们在栖身处和觅食地之间作长途跋涉时，也会在山脉的浅凹里短暂停留，以便喘喘气或填饱肚子。鲸鱼们一年一度在南北大洋中迁徙，途中也会到海山附近寻找食物。

就拿我国南海海底来说吧，那里动物资源丰饶，有“海底动物园”之称。这些海生动物的生活习性十分有趣：

章鱼躲在石头缝里等待着食物，海蟹在海底爬来爬去寻找猎物；海星伏在海底不动声色，一有动静就突然跃起，用有力的臂腕撬开贝壳，把胃挤进去，慢慢地消化比它大好几倍的牺牲者。可是，有30～40只眼睛的扇贝，却能事先识破这种阴谋，没等海星下手，早就逃之夭夭了。

魔术师一样的比目鱼，会随时改变颜色和图案来适应环境，躺在淤泥里，背部有淤泥一样细密的黑点。环境变时背部又呈稀疏的粗点，与海底不易分辨。若把它放进红底水缸时，它就变红了，移入白底水缸，又变白了。

躄鱼，全身长满花丝样的棘刺，待在海底冒充岩石上的海藻以躲避大动物的侵害。它头上高悬的肉疙瘩视觉锐敏，谁要嘴馋想吃它，还没等靠近，躄鱼的大嘴早把对方吸进了肚里。

海葵爱用触手等待食物来临，就像红、黄、褐的菊花在海底争鲜斗艳，海里的许多小动物常常受骗，成了海葵的俘虏。

热带鱼类常汇集到珊瑚丛中分享食物，它们明亮的保护色，随着珊瑚海景变成红、橙、紫、蓝和绿色，与海百合、海胆、沙噀属动物等汇合在一起，构成另一幅海底图画。

水生动物在生存竞争中，辽阔的海洋是天然的运动场，海豚和当今世界上最大的动物蓝鲸展开了扣人心弦的比赛，海豚以每小时70千米的速度夺得冠军。抹香鲸能潜到1100米以下的海底待上两个小时，连善于潜水的海豹也望尘莫及。四鳍飞鱼能冲出水面9～10米，张开胸鳍在空中滑翔400～500米远，因而荣获“跳高冠军”的美誉。鲫鱼是海中的骑手，可以利用头上的吸盘附在海龟或其他鱼身上去周游海底世界。

与海上岛屿的情况一样，许多海山也有自己的特有物种，这些物种在其他任何地方都未发现过。不久前在澳大利亚塔斯马尼亚岛附近的24座海山上所做的研究表明，有850种生物栖息在山坡上，大部分仅存在于某一座山脉上的某一个地段。约有1/3的物种以前从未发现过，甚至还有几种“活化石”——此前人们相信它们自恐龙时代就已在陆地上灭绝了。

已经勘测并标示在地图上的海山并不多，经过仔细考察研究的就更寥寥无几。但人类刚刚知晓海底世界的神奇瑰丽，就越来越频繁地去打扰这个静谧和谐的乐园，以至于许多海山上的特有物种濒临灭绝的边缘。

深海奇观

海洋深处是一个奇妙的世界。这里没有一丝阳光，四周的海水比墨水还黑，简直是伸手不见五指。海底的地形十分复杂，像陆地一样，有辽阔的海底平原；有高低起伏的海底山脉；还随时会有火山爆发呢！深海的温度是不变的，终年保持在1℃～2℃。

在黑暗、寒冷和具有巨大压力的海洋深处，居住着许多体形古怪的深海“居民”——深海鱼类。在1.1万米的深海里，人们曾经捕到过一种体形扁平的鱼类和体长30多厘米的红色海虾。

深海奇观

各种深海鱼类在特殊的海洋环境中，为了保护自己和它们的后代，在漫长的进化过程中，不但体形奇特，而且色彩也与众不同。它们的皮肤几乎都是黑色、紫色和深蓝色的，因为这种色彩在黑暗的环境中不容易被敌害发觉，可以更好地保护自己和后代的安全。

深海的环境是特殊的，这里的海水中溶解了大量的碳酸。因此，深海中具有石灰质骨骼的动物极少，甚至有些贝类的壳也变得像皮球一样柔软。各种深海鱼类的体形都古怪极了，有的长着很大的嘴巴、锐利的牙齿和能够囤积食物的肚子，能吞进比它自身大几倍的鱼：有的在嘴唇底下长着许多长长的触须，乍一看去，仿佛是衔在口中的树枝；也有的头顶上长着一对突出的像望远镜一般的大眼睛……原来，深海鱼类就是利用这些奇特的器官来代替眼睛，在黑暗的环境里寻找细小的食物的。

生活在海洋深处的鱼类，怎样在极其暗淡的光线下识别同类，寻找配偶呢？

原来，许多鱼类都像萤火虫那样，有着发光的本领。不同的鱼类，会发出标志不同的亮光。靠着这些亮光，在同一鱼类中可以互相传递信息，并诱骗其他鱼类做牺牲品，或者用以摆脱捕食者。因此，发光是深海鱼类赖以生存的重要手段之一。

有人发现，在大海的某些深度区，95%的鱼类都能够随时把光发射出去，或者保持着连续发光。而在茫茫的海面上，常常可以看到发光的鱼群及其他海上生物，把一片水域照亮。

隐灯鱼可以算是一种典型的发光鱼类。它的眼睛下方有一对可以“随意开关”的发光器，发出的光芒能在水中射出15米远，以至有人在深海中不用照明就能把它捉到。

身子薄如刀刃的斧头鱼，虽然身长不过5厘米，但发光物几乎遍布全身，发光的时候，光芒能把整条鱼的轮廓勾画出来。鱼身下部的光既集中又明亮，仿佛插着一排小蜡烛。

鱼类发出的光，大多是蓝色或蓝绿色，但也有少数鱼类发出的光是淡红、浅黄、黄绿、橙紫或蓝白色的。发光本领最高超的，要算渔民所熟悉的琵琶鱼了，它能发出黄、黄绿、蓝绿、橙黄等多种颜色的光。这是由于它身上以至嘴里都带着能发出磷光的细菌；当这些细菌和来自血管里的氧相接触时，便发生反应，显出闪光。

有些鱼类的头肩有腺体性发光器，当它遇敌害逃跑的时候，能发出光雾，以迷惑敌人。有一种生活在深海区的小虾，在逃跑时也能释放出一片发光的液体，以此蒙蔽和迷惑敌人。

深海是发光鱼类的“故乡”。这里的鱼类不仅形态古怪，且能发出各种绚丽的光芒。它们透明的躯体在黑暗中显得晶莹可爱，像作X光照相一样，连内脏也显露出来。眼睛里闪烁着微弱的光辉，当它们在海底游动时，犹如一盏盏五彩缤纷的“小灯笼”，非常逗人喜爱。

在深海的“居民”中，最奇特的要算鮟鱇鱼了。这种鱼几乎失去了游泳能力，它专门利用头顶上的一条“钓竿”和“钓竿”顶端一个能够发光的“诱饵”来捕食小鱼。平时它喜欢埋伏在泥沙中，只有“钓竿”在水中摆动；当游近的小鱼见到“钓竿”上的“诱饵”，便误认为食物而一口咬住，于是狡猾的鮟鱇便鱼急忙张开大口，同时将头顶上的“钓竿”往嘴里一甩，便把小鱼吞进肚子里。它就是利用这种特别的“鮟鱇钓竿”而饱食终日，成为了名不虚传的“海底渔翁”！

在深海里，还有一种使人惊奇的鱼，叫做囊咽鱼。这位深海“居民”的身体两侧的肌肉柔软而富有弹性，要是放开的话，简直像个大气球。因此，即使是比它身体大的鱼，也能被它一口吞下，而且不会胀破肚子。

有人估算过，鱼的发光器官多达数千种。甚至很小的鱼，它的表体也会有几千个微小的发光体。但是，不管哪种发光器官，发光时都离不开氧气——鱼通过血管给发光器官提供氧气，它就发光；氧气供应停止，光就熄灭。这和人工复制化学光有点类似：化学光不需要电路和电池，只要与空气或氧气接触，即被活化而发光；如果把它装在密闭的容器里，隔绝了空气中的氧，光就立即熄灭。

乌贼的传说

乌贼，就是人们熟知的墨斗鱼，属头足类动物，为我国四大海产之一。其头部发达，体呈袋形，长着一对与身体同长的触腕，模样很古怪。更怪的是它的后退速度极快，与别的动物正相反。它靠肌肉收缩喷水，利用反作用力后退。

关于乌贼的来历，还有一段美妙的传说呢！

相传，有一天秦始皇南巡来到黄海之滨，在海滩上遗失了一只装文具的袋子。天长日久，这只袋子得天地之精华，受大海之滋润，渐渐变成了一个小精灵，袋身变成了精灵的身子，两根带子变成了两条触须，袋中的墨变成了它的肚肠。从此，这个小精灵便生活在海里。它行动敏捷，一旦遇敌，便立即鼓起腹腔，喷出漆黑的"墨汁"，以掩护自己逃之夭夭。因此，人们为它取名叫"乌贼"或"墨鱼"。

乌贼的背皮上有黄、黑、橙黄等色素细胞。这些色素细胞的周围有放射状的纤维肌丝，可使色素细胞放大或者缩小。在神经系统的支配下，乌贼能随心所欲地把身体的颜色变换得和周围环境一模一样。其变色速度之快，配景之巧，连魔术师也会自叹不如。乌贼就是靠着这种变色隐身技能，在危急时刻摇身一变，使"敌人"即使近在咫尺也无法辨其所在的。这比军服的颜色，火炮上的伪装网，坦克、军舰的保护色的隐蔽作用更佳，如能模仿乌贼的变色技巧，制造出随景变色的"神秘衣"或其他伪装装置，这在军事上将会有更重大的价值！

乌贼不仅善于变色，而且还有一招施放"烟幕弹"的杀手锏。原来，在乌贼体内长有一个墨囊，里面贮满了浓黑的墨汁。每当它突然遇到强敌，无法逃脱之时，就立刻喷出一股浓墨，把周围的海水染成一片漆黑。在对方惊慌失措的一刹那，它便乘机溜之大吉。乌贼的这一招启迪了人们的思维。你知道吗？在现代海战中，交战双方为了掩护己方舰船的进攻或撤退，就经常施放烟幕弹。

乌贼的游泳方式也很有特色，素有"海中火箭"之称。它在逃跑或追捕食物时，最快速度可达每秒 15 米，连奥林匹克运动会上的百米短跑冠军也望尘莫及。它靠什么动力获得如此惊人的速度呢？经过长期的观察和研究，人们终于发现了其中的奥秘。在乌贼的尾部长着一个环形孔，海水经过环形孔进入外套膜,并有软骨把孔封住。当它要进行快速运动时,外套膜猛烈收缩,软骨松开,水便从前腹部的喷水管急速向后喷射出去,顿时产生了很大的推力,使乌贼像离弦之箭冲刺前进。人们根据乌贼这种巧妙的喷水推进方式,设计制造了一种喷水船。用水泵把水从船头吸进,然后高速从船尾喷出,推动船体飞速向前。喷水推进具有速度快、结构简单、安全可靠等优点。以往的船舶螺旋桨是在水里转动而产生推动力的,它只能在深水中运用,而喷水推进船在水深一米处也能畅通无阻。就速度而言,采用喷水推进的水翼船每秒可达 30 米;侧壁式气垫艇每秒可达 40 米。此外,喷水推进器在水中噪音很小,敌方的水下探测系统不易侦听,同时对自己携带的声呐干扰也小。因此采用喷水推进的猎潜艇和鱼雷,对于搜索和接近敌方都极为有利。

乌贼"名声"虽然不太好,但是它的肉却又白又嫩,是海产中的美味,营养价值极高。据测定,100 克鲜乌贼肉中有蛋白质 17 克,脂肪 1.7 克,维生素 A100 国际单位,还含有钙、磷、铁、核黄素等人体所必需的物质。古时将其晒干贩运,可获利数倍,很多人因此发了大财。乌贼的缠卵腺叫"乌鱼蛋",可制作名菜。清代袁枚在《随园食单》中记载,"乌鱼蛋最鲜;最难服事,须河水滚透,撤沙去臊,再加鸡汤、蘑菇煨烂。"乌贼骨就是"海螵蛸",埋于外套膜中,是治疗溃疡、外伤、妇科疾病的良药。明代李时珍的《本草纲目》中搜集了古代 25 个含有海螵蛸的药方。

据日本《产经新闻》报道,日本青森县产业技术开发中心和弘前大学医学系等单位合作,通过对老鼠的试验表明,常被人们扔掉的乌贼墨液中具有抗癌物质。

这种抗癌物质是由糖、蛋白质以及脂肪等组合而成,被称为复合糖质。实验中对 30 只老鼠接种了癌细胞。然后给其中 15 只服用了三次这种物质,每次万分之二克。结果表明,没有服用这种物质的 15 只老鼠在 20 天之内就死亡了。而服用了这种物质的 15 只老鼠中,9 只老鼠治愈。死亡的 6 只老鼠中的 5

只虽因癌细胞而死,但却出现了延长寿命的效果。而且在实验中没有发现副作用。

该小组认为,复合糖质虽然不能直接作用于癌细胞,但它可使活体防御机能之一的巨噬菌体的作用增强,提高免疫力,从而杀死癌细胞。

海参喜欢“夏眠”

每当气候渐渐变冷,食物缺乏的时候,许多动物如蜗牛、蛙、蛇、熊等都早已躲藏在土层之下或岩洞树穴之中,进入冬眠状态了。动物在冬眠时,整个冬天不吃东西也不会饿死。因为冬眠以前,它们早就开始了准备工作,用以度过这段困难时期。这些动物冬眠前的准备工作很特殊,它们从夏季开始,就在自己的身体内部逐渐积累营养物质,特别是脂肪。等到冬眠期来临,体内积累的营养物质多了,于是就显得肥胖起来。所积累的这些营养物质,足够整个冬眠期身体的需要。

尽管在体内积累了大量营养物质,可是冬眠期长达数月之久,怎么够用呢?原来动物在冬眠期间,伏在窝里,不吃也不动,或者很少活动,呼吸次数减少,体温降低,血液循环减慢,新陈代谢非常微弱,所消耗的营养物质也就相对减少了,所以体内贮藏物质是足够需要的。冬眠过后的动物,身体显得非常瘦弱,这时它们会吞食大量食物来补充营养,这样很快就能恢复身体的常态了。

海洋中的刺参却恰恰相反,它们不在冬天冬眠,而是在夏季进行“夏眠”。每年夏季,灼热的太阳使海水的温度不断上升(水温达到20℃以上),此时刺参刚刚经历了生儿育女,体质虚弱,需要静静地休养一番。于是它们开始寻找一个既安全又安静的栖身之处,潜入石板底下或岩缝之中,身体缩小,不吃不动,腹部朝上,紧抱着岩石进入了梦乡,一觉醒来已是深秋,一年一度的夏眠就此结束。

在刺参夏眠期间,潜水员如果下潜到海底,想捕捞刺参是比较困难的。因为找不到它们的踪迹,所以常常空手而归。

海参虽然深居在静静的海底,但它们和其他动物却绝非是老死不相往来。如果你能够像潜水员那样下潜到海底,你一定会被一种奇特的景象所吸引:一头肥大的海参躺在沙滩上,有几条小鱼从海参的肛门处时而钻进,时而钻出。这些小鱼是海参的天敌吗?不,原来这些小鱼只不过是住在海参肚皮中的暂时“旅客”,人们把这种小鱼叫做潜鱼(又叫隐鱼)。

潜鱼很小,长着鳗鱼般的细长身体,体表润滑又光亮,这使它们得以顺利地出入海参的肚皮。它们并不吃海参的内脏,只是白天隐蔽其间,晚间出来捕捉一些小甲壳动物作为食物。

自然界中一些动植物常常寄居在别的动植物体内外,靠吸取寄主的养分而生存。但海参同潜鱼的关系却并非如此,它们之间不是同生共死,而是“井水不犯河水”的“共栖”关系。

刺参的死亡也很奇妙。刚捕捞上来的刺参,既不腐败变臭,也不腐烂如泥,它那柔嫩的身躯只是慢慢地收缩变小,最后化成一汪汁水。刺参怎么会不翼而飞呢?

这是因为在刺参的体内充满海水和含有大量的蛋白质,这些蛋白质又很容易分解变成汁水一样的各种氨基酸,特别是当气温比较高、有油污存在时分解更快。它会很快地由大变小、逐渐消失。

根据刺参的这一特性,潜水员捕捞到的刺参拿上岸之后,必须迅速进行加工处理。首先剖开刺参的腹部,除去内脏,然后再用清水煮沸。为可以长期存保,还必须把煮过的刺参盐渍起来,也可以把盐渍的刺参拌上一些草木灰,吸湿增色,再让它经过日晒风干后变成上好的干品海参。

海参家族中除了30余种含有毒素不能食用外,目前有20余种都是宴席上的美味佳肴。刺参还是名贵的滋补品。海参不仅蛋白质含量高(鲜品含蛋白质

21%以上)，而且长期以沉积在海底的泥沙为食物，它们好像一座座小小的“金属冶炼厂”，在它们体内包含有铁、铜、钙、钒等金属，除此以外，还含有碘、磷、碳水化合物。

海参的医疗价值也很高，因其甘温无毒、药性温补，具有“补肾阳、生脉血、治下痢及溃疡等功效”，因而有补肾壮阳、益气补阳、通肠润燥、止血消炎的医疗作用。海参的内脏中还含有抗癌活性物质，可以防治癌症。据国外资料介绍，海参还含有硫酸软骨素，有防止衰老，延年益寿的效用。

刺参和其他种类的海参相似，从外形上是很难区别雌雄的。只有在繁殖期从它们长在头顶上的生殖孔排出精、卵时才能鉴别。

海参的寿命不长，最多可活五六年。其生长缓慢。一条4岁海参，体长不足20厘米，体重不足500克。从出生到长成需要两三年之久。因为它的成活率不高，所以自然繁殖很慢。因此，除了在各个海区加强繁殖保护，有计划地增殖天然资源外，还应大力开展海参的人工育苗和人工养殖生产，以满足人们日益增长的物质生活的需要。

小虾引爆水雷阵

人们常把浩瀚的大海比做静静的世界，其实，海洋并不平静，这里有许多“歌手”和“乐师”，无时无刻不在演奏着美妙动听的音乐。

鱼类学家的研究证明，鱼类发声的方式是多种多样的，几乎每一种鱼都有其独特的语言。如有的鱼在吞水时从喉咙发出声音；有的鱼在呼吸时发出轻轻的咻咻声；有的鱼则由于流动时胸鳍的骨刺急剧振动胸鳍下面的皮而发声。大多数鱼的发音器官是由鳔、肌肉和脊椎骨组成的。

当鱼类发出声音，或风吹水面、石块落水以及其他生物游近鱼体时，在海洋里都会产生微弱的声波。这声波扩散出去，都能被鱼的听觉器官或感觉器官接收到，鱼类就是依靠对声波的反应来辨别周围的障碍和敌人的。我们还不能确定是不是所有鱼类发出的声音都有一定的作用，但至少有些鱼的声音是有特殊作用的。如在水面可听到20多米深处黄鱼发出“咕咕”的叫声，可能黄鱼就是利用这种声音来召唤同伴，形成鱼群的。

随着近代科学的发展，音响的作用被广泛利用到渔业上来。如在船上安装一种特殊的仪器——水底录音机，在航行时就可以听到各种鱼类的声音。把这些声音记录下来，加以研究，便可以判断船的附近有什么样的鱼类，以及鱼群的大小，从而迅速找到渔场，进行捕捞。

第二次世界大战期间，美国为了防止德国潜艇的突然袭击，在大西洋东海岸的一个港湾里，装设了一个听音设施。当天晚上，突然收听到有无数个铆工和风镐工同时在水下进行紧张工作的噪声，声音由弱逐渐增强，经过了一个小时，又逐渐减弱，到了午夜，突然停止。一时摸不清头绪的港湾侦察员，开始了紧张的搜查，结果一无所获。第二天晚上，几乎与前一天晚上的同一时间，噪声又出现了，为了防止意外，港湾侦察员在港湾内爆炸了深水炸弹，可是噪声停了不久，又重新出现。如此，每晚周而复始，重复不休。

事后经过调查，才知道原来是一种叫槌球鱼的鱼群制造出来的噪声。槌球鱼能用它的肌肉敲打自己的鱼鳔，发出强烈的声音。

研究海洋动物的发音，已成为一门新兴的科学。也是在第二次世界大战期间，美国在太平洋的一个海军舰队，驻扎在四周布满珊瑚礁的一个礁湖内，在礁湖内装设了水下听音设施，昼夜不停地在收听、分辨着可疑的声音。几个月下来，除了海湾内海洋动物发出的噪声外，再没有发现什么可疑的声音。可是，突然有一天一艘巡洋舰爆炸沉没了。以后几天，接二连三，又有好几艘巡洋舰遭到同样的命运。这是什么原因呢？直到美国抓到一个携带鱼雷的日本敢死队队员之后，才真相大白。为什么水下听音设施听不到鱼雷发射的声音呢？原来日本在第二次世界大战之前，军事情报部门就录下了这个港湾内动物的发声，日军这些鱼雷发动机,丝毫不差地模仿了港湾动物发出的噪声。因此,骗过了水下听音设施,使它真假难辨。

海洋中的虾、蟹也能因机械的摩擦而发出各种不同的声音。有一种能发出像人弹手指头声音的小虾,叫弹指虾。它们可以不分季节、不分昼夜地发出弹指的声音。声音异常强烈,在空气中都能听到。在第二次世界大战期间,日本海军曾拼命捕捞弹指虾,然后把它们投放到停泊着美国舰队的海域附近。这是为什么呢?

原来,为了防备日本的潜艇偷袭,美国海军在舰队停泊处水下安置了听音器,如果日本潜艇来犯,听音器就可以听到潜艇行进的声响,立即向美军报警。而弹指虾在水中活动时,会发一种像人弹手指头的声音。无数弹指虾聚集在一起,产生的噪声则可以淹没潜艇行进之声,使美国海军无法察觉前来偷袭的潜艇。结果,日本潜艇靠弹指虾的掩护,悄悄地靠近了美国舰队,向美国军舰发射了鱼雷,使美国舰队受到了不小的损失。

在第二次世界大战期间,英美海军在太平洋与日本海军对峙的同时,也在大西洋与德国海军进行着激烈的海战。德国海军在一些重要的航线上秘密地布设了许多新发明的水雷——音响水雷。这种水雷的特点是,当舰船快接近水雷时,发动机发出的音响声波能使水雷立即爆炸。德军对这种新式武器寄托了极大的希望。但是,出人意料的是,布设的这些水雷连一条舰船也没有炸着。水雷虽然爆炸了,但是并不是因为遇到了舰船而爆炸的,而是被一种能发出一定频率音响的小虾引爆的。

在海战中,某些海洋动物的存在和活动,以及它们发出的各种音响,常成为海战成败的一个重要因素。因此,如何运用海洋动物,达到出奇制胜的目的,是海军科研人员需要研究的一个重要课题。

鲨鱼和它的邻居们

在世界四大洋中,太平洋最大,包括属海的面积为18134.4万平方千米,约占世界海洋总面积的49.8%,等于其他三个大洋面积的总和。

太平洋不仅大,而且深,是世界上最深的大洋,平均深度为4028米。世界上深度超过6000米的海沟共有29条,太平洋就占了20条。世界上深度超过10000米的6大海沟,全部都在太平洋里。

太平洋还是世界上最温暖的大洋,表面水温年平均可达19.1℃,比其他大洋表面的平均水温高出2℃。这里生活着大量鲨鱼和其他物种。

鲨鱼喜欢在岛屿周围出没。在一个海岛的洞穴深处,一条年幼的白鳍鲨正在学习捕猎。幼鲨飞快地从隐蔽处接近鱼群。它喜欢悄悄地追踪猎物,等待时机。这条幼鲨很快就将长大,在汪洋大海中独立生活。因此,它必须勤学苦练,掌握生存的本领。

洞穴外,一条成年白鳍鲨开始捕猎。一条拿破仑鱼跟随着,它知道倘若和白鳍鲨共同觅食将非常危险,于是就不即不离地跟在鲨鱼的后面。紧接着,又有几条白鳍鲨从海底浮起,它们形成了一个杀气腾腾的鲨鱼群体。白鳍鲨很少单独捕猎。尾随鲨群的除了拿破仑鱼,还有一些食腐动物,它们也想伺机分点吃喝。虽然拿破仑鱼的速度不快,但动作敏捷,与鲨鱼形影不离。其他食肉的鱼在鲨鱼上方游动。在捕食的时候,这样的鱼往往成了鲨鱼的同谋。它们喜欢在鲨鱼捕猎时伺机冲向鱼群,捕获在混乱中惊慌失措的小鱼。

在暗礁密布的海底,猎食者正在寻找食物。白鳍鲨善于循着其他鱼类发出的杂音进行追踪,即使是隐藏着的鱼也在所难逃。

看,白鳍鲨逮住了猎物。狂热的追随者们争抢着猎物。在如此混乱的情况下,搜索猎物变得困难起来。而白鳍鲨依然全神贯注,搜索着每一道裂缝,寻找着隐藏的猎物。

一条大礁鲨加入了捕猎行动。当找不到食物时，它们就去偷取别的鲨鱼猎取的食物。一旦这条礁鲨加入了进食队伍，谁都没有安全保障了，在场的每一条小鱼都有可能成为被攻击的目标。

局面稳定下来以后，狡猾的拿破仑鱼才小心翼翼地游过来。在海洋中，鲨鱼捕食的战场，往往会被其他的鱼再次进行扫荡。分享食物的骚动吸引了一条经过的锤头双髻鲨，它也来凑热闹。

在附近的海底，一条银鳍鲨似乎觉察到了什么。一个在海面漂浮的物体吸引了它的注意，银鳍鲨打量着这个怪物。原来这是一段被风雨侵蚀的木桩。木桩粗糙的表面聚集着大量浮游生物，一群小鱼因此被吸引过来，在旁边游动。这条好奇的鲨鱼似乎拿不定主意，于是它一边在木桩附近巡视，一边进行着判断。鲨鱼最后发现，木桩不是可口的食物，而且周围这些鱼太小，还不够塞牙缝的。于是，它返回了经常巡视的地方。

在海洋中，许多鱼都受到寄生虫的困扰。小鱼帮助那些较大的鱼除去身体表面微小的寄生虫，同时它们自己身上的寄生虫已被更小的小鱼清除干净。

珊瑚礁附近同样生机盎然。一只绿甲海龟正背着它的保护壳缓慢巡游，一条豹鲨也出现在附近，而蝠鲼那布满斑点的胸鳍与礁石的颜色十分协调。突然，一条觅食的礁鲨发现了捕食的目标。原来是一群梭鱼经过此地，它们浑身闪动着金属光泽，在海中编织出炫目的图案。鲨鱼当然不会放过这送到嘴边的美餐。

梭鱼宴会结束后，海中只剩下闪耀的鱼鳞。这时，座头鲸迷人的小夜曲在大海中回荡。一头雌鲸旋转、起舞，表达着重返栖息地的喜悦。与往年一样，100多头座头鲸完成了洄游，来到了太平洋中部海域。你看，一头雌鲸在雄鲸的陪伴下游动着，而它们4个月大的幼鲸在后面紧紧跟随着。

在这片海域里，鲨鱼和它的邻居们都按照自己的方式生活着。

人与鲨的较量

据英国媒体报道,2009 年 7 月 10 日,在澳大利亚西部海岸发生了一起惨案,两条“大如汽车”的大白鲨对一名正在冲浪的小伙子发动突然袭击,并在短短的 60 秒钟内把这名小伙子撕咬得稀巴烂。

惨遭不幸的冲浪小伙子叫史密斯,那年他 29 岁。10 曰下午,他和几个朋友一起到海滩冲浪,没想到却就此断送了性命。17 岁的坎贝尔目睹了史密斯被两条鲨鱼吃掉的全过程。他心有余悸地回忆道:“当时史密斯正在海滩附近冲浪,突然在他十几米远的地方冒出两条大鲨鱼,并向他冲来。那两条鲨鱼的体型都非常庞大,至少有 5 米长,大得好像汽车。史密斯试图甩掉鲨鱼,但它们却不肯放过他。对他来说,那些鲨鱼实在太大了。”

很快,沙滩上的数十名冲浪者和游客都注意到了那两条鲨鱼。16 岁的冲浪少年罗维回忆说:“每个人都冲史密斯大声叫着:‘快回来,有鲨鱼!’史密斯拼命划水,但很快其中一条鲨鱼赶上了他,不断对他发动攻击,用锋利的牙齿撕开他的肉。接着,另一条鲨鱼也冲上去,疯狂地啃噬他。起初,史密斯还在水中挣扎了几下,但没多久他就脸朝下浮在水中一动不动了。他流了许多血,只一会儿的工夫,他周围的海面就被染成了红色。之后,两条鲨鱼仿佛鬼魅一般消失得无影无踪。”目击者卡梅龙称,从鲨鱼出现到消失,大约 60 秒时间。几分钟后,几名冲浪者战战兢兢地乘船返回海中,用绳子将史密斯拉上海滩但此时他已死去,大半个身体被鲨鱼咬得稀巴烂,就连史密斯的冲浪板也被咬下一半,上面清楚地留下了鲨鱼的牙印。

据悉,这是澳洲有记录以来第 12 起鲨鱼咬死人的案例。据统计,澳洲近 200 年来共有 187 起鲨鱼咬死人的案例,被鲨鱼攻击的例子则有 625 起。

比起史密斯来说,新西兰人弗雷泽算是幸运的了。

1992年4月24日,位于南极洲和新西兰之间的坎贝尔小岛,轻风拂面,碧蓝的海水闪烁着粼粼波光,一切都那么平静。岛上的气象站站长迈克·弗雷泽把潜水面具戴好,投入了大海的怀抱。在这个远在天边的大洋中潜游,是他最惬意的休息方式了。

随后,弗雷泽的四位同事也来了。不过,他们只在岸边浅水区游来游去,而弗雷泽兴致特别高,钻进了离海岸几十米以外的深水中。他要在那里享受与大自然融合的乐趣。那里有许多活蹦乱跳的企鹅,海狮也无所畏惧地在身边游弋。弗雷泽边游边审视着海底,熟悉着海的深度,以便冬季到来时与南来的鲸结伴同游。这里从来没听说有鲨鱼出没;水温虽为6℃,但身上的保暖潜水服足以抵御寒冷,他的身心完全放松了。

下午3点半,他开始返岛。他不再划水,漂浮着,让海浪将自己推送到岸边……突然,水中一声巨响,一个千钧之重的东西撞击了他的右肩。他想:"准是一头大雄海狮在作怪!"接着,他被推向上方,被高高地抛出海面。这时,弗雷泽才看到是一条大白鲨,张着一米来宽的大嘴翻腾着咬住了他的右臂。弗雷泽立即抡起左臂猛击它的口鼻,同时向远处的同事高喊:"鲨鱼!鲨鱼!"但是,他的呼叫声如同一股浪花,随着他被拖入水中而消失了。

远处的同事似乎听到了微弱的叫喊。他们立刻浮出水面,向周围张望:除了天际灿烂的彩霞,看不到任何异常现象。

很快又一堆浪花从大海中激起,弗雷泽再度腾出水面。他声嘶力竭地喊叫着,与鲨鱼搏斗着。同事们看到这个惊心动魄的场面,个个呆若木鸡。那大白鲨把头抬出水面时,大嘴曾松开了一下,接着又咬住他的右臂,像是在品试弗雷泽肌肉的韧度。副站长达南立即喊了起来:"谁带着潜水刀?"其实,她知道,几把小刀对于这头足有4米长、600千克重的海中最凶猛的食肉动物只不过是几个剔牙签而已。大家惊慌失措之际,弗雷泽又一次被拖入水中。

这时,弗雷泽意识到死神已在向他招手。如果现在不力争自救,必死无疑。

人,绝不能轻易让鲨鱼吞食！他立即提起双腿,使出全身力气朝大白鲨的头部踢去。一踢,再踢,同时竭力从鲨鱼口中抽拽右臂。然而,已经深入右臂肌肉的鲨鱼利齿突然像刀剪般咬下去。随着“嘎巴”一响的折断声,弗雷泽身子一翻,扑向前方,利落地脱离了鲨鱼……

弗雷泽急速地向岸边游去,在他奋力划水时,发觉身体失衡。一看,自己的右小臂已经没有了,鲜红的血液从残缺的骨肉中喷射出来……

如何预防鲨鱼袭击

在众多的海洋鱼类中,鲨鱼在人们的心目中是极令人讨厌的形象。

鲨鱼确实是一种凶猛的海洋动物,在海洋里称王称霸。它们几乎什么东西都吃,一般的鱼、虾、蟹、贝类根本不在话下,就是海龟、海狮等动物,也常常成为鲨鱼的猎物。

鲨鱼不仅是称霸海洋的生物,同时也给人类在海洋中的活动带来威胁。古往今来,有不少从海难或空难事件中侥幸逃生的人却没能逃过鲨鱼的杀戮。鲨鱼的牙齿能咬断很粗的绳索和钢缆,从而使系在缆绳上的贵重的海洋科学仪器、设备沉入深海;鲨鱼咬断海底电缆不仅会中断通讯联系,而且造成的故障也很难修复。此外,在水下作业的潜水员也有被鲨鱼袭击的危险。鲨鱼是热带和温带海洋里的动物,大约从北纬 21 度到南纬 21 度是鲨鱼最活跃的海域,几乎一年四季都可能会遭到鲨鱼的袭击。而北纬 21 度到北纬 42 度的海域里,5 月到 10 月这段时间可能会遭到鲨鱼的袭击。南纬 21 度到南纬 42 度海域,多半在 10 月到来年 4 月会遭到鲨鱼的袭击。

据美国华盛顿斯密森生物研究所资料统计,世界上每年被鲨鱼杀害或致残的人数,大约有 40 ~ 300 人。

世界上的鲨鱼有 380 多种,其中绝大多数是不伤人的。当然,也有危害人类的鲨鱼，譬如大白鲨、虎鲨、沙鲨、噬人鲨等。这些鲨鱼的性情凶猛，游泳速度极快，凡是使之发生兴趣的动物，都难逃它的追捕。它们具有高度发达的嗅觉器官和在水中对低频率振动极其敏感的侧线系统，因而发现食物的能力非常惊人。它们探知远距离无力和受伤动物的本领简直令人难以想象。就拿它的嗅觉器官来说吧，如果有一股强的急流冲来，它们可以闻到距离463米处的气味。鲨鱼的震动感觉器官能觉察到距离很远的骚动，如舰艇触雷或触礁、水下爆炸等。当发生这类海上事故时，常能把周围海区的大量鲨鱼吸引过来。

那么，怎样预防鲨鱼的袭击，确保在海水中活动的人的安全呢?

据观察，鲨鱼多在水温为18℃～28℃左右的海区活动，我国沿海夏秋季节水温基本在这一范围之内。鲨鱼伤人一般发生在水深4米以上和距离海岸10～60米之间的海区，而且多发生在阴天或下午、黄昏时。另外，鲨鱼对淡水有很强的亲和力，常到淡水区活动。所以夏季在江河入海口处进行水下作业时，要特别提高警惕，加强防护措施。如果在海滨游泳，最好在游泳区设立防鲨桩或防鲨网。

科学家通过研究发现，只要能破坏鲨鱼的流体静力学平衡，鲨鱼就无法自由自在地游动，从而也就失去了攻击的能力。很快，“二氧化碳鲨鱼标枪”试制成功了。这种标枪实际上是一种大型的气体注射针，当标枪刺入鲨鱼腹腔时，高压二氧化碳气体即被注入。这样不仅鲨鱼的流体静力学平衡受到破坏，而且高压气体还能将鲨鱼的内脏压裂，甚至能将鲨鱼的胃通过其口部挤压出体外。

科学家们还发现，用电脉冲和电流对付鲨鱼也很有效，于是便发明了一种叫做“防鲨盾”的带电装置。防鲨盾装有两块电板，能连续发射矩形波的直流电脉冲，可以有效地阻挡4种伤人的鲨鱼。

尽管鲨鱼凶狠残暴，但它却害怕小小的乌贼施放的“黑墨汁”。另外，鲨鱼很厌恶鱼类腐烂的臭味。根据这些特点，目前已研制成了驱鲨剂，有一定的效果，而且使用方便。人在水下，只要把装有驱鲨剂的纱袋挂在身边即可。

反光强的白色物体和夜间的灯光都容易招引鲨鱼,因此在海中最好穿深色的衣服,夜间不要在水上点灯,这样可防止鲨鱼袭击。

在水中遇到鲨鱼时,只要它不主动咬人就千万别动它。倘若它主动进攻,则应予以有力回击。可携带鲨鱼棍,使用时最好击打鲨鱼的鼻子、眼球或鳃部等处。

鲨鱼对血腥味非常敏感,在水下的受伤流血者务必要立即包扎伤口,离开作业海域。

鲨鱼极可能成为癌症的克星

自20世纪50年代以来,鲨鱼就吸引了许多科学家探究的目光,有些国家还专门设立了从事鲨鱼研究的机构。为什么人们这么重视鲨鱼呢?这是因为鲨鱼还有许多奥秘吸引着人类去认识它,揭示它。

鲨鱼是海洋中最古老的居民,4亿年前就生活在海洋中。从发现的化石考证,今天的鲨鱼还保存着祖先的相貌。而在这漫长的岁月里,海洋经历了多次巨变,当时生活在海洋里的鱼类,唯独鲨鱼不但没有灭亡,而且今天已经"子孙满洋"了。这本身就是一个值得探索的重要课题。

鲨鱼

特别吸引人的是鲨鱼具有惊人的免疫力。在脊椎动物中,目前只发现鲨鱼一生不得病,人们从来没有发现过因生病而死亡的鲨鱼。如果剖开鲨鱼的腹部,使其内脏外露并放到水中,一个多月后再捞出来,它的内脏还照样工作,没有一点感染和坏死的迹象。

鲨鱼是深海食肉动物。在水下，每下降100米，就会增加10个大气压。在7500米的深海中，鲨鱼的心脏承受如此巨大的压力，为什么不得心脏病呢？

美国深海药物研究所进行的著名的黑鲨鱼实验揭开了鲨鱼不得心脏病的谜底。鲨鱼在强大的压力下，心脏细胞同样会受到严重的损伤，却总能在第一时间得到修复。因为鲨鱼每隔一段时间都要吞食深海中存在的一种神奇的物质，这种物质不但能修复鲨鱼受伤的心脏细胞，还能给鲨鱼源源不断的心脏动力，科学家将这种神奇的物质称为"海丹原生酶"。

经反复实验论证，"海丹原生酶"能够修复受损的血管内皮细胞，恢复其吞噬、代谢功能，同时还能对硬化斑块进行分解、吸收。所以，鲨鱼即使在强大的压力下，动脉管壁依然保持光滑如初，这就是鲨鱼在深海中迅猛异常，从不得心脏病的原因。

鲨鱼可以说是世界上最健康的一种动物，它们不患癌症或其他免疫系统的疾病。在美国进行的一项研究表明，即使用高致癌物质喂养鲨鱼长达8年之久，它们也不会患有任何肿瘤。此外，鲨鱼伤口痊愈的速度特别快，不会出现进一步的感染，这说明鲨鱼拥有一套强烈抵抗多种疾病入侵的免疫系统。

科学家早就发现，人体肿瘤细胞的增长和扩散，首先要建立一个新的血管网络，以便输送养分给肿瘤细胞，并带走肿瘤细胞新陈代谢所产生的废物。这些肿瘤的血管网络很十分乱和脆弱，且极不稳定，需要经常更新修整。只要有一种物质能有效地阻止及破坏这些不正常的新生血管网络的形成而又无毒性的话，肿瘤就能得到控制。科学家从鲨鱼不患癌症这个"谜"着手，进行了多年的探索和研究，发现在鲨鱼软骨中含有极其丰富的新生血管生长"抑制因子"，能有效地阻断肿瘤病灶周围新生血管网络和营养供应，阻断肿瘤细胞新陈代谢废物的排出，减少癌细胞进入血液循环的可能，致使肿瘤细胞逐渐萎缩直至死亡。鲨鱼软骨中富含各类调节免疫能力的物质，可激活肌体细胞的免疫系统，所以鲨鱼抵抗疾病的能力特别强。

从20世纪80年代开始，欧洲、美国、古巴、新西兰、澳大利亚、以色列等国家和地区的科学家，对鲨鱼软骨的临床应用进行了深入研究，取得了令人鼓舞的成就。特别是美国新泽西州的马蒂尼斯医生对110名晚期癌症患者进行治疗，几个星期后，接受治疗者的肿瘤都有明显萎缩，其中15名患者的肿瘤完全消失。目前，用鲨鱼软骨治癌防癌已经风靡世界各地，成为世界医药界的开发热点。

佛罗里达鲨鱼研究专家卡尔·劳尔经过试验得出结论说，鲨鱼是唯一不得癌症的动物。这类海洋动物的骨骼全部是软骨，这似乎是其免得癌症的原因。

麻省理工学院医生罗伯特·兰格说，看来是鲨鱼软骨含有的活性蛋白抑制了肿块生长输送营养。鲨鱼软骨的治疗原因是抑制肿瘤血管生成，这样肿瘤就会停止发育，肿块慢慢缩小，甚至变成灰色——肿瘤组织坏死的迹象。1994年3月，美国食品与药物管理局批准"鲨鱼软骨"作为被调查的癌症治疗新药。

在古巴的试验尤为引人注目。18名癌症患者的病情全部大有好转，其中一名妇女腹部长有12千克重的肿瘤，几乎不能行走，但服用鲨鱼软骨胶囊16周后，肿块大大缩小，并成功地实施了切除术。

日本科学家从鲨鱼鱼翅中提取了一种可以预防恶性肿瘤的物质。他们将这些防癌物质给小鼠注射以后，再将癌细胞移植到它们的肺中。结果，20只经预防处理的小鼠只有3只发生癌症，而未经预防处理的小鼠则全部患了癌症。

因此，有关专家乐观地估计，鲨鱼极可能成为癌症的克星。

鱼类是"水质监测员"和"天气预报员"

有些鱼类具有灵敏的听觉，能听到人耳听不到的次声和超声：有的具有灵敏的嗅觉，能感受到多种水中所含有的极低浓度的化学物质：有的具有特殊的电感受器，能觉察到外围电场的微小变化和地磁场的变化；几乎所有的鱼类对天气的变化都能做出相应的行为反应……鱼类凭借这些"特异功能",逐渐成为人们在科技和日常生活中的得力"助手",帮助我们做了不少好事。

鱼类对水质污染极为敏感,且某些鱼类只能生活在一定污染程度的水中,因此,人们利用鱼充当"水质监测员"。

早在600多年前,我国福建省周宁县浦源乡浦源村的村民为了保证吃水安全,在一条穿村而过、供村民食用水的小溪里,放养了数千尾鲤鱼。

英国泰晤士河曾是世界闻名的鲑鱼产地,后因河水污染严重,鲑鱼绝迹了。后来,泰晤士河经过十多年的治理,河水清澈,鲑鱼又出现了。鲑鱼能发出微弱的射线,并能在不同污染程度的水中,发出不同频率的射线。科学家据此便可了解饮用水的污染程度。因此,英国科学家选用鲑鱼来担任居民饮用水的"监测员"工作。

法国的一些自来水公司也利用鱼类来监测水质。据了解,法国用鳟鱼监测水质的准确性并不亚于超微量化学分析仪。鳟鱼和大多数硬骨鱼类一样,有发达的嗅囊,其内表面的上皮细胞具有嗅觉功能,嗅细胞的神经纤维到达嗅球,与嗅球中的神经细胞的树状突相联系。当嗅觉组织受到某些化学污染物刺激时,嗅球的电子活性就会发生变化,人们根据这种电信号,可直接探测出饮用水中某些化学污染物。也有人利用鱼口一张一闭的肌肉活动所产生的微弱电场,通过高灵敏度的电极与计算机相连接的放大器,根据鱼的呼吸频率,来监测水质的污染情况。

德国一位科学家则用鱼尾颤动的次数来测定水质污染程度。因为有一些鱼的尾巴在正常情况下每分钟颤动400~800次,而当水质污染时,可随污染程度的不同,相应地减少颤动次数。

德国还有一位工程师,利用象鼻鱼能在不同污染程度的水中发出不同的电脉冲的特点,来监测水质。

鱼不仅可以做水质监测员,还可以担任气象预报员。

天气的变化，会直接影响动物做出相应的行为反应。因此，人们常利用动物的某些异常行为来判断未来天气的变化。生活在黑龙江流域的嘉鱼，就是出色的“活晴雨表”。据科学家研究，这种鱼在预报天气方面，误差不超过3%。在晴朗的天气，鱼儿会安然自得地在池底下游动；每当刮起小风，薄云变成浓云，特别是暴风雨来临之前，它就会一反常态，上下翻腾，特别活跃。显然这些行为与当时的气压、温度、风等各种因素有关。在下雨之前，氧分压急剧下降，水面上受到的氧分压力减小，水中的含氧量也相应减少，由于水中缺氧，鱼儿就浮到上水层或水面上来呼吸空气。同时，因为空气的气压下降，近地面又有风，使水面温度降低的冷水下沉，而下层的暖水上升，由于上下水的交换，鱼常表现不安。

我国广泛分布的泥鳅，对天气的变化更为敏感。如属于泥鳅科中的北鳅，每当天气变化之前，它总会发出相当大的响声，以示“预报”。

我国广大劳动人民在同地震的长期斗争中注意到，在发生地震前，一些动物有异常反应。1917年云南大关地震后，志书上有“地震前一月间，大关河中鱼类均浮水面，失游泳之能力……迨距地震前数日，河水大涨，河鱼千万自跃上岸”的记载。

江海湖泊中生活着各种各样的鱼，它们除了为我们监测水质，预报天气、地震和提供可口的食物外，还给了人类许多启示。

人类的祖先为了克服江河湖泊这道天然屏障，看到鱼在水中自由地游来游去，就千方百计地加以模仿。先是依照鱼的体形“刳木为舟”，把独木舟做成鱼的形状，用来跨江越湖。后来，人们又依照鱼的胸鳍和尾鳍，制成了双桨和单橹，从而改进了造船技术。可以说，人类最早获得水上行动的自由，是从模仿鱼类开始的。

鱼鳞是鱼的天然“甲衣”。它作为一层外部骨架，保护着鱼的身体，帮助鱼抵制水中无处不在的微生物，防止细菌的侵入。鱼鳞还有伪装作用，闪闪发光的鳞片可以迷惑敌人。根据鱼鳞的特点,军事学家创造出了一种“鱼鳞阵”。这种战场阵形极像鱼鳞,由弧形堑壕连接,一块接一块,主要用于反坦克,其效果十分明显。

随着生物工程的兴起与发展,人类模仿鱼类造出了一种机器人——“鱼人”。这种“鱼人”像鱼一样有鳃和肺,具有蹼状的脚可以在水下与陆地上行走。用这种“鱼人”可以探测和打捞水下沉船,进行水下作业,是人类的好帮手。

无奇不有的深海鱼类

在2000米以下的深水处,除了有些生物发出闪闪的粼光以外,因终年见不到阳光,深水动物就生活在黑暗里。在这样的深水环境中,一切生活条件都跟浅海不同,所以海洋的深水鱼类跟浅水中的鱼类也是完全不同的。一般所说的深水鱼类,是指海洋深处的鱼类而言。

海水愈深,压力愈大。按照海洋每深10米增加一个大气压的规律来计算,在5000米的深处,压力应达500多个气压。因此,生活在深海中的鱼类,它们的骨骼和肌肉都不发达,组织多孔,具有渗透性,使体内的压力相当于体外环境的压力。

因为深海在2000米以下便无光线,所以深海鱼类的视觉器官也发生了变异。生活在更深水底的鱼类,它们的眼睛很小,多半退化失明,但触须及由鳍条变成的触须则特别发达,它们依靠这种触须在黑暗中探寻食物。这些触须不单是长在嘴边,也长在身上。例如有一种扁鲛鱼,身长约165厘米,头部有一个带钩的触须。它常常把自己埋藏在泥中,触须伸出来摇动,别的鱼见了,以为是可以食的东西,就游来捉它,结果反而中了它的诡计,陷进它的大嘴里去了。与上层的深水鱼类比较,它们的眼睛则特别发达,眼睛具有长柄,而且眼球伸长变成了圆柱的形状，向前或向上突出，样子很像望远镜。

海洋超过一定深度，就没有植物生长，因此也限定了深海鱼类必然为肉食性的。它们依靠吞食其他动物为生，大多数嘴都很大，牙齿锐利，身体两侧的肌肉松弛不发达，腹部皮膜质如蜡纸，有耐性和弹性，可以吞食比自己大两倍的动物而不致撑破肚皮。因为深海缺少石灰质，所以它们的骨骼都很软弱，有些鱼类背鳍退化，加上肌肉的不发达，所以游行迟缓，也因此形成了它们多半都吞食由上层沉下的动物尸体的习性。而它们自己死后又被下层的鱼类所吞食。

目前，在世界海洋中已发现100多个科的深海鱼类，分布最广、最有开发前途的是鳕鱼类，如无须鳕、长尾鳕等，广泛分布在深达1000米的水下。

深海鱼的身体大多为黑色，也有的呈红色、白色和半透明色。奇特的是，在鱼体上大多具备不同的发光器。它的形状、位置、发光的色调随着鱼类的不同或性别的不同而有所不同。特别是红色，在黑暗的深水中不容易被发现，是一种保护色。

深海鱼的形状同样是无奇不有。诸如驼峰状的驼鱼；全身覆盖硬鳞的鳕鱼；手榴弹状的榴弹鱼；身体如球的黑球鱼；扁平的鲽鱼；长嘴鱼；长尾鱼……

深海鱼的另一个特点是嘴大、齿尖，腹部能够膨胀得像气球一样，可以吞噬比自己身体还要大的敌人。

许多深水鱼类具有发电的器官，其主要作用是用以捕捉食物和防御侵害。这种发电的器官实际是一种腺体——变态的肌肉，其中和胶质结缔组织层相间的较坚实的组织，起着伏特电池中锌和铜的作用，因而能发出电来。发电器官有神经联系着，由脊髓神经送来的神经刺激的影响而发生电流。这种发电的器官，位置随鱼的种类而有所不同。如电鳐是在鳃裂附近，电鳗在尾部的腹面，而电鲶的发电器官在全身皮肤下延伸成两条带状。

电鳐的电流是由它体内的两台“发电机”发出的。我们若将它头胸部腹面的皮肤剥开，就会看到每边各有一个蜂窝状的器官，这就是它的“发电机”——

发电器。电鳐的发电器最早由科学家李奇于1671年发现，后来他的学生罗伦齐尼在1678年进一步证实了这就是发电器官。

目前已知电鳐的每个发电器大约有1000块电板，这些电板串联成柱状，又按垂直排列组成约2000个圆形电板柱，并联起来后，电板总数可达200万块。难怪能发出高达6千瓦的大功率！每块电板实际上就是一个特化了的肌肉细胞。在这里，肌肉细胞的功能已由收缩变成放电了。为了适应这种功能上的改变，肌细胞由原来的细长形变成了扁平形状的电板。电板很薄，厚度只有7～10微米，但宽度可达4～10毫米，长度可达10～100毫米。

除了上述能发电的三种鱼以外，还有体形退化、两颚有齿、口很大、腹可容纳大于自己身体的食物的囊咽鱼和具有很大的口腔（口腔大于己体的其他部分）且下颚特大并能自由运动的大咽鱼。这两种鱼都生活在大西洋的海底。

鱼也会“唱歌”

猫会咪咪叫，公鸡会喔喔啼，八哥儿会学人说话，黄莺会唱歌，小蜜蜂飞起来嗡嗡嗡，青蛙叫起来呱呱呱，可你听说过鱼儿会唱歌吗？

科学研究的成果告诉我们，生活在水中的鱼类，有许多是会发声的。小鲇鱼的叫声像蜜蜂飞过，嗡嗡地响：成群的青鱼像小鸟一样，叽叽地叫；黑背鲲的叫声有如风刮树叶，沙沙作响；沙丁鱼的喧哗好像静夜里浪涛拍岸的声音；气球鱼和刺猬鱼能呼噜呼噜地叫，仿佛熟睡的人在打鼾；驼背鳟的叫声是咚咚响，好像击打小鼓；小竹筴鱼发出的声音，很像用手指轻快地刮梳子的声音；海鲫的发声像用钢锉摩擦金属时发出的响声……

不同的鱼会发出各种不同的声音。就是同一种鱼，在生殖、索饵、移动、逃避敌害，或者成群结队，或者单独行动等不同情况下，发出的声音也不相同。每年春季，在我国沿海作产卵洄游的大黄鱼，它们在洄游过程中，开始接近产卵场时，发出“沙沙”或“吱吱”的声响；到达产卵场开始产卵时，会“呜呜”或“哼哼”地叫，像开水发出的声音；在排卵过程中，则发出“咯咯咯”的声响，有如秋夜的青蛙在歌唱。

此外，如黄姑鱼、鲷鱼、红娘鱼、黄鲫、鳓鱼等，也都是歌唱家。

鱼类究竟为什么要唱歌呢？初步的研究表明，有的鱼发声是为了躲避或恐吓敌害，有的是在生殖期为了招引异性，有的则是由于外界环境的变化不适合它们的生活条件而造成的。

那么，鱼类怎样才能发出声音呢？

原来，大多数能发声的鱼，主要是靠体内的发声器官——鳔。鱼鳔是一个充满气体的膜质囊，它靠一些纤细而延伸着的肌肉与脊椎骨相连。这些延伸着的肌肉，具有与琴弦相似的作用，它的收缩引起鳔壁和鳔内的气体振动，从而发出声音。比如，石首鱼类的鳔背上有一条筋，就跟胡琴上的弦一样。这条弦每秒可以发出 24 次振动，这一来使得鱼鳔跟胡琴的琴筒上蒙着的蛇皮那样，也振动起来，于是便发出了各种不同的叫声。

有些鱼类，如竹笑鱼、翻车鱼是利用喉齿摩擦发声的；鼓鱼、刺尾鱼是利用背鳍、胸鳍或臀鳍的刺振动而发声的；泥鳅因存在于它肠内的空气泡突然从肛门逐出而发出声音；豹鲂鮄鱼则利用舌颌骨来发出声音……这些，在科学上统称为“生理学声音”。此外，许多鱼类结成大群游动时，也会发出声音来，这被称为“动水力学声音”。

鱼类不仅能发出声音，而且许多鱼类都能听到和感觉到同类的声音。水是声波的良好导体，如在 0℃时，空气中声音的传播速度为每秒 332 米，而在水里则为每秒 1440 米。当鱼类发出声音，或风吹水面、石块落水以及其他生物游近鱼体，在海洋里都会产生微弱的声波。这声波扩散出去，能被鱼的听觉器官或感觉器官听到、感觉到，鱼类就依靠对声波的反映来辨别周围的障碍和敌人。虽然目前我们还不能确定是不是所有鱼类发出的声音都有这样的作用，但至少有些鱼的声音是有特殊作用的。如在水面可听到17米深处黄鱼发出咕咕的叫声,它们可能就是利用这种声音来召唤同伴,形成鱼群的。

这么说,鱼类的听觉是很灵敏的,可怎么看不见鱼的耳朵呢?这是因为鱼只有内耳,没有耳壳,而且鱼的耳朵长在头骨当中,所以我们在外表就看不见了。如果我们将其头骨的一侧掀起,就会看到包在头骨中的内耳构造了。鱼的内耳大致可分为上下两部分。上部分有三个相互垂直的管,叫做半规管,和三个管相交部分叫椭圆囊,这一部分主要起平衡作用。管和囊中有淋巴液、小耳石和感觉细胞,并通过感觉细胞传送到神经中枢,使鱼随时保持身体的平衡姿势。内耳的下部分叫球形囊,其中也有淋巴液、耳石和感觉细胞,但这里的耳石是块大耳石。外界的声波传到淋巴液和耳石,刺激了感觉细胞,于是声波就像电话一样传到神经中枢,从而使鱼具有听觉。有些鱼的声波传到鱼鳔,利用共鸣作用把声音放大,再传入内耳,因而这些鱼的听觉就更加灵敏了。

打彩色“灯笼”的深海鱼

海洋深处,是一个奇妙的世界。这里没有一丝阳光,四周的海水比墨水还黑,简直是伸手不见五指。海底的地形十分复杂,它像陆地一样,有辽阔的海底平原,也有高低起伏的海底山脉。更有趣的是,那里还会有火山爆发呢!深海的温度是不变的,终年保持在1℃~2℃。

在黑暗、寒冷和具有巨大压力的海洋深处,还居住着许多体形古怪的深海“居民”——深海鱼类。在10000多米的深海里,人们曾经捕到过一种体形扁平的鱼类和体长30多厘米的红色海虾。

在特殊的海洋环境中,各种深海鱼类为了保护自己和后代,在漫长的进化过程中,不但变得体形奇特,而且色彩也与众不同。它们的皮肤,几乎都是黑色、紫色和深蓝色的,因为这种色彩在黑暗的环境中不容易被敌害发觉,可以更好地保护自己和后代的安全。

深海的环境是特殊的,这里的海水中溶解着大量的碳酸。因此,深海中具有石灰质骨骼的动物极少,甚至有些贝类的壳也变得像皮球一样柔软。各种深海鱼类的体形古怪极了,有的长着很大的嘴巴、锐利的牙齿和能够囤积食物的肚子,能吞进比自身大几倍的鱼;有的在嘴唇底下长着许多长长的触须,乍一看去,仿佛是衔在口中的树枝;也有的头顶上长着一对突出的像望远镜般的大眼睛……原来,深海鱼类就是利用这些奇特的器官来代替眼睛,在黑暗的环境里寻找同样细小的食物的。

在深海里,还有一种使人惊奇的鱼类,叫做囊咽鱼。这位深海"居民"身体两侧的肌肉柔软而富有弹性,要是放开的话,简直像一个大气球。因此,即使比它身体大的鱼,它也能一口吞下,而且不会胀破肚子。

深海是发光鱼类的"故乡"。这里的鱼类不仅形态古怪,而且能发出各种绚丽的光芒——红的、黄的、蓝的和绿的。它们透明的躯体在黑暗中显得晶莹可爱,像X光照相一样,连内脏都显露出来。眼睛里闪烁着微弱的光辉,当它们在海底游动时,就如一盏盏五彩缤纷的"小灯笼",非常逗人喜爱。

不同的鱼类,发出的亮光信号也不同。可用来在同一鱼类中互相传递信息,为其他鱼类设陷阱,或者用此摆脱捕食者。因此,发光是深海鱼类赖以生存的重要手段之一。

有人发现,在大海的某些深度区,约95%的鱼类都能够随时把光发射出去,有的甚至能够连续发光。在茫茫的海面上,也常常可以看到发光的鱼群及其他海上生物把一片水域照亮。隐灯鱼可以算是一种典型的发光鱼类。它的眼睛下方有一对可以随意开关的发光器,发出的光芒能在水中射出15米远。

身子薄如刀刃的斧头鱼,虽然身长不过5厘米,但发光器几乎遍布全身。发光的时候,光芒能把整条鱼的轮廓勾画出来。鱼身下部的光既集中又明亮,仿佛插着一排小蜡烛。

在海洋深处,有一种名叫鮟鱇的雌鱼。在它的口里长着一条柔韧的长丝,活像一根小小的钓鱼竿。这条长丝的末端能够发出光束,在黑暗的深海中宛如一盏明灯。鮟鱇鱼就是靠着这根长丝来诱捕小鱼的。当小鱼在黑暗中发现这盏"灯"时,往往出于好奇而游上前去,于是鮟鱇鱼便把"灯"收拢到自己的口内,并张开大口来等候小鱼自投罗网。这种会发光的鱼,就是依靠这种办法来求生存的。雄鮟鱇鱼由于体型比雌鱼小得多,所以只好终日附着在雌鱼身上,从雌鱼的身体上获得营养,因此人们把它叫做"海洋中的懒汉"。

鱼类发出的光,大多为蓝色或草绿色,但也有少数鱼类发出的光是淡红、浅黄、黄绿、橙紫或蓝白色的。发光本领高超的恐怕要算琵琶鱼了。琵琶鱼能发出黄、黄绿、蓝绿、橙黄等多种颜色的光。这是由于它身上甚至嘴里都带着发磷光的细菌,当这些细菌和来自血管里的氧相接触时,便发生反应,产生光亮。

有些鱼类的头部有腺体性发光器。当它遇敌逃跑的时候,能发出光雾,迷惑敌人。

有人估算过,鱼类的发光器多达数千种。甚至很小的鱼,它的体表也会有几千个微小的发光体。但是,不管哪种发光器官,发光时都离不开氧气。氧气供应停止,光就熄灭。这和人工复制化学光有点类似:化学光不需要电路和电池,只要与空气或氧气接触,即被活化而发光;把它装在密闭的容器里,隔绝了空气中的氧,光就立即熄灭。

奇鱼妙趣

1. 针线鱼

江湖海洋中的鱼类,历来都是弱肉强食,大鱼吃小鱼。但在太平洋里有一种尖细似针、体长如线的拉特贝尔鱼,也叫"针线鱼",却有着独特的克敌制胜的本领。针线鱼嘴尖如针刺,躯体细长,大的有 80 厘米左右,呈垂直线在水中游动。它的嘴尖硬如钢针,碰到强敌——大鱼,它也敢冲上前去,从大鱼的体外像"穿针引线"般一下子穿进鱼腹,吃食鱼肚中的五脏和鱼腹中的食物残渣。吃饱了,它还能从大鱼腹内穿刺而出,逃之夭夭。大鱼碰上了针线鱼,往往因受刺伤而断送了性命。

2. 有角的鱼

埃及发现了一种头上长着两只角的鱼。鱼角尖而坚硬,长约10厘米,嘴长且硬,体如黄鱼。这种鱼的嗅觉特别灵敏,在十几里外就能嗅到血腥味,然后便迅速赶赴现场捕食。如被大鱼吞吃,它也毫不在意,用它的两只角,钻穿大鱼的肚子后逃之夭夭。被研究者列为凶猛的鱼类序列。

3. 镜子鱼

临近地中海的阿尔及利亚渔村的姑娘,几乎每人都有一面用以梳妆打扮的镜子。这种镜子有一个花纹精细的手柄,背面有一些图案,镜而晶莹闪光,能清晰地映现出姑娘的面容。但是,如果仔细观察一下就会发现,这并不是一面普通的镜子,而是一条硬邦邦的鱼干!手柄是鱼尾,背面的图案是鱼鳞,闪闪发光的镜面则是鱼肚。因此,当地人称这种鱼为"镜子鱼"。镜子鱼的肉非常鲜嫩。不过,鲜鱼你是吃不到的。因为当你把鲜鱼放在锅里煮时,它立即化成了鱼汤。只有把它腌成咸鱼,才能使鱼肉凝固起来,成为美味佳肴。

4. 三眼鱼

在加勒比海里生活着一种奇特的小鱼,它长着3只眼睛,中间的那只眼睛像一盏小探照灯,能够发出光亮,照亮1.5米左右的距离。如果这只发光眼生病或因其他原因不能发光,另外两只眼睛就会顶替它,轮流发光。

5. 四眼鱼

它生活在南美洲热带海洋的浅水淤泥窝中。这种鱼有一对分别长于头部两侧的眼泡，每个眼泡用隔膜隔成上下两部分，其上部特别突出，因此形成了两对眼睛，故称之为“四眼鱼”。四眼鱼擅长游泳，它摄食的对象是飞行在水面上的昆虫。当它停留在水面上时，就把上部眼睛露出水面，一旦发现猎物，便跃出水面捕食。当水面上昆虫成群聚集时，它就连续跳跃捕食。

6. 无眼鱼

在我国云贵高原和四川、广西等地的山洞中，生活着一种没有眼睛的鱼。这种鱼喜欢觅食岩底的糟粕，几个星期不吃食物也照样能存活下来。由于它长期生活在黑暗的环境里，眼睛便逐渐退化，但它的触须由于眼睛退化而变得十分敏感，尤其对声音特别敏感。

7. 四颗心脏的鱼

在堪察加半岛周围海域，生活着一种盲鳗，它有四颗心脏，分别与头、肝、肌肉和尾相连。这种鳗鱼有惊人的耐饥饿能力，半年内不吃食也能畅游自如。

8. 不用嘴吃食的鱼

在尼日利亚的泊朗湖里，有一种吃食不用嘴的鱼，叫“万齿鱼”，当地人称它为“立勒其罗尼”。万齿鱼并无“万齿”，且这齿也不长在嘴巴里。这种鱼头尖、身扁，躯体相当于头部的 70 ~ 80 倍。它的外皮上长满了一排排白色的椭圆点，看上去就像牙齿。椭圆点上长满了钢针似的透明针鳃，好像刺猬身上的针刺一样。针鳃上生着许多细小的吸孔，这便是它的吸食器官。当然，万齿鱼也有嘴，但嘴很小，吃食很不方便。因此，当它要吃食时，就用针鳃把游近它身旁的小鱼扎住，然后再用针鳃把小鱼揉烂，通过吸管吸入肠胃里。

9. 有照明灯的鱼

在马来西亚群岛的水域里，生活着一种奇特的鱼，在黑暗中，它能够自己照明。这种鱼每只眼睛上方都有一根水管伸向前方，管内有能发出荧光的细菌，好像汽车的前灯。有趣的是，这种鱼头上的“前灯”能根据需要“关”或“开”。

10. 建房鱼

在寒带海域里有一种丝鱼，体长仅十几厘米，它能用自身分泌出的一种丝状黏液在水中建造新房，所以也有人叫它“建房鱼”。每年冬天，当雌丝鱼性成熟接近产卵期间，雄丝鱼就忙于找水草茂密、适宜安居的处所营造“新房”。它找到“地基”后，立即衔草茎、草叶充当“梁柱”，然后口吐黏液，绕着“梁柱”旋转，不消半天，就建成了一座像酒瓶似的“新房”。新房建成后，雄丝鱼就开始“迎亲”了。它把在草丛里憩息的雌丝鱼迎进新房，待其产卵。这时，雄丝鱼便在门外巡逻、警戒，以防“敌人”的侵犯和干扰。雌丝鱼产完卵后出“产房”，雄鱼就把新房的尺寸缩小，并用尾鳍和胸鳍向门里输送含氧丰富的水流。当小鱼孵化出后，它又用嘴送饵料进房，养育仔鱼，直到小鱼能独立游泳摄食为止。至此，雄丝鱼也就忠诚地完成了它毕生的事业，在耗尽精力之后，便默默死去了。

11. 会爬树的鱼

在我国南方，有种会爬树的鱼，名叫攀鲈。从表面上看，攀鲈与其他鱼类没什么两样，但是它的鳃盖、腹鳍和臀鳍上都生有坚硬的棘，它就是依靠这些来爬行和攀登的。攀鲈爬行时，先将身体的一侧紧贴地面，然后将这一侧的鳃盖棘撑开，像许多钢叉插入地面，借此支撑自己的身体。再用尾部拍打着地面，借助腹鳍棘的力量，使身体跳跃前进。攀鲈为什么要离开水，而又为什么可以较长时间离开水生活呢？原来，攀鲈最初生活在热带的浅水或沼泽地带，那儿天气炎热，河水和沼泽容易干涸。为了生存，攀鲈的祖先从干涸的水域爬出来，到处去寻找食物和新的栖息地。经过长期的演化和自然选择的结果，攀鲈的身体发生了变化。鳃盖、鳍上都特化出了硬棘。除了鳃以外，还产生了可以直接呼吸空气的器官——鳃上器。因此它可以在陆地上生活一段时间。

12. 善于潜伏偷袭的鱼

瞻星鱼是一种小型的底层鱼类。它长相丑陋，肥大的头像个方木箱，大口朝上张着，眼睛长在头顶上。瞻星鱼身体笨拙，行动迟缓，不能像其他鱼那样去追逐食物，全靠玩弄“埋伏偷袭”的把戏来捕获食物。它常把身体埋在泥沙下面，只有一张大嘴裸露在沙面外，还有一对不起眼的小眼睛，看上去就像是泥沙面上露出了一道裂缝。这对那些粗心的小鱼来说，是很难识破的。不仅如此，瞻星鱼还有另一个“绝招”，就是能把下颌上生长着的膜状红丝条伸出沙面上，并做出各种动作，既像小虫爬行，又像蚯蚓蠕动，以此引诱小鱼。当小鱼向它游来时，早有准备的瞻星鱼突然抖掉身上的泥沙，冲向小鱼，饱餐一顿。

13. 会打洞的鱼

在水生动物中，黄鳝堪称是打洞的“行家里手”。黄鳝身体细长，前段呈管状，向后逐渐侧扁，尾短而尖，属于游泳缓慢的底栖生活的鱼类。在弱肉强食的生存竞争中，黄鳝练就了一身打洞本领。它头部坚硬，身体光滑无鳞、富有黏液，很适宜打洞穴居。黄鳝的洞穴多在临近水面的堤坎边上，只要将头伸出水面就可以换气。其洞穴为向下倾斜式，洞内有拐弯和支洞。

14. 不需要水的鱼

在斯里兰卡，有一种叫“阿那巴斯”的鱼，这种鱼不喜欢长期在水里生活，偶尔会跳出水面，在干燥的地面上爬行。它即使在陆地上生活三四天，其生命也丝毫不受影响。原来，这种鱼的头部有像蜗牛一样的骨头，其中储存了大量的水。因此，即使离开水面，它仍可得到水分的补充以维持生命。

15. 会作茧的鱼

在生物界里，不仅蚕能做茧，生活在非洲、澳洲和南美洲的肺鱼也会结茧。肺鱼喜欢生活在水流平缓、草木丛生的净水河流和水塘之中。雨季时，肺鱼用鳃呼吸；当水域干涸时，肺鱼就把自己藏在淤泥之中，利用体表分泌的具有极大凝聚力的黏液，调和周围的黏土，形成特殊的屋式泥茧，围住身躯，进入休眠状态。肺鱼的茧是密封状的，只留下了呼吸孔。肺鱼茧的长度可达 2 米以上，与蚕茧相比，堪称“巨型建筑物”了。肺鱼的茧做得非常坚固结实，以致它不能自行破茧而出。直到雨季到来，茧屋的淤泥被水泡软冲散时，它才能重新恢复自由的生活。

16. 穿“外衣”的鱼

印度洋阿明迪维群岛附近的大海中，生长着一种鹦鹉鱼。这种鱼出于自卫，会分泌出一种透明的黏液将全身包起，一旦有敌情出现，这种外衣便坚硬如铁。当被敌人袭击时，这种外衣的表面还会渗出一种有毒的物质，能使敌人落荒而逃。

17. 爆腹产子的鱼

在贝加尔湖 1000 米的淡水深处，有一种胎鳊鱼。它们只有人的小手指长，全身透亮。其生存方式特别有趣。雌鱼怀孕期满后，就带着满腹幼鱼，尽全力向水面上游。在临近水面时，由于压力消失，腹部就会突然爆裂，于是小鱼就从母腹中降生了，不过母鱼稍后就会死去。

18. 造屋鱼

虾虎鱼，四川俗称“沙沟”。它吹沙而游，咂沙而食。在自然界激烈的生存竞争中，虾虎鱼靠着特殊的“造屋”本领来保护自己。虾虎鱼的“屋基”利用空贝壳、碎瓦片，丝毫不加修整，只是凹面一定要向下。最后再打一条“地道”通向外面，并用细沙掩盖。至此，一所隐蔽的“地下室”便建成了。虾虎鱼的造屋工作完全由雄鱼担当。只有屋建成后，雄虾虎鱼才有了找配偶的“资格”，把相中的对象迎进屋来生儿育女，繁衍后代。

金鱼的神奇本领

金鱼大约有几百个品种。老虎头金鱼头部很像老虎;红帖子金鱼全身银光闪闪,头上还戴着一顶宝石般的小红帽;水泡眼金鱼的两只透明大眼,活像两个大气球;五花丹凤金鱼穿着一件光彩夺目的花衣衫;还有朝天眼、珍珠鱼、绒球、墨龙睛等名贵品种。

这些奇形怪状的金鱼是怎样来的呢?其实,这是经过长期生活条件的改变和人工改良的结果。

金鱼

譬如在人工饲养的金鱼群中,偶然发现了有的金鱼头部较大,也有的两眼向外凸出,或者有的尾巴像剪刀一样分叉,还有的颜色变得更加多彩了。这些叫做变异。于是养金鱼的人,就把这些符合人们需要的、有变异的个体挑选出来,让它们在优越的生活条件里传留后代,那些没有变异的后代继续挑选。如此一代一代地挑选下去,年代一久,就会形成许多奇形怪状的优良品种。

养金鱼说起来容易,做起来难。因为当你不了解金鱼吃些什么,喜欢在怎样的水中生活,它又怕些什么时,往往养不好金鱼,甚至金鱼会全部死光。例如,你如果用清洁沙滤水养金鱼,那么金鱼反而会死掉。这是怎么回事呢?

养过金鱼的人一定知道,金鱼最好的食料是活的“红虫”。红虫只有芝麻大小,长在肥沃的水坑里,它的食料是一些极微小的动物。当你把水经清洁沙过滤后,水中绝大部分生物都被滤掉,假使不另投食料在沙滤水中,金鱼因没东西吃不久即会饿死。而投入的红虫,由于生活在滤过的水中,吃不到东西,不久也会饿死。红虫死后,使水变质,若不及时换水,金鱼就会因为水的环境改变不再适合它生活而很快死去。

在换水时,应把新鲜水静置一段时间。因为新鲜水和鱼缸中的水不一样,如果直接更换,金鱼突然受不同环境影响,也会因不适应而引起死亡。静置后的新鲜水,由于在水温方面和缸中的水渐趋接近,此时更换金鱼就能够适应了。

养金鱼的人,常在金鱼缸里放进几根水草。不要以为水草仅仅是装饰品,它还有别的用处哩!

当我们在一个关闭着门窗的会场里时,由于空气浑浊、氧气不足,总会觉得十分气闷;然而一旦投身于大自然的怀抱,呼吸了充满着氧气的新鲜空气,霎时感到非常舒畅。

鱼和人的情况一样。夏天,鱼塘里的鱼经常浮上水面,其目的也在呼吸新鲜空气。

在金鱼缸里放进几根水草,目的是给金鱼设立几所氧气制造厂。水草利用溶解在水里的二氧化碳,再掺入周围取之不尽的水,借助从太阳光里捕获来的能量,制造成自己需要的养料。在制造过程中,它们将无数副产品——氧气,赠送给鱼儿,让金鱼去尽情呼吸。

金鱼在人们的心目中是一种娇柔纤弱的动物。它别号“金鳞仙子”,这一方面表明它婀娜多姿,另一方面也说明它弱不禁风。

令人意想不到的是,如此娇弱的金鱼竟然有一种独特的本领:它能在严重缺氧的恶劣环境里安然无恙地生活上几天!这是许多动物无法做到的。

大家知道,动物必须有氧气才能生存。那么,金鱼是依靠什么神通,能够不吸氧而活上好几天呢?这个问题引起了科学家的极大兴趣。

加拿大科学家霍克海卡经过几年的研究后终于发现,金鱼有一种崭新的“无氧代谢”机制,这是金鱼在长期的进化过程中形成的一种特异本领。

原来,一般的脊椎动物在缺乏氧气的情况下,会分解体内的葡萄糖来获取能量。其结果就是在取得能量的同时，也产生了乳酸废物。比如我们长跑时，会感到大腿酸痛得提不起来，就是因为剧烈的长跑引起体内缺氧，肌体便分解葡萄糖来补充能量，因而产生了乳酸积聚，造成肌体酸痛的状况。

如果金鱼也像一般脊椎动物那样分解葡萄糖、产生大量乳酸，那对它娇弱的身体无疑是有致命的危险的。

为此，金鱼就得另辟蹊径进行新陈代谢。幸亏天无绝人之路，金鱼在长期适应环境的过程中，逐渐形成了“分解葡萄糖——产生乙醇”的奇异代谢过程。金鱼在这个过程中，只产生乙醇，不产生乳酸，而这些乙醇对于金鱼的机体是没有害处的，反而能加速循环。这样，金鱼既避免了危险的乳酸，又意外获得了在严重缺氧的恶劣条件下继续生存的惊人能力。

这时的幼虫，由于两个小壳边缘都长着小钩，身体中央还有一根长长的鞭毛丝，紧紧地缠绕在母蚌鳃丝上，因此不会被水流冲走。根据这种结构特点，这一埋藏的幼体被称作钩介幼虫。

钩介幼虫发育成熟后，便随着水流从排水孔排到体外，落到水底或悬浮在水里。

当鳑鲏鱼找到河蚌这个理想的代孕者，兴高采烈地产卵时，钩介幼虫也同样抓住这一难得的好机会，用它贝壳侧缘上的钩，把身体钩在了鳑鲏的鳃或鳍上。钩附不上，它便在水底向上张开两壳，露出摆动着的鞭毛丝，等待着其他鱼的到来。如时运不佳，等待它的就只有死亡了。

鱼体受到钩介幼虫的刺激，周围组织增生，很快形成一个被囊，把幼虫包围起来。幼虫暂居其中，吸取鱼体内养料，过起了寄生生活。大约两三个星期后逐渐变成小蚌，才破囊而出，落在水底，开始了底栖生活。

自然，河蚌的钩介幼虫也可寄生在各类鱼体上，不过因为鳑鲏要在蚌体内产卵，接触的机会当然也就更多了。

一只大的河蚌可产 300 万个钩介幼虫，而一尾鳑鲏鱼体上则可容纳和供养

3000个钩介幼虫寄生。

你看,河蚌做了鳑鲏子女的保姆,而鳑鲏也做了小蚌的保姆。它们相互照看后代,彼此帮助,共同完成了生儿育女繁衍种族的任务。

动物界存在的外来保姆帮助抚养幼体的现象令科学家倍感兴趣,但迄今比鸟类还要低等的脊椎动物还没有发现有这类保姆。据推测,一部分原因在于“冷血型”脊椎动物还没有建立起互助的社会体系。

但不久前,科学家们在非洲发现了一种淡水鱼存在保姆的现象,证实了在鱼类中也有保姆。这种叫狭腹鱼的淡水小鱼,身长只有6厘米,生活在非洲的坦噶尼喀湖。据称,这种鱼以湖底的洞穴或裂缝作为庇护所,每年都在这里进行繁殖。科学家们发现,在繁殖期间,外来未成年的同类小鱼都会不约而同地与亲鱼共栖,表面上它们似乎形成了一个临时“家庭”(每一对亲鱼平均栖养7~8条小鱼),事实上这些小鱼入伙的目的是起着一种保姆的作用。它们不但帮助照料鱼卵与幼鱼,而且帮助亲鱼守卫领土、击退外敌,并担负清扫与修补窝巢等工作。在这期间,一对亲鱼形影不离,作为保姆的外来小鱼也忠心耿耿地不离左右。10个月以后,它们完成了保姆的任务便自动离去,重新自在地遨游于湖水之中。

为什么这些外来小鱼会自动承担保姆的任务呢?学者们推测,除了有一定的血缘关系外,返游在亲鱼身边一则可以获得自身的安全,二者可以学习生儿育女的经验。

鱼类的提醒

1. 鱼眼镜头

人眼的视角以“看得见”的标准来计算约有150°,但若以看得清楚为标准则只有50°左右。要想扩大观看范围,除了上下转动眼球外,还得转动头部。一般情况下,照相机镜头的视角和视场与人眼差不多。焦距为50毫米的镜头,视角只有50°左右,其成像范围非常有限。

在生物界中,视角最大的要数鱼眼,可谓动物之魁,约为160°~170°,有的甚至更大。科学家们经过对鱼眼的研究,设想:如果根据鱼眼的形状为照相机设计一个鱼眼镜头,那么照相机的成像范围不就可以扩大许多吗?这一设想若干年前已经变成了现实。人们不仅已经研制出视角为180°的超广角镜头,还研制出了视角接近270°的鱼眼镜头。这种镜头,能使整个空间的影像投射到一块小小的底片上,得到了比鱼眼更大的成像范围。

鱼眼镜头由凹透镜和凸透镜构成。镜头的前半部分是几片度数很高的凹透镜,后面是一组度数也很高的凸透镜,用来把前镜构成的虚像变成实像,在胶片上感光成像。这种镜头把焦距做得极短,所以可得到宽广的视角。

这种鱼眼镜头有许多特殊用途。在国外超级无人售货市场或展览大厅的天花板中央,常常安装一个装有鱼眼的摄像机,使整个商场或大厅都投射到摄像机的鱼眼镜头上,监控人员可坐在屋内,通过电视屏幕来监视商场或大厅里发生的一切情况。现今所用的电视摄像机的镜头,由于视角小,拍摄角度很大的场景时,必须使镜头不停地来回扫描,才能拍摄到每个角落。采用鱼眼镜头,整个场景可尽收眼底,不必转动镜头去拍摄。鱼眼镜头用于水下摄影时,由于它的视角大,可以尽量靠近被摄物,因而大大提高了水下摄影照片的清晰度。用鱼眼镜头拍下畸度很大的照片,另有一番情趣和欣赏价值,所以也越来越多地出现在摄影艺术作品的行列里。

2. 比拉鱼威胁生态平衡

“三条小的比拉鱼,就如同一条凶残的鳄鱼。”——这是生活在亚马孙河两岸的印第安人常说的一句话。说这话是有原因的。近年来,使科学家们感到震惊的是:比拉鱼不仅在数量上急剧增加,而且其性情也变得更加贪婪和凶残。在亚马孙河及其支流里,成群的比拉鱼极其频繁地向周围的野生动物,甚至向人发起攻击,对野生动物和人的生命构成了威胁,也严重地影响了亚马孙河流域的生态平衡。虽然导致这些现象的原因至今尚未搞清,但有一点已向人们表明:必须马上采取措施来对付这些凶残的比拉鱼。

为此,巴西当局开展了捕杀比拉鱼的运动。最初是由受过专门训练的警察向成群结队的比拉鱼投放炸药,但由于发现和采取措施较晚,无济于事;继而鱼类学家们又专门培育了一种能吞食比拉鱼卵的鱼,但不知何故,比拉鱼的数量仍有增无减。这之后,虽然人们又采取了许多种方法,但都以失败而告终。

据悉,科学家们现已制定了一项复杂的战略性计划,打算在数年后,研制出一种可阻止比拉鱼鱼卵发育的物质。但要达到这个目的,得有20万吨以上的这种物质。而且,若想使其充分发挥效力,还必须对比拉鱼的生物学特性、活动区域和路线,以及产卵时间等了如指掌。这件事告诫人们:对比拉鱼威胁生态平衡的这类事件,应该防患于未然。

3. 环保卫士——象鱼

在非洲的泥沼中有一种长鼻子的鱼,人们把它叫做"象鱼"。这种鱼在尼罗河流域最多,但它在世界其他地区也能繁殖。这种鱼可以做环保卫士,因为它们对污染的水很敏感,即使只有轻微的毒质,也会引起反应。这种反应是通过象鱼的发电器官和它布下的电场来表现的。

象鱼对污染的水的反应比任何人工监测方法都来得快。因为电气测量设备只能监测规定范围的物质,对于预料不到的化学物质却无能为力。尽管人们不断采用新技术,但是仍然不可能把水中所有的毒质都及时地鉴别清楚。因而多年以前人们就开始利用鱼类,使这些水中动物成为监测者。鳟鱼是第一个作为试验品的鱼种。

可是,用鳟鱼等进行水质测验不能马上奏效。但象鱼的反应却不一样,因为它有四种发电的器官。由于它本身的结构,其中的每一种都是绝缘的,并有特殊的细胞组织,感应器就在这些细胞中,它能很好地记录毒质的危害程度。

象鱼对有毒物质,以及铅、镉、铬、砷、氰化物、硫酸盐、硝酸和水银等重金属特别敏感,反应迅速,准确无误。人们用两个电盘来记录象鱼对污染的反应。

各国科学家在象鱼的特殊功能的启发下,正在做进一步的研究、试验,希望能研制出像象鱼一样灵敏的全能的环保监测装置。

鱼鳞的科学

1. 鱼为什么有鱼鳞

对大部分鱼类来说,除头和鳍外,全身盖满鳞片。这就为有鳞鱼提供了一个防御层,有助于抵御疾病和感染。

鳞片也有外骨骼作用,有助于维持体型。鳞片还有一种伪装的作用。鱼腹上的鳞片能反射和折射光线,对水下猎鱼者来说,当它向上看它的狩猎对象时,那闪光的白色腹部,使狩猎者难以同发亮的镜子般的水面、天空区分开来。也有人认为鳞片能降低水的阻力。但有些科学家却认为,大鳞片使鱼的身体不太灵活,有碍运动。因为游得快的鱼是那些有小鳞片的鱼,甚至是没有鳞片的鱼。例如,有几种游得很快的金枪鱼,它的前端覆盖着鳞片,但在尾部附近几乎没有鳞片,而那些部位是最为灵活的。

鳞片引起了鱼类学家的浓厚兴趣。鱼类学家可以根据鱼鳞鉴别出鱼的种类。鱼鳞还有像树干那样的年轮,每一个年轮与一次过冬相对应。这可能是由于低温和食物供应减少,造成鱼类生长缓慢的缘故。鱼类学家除了以此测定一条鱼的年龄以外,还能计算出其平均生长速度和平均死亡率,从而推知鱼类群体的健康状况。

2. 闪闪发光的鱼鳞

你一定见过美丽的金鱼或色彩缤纷的热带鱼,它们在水中翩翩起舞,游动不息,浑身的鳞片闪烁着宝石似的光芒。

鱼类学家们研究后发现:在鱼类的皮肤里,在真皮内和鳞片上下,分布着色素细胞。黑色素细胞含灰黑色的色素,使鱼的体色呈现青黑。许多有着鲜艳体色和斑纹的鱼类,具有红色素和黄色素细胞。但是光有色素细胞,是不能使鱼体呈现出灿烂色彩的。鱼类的皮肤里,还有另外一种细胞,叫做光彩细胞。这种细胞里含有鸟粪素。鸟粪素为无色或白色的结晶体,它们堆积在细胞里,当光线照射到鱼体,通过细胞内鸟粪素结晶的反射和干涉,映现在我们的眼里时,便成为亮银般的闪光。所以,鳞片的熠熠闪光,主要是光彩细胞的作用。

色素细胞和光彩细胞的数量与分布,因鱼的种类不同而有所不同。一般情况下,黑色素细胞多集中在鱼体上部,光彩细胞在鱼体下部。如青鱼背面为深灰,两侧渐浅,而腹部银白。这就是自背部至腹部,黑色素细胞由多而少,而光彩细胞却逐渐增多的缘故。又因为光彩细胞有时分布在鳞片上面,有时在下面,反光率不同,因此有些鱼类的腹部很光亮,而有些则略显苍白。此外,色素细胞和光彩细胞内的色素颗粒和鸟粪素晶体,常因外界环境的影响或内部生理机能的变化而有集中或扩散、增多或减少的现象,从而导致体色有所改变。例如许多雄鱼,在性成熟的季节,表现为光彩夺目的婚姻色;病弱的鱼体色则暗淡无光。

3. 鱼鳞与年龄

鱼有大小,要想知道鱼的年龄,并不是件难事,只要从鱼身上剥一鳞片,仔细看看,就一目了然了。

为什么看鱼鳞就能知道鱼的年龄呢?鱼类学家告诉我们,鱼在生命开始的第一年,全身就长满了鳞片。鳞片由许多大小不同的薄片构成,好像一个截去了尖顶的不太规则的短圆锥一样,中间厚,边上薄,最上面一层最小,但是最老;最下面一层最大,但是最年轻。鳞片生长时,在它表层上有新的薄片生成,随着鱼龄的增长,薄片数目也不断增加。

一年四季中,鱼的生长速度不同。通常,春夏生长快,秋季生长慢,冬天则停止生长。第二年春天又重新恢复。鳞片也是这样,春夏生成的部分较宽阔,秋季生成的部分较狭窄,冬天则停止生长。宽窄不同的薄片有次序地叠在一起,围绕着中心一个接一个,形成许多环带,叫做"生长年带"。年带的数目正好和鱼所经历的年数相符合。

春夏生成的宽阔薄片排列稀疏,秋季生成的狭窄薄片排列紧密,两者之间有个明显界限,是第一年生长带和第二年生长带的分界线,叫做"年轮"。年轮多的鱼,年龄大;年轮少的鱼,年龄小。

所以,看鱼鳞,根据年轮的多少,就能够推算出鱼的准确年龄来。

世界奇观——冰下捕鱼

在吉林省前郭尔罗斯蒙古族自治县境内,有一处美丽富饶、古老神奇的草原湖泊,它就是我国北方著名的查干湖。世界上仅存的唯一的"最后渔猎部落"就繁衍生息在这里。

查干湖属温带大陆性气候,四季分明。进入冬季,当气温降到零下30多摄氏度的时候,烟波浩渺的查干湖被凝固成偌大的寒冰。湖面的冰层达到1米左右,而查干湖平均深度才2.5米。上面1米厚的冰层正好把鱼群压到下面的半米到1.5米的湖底,这就比较容易用大网把鱼兜上来。

在查干湖,天越冷,鱼越成群。冬捕的关键是在什么地方下网,几百号人马一天的收获要看"窝子"的选择。"窝子"都是由有经验的渔把头来选择。渔把头根据湖的底貌及水深确定位置后,开凿第一个冰眼——下网眼,再由下网眼向两侧各延伸数百步,方向是与正前方成70°~80°,插上大旗,渔民们称其为"翅旗"。渔把头由翅旗位置向正前方再走数百步后,插上旗,渔民们称这种旗为"圆滩旗",由两个圆滩旗位置向前方数百步处汇合,确定出网眼,插上"出网旗”，这几杆大旗所规划的冰面，就是网窝。网窝的大小、方向、形状，渔把头送旗的角度、准备等，都是渔把头师承下来并在实践中不断丰富和完善的经验。

查干湖冬捕所用的渔网通常是2米宽、2000米长的条形大网，光下网就得大半天的时间。所以冬捕期间，当地渔民每天凌晨四五点钟天还没有亮就得出发到湖面凿冰洞进行冰下撒网了。

这个孕育着无限希望与收获的冬捕活动，点燃了渔民希望的火种。所以，一踏上冰面，渔民们就你追我赶地忙碌起来。由打镩的沿下网眼向翅旗处每隔15米凿一个冰眼，然后下长18~20米的穿杆。由走钩的渔民将插入冰下的掌杆推向下一个冰眼。透过冰面看下去，掌杆牵着巨大的渔网，就像绣花针一样，被渔工巧妙娴熟地由一个网眼拉到下一个网眼，直到2000米外的出网口。而在这2000米的距离上就要打几百个冰眼。

掌杆后端系一根水线绳，水线绳后面带着大绦，大绦后面带着渔网。跑水线的渔民拉着水线绳带着大绦向前走，这时，马也拉着马轮子绞动大绦带着大网前进，后面是跟网的渔把头用大钩将网一点点放入冰下，随时掌握网的轻与沉。

在一望无垠的冰面上，冬捕的渔民冒着严寒开始作业。尽管捕鱼技术不断提高，现代机械日新月异，但他们对这古老的传统的捕捞方式还是情有独钟。这源于对祖先的崇敬，也源于对查干湖生态与绿色的呵护。

查干湖真是一处鱼类天然生存的神奇水域。夏秋季节，这个庞大的湖泊周边长满了自然植物，水中的昆虫繁多，使鱼有了足够的天然食物。这儿的鱼春夏觅食水中的虫类；初秋，强劲的西北风又把大量的湖边草吹倒在水中，鱼儿们便以采食水中的草子为生。不仅如此，查干湖周边几乎没有污染源，再加上原始的捕捞方式又避免了现代机械对湖水的污染，这便构成了查干湖鱼的独特的肉质，鱼味鲜而不腻，并散发着浓烈的纯朴的自然气息。这里所生产的鱼类当之无愧地位居国家级绿色食品前列，其中查干湖鳙鱼（俗称胖头鱼）先后得到

查干湖

国家、国际组织“AA 级绿色食品”和“有机食物”双认证,2006 年 10 月又被国家农业部命名为中国名牌农产品。

大自然默默地为人类创造了一整套生存规律。在那寒冷的科尔沁,从深秋到初冬,一切江河湖泊都被严寒封冻了。大自然养育了一春一夏又一秋的鱼儿,这时在冰下鲜嫩而肥美。同时,有严冬和冰雪这个天然大冰箱,使生产出来的鲜鱼易于保存和交易,这使得查干湖冬捕成为北方茫茫雪野中一道最为亮丽的风景线。

6 个小时过去了,此时,两侧网都已前进到了出网眼,整张网全部下入了水中,严严实实地围住了冰层下面的水域。

这时候,出网口成为最幸福和最欢乐的地方了……

随着渔把头有力的号子声,挂满了白珠的马匹拉动着出网轮,由 96 块网组成的一张大网,缓慢地被拉出水面。你看吧,那大如长弓的“胖头”,比蒙古刀还长的“草根”,比打兔子的“布鲁棒”还长的鲫鱼,还有它们的水系亲族在网眼处乖乖地集合着,谁不想争当“头鱼宴”的“骄子”,谁不想争当绿色食品“AA”的头兵? 于是,大鱼小鱼随网摆尾而出,瞬间便成为鱼的长河。这不是造山运动,而是“鱼海”随潮而来,一网可达几十万千克! 转眼之间就在湖面上堆起了一个个鱼垛……

服务热情周到的鱼医生

随着海洋科学的发展,人们将向海洋索取更多的水产资源,为人类造福。

我们希望鱼类能健康成长,子孙满堂啊!不过,鱼类也有生病的时候。

在碧波荡漾的海洋里,各种鱼类熙熙攘攘。突然,一条大鱼迅速地游向一条小鱼,但它不是把小鱼作为吞食的目标,而是在小鱼面前平静温驯地张开了鳍,让小鱼用自己的尖嘴紧贴大鱼的身体,好像在吮乳。几分钟后,小鱼窜出来,消失在海草中,大鱼也紧紧地跟上了鱼群。

这种奇怪的景象,每天在海洋中要重复几百万次。原来,这种小鱼是海洋中的鱼医生,它们世代在海洋中开设鱼类"医疗站"和"美容室"。科学家们称它为"清洁鱼"。

鱼类和人类一样,经常遭到微生物、细菌和寄生虫的侵害。这些寄生虫和细菌会附在鱼鳞、鱼鳍和鱼鳃上。鱼类还会在水中遭到不测:一条鱼被另一条鱼咬了一口,伤口感染化脓。于是它们不得不向鱼医生求医。鱼医生就伸出尖嘴来清除伤口的坏死组织和鱼鳞、鱼鳍、鱼鳃上的寄生虫、微生物,把这些当做佳肴美餐,并赖以生存。科学家们为了证实这一切,曾做了有趣的实验:把清洁鱼在鱼类经常生活的水域里清除掉,两周后,其他鱼类的鱼鳞、鱼鳍和鱼鳃上出现了脓肿,患上了皮肤病,而有清洁鱼居住的水域里,鱼类却生活得很健康。

至今已发现有10种鱼科45种小鱼日夜进行着治疗工作。这些鱼医生的工作效率十分惊人,有一种名叫圣尤里塔的小鱼,在6小时中能医治300条鱼。接受治疗的鱼必须"站"在医生面前,如果它喉咙不舒服,就张开嘴巴,让小鱼进入嘴里,清除里面的污垢。当鱼在治疗过程中遭遇危险时,它就会吐出小鱼,躲进安全的地方,或与敌方进行一场鏖战,绝不让它的小医生遭到伤害。

它们的"医疗站"一般设在珊瑚礁、水中突起的岩石、海草茂密的高地,或沉船残骸边。当鱼类成群结队、争先恐后地游到这些医疗站时,不免发生拥挤和争执。但“清洁鱼”总是不慌不忙地工作。有趣的是,来“看病”的大多是雄鱼,这不仅因为雄鱼好斗,经常受伤,还因为雄鱼比雌鱼更喜欢清洁和修饰外表。更令人奇怪的是,有些鱼类在接受治疗时会改变颜色,由浅色变成红色,或由银色变为古铜色,好像是一种指示灯,表明:“我正在清洁和治疗。”

海洋鱼类的自我医疗是种十分有趣的现象,它唤起了人们的深思,值得动物学家们去研究、去探索。

从“釜底游鱼”说到动物的忍饥能力

东汉顺帝的时候,朝廷有个小官名叫张纲,他为人忠诚,刚直不阿。当时的大将军梁冀,倚仗妹妹是皇后,便有恃无恐,独断专行。别人敢怒而不敢言,张纲却不怕,他公开上奏皇上,说:“梁冀贪污腐化,残害忠良,诚天威所不赦,皆臣子所切齿者也。”他这样大胆控告梁冀,朝廷百官为之震惊。可是梁冀的势力太大了,皇帝也不敢动他。从此,梁冀对张纲恨之入骨。

不久,广陵张婴率众造反,杀了刺史,事态紧迫。梁冀想借刀杀人,便施阴谋派张纲去当广陵太守。张纲并不害怕,他到任后亲自去见张婴,说服他们归顺朝廷,表示要惩办贪官污吏。张婴被他说服了,哭泣着说:“我们为了生计才相聚起事,我们好像锅中的游鱼,很短时间就要灭亡,我们愿意归顺朝廷。”第二天,张纲接受了他们的投降,然后把他们都放了,从此广陵太平无事。

这个故事出自《后汉书·张王种陈列传》,书中记载说:“婴闻,泣下,曰:‘荒裔愚人,不能自通朝廷,不堪侵枉,遂复相聚偷生,若鱼游釜中,喘息须臾间耳。’”成语“釜底游鱼”就是由这里引出来的,用以比喻在很短时间内就要灭亡的人或事物,也比喻处在极端危险境地的人。

你想,既然已成了下面烧着柴火的釜(古代把锅称为釜)底之鱼,那它的末日只有片刻的工夫了。这是生活常识。

然而,自然界却有被煮活了的鱼,竟能遨游于烫手的釜中。1936 年,法国旅行家雷普在海上航行时不幸翻了船,海水把他卷到了一个叫伊都鲁普的小岛上。正当他饥饿难忍的时候,忽然看见小湖里有几条肚子朝天、漂浮着的“死鱼”。他真是喜出望外,赶紧把鱼捞上来,支好旅行锅,点着火,开始烧鱼,以充饥肠。烧了一会儿,他将锅盖揭开一看,惊呆了:那鱼儿竟死而复生,摇着尾巴,在锅里游动起来,可谓自由自在、怡然自得。

“死鱼”烧活了!雷普十分惊奇。他设法试了试锅里的水温,大约在 50℃左右。

奇怪,“死鱼”为什么能煮活呢?雷普百思不得其解。后来,经过人们的考察、研究发现,这个岛上的火山曾经爆发过,随后出现了一个热水湖,湖水的温度曾高达 63℃左右,别的鱼类都被烫死了,唯独这种鱼幸存下来,生活在火山口的高温水里,并且逐渐适应了在温水里生活。如果它离开了温水进入冷水里,反而会被冻僵。它的生命虽然停止了运动,但并没有死,一旦温度回升到适合于它的生存环境就会活过来。

当然,不仅伊都鲁普小岛上有这样的热水鱼,在俄罗斯贝加尔湖附近的一眼 47℃的温泉里也有热水鱼,在美国加利福尼亚州的一条水温 52℃的河里也有热水鱼。据科学家考察得出的结论,这些生物由于长期对外界环境的适应,才产生了耐高温的习性。

无独有偶。非洲维多利亚火山,海拔 2600 米,是著名的活火山,每隔 15 ~ 20 年就大规模地爆发一次。由于它地处赤道线上,充沛的雨水使火山口方圆近百米形成了一个名叫基符的火山口湖。

当地的老人一生中能目睹维多利亚火山的数次大爆发。基符湖就像一锅煮沸的开水,热气蒸腾,不一会儿湖水便被蒸发殆尽。仰赖热带暴雨,火山爆发后没几天,就又形成一泓晶莹透明的湖水。

在火山爆发之后的间歇期，当地人发现，非洲鲫鱼等鱼类竟自由地在这火山湖里游动。是谁冒着危险攀登如此高峻的活火山口播下鱼苗的呢？

英国生态学家考察了高峻陡峭的基符湖畔，发现常有一种非洲的兀鹰栖息着。当地人也看到兀鹰在山脚的湖河里捕衔着鱼，直往基符湖飞去。

根据这种迹象可以判定，是兀鹰口中幸存的鱼掉到了基符湖里。存活的鱼繁衍生殖，生生不息，形成了这有趣的景象。

生态学家曾对湖水取样化验，发现湖水中有适应鱼类发育成长的食物和微量元素。

动物不仅耐高温，有的动物还耐饿呢！

冷血动物的机体新陈代谢进程缓慢，忍饥的能力比较强。很多鱼虾龟鳖，还有某些鳄鱼和章鱼，都能几个月不吃食物。昆虫的寿命短促，但有的昆虫能够大半生不吃东西。

产于中非洲的肺鱼也很能耐饿。这种齿尖体圆形似黄鳝的鱼，栖居在草多水浅的池塘里，以软体动物、腐草、小虫和小鱼为食。在非洲的烈日暴晒下，池塘常常干涸到滴水无存的程度。这时肺鱼一头扎进泥里，结一个茧，便入眠了。即使大旱三年，它也毫不在意。到第四年，破开泥块，这种圆嘴尖齿鱼还活蹦乱跳呢！

动物的耐热本领

不得不说，生物适应高温的能力，已经远远超出了人们的想象。

据悉，美国科学家发现了一种令人惊奇的深海软体虫，它们栖息在海底热液附近。它的身体结构使它能耐受45℃～55℃的高温。哈佛大学和华盛顿大学的动物学家为栖息在1800深水下的软体虫成功建成了一个特殊的高压水箱，以测定它们的耐热喜好。在水箱一端安放有加热器，在另一端安放有冷却器,从而人为建立了一个从 20℃ ~60℃均匀的温差区。科学家观察发现,软体虫更喜爱 40℃ ~50℃的水温,有时会爬行到水温为 55℃的区域。

在东太平洋海底,有一条长长的地壳活动带,发现那里有许多的海底热液。

有些热液在冒出地面时会在出口处形成烟囱似的石柱。从“石头烟囱”里冒出来的热液,温度常能超过百度。就是在这样的沸水环境里,在这些冒着沸水的烟囱外壁上,生活着一种毛茸茸的软体动物,专家们叫它为“庞贝蠕虫”。它们用分泌物自“石头烟囱”的岩基上堆起一条细长的管子,就像珊瑚虫一样,身体就蛰居在里面。生物学家们通过水下仪器及电视看到,这些蠕虫有时会爬出管居而在四周游荡。经测量,那里的中心水温高达 105℃。事实证明:庞贝蠕虫是地球上最耐高温的动物之一。不但如此,在它们生活的海水中还有高浓度的有毒硫化物和重金属元素,而庞贝蠕虫仅靠它那小小的身体,竟然抵抗着自然环境的一切压力。

在发现庞贝蠕虫之前,公认的最耐热的动物是生活在撒哈拉大沙漠“沙漠银蚁”。它们能够忍受 53℃的高温。

据说,在希腊的维库加有一处水温高达 90℃以上的沸泉,这里生活着一种水老鼠。它们在沸泉里活得十分自在,毫无不适之感。若把它们放在常温的水中,它们反而会被冻死。

这些生物为什么能耐高温呢?至今说法不一。有的科学家认为它们的机体构造和生理特性与普通生物并无两样,之所以能耐高温,是因它们机体内有特殊的抗热因子或有耐热的酶;也有人认为,它们机体内的蛋白质合成系统和细胞结构有微妙变化,因此,在高温高压下能保持正常结构。

现在科学家们正以极大的兴趣对它们进行深入的研究,或许能从中得到有益于人类的某种启发。

神奇的隐身术

绝大多数的海洋鱼类都是靠自己的力量、速度或坚硬的外壳来战胜敌人或者摆脱对手的袭击，以保障自身的安全。但也有极少数弱小的鱼类，却是依靠“隐身术”来逃避敌人的。

所谓“隐身术”，是指它们具有某种保护色或保护形，使自身的颜色或者形状同它们的生活环境中的某些事物相似，借以蒙蔽敌人的眼睛。

在大西洋和印度洋中，生活着一些奇异的变色鱼。

科尼鱼的外形似金色红鲤鱼，周身发亮闪金光。当它受到外界干扰时，背上尾鳍部到眼、嘴部一线往上的背部颜色就会变深，呈暗红色，其余部分的颜色变浅，呈微红色，尾部和鳍部的颜色则变得更浅，呈浅黄色。

金字塔蝴蝶鱼的外形像比目鱼，但两眼生在头部两侧，嘴部尖尖的。夜间，头部呈淡蓝色，身子和尾部为天蓝色，背部、颈部和鳍部呈鲜黄色。昼间，头部的颜色变深，呈黑色，身上和尾部颜色变浅，呈淡蓝色。当它因外界刺激感到恐惧时，头部便由深灰色变为鲜黄色。

帕佛尔鱼的外形像狗鱼，平时为灰褐色，睡觉时会变成与海底泥沙类似的颜色。

鲷鱼的“隐身术”可算是极高明的——它具有多种的保护色：在红色水藻中，它的身体呈血红色；到了绿色的环境中，它又变成草绿色了；如果生活在黄色的水藻中，则会变成橄榄黄。说它是一种“变色鱼”，恐怕也不过分吧！

变色鱼为什么会变色呢？原来，它们的皮肤里具有充满颜色颗粒的皮囊。色素皮囊会因为外来刺激而变大变小。皮囊变大，颜色会变深；反之，颜色便变浅。

海兔是软体动物，属浅海生活的贝类。它的头部有两对触角，前面一对管触觉，后面一对管嗅觉。这些触角在海兔爬行时能向前及两侧伸展，休息时则竖直向上，恰似兔子的两只长耳朵，所以人们叫它“海兔”。海兔以各种海藻为食。它有一套特殊的避敌本领，就是吃什么颜色的海藻就变成什么颜色。如一种吃红藻的海兔身体呈玫瑰红色，吃墨藻的海兔身体就呈棕绿色。有的海兔体表还长有绒毛状和树枝状的突起，从而使得海兔的体型、体色及花纹与栖息环境中的海藻十分相近，这样就为它自己避免了不少麻烦和危险。

依靠保护形来“隐身”的鱼类，比较明显的是生活在巴西的一种不大的叶形鱼。它的扁平的身体非常像红叶树的老叶，连颜色也和这种树叶相似。它行动的时候，也酷似一片顺水漂浮的树叶。它经常如树叶一样，静静地躺在水底。渔民们用网把它捞起来的时候，它也纹丝不动。粗心的渔民有时也会被它所骗，误认为它们是一些树叶呢！

生活在海藻中的裸蛙鱼，也有类似的本领。它身上长着增生物和棘鳞，体色也是黄色中间带白斑，同海底的植物丛非常相似。

澳洲海马则是兼有保护形和保护色的海洋动物。它全身长满许多突起物和丝状体，在海水中轻轻漂荡的时候，很像一丛随水漂流的水生藻类。

在军事技术当中，也有类似的隐身技术。像侦察中的化装术和通讯中的干扰术，飞机和导弹的隐身术等，都是隐身技术。不过，这里的“隐”字，不是对眼睛的，而是对雷达、红外电磁波和声波等探测系统活动。目前，军用飞行器面临的主要威胁是雷达和红外探测器。

用什么办法对付这种威胁呢？科学家们经过不断的探索和研究，隐形材料便应运而生了。隐形材料是指那些既不反射雷达波，又能够起到隐形效果的电磁波吸收材料。它是用铁氧体和绝缘体烧结成的一种复合材料，由很小的颗粒状物体构成。电磁波碰到它以后，就在小颗粒之间形成多次不规则的反射，转化成热能被吸收了。这样，雷达就收不到反射波，也就发现不了飞行器了。

鱼儿睡眠趣事多

睡眠对一切动物来说都是必不可少的,不过因生存条件、环境的优劣和新陈代谢的不同,决定了各种动物的睡眠方式、睡眠地点和睡眠时间千差万别。

生活在海洋中的鲸,它的睡眠时间是不固定的,如遇到大风大浪,无法得到幽静的环境时,就干脆不睡。等风平浪静以后,便由一条雄鲸把"家庭"中的所有成员——几条雌鲸和若干条幼鲸聚集在一起,以鲸头为中心,相互依偎着,呈辐射状漂浮在海面上。

海洋底层的鹦鹉鱼,睡觉前先钻到石头底下,然后从嘴巴里吐出丝来,迅速地织一件透明的睡衣,把自己裹在里边起保护作用。天一亮便把睡衣丢掉,到晚上再织一件新的。

科学家对海洋中和蓄水池中的海豚分别进行了观察,得出的结论是一致的:海豚昼夜 24 小时都处于运动之中。看来,海豚的睡眠方式与其他哺乳动物完全不同。

前些年,前苏联科学工作者通过脑电流扫描术详细地研究了一种叫做"阿法林"的海豚的睡眠问题。现已表明,这种海豚具有奇特的睡眠方式:"阿法林"大脑的两半球从来都不是同时进入睡眠状态的,它们的左、右脑半球是轮流休息的。

那么,是不是所有海豚的睡眠方式都是如此呢?为此,前苏联科学工作者又对黑海里的"亚速夫卡"海豚进行了研究。经观察表明,不管是白天还是黑夜,它们总是以每分钟 50 米的速度游动着。而且,无论是在轻度睡眠,还是在熟睡过程中,它的游动都会激起水波。脑电流扫描术的密码表明,"亚速夫卡"海豚在睡眠时,也仍有一半大脑在工作,只不过大脑右半球的工作时间比左半球的工作时间要长一些罢了。

目前，对海豚的睡眠问题，有关专家正在进一步探索。

鱼，没有眼睑，不闭眼睛，所以人们很难辨别鱼类是否睡眠。其实，鱼类同人类以及其他动物一样，也需要休息和睡眠，以恢复其自身的体力和节省贮藏在肌肉里的肝糖。

在浅海海域生活的海鱼和淡水鱼类多在夜间睡眠，不过它们栖息睡眠的位置却有所不同。如被称为海洋游泳者的翻车鱼，无论是苏醒时还是熟睡时都是浮在水面上，而海鱼中常见的鲣鱼、金枪鱼也是在水面上边游边睡。但大部分鱼类都是在水底睡眠。有些鱼类依在水草和岩石上睡眠，如缘鳐鱼、攀鲈鱼；虹鳟鱼、鲤鱼、鲫鱼则极为安静地卧在水底睡眠；鳝鱼、泥鳅、鳢鱼等一些身体细长的鱼类，入睡时悠悠然地端卧于水底；海鱼中的比目鱼、鲽鱼睡眠时，则把沙子拱在身上当作被子，只有两只眼睛露在外边。根据鱼的生态习性不同，有些鱼类在白天休息和睡眠。这些大多是底层鱼类，常见的有鳝鱼、鲶鱼、海鳗、黑纹裸身鳝、田鳝等肉食性鱼类。它们白天躲在岩礁缝、洞穴、泥沙、乱石中或繁茂的水草等水生高等植物之中，到了夜间去觅食，袭击在睡梦中或静止休息的鱼类和其他水生动物。

鱼类的冬眠和半冬眠也属于休息、睡眠的一种生态习性。当冬季来临水温下降时，发生了水体的势力转移，同时也降低了鱼的体温和鱼类机体的新陈代谢，使鱼类食欲减退或完全丧失食欲，不再去主动地游弋觅食，将体内新积存的脂肪肝糖的热能消耗量控制在最低程度，尽其所能防止能量的散失，以度过不利于其生存的时期。它们大多嘴和鳃盖轻微地张闭，呼吸缓慢。在我国北方冰钓时最常见的鲤鱼和鲫鱼，它们多栖息在水底的坑洼处，有水草、杂物和水流平缓的地方，头对头地聚成一团冬眠。所以尽管在水体之上覆盖着厚厚的冰层，遮挡着严冬凛冽的寒风，但毕竟水温降至4℃，到阳光普照大地，天气相对升温和凿冰垂钓、为水体注入充分的氧气时，鲤鱼和鲫鱼也很少去游动觅食。而泥鳅、鳝鱼则是彻底地完全冬眠，它们将身体深深地钻入泥沙中。但在热带地区的热带淡水鱼多为夏眠,为避开水温的升高,它将身体埋在土中睡眠。生长在泰国湄公河的鳢鱼,在火热的旱季,它会深深地钻入微微潮湿的泥土中去夏眠,下雨之后方开始钻出泥土游动。所以那里的人们在旱季可以不去钓鳢鱼,挖土便能捕捉到鳢鱼了。

科学家记录了大量鱼类脑电图,证明鱼类确实存在睡眠现象。除了脑电图的变化外,鱼类睡眠时心脏收缩的频率也相对减慢。但有趣的是,鱼类睡眠时仍保持游泳姿势,其他生理状态也与觉醒时差不多。所以科学家把鱼的这种睡眠称为"原始睡眠"。

科学家们认为,睡眠和觉醒的昼夜节律显然是与动物离开原始海洋进入陆地生活有密切关系。为了适应新的环境,动物才逐渐建立起新的睡眠机理。对脊椎动物睡眠的研究,最终将有助于准确解释人类睡眠中一些尚未解开的谜。

鱼儿需要珊瑚

人们通常把珊瑚、玛瑙当成宝物。其实,未经加工的天然珊瑚,是呈树枝形的。自古以来,世界各国的人都认为珊瑚是植物。到18世纪,还有人把珊瑚的触手当成花,自认为是一大发现呢。现在,绝大多数人都知道珊瑚是动物——当然是低等动物。珊瑚这一名称下,包含了很多种类,却有共同的特性——都生活在海里,且特别喜欢在水流快、温度高、比较清净的暖海地区生活。由于大多数珊瑚都可以出芽生殖,而这些芽体并不离开母体,最后成为一个相互连接、共同生活的群体,这是珊瑚成为树枝形的主要原因。珊瑚的每一个单体,我们叫它珊瑚虫。通常所见的珊瑚,就是这些珊瑚虫的肉体烂去后所剩下来的骨骼。海里常见的珊瑚礁大都是由这些骨骼堆积而成的。有的骨骼质地粗糙,可以用作烧石灰、制人造石的原料:质地好的可以做建筑用材:还有些骨骼质地坚密,色泽鲜艳,特别是红色的尤为人们所珍视,是人们视同宝石的珊瑚,人们将其雕琢成种种装饰品。

在辽阔的海洋世界里，生活着千姿百态、色彩艳丽的珊瑚，尤其是在水质清澈、水温较高和氧气充足的热带和温带海底，珊瑚生长繁茂，“百花”争艳。珊瑚的形状很像树丛，似有根、茎、叶之分，长期以来被人们误认为植物，素有“珊瑚树”、“海底树”之称。直到19世纪下半叶，人们才看清它的真面目，珊瑚是动物而不是植物，属于无脊椎动物腔肠动物门。

珊瑚虫是辽阔海洋中的造陆者。在珊瑚虫的外胚层里存在着许多钙质细胞。它们能够迅速地分泌石灰质的骨骼，在海底逐渐产生突起的构造，久而久之，便造成了今天人们熟知的珊瑚礁和珊瑚岛。现代的珊瑚岛成了横渡印度洋和太平洋的天然良港。澳大利亚的大堡礁，就是世界上最大、最美丽的珊瑚礁。在我国辽阔的南海海域，也广布着大大小小的岛屿，其中许多也是由珊瑚虫分泌的石灰质骨骼所构成的。

由于珊瑚的体态奇异，色彩鲜艳，所以被大量地用来制作装饰艺术品。现在世界上珊瑚工业蒸蒸日上，兴旺发达。就经济价值来说，每年能获得数以亿计美元的收入。

意大利的一个城镇，有80%的居民依靠捕捞珊瑚、雕刻珊瑚和出售珊瑚及其工艺品为生。所以，人们把这一城镇称作“珊瑚之城”。该城设有一所珊瑚工艺专科学校，专门培养珊瑚雕刻家和装饰艺术家。

美丽的珊瑚还是重要的旅游资源。澳大利亚的大堡礁，每年都接待成千上万的游客。美国的第一个海中公园，就选定在西南部佛罗里达海峡的五彩缤纷的珊瑚花园。这里是一片“海底森林”，游览的人们可以乘坐在租来的玻璃底游船上，观赏这绝妙的珊瑚世界的美丽景色，别有一番情趣。

站在热带珊瑚礁上，经常可以看到有鱼群栖息在珊瑚枝下面。鱼群通常在晚上离开礁石去寻食，白天又回到老地方。很久以来，人们总认为是珊瑚保护了鱼。但是近来有证据表明，珊瑚在掩护鱼的同时，自己也得到了很多好处。

虽然作为一种生态系统来说,珊瑚是很肥沃的,但珊瑚礁外面的水域中,养料却很缺乏。因此,有科学家想要探明,在珊瑚礁和鱼类寻食处附近的陆地之间,洄游的鱼群是否就是传送养料的运输系统。洄游寻食的鱼种类很多,研究者挑选了在维尔京群岛的圣克劳克斯岛周围水域里洄游的法国石鲈鱼作为研究对象,取了栖息在珊瑚里的鱼群身旁的水作为样品进行分析。他们发现,有鱼群的水中的氨离子(一种养料的来源)浓度比没有鱼群的水高3.5倍,而另一种重要养料磷就没有这样的差别。这表明,是鱼的排泄物提高了水中的营养成分。在有鱼的珊瑚中,含有暗色的沉积岩,这说明鱼的粪便丰富了珊瑚四周水中的养料。

科学家们为寻找鱼和珊瑚生长之间的关系做了两年试验。每隔四个月对六个珊瑚作一次测量,再加上实验室中测得的数据,一起用来估计鱼群提供的养料对珊瑚生长的影响。他们发现,有鱼栖息的珊瑚,每一个分枝平均增加碳酸钙3.45克,而没有鱼的珊瑚只增加了2.87克。除鲈鱼之外,至少还有14种鱼也为珊瑚提供养料。

可见,鱼儿需要珊瑚,珊瑚也需要鱼。

海龟带来的繁荣

在哥斯达黎加瓜纳卡斯特省,有一个濒临太平洋的小村庄,叫奥斯蒂奥纳尔村。从前,这里的村民光着脚住在棕榈叶编成的棚屋里。如今,他们有了鞋穿,有了带客厅的房子住,有了自行车,有了自来水,孩子们有了摇篮,孕妇们有了医疗保险,老人们有了养老金……

这一切的变化都是因为海龟,是海龟蛋为这里带来了繁荣。

从1966年起,哥斯达黎加开始禁止捕杀海龟以及使用来自海龟的任何制品。但是这一措施并未能完全制止当地人出于生存的需要而偷猎海龟的行为。

1987年,海龟保护组织、科研人员和哥斯达黎加政府决定对两个地方的居民开禁:一个是利蒙省,允许那里的居民每年捕杀1800只绿海龟;另一个就是我们开始提到的奥斯蒂奥纳尔村。允许这两个地方的居民在当地政府的监控下,收集和出售海龟蛋。

从1985年起,哥斯达黎加政府就在奥斯蒂奥纳尔村设立了国家野生动物保护所,保护每年来这里产卵的数以万计的鹦嘴龟,以及珍贵的坎普氏里德利海龟。这里是哥斯达黎加第二大海龟繁殖地,也是世界上最重要的海龟繁殖地之一。到目前为止,科学家在全世界只发现7处坎普氏里德利海龟的产卵地,而这里是其中之一。

海龟繁殖的过程总是相似的。第一批几十只海龟总是在大海涨潮的时候到来。随着天色逐渐变暗,上岸的海龟也越来越多。50只、100只、200只……突然间,海龟的大兵团出现了。在灯塔的光亮下可以看到,800米长的海滩上,到处都是上岸产卵的海龟。科学家们将这一现象称为"上岸"。成千上万只海龟就这样从深海来到这片沙滩,集体上岸,同时产卵。

虽然海龟每年产下大量的卵,但是成果并不显著。在这里产下的卵中,大约只有8%的卵能够最后孵化成幼龟。奥斯蒂奥纳尔村的这片海滩太小,无法满足众多海龟的需要。当第一批海龟在头天夜里产下卵之后,第二批海龟又会在第二天夜里到来。它们在沙滩上寻找产卵地的时候,往往会把头一批海龟产下的卵刨出来。结果海滩上到处都是海龟卵,它们成了海鸥、猫、狗、浣熊以及人类的食物。

在奥斯蒂奥纳尔村,每年的八九月份,在海龟上岸后的36小时内,是法定可以收集海龟蛋的时间。每到这时,奥斯蒂奥纳尔村的200多名村民就开始翘首等待来自海上的上天恩赐。十几年来,这一直是生活在这里的人们的主要经济来源。

被称为"集蛋人"的村民从早到晚不停地忙碌。对于他们来说,时间是宝贵的。男人们跪在沙滩上挖掘，寻找着海龟的窝，一旦找到之后，就由女人们来收集海龟蛋。她们小心翼翼地将这些直径40毫米左右的小东西放进口袋中，然后集中起来，仔细地清洗干净，最后将这些海龟蛋送往一个看守严密的仓库中。孩子们也不闲着，他们跟在父母身后，将不慎被弄破的海龟蛋从沙滩上清除掉，以免海龟蛋的蛋液渗入沙滩中，改变沙滩中微生物和昆虫的生存环境。因为海龟蛋破裂而造成的沙滩微生物过量增殖，是导致海龟蛋不能孵化或是孵化出的小海龟死亡的主要原因之一。

奥斯蒂奥纳尔村是个年轻人的村庄。在全村的400名后代中，有50%年龄在15岁到19岁之间。大约60%的人都从事与收集海龟蛋有关的工作。奥斯蒂奥纳尔整体发展联合会是村民组织的专门负责海龟蛋贸易的机构。每次海龟上岸后，当地居民采集到的海龟蛋就由这个联合会负责包装并向全国销售。

在哥斯达黎加，海龟蛋十分受欢迎。这些海龟蛋中有一半销往面包店，另一半则销往全国的餐厅和酒吧。但海龟蛋出口是被禁止的。哥斯达黎加人食用海龟蛋有各种各样的方式。生吃、做成沙拉、放在啤酒或者甘蔗酒中饮用等等。哥斯达黎加人还认为海龟蛋的蛋黄能壮阳补肾。无论如何，在生活水平并不太高的哥斯达黎加，海龟蛋是重要的蛋白质来源。

奥斯蒂奥纳尔村的村民也把海龟蛋当做一种美味来享受，这种美味几乎是他们全年收入的来源。这个村庄中年龄15岁以上，定居时间超过10年的人，都成为整体发展联合会的一员，分享着联合会在海龟蛋贸易中获得的利润。

在20世纪50年代，这个村庄只有4座可以称为房屋的建筑。如今，这里已经有了100多幢房子，有了保健中心、学校、警察局，甚至还有一个旅游信息中心。村民们骄傲地说："我们目前所拥有的一切大部分来自海龟蛋。海龟数量增加了，奥斯蒂奥纳尔村也就人丁兴旺了。"

显然，以海龟蛋为生的奥斯蒂奥纳尔村村民是最重视保护海龟的人。

海龟导航的奥秘

海龟科的龟类在我国沿海有3个属、3个种。其中有一种叫“海龟”,大的可达450千克。另一种叫“蠵龟”,可达100千克以上。还有一种叫玳瑁,其背部角板上布满具有光泽的黄褐色花纹。除这几种外,还有一种棱皮龟科的“棱皮龟”,和海龟科是近亲。海龟大都以鱼、虾、蟹、软体动物及海藻为食,活动范围一般离海岸不太远,迷航的船只往往能根据海龟的出没,判断陆地的远近。

海龟和蠵龟的脂肪可以炼油,肉味十分鲜美,而且富有营养。龟板炼制的胶是高级补品,对肾亏、失眠、肺结核、胃溃疡、高血压、肝硬化等病的治疗颇有帮助。其掌、胃、胆、卵、油、血等均能入药,有清热解毒的作用,而且可以加工成各种手工艺品,自古以来就为人们所珍爱。

海龟是一类大型海生爬行动物,生活在热带海洋里,偶尔随着漂流来到温带海域,但不在温带产卵繁殖。海龟是著名的海洋旅行家,幼小的海龟自破壳而出之日起,便开始了旅行洄游的生涯,在漫长的旅游途中不断成长和发育成熟。当生殖季节快要到来之时,海龟们即使在千里之外,也要三五成群地结伴回到“故乡”——原产卵地交配产卵。

平时性情温顺的海龟,到了每年的发情期间,活动非常频繁,争先恐后地去寻找自己的伴侣。

海龟可以在岸边及水中交配,许多雌龟可将精液贮存4年之久,以致在往后几年内不再进行交配,也可产生受精卵。这种现象在脊椎动物中是很少见的。

海龟每年多次产卵。当夜深人静的时候,母龟便悄悄爬上僻静的海岛,在沙滩上的较高处选择好产卵地点以后,便用桨状肢扒开一个大沙坑,陆续将比乒乓球稍大的卵产入坑内,一边产卵还一边“流泪”。有人误认为海龟流泪是

海龟蛋

“分娩阵痛”引起的，还有人认为它在怀念大海，其实都不是。海龟并不像人类那样有思想、有感情，它们的行为都是本能的表现。海龟的眼旁有一盐腺，它平时总要通过“流泪”的方式，不断把血液内多余的盐分排出体外。这是海龟长期在海洋生活的进程中，对海洋生活的一种适应。

在茫茫大海上迁移，海龟怎么会认识归途呢？有人认为它们可能同某些洄游鱼类一样，体内有着某种能利用地球重力场辨识方向的“导航系统”，同时能参照海流和不同时期的水温来校正航向。多年以来，人们对海龟万里航行不迷途的本领怀有极大的兴趣，设想有朝一日揭开这个秘密。

不久前，美国科学家马克·格拉斯曼、大卫·欧文等提出：海龟具有气味导航能力。

格拉斯曼和欧文为了证实海龟的气味导航能力做了有趣的实验。他们把一些4个月的小海龟放在一个大木箱里，木箱由4个彼此隔开的小室组成。每室中的水和沙都不相同。小室里面分别盛有来自派特尔岛的海水和沙，来自加尔文斯顿岛的海水和沙，以及两种人工配成的海水和沙。科学家通过观察并记录海龟进入每个小室的次数和待在小室里的时间长短，来判断小海龟对不同的海水和沙的喜爱程度。结果发现，12只海龟进入加尔文斯顿岛海水和沙的小室的次数比进入派特尔岛海水和沙的次数多一倍。欧文指出，这说明来自两个岛上的海水有相似之处，所以小海龟都光顾了两个小室。但是它们在异域海水里只是探索和寻找什么，它们似乎觉得加尔文斯顿岛的海水不对头，而到了派特尔岛海水和沙里,才发觉有了回家的感觉。这些小海龟的老家确实是派特尔岛。

科学家分析了吸引海龟的海水的特征问题。欧文说,每个海滩都有自己的动植物生命的“生物踪迹”,这种踪迹能提供一种特有的“生态气味”,而正是这种生态气味吸引了小海龟,并帮助它们认得回家的路。当然,海龟也可能具有诸如太阳定向、磁场定向等其他的导航能力。

蛙战·蛇蛙战

1970 年 11 月 7 日,马来西亚首都以北 260 千米森吉西普地方的居民,在走过一处大泥潭时,看到了一幕惊心动魄的景象:蛙声震耳欲聋,成千上万只青蛙在奋不顾身地“血战”,你撕我咬,战斗进行得非常激烈残酷。这次蛙战聚集的青蛙达 10000 多只,有 10 多种。蛙战从 11 月 7 日爆发,直到 13 日才告结束,足足打了一个星期。这场奇特的青蛙之战,引起了马来西亚大学动物学家的重视,他们立即前往调查,但时过境迁,激烈的青蛙大战已结束了,见到的只是池水中的蝌蚪、蛙卵和遍野的死蛙。

在我国也发生过群蛙“大战”的场面。那是在 1977 年广州市郊的一个水坑里,数百只青蛙鸣叫声似擂鼓。有的在水面追打,有的用前肢打架,也有的十几只抱成一团,相互“鏖战”。残杀的结果,有的断肢残体,有的鲜血淋漓,景象极其悲惨。

1979 年 10 月的一个大雨天,贵州省某地一块水田里,竟有上万只青蛙搏斗,蛙声齐鸣,响彻山谷。

那么,为什么会发生群蛙大战呢?科学家研究认为:蛙“战”这种现象往往出现在久旱大雨后的凌晨,大雨创造了水域环境。蛙类是两栖动物,它的卵和蝌蚪必须在水中发育成长,因此,水是蛙类繁殖最重要的条件之一。在久旱不雨的情况下,青蛙不会产卵,即使腹内卵已成熟,也只好等待。一旦大雨降临,青蛙便倾巢而出,雄蛙首先选择适宜的水域环境,大声鸣叫,招引雌蛙,因而形成群蛙争鸣的场面,甚至成百上千只蛙被招引到同一水域里寻偶配对。在交配过程中,雄蛙追抱雌蛙,两三只雄蛙争抱一只雌蛙或雄蛙彼此错抱的现象屡见不鲜,因此成了所谓蛙战的奇异场面。其实,这是蛙类繁殖的正常现象。

既然不是蛙战,青蛙又为什么会死亡呢?大家知道,蛙类没有殴斗的武器,就连嘴边细小的小颌齿也只能起着将食物挂住不致脱落的作用,当然也就不可能伤害另一只青蛙。其死亡原因有几种可能性:雌蛙怀卵体笨,若被多只雄蛙紧抱,有的无法逃避,甚至窒息而亡;蛙类经过冬眠体质较弱,有的交配产卵,力衰过度致死;蟾蜍受到某种刺激可分泌出白色有毒浆液,青蛙接触后,有可能中毒死亡;此外,观看人群中难免有人用泥块或棍棒打死青蛙的情况。后来者不知实情,认为是蛙战中身亡。

在自然界里,两蛙搏斗的现象是十分罕见的。美国生物学家帕特丽夏·福格登博士在中南美热带雨林考察动物时,三次目击两只雄性哥斯达黎加毒箭蛙挺直后肢,各自用头部和前肢进行激烈的搏斗,持续数小时还难分难解,最终体大的蛙获胜,败者默默地溜走。

"蛙战"使人惊心动魄,"蛇蛙战"更会让人目瞪口呆。

盛夏的一天,在湖南新田县门楼下瑶族乡,发生一场罕见的"蛇蛙战"。在一条清澈的小溪边,几只石蛙在溪边游玩嬉戏。石蛙身长13厘米,当地人把它叫做"石鸡"。这种蛙的雄蛙胸部多刺,科学家便给它起了个学名叫刺胸蛙。突然一条长约135厘米、重约2.1千克的紫黄色毒蛇向石蛙窜来。石蛙见状,慌忙躲避,随即发出"咕哇、咕哇"的叫声。顿时,众多的石蛙分别从岩石中、荆棘丛中向发声地奔来,数量足有四五十只。面对毒蛇的挑衅,群蛙一边哇哇鸣叫,一边伺机反扑。只见一只石蛙奋起一跃,前肢紧紧抱住蛇颈,随后,群蛙纷纷向前,紧抱蛇颈以下全身。毒蛇吐出长舌,翻卷身躯,而群蛙紧抱不放,几只大蛙轮流向蛇头发起冲击。大约经过 2～3 小时的搏斗，蛇的全身缠满了石蛙，动弹不得，最后窒息而死。

本来，蛇吃青蛙，青蛙吃鼻涕虫，鼻涕虫吃蛇，这是人们常说的生物链。但若说蛇被青蛙吃掉了，你信吗？日本茨城县千代田村一位名叫荒井昭二的业余摄影家，便拍摄了一张青蛙吞食蛇的珍贵照片。

6 月末的一天，荒井昭二公休在家，忽然听见后庭院的荷塘里有拍打水的声响。他出去一看，发现一只 20 厘米大小的牛蛙正吞食着比它身长大一倍的赤练蛇。荒井昭二急忙取来照相机，拍下了这一使人震惊的景象。他将照片拿到摄影家俱乐部，令同伴们惊叹不已。

日本最大的上野动物园园长中川志郎说："我从未听说过有青蛙吃蛇的。不过像这样大并且又是杂食性动物的牛蛙倒也不是没有可能。这种牛蛙是作为食用动物从美国进口的，是一种野生化了的归化动物。而赤练蛇只在日本有，它吃青蛙，但从没有发生被青蛙吃掉的事例。不管怎么说，这是极为罕见的事。"

蛙类育儿趣谈

夏天的黄昏和雨后，溪旁湖边群蛙齐鸣，此起彼伏，这是它们在为自己的"婚礼"高唱"祝酒歌"哩！

在我们人类常见的婚礼中，新郎和新娘少不得要穿红着绿地打扮一番，以示喜庆。然而，有趣的是，在蛙类世界中，它们也有自己传统的"婚装"呢！

蛙类已经离开水面上了陆地，但是婚礼大多仍然在水中进行。到了生殖期，新郎前肢第一趾或二、三趾之间的基部，开始长出隆起的肉垫，肉垫上还分布着能分泌黏液的腺体角质刺。动物学家把这种垫叫做"婚垫"，或者叫做"结婚的胼胝"。有了这种"婚垫"，新郎才能在水中紧紧地拥抱新娘。

蛙类属体外受精,当雌蛙接受雄蛙的拥抱后,便开始排卵,雄蛙接着向排出的卵粒上射精。大多数蛙卵产在水草上。卵在水里发育,没几天便钻出一个黑色的“小逗点”,这些“小逗点”便是青蛙的幼子——蝌蚪。它最初没有四肢,只能靠尾巴在水里游动。它们没有肺,而是跟鱼一样用鳃呼吸。此后,蝌蚪逐渐长大,尾巴萎缩,长出四条腿,鳃也消失了,长出了肺,这就变成了青蛙。

在南美洲的圭亚那和巴西,有一种栖息于森林或水中的蛙,名叫负子蟾。它们的皮肤呈黑褐色,口内无舌,后肢粗壮,五趾间有很发达的蹼,善于游泳。

每年的 4 月,是负子蟾的繁殖期。这时雌蟾分泌一种特殊的气味招来雄蟾,雄蟾用前肢紧紧握住雌蟾的后肢前端,一昼夜后雌蟾的背部和泄殖腔周围便肿胀起来,接着开始产卵。此时雌蟾把泄殖孔紧贴在雄蟾腹部,而雄蟾则拖着雌蟾在水中上下翻滚。当雄蟾背朝下时,雌蟾恰好把卵产在雄蟾腹部受精。在繁殖期内,雌蟾背部的皮肤变得非常厚实柔软,并形成一个像蜂窝一样的穴,小穴数目多达几十甚至上百个。

在水中的受精卵由殷勤的雄蟾用后肢夹着,一个个地放在雌蟾背上的小穴里,并负责“封好”。两个星期后,在小穴里孵化形成的蝌蚪顶开穴盖,钻出后来到水中游泳。一个月后,小蝌蚪脱掉尾巴,变成了小负子蟾。负子蟾因有这种“负子”的习性而得名。一旦小蝌蚪从背上钻出,雌负子蟾会马上在树上或石头上蹭背,皮肤的上层便脱落下来,又恢复了繁殖前的模样。

缅甸有一种飞蛙,体躯轻盈,擅长攀登,并能在高空展蹼滑翔。生殖季节,雌蛙先到稻田边挖一洞穴,然后在里面产下白色成团的卵粒,孵化出的蝌蚪在梅雨季节顺流而出。

我国有一种树栖生活的树蛙,成体几乎终年生活在树上。生殖季节,雌蛙爬到靠近水边的树上,排出一团像泡状奶糕似的乳白色卵块,使之黏附在翠绿的嫩叶上,卵块发育成蝌蚪以后,由于蝌蚪不断地活动,使叶柄折断脱离树枝,自己也就随叶片落入水中。

有些蛙类是由雄蛙承担“育儿”的义务。法国的产婆蛙，繁殖季节，雌蛙产出卵块后，雄蛙就用自己的后肢把卵块牢牢夹住，然后慢慢潜入地下洞穴中，静候卵块发育。美洲还有一种树栖的囊蛙，雄蛙背部的皮肤呈折裂状，构成一问宽阔的“育儿室”，以容纳卵子的孵化。更有趣的是智利的鸣蛙，雄蛙可以把雌蛙产的卵子置于自己的鸣囊中孵化。

澳大利亚青蛙的育儿方式更为奇妙。雌蛙在水中产卵后，休息半个小时左右，然后将自己产的卵全部吞咽到胃里孵化，此后母蛙不再吃任何东西。蛙卵在胃里经过 8 个星期发育成小青蛙。待胃里的小青蛙能够在水中生活时，雌蛙便将口张得大大的，于是小青蛙一只接一只地从母体口中弹射出来。

众所周知，蛙和蟾属于两栖动物，它们的卵和幼体——蝌蚪只能在潮湿的环境里生长发育，不然就会干死。为了解决这一难题，带雨林的蛙类表现出形形色色护幼的绝招，实在让人叹服。例如委内瑞拉的侏袋蛙，把产下的卵安放在自己背部的育儿袋中，当蛙卵发育成蝌蚪时，雌蛙便会爬到水源处，屈曲身体，用腿剧烈摩擦背部，最后撕破了育儿袋，让蝌蚪进入水中发育成幼蛙。

有一种南美毒箭蛙，因为它的身体上半部呈红色，下半部呈黑灰色，人们称它为“红黑蛙”。人们发现这种蛙常常背着蝌蚪向水域急爬，科学家将这一现象称为“驮幼入水”。

还有一种名叫达尔文蛙，长相类似我国的角怪。每到繁殖季节，雌蛙便将卵产在雄蛙的大声囊里。卵在声囊里发育完全，幼蛙就从雄蛙口中生了出来，整个发育过程不需要接触水域，全靠雄蛙声囊供应水分。

蟾蜍能“闻到”将要发生地震

2011 年 12 月 1 日英国《卫报》报道，人类无法觉察的化学反应可能会给动物一种“第六感”，在灾难发生前向它们发出警报。

人类难以准确预测地震活动，因此我们经常对地震或海啸这样的灾难毫无准备。

但像蟾蜍这样的动物似乎能够觉察到水中化学物质的微小变化，从而在灾难发生前逃离。

历史上在大地震发生前动物都出现了异常的行为，例如鱼儿跃出水面和螃蟹大量离开水体。

英国科学家观察到，在2009年意大利发生地震前，蟾蜍都消失了，震后又出现了。

观察蟾蜍的蕾切尔·格兰特说："这非常戏剧化。3天时间里96只蟾蜍几乎都不见了。"

研究者在发表于《国际环境和公共卫生杂志》上的论文中说："在2009年4月6日意大利阿奎拉发生地震前，我们观察到普通蟾蜍出现了极其异常的行为。"研究者们认为，岩石受到挤压而向空气和水中释放离子。这种变化可能引起生物血液中化学物质的改变。一些人在地震前会出现偏头疼就是同样的道理。

"湖水中化学物质的改变似乎刺激蟾蜍离开湖泊，到更高的地方避难，蟾蜍能感受到陆地和水体的化学反应。"

毫无疑问，在大地震发生前动物的确会出现异常的行为。如何利用这种信息来预测地震风险将成为今后研究的课题。

无肺青蛙

据西班牙《数码报》2008年4月8日报道，新加坡国立大学和印度尼西亚爪哇省万隆工学院的研究人员在印尼婆罗洲丛林中发现了一种独一无二的无肺青蛙。

这种名叫“加都巴蟾”的青蛙是迄今为止发现的第一种没有肺器官的青蛙，其身体所需氧气全部都通过皮肤吸入。此前科学家仅发现过两例这种青蛙，而此次由生物学家戴维·比克福德带领的研究小组发现了两群这种青蛙。

比克福德表示：“我们知道要找到这种青蛙的踪迹得有非常好的运气，30年来科学界都在试图找到它们。而当我们真的捕获到了‘加都巴蟾’并对其进行首次解剖时，我必须承认，一开始我对这种青蛙是否真的没有肺器官深表怀疑，认为这根本不可能。但当解剖结果证实了其的确没有肺时，所有人都大吃一惊。”

这种小型青蛙生活在雨林寒冷、湍急的河流中，因此研究人员认为，它们没有肺是进化过程中为适应环境的结果，因为这里的水流含氧量高，青蛙本身新陈代谢缓慢。此外，“加都巴蟾”身体扁平，这增加了其皮肤面积，能帮助它们吸收更多的氧气。这种两栖动物喜欢沉入河底而不是漂浮在水面上，而肺有漂浮作用，因此没有肺更有利于它们在河底生活。

比克福德指出：“这种具有用皮肤呼吸的惊人能力的青蛙正濒临灭绝，而目前我们几乎对它们一无所知，非法开采金矿正在破坏它们的生存环境，使它们的未来岌岌可危。”

蛙类增加了200个新物种

2009年5月3日，美国每日科学网站报道说，马达加斯加发现约200种新两栖物种。科学家在马达加斯加确定了129种至221种蛙类新物种，这几乎使人们目前已知的两栖动物物种数量翻了一番。这一发现表明，作为世界上生物多样性的热点地区之一，马达加斯加的两栖物种数量被大大低估了。研究人员表示，如果照这一结果在全球范围推算，那么全世界两栖物种的数量可能还会翻番。

由西班牙科学研究理事会参与指导的这项研究成果刊登在美国《国家科学院学报》月刊上。

西班牙科学研究理事会研究员、就职于马德里的西班牙国家自然科学博物馆的戴维·比埃特斯教授说:“马达加斯加的生物多样性与我们已知的相去甚远,仍要进行很多科学研究。我们的数据表明,新的两栖物种的数量不但被低估了,而且新物种在空间上的分布是广泛的,即使在我们进行了深入研究的区域。比如说,在马达加斯加的两个游客最多、研究最为透彻的国家公园,我们分别发现了31种和10种新物种。”

研究报告称,马达加斯加岛上其他物种的生物多样性可能也会丰富得多。因此,目前对自然栖息地的破坏或许会影响到更多的物种。由于马达加斯加雨林遭破坏的速度在世界上位居前列,历史上多于80%的雨林已经消失,因此制订保护计划是非常重要的。

蛙桥蛇路

刁钻的老鼠成了蛇类的腹中物,无恶不作的蚊、蝇和庄稼害虫被蛙类扫荡着。自然界少了蛇类和蛙类,大概要成为老鼠、苍蝇、蚊子、蝗虫、螟虫等的世界吧!地球食物链绝对少不了蛇、蛙这样的角色啊!可是,2010年6月9日发表的一项研究表明,过去10年中,三大洲的蛇类数量大幅减少,从而引发了这种爬行动物在全球数量减少的担忧。

研究表明,从20世纪90年代末开始的4年时间里,英国、法国、意大利、尼日利亚和澳大利亚的17种蛇当中,有11种数量都急剧下降。

蛇在爬行动物中处于生物链的最上层,其数量的急剧下降可能给许多生态系统带来严重后果。

更早的研究发现,某些地区的特定蛇品种数量减少,尤其是地中海盆地更为严重。新的调查研究首次证明,热带地区的蛇也陷入了困境。

所谓“守株待兔”的捕猎者——那些一动不动等待猎物靠近的蛇——消失的数量远远多于主动出击的同类。

蛙类的状况也好不多少,在近年来乱捕滥捉、高价买卖的情况下,也日趋减少。

它们都是人类的忠实朋友,为人类做出了很大贡献,理应得到人类更多的关照和保护。有一些国家专门安设了蛙桥、蛇路。

公路封闭　让蛇通过

美国伊利诺斯州拉普沼泽区国家自然公园,最重要的资源是蛇。每年春回大地,冬眠中的青蛇、响尾蛇、北美毒蛇苏醒了,纷纷从悬崖峭壁的洞穴内爬出,结伴越过345号林务公路,到密西西比河岸水草丰茂的沼泽地,捕食昆虫,交配,繁殖后代;深秋,它们带着儿女,循原路回故地冬眠。同蛇一起迁徙的还有乌龟,同去同回,互不侵犯。可惜,蛇、龟往往葬身于车轮之下,弄得路面黏糊糊的,臭气熏人。近年实行公路管制,春、秋季各封闭20多天。从每年的4月4日~25日和9月24日~10月15日,在3千米长的公路两端竖立黄色路障,禁止汽车通行。每年保护了几千条蛇。

蛇要避暑　汽车让路

哈萨克斯坦首都阿拉木图以西的公路干线,是一条重要蛇路。每年酷暑之际,平地上的蛇类必然要越路迁往山地避暑。迁徙时间不确定,加上这里是过车密度很大的路段,难以定期封闭,只能由司机自觉让路。某年夏天的一个中午,蛇群铺开20米宽,首尾相连近一千米,浩浩荡荡穿路而去;汽车停驶40分钟之久，等最后一条蛇过完才上路。

当心青蛙穿过公路

青蛙有定期迁徙繁殖的习惯，有时队伍首尾相接2千米之长。据德国统计，约有50%的青蛙、80%的癞蛤蟆在迁徙途中死于车轮之下。这是多么可怕的灾难啊！因此，政府在青蛙迁移路段竖起一个个醒目的路标，绿色三角形内画一只大青蛙，上写："当心青蛙穿过公路！"许多志愿者赶到现场救援，当起"青蛙哨兵"，在公路两旁值夜，见有青蛙过路，立即抓到桶里，然后整桶送到路的另一边去。德国还联合瑞士、荷兰的学者，年年举行"国际青蛙穿越公路铁路专题讨论会"，交流经验。

构筑青蛙地道

法国东部山区森林里的青蛙，每年春天必定要到莱茵河上游的一个人工湖繁殖，大约10万只青蛙在湖泽交配产卵，但穿越湖滨公路时多被碾死。早期采取限制汽车通过的办法，但运输上损失太大。1984年政府拨款10万法郎，在湖滨公路"蛙道"上建设12条青蛙地道，公路两侧挖了防护深沟。青蛙越路时跌落深沟，无法登上公路，自然由两旁的地道通过。据说如此保护下来的青蛙，每年可以多消灭害虫45吨。

癞蛤蟆有了生路

瑞士春夏之交常有大群癞蛤蟆横越公路，到湿润的水泽产卵，大约三分之一以上被汽车碾成肉酱。瑞士政府对全国公路作了普查，对最重要的"蛙路"

实行定期封闭,次要地段设陷阱塑料桶,每隔 30~40 米埋一桶,夜设晨收,将跌

癞蛤蟆

入桶中的蛤蟆送过公路。同时规定,今后新建公路必须考虑青蛙或癞蛤蟆通道,凡属"蛙路"地段者,均须埋设直径 30~50 厘米的地下管道,以便青蛙或癞蛤蟆通过。

蛇趣

《晋书·乐广传》中"杯弓蛇影"的故事和"一朝被蛇咬,三年怕草绳"的俗语,反映了人们对蛇的恐惧心理。然而,在世界上还有崇奉蛇、爱蛇的风俗。

我国福建是远古崇蛇风俗最盛行的地方。直到今天,崇蛇风俗仍旧沿袭不改。闽南漳州有一个村的蛇特别多,它们到处爬行,村民敬之如神。夜间蛇若爬上床来,甚至钻进被窝与人同眠,他们也若无其事,照旧安睡。该村的蛇被尊为"侍者公",人们都把它视为保护平安的神灵,并认为家中有蛇是吉祥的象征,蛇多是好运来临的兆头。

维达是西非贝宁南部的一座海滨城市,人们来到维达,仿佛置身于蛇的世界。维达居民崇奉蟒蛇,将它视为神明。在这里,家家户户都养蛇,少者两三条,多者五六条,蟒蛇与主人同吃同住,和睦相处。正因为这样,人们称维达是"蛇城"。人们外出做工、经商、上学……都要随身携带蟒蛇,或提蟒蛇笼,或将蛇围在脖子上,据说这样可以降魔避邪。在这里,孕妇分娩时,有蟒蛇守护;老

人临终时，由蟒蛇陪伴；足球比赛时，球场四周要放4条蟒蛇作为吉祥物。若有宾朋登门拜访，主人便拱手送上蟒蛇任其耍弄。每年的9月15日是维达的蟒蛇节，每家都将蟒蛇送到市中心去展览，以示庆祝。节日那天，维达市还要举行蟒蛇捕鼠角逐和颂扬蟒蛇的歌舞比赛，吸引数万外国游客慕名前来观光。维达人爱蛇如命，大街小巷如蟒蛇拦路，行人和车辆要绕道而行。按照传统习俗，杀害蟒蛇者必须偿命。维达有7处蛇陵园。蟒蛇死后，均收殓于专门编制的藤筐内，并葬于蟒蛇陵园中。维达市建有举世无双的蟒蛇庙，有大小400多条蛇供人们瞻仰、膜拜和问卜。

意大利有一个城市叫哥酉洛，该城居民每年都要过一次"蛇节"。在这个城市里，有着各种品种的蛇。全城居民不分大人小孩都养蛇，而且不少人以贩蛇为生。蛇也是哥酉洛少年儿童们喜欢的"玩具"，许多孩子表示，他们长大以后的理想就是要当一名养蛇专家。最有趣的是，每年到"蛇节"这一天，家家户户都把喂得肥肥的蛇放出来，任其满城爬行。街上的行人手上都拿着几条蛇，以示庆贺。

坦桑尼亚流行耍蛇舞。耍蛇，是坦桑尼亚人民喜闻乐见的一种民间技艺。在坦桑尼亚的苏库马族中，有很多以耍蛇为生的民间艺人。当地称他们为"巴耶耶"。巴耶耶表演时，在节奏和谐且动听的鼓乐伴奏下，挥舞毒蛇，动作惊险，姿态优美，只见碗口粗细的大蟒和细如嫩竹的小蛇在耍蛇艺人的指点下，和着鼓乐，点头弯腰，左盘右旋，翩翩起舞，十分有趣，深受观众欢迎。这种耍蛇舞就叫做"伍耶耶"。

雌蛇在繁殖季节，它的腺体会分泌一种吸引雄蛇的物质。巴西一位捕蛇人弄到响尾蛇的这种腺体分泌物，涂在皮靴上，顺着丛林深处走去，雄性响尾蛇立即追踪，一个上午他捕捉了几十条雄性响尾蛇。

英国有一位医生饲养了一条蟒蛇作为"贴身警卫"。当夜间主人熟睡时，屋中如有响动，蛇就主动巡逻，不但歹徒不敢入屋盗窃，连老鼠也都绝迹了。

斯里兰卡把一颗世界第三大的蓝宝石送到伦敦世界博览会展出，玻璃柜内放了一条驯养的眼镜蛇监护，歹徒纵然垂涎三尺，也不敢下手。

在希腊的北斯波拉提群岛上，有一种叫“夫加”的吐丝蛇。这种蛇的头部下面有一个鼓起的囊包，能不断地射出一种洁白的半透明液汁，一遇到空气，立即干涸成丝。吐丝蛇喷射液汁时，能像蜘蛛结网那样织成六角形的网。当地渔民看到这种网时，把它割下来，并在网边稍作加工，穿条拉网绳，就成了一张蛇丝渔网。这种渔网质地坚韧，不怕海水腐蚀，比一般渔网还耐用。

印度尼西亚伦巴岛上的农民对稻田的稗草不用人工和化学除草剂清除，却用一种白圈蛇来除稗。这种蛇，人称“食稗蛇”，身长约一米，背部有十几个白色的圈形花纹。它很爱吃稗草，因为稗草里有一种“稗草香素”。但它却不吃稻麦等农作物。每当到了除稗季节，当地农民就提着蛇笼，把食稗蛇放到田里除稗。一般每1万平方米放50~60条食稗蛇，一两天内就可把稗草全部除光。

非洲莫桑比克有个叫旁阔纳的村庄，盛产奇特的绞蛇。它们习惯在河水边首尾相连成一个长串，并将两端紧绕在河两边的粗树干上，形成“蛇桥”。人走上“桥”，它们不但不掀翻行人，而是缠绕得更紧，让人平安过河。不过，令人困惑的是，一旦行人到达对岸，绞蛇便很快逃散得无影无踪。

护蛇灭鼠

前些年，广州郊区的石井镇鼠害猖獗，每年损失的农作物价值达数百万元。但是，有一位农民的田里却没有老鼠，年年增产增收。人们前去取经，原来他家那块40多亩的农田里，有两条自然生长的水律蛇，这两条“蛇卫士”保卫着庄稼，使老鼠不敢前来侵犯。后来，有见利忘义的人捕杀了那两条蛇。不久，这块农田就像其他田地一样，发生了鼠害。人们在痛恨之余，悟出了一个道理：一物降一物，蛇能克鼠。

1997年春寒过后,石井镇的农民大规模放蛇,全镇共放蛇1000多条,花费8万多元,这一年,减少损失300万元。1998年,村民根据水律蛇昼出夜伏的习性,又投放了400多条昼伏夜出的湖南广花蛇,对田鼠形成日夜夹击的攻势,收效更加显著。成功的经验传出后,佛山、南海一带农村的农民也开始放蛇灭鼠了。

在灭鼠声中,人们常为猫评功摆好。其实,在某些特定条件下,蛇倒是更胜猫一筹。我国台湾省有些碾米厂,老板面对鼠害严重的棘手问题,一下子放养了10只猫在仓库里。可遗憾的是,鼠害并未杜绝。这时,碾米厂老板又买来6条无毒蛇放养在仓库里。这一招可真灵,仅过一年老鼠就无影无踪了。

不可否认,在这个实例中,灭鼠之所以获得出色的成绩,有蛇和猫联合作战的贡献。可是,蛇捕鼠却有远胜于猫的一大长处,是应该特别值得称道的。

在浙江的一些旧屋里常有"老鼠数铜钿"的怪事,"咋咋"之声清晰可闻。什么叫"老鼠数铜钿"呢,有经验的人会告诉你,这是老鼠被它的克星——蛇逼到绝境时所发出的哀鸣。

你若稍微留点心,就会发现,那儿仅有可供老鼠出入的小洞,猫到此只有干瞪眼,毫无办法。可是,对于身子细长的蛇来说,尽可长驱直入。前边提到的碾米厂的猫,之所以无法把老鼠一网打尽,是因为那些刁钻的老鼠藏身到麻袋等孔隙中去了。然而,老鼠虽逃出了猫爪,却无法摆脱蛇口。

近年来,老鼠作恶似有愈演愈烈的趋势。我国某地的一个养鸡场,一年被老鼠祸害的鸡蛋竟达上万斤!咬死雏鸡3万只!难道不触目惊心吗?!老鼠家族大繁衍和生态环境被破坏,与鼠类的克星锐减有关,特别值得一提的是蛇。因为它的模样并不讨人喜欢,被迫自卫时还会咬人,所以"见蛇不打三分罪"成了挂在人们嘴边的口头禅。

其实,蛇对人有害也有利,而且是功大于过。如黑眉锦蛇、王锦蛇、滑鼠蛇、厌鼠蛇、眼镜蛇、金环蛇、银环蛇、蝮蛇等都是以捕食鼠类和害虫为主。这些蛇无声无息地守卫在田野山林,消灭鼠害、虫害,防病保粮,功劳是很大的。目前,有些人打蛇捕蛇,并非怕蛇,而是爱钱。他们捕捉各种蛇贩卖,牟取暴利,严重地破坏了生态平衡,造成恶性循环。

我们对蛇不能“恩将仇报”。调查研究表明:在江浙等地被称作“家蛇”的黑眉锦蛇,它食兴高时一下子就可吞食四五只老鼠,每条蛇在一年中可灭鼠150只。这种蛇在杭州被尊为“青龙菩萨”,老年人总劝阻别人不能杀害它。

蛇能灭鼠,这是我国劳动人民早已在生产劳动中认识了的。因此,早在明、清两代,某些地区就盛行养蛇灭鼠,广东、广西等地至今仍保留着这种习惯。通过正反两方面的事实,人们深感蛇在灭鼠上身手不凡,功不可没。比如广西玉林石南乡有个村,曾购三条无毒蛇放养田间,鼠害大减。可是,后来蛇被偷走,鼠害迅即剧增,以致早稻被糟蹋得颗粒无收。

养蛇灭鼠,此风值得提倡。湖北有位“捕蛇王”,他的举止堪称典范。为供医药之需,尽管他也捕杀了不少蛇,但他绝不伤害吃老鼠的无毒蛇。他还从邻省、邻县捕来食鼠量大的多种无毒蛇,繁殖后代后放养出去,从而使周围形成一支浩浩荡荡的灭鼠大军。

毒蛇趣话

如果你漫步新德里街头,不时会被阵阵笛声所吸引。原来是耍蛇人正在吹奏蛇笛,驱使一条条大眼镜蛇欢腾“起舞”,它们时而昂首望天,时而左右摇曳。

早在公元前3世纪,驯蛇在印度就已是一种公认的职业。在新德里郊区有一个耍蛇人居住的村子——玻伯罗。这里的耍蛇人从童年起就开始学耍蛇,按照他们的习惯,当一个男孩长到了五六岁时,就被允许开始接触蛇,并使他认识到耍蛇是他的终身职业。

音乐和蛇构成了耍蛇人的传奇故事。“蛇笛”实际上不是普通的笛子,而是一种芦笛模样的乐器，通常是用一个葫芦、两根竹笛，有时再加上一根铜管制成。蛇没有外耳，它听声音不同于一般的脊椎动物。对于了解这个道理的人说来，蛇笛音乐的魅力就不那么大了。因此，一个学耍蛇的年轻人，起初不应依赖音乐，而应靠他的身体的活动与蛇互通信息。眼镜蛇只要稍受威胁时，就会直立起和胀大它的头。因此哪怕是一个小小的恐吓，都会有很大的魅力。耍蛇人奏乐前，常常先在蛇身上洒一点冷水，给蛇一个信息；吹奏时，他把蛇笛放低，刚好从蛇身上掠过。这样，从笛管末端吹出来的气，正好吹到蛇背上，这通常就会引蛇直立起来。

虽然玻伯罗的耍蛇人没有拔掉眼镜蛇的毒牙（在印度其他一些地方和巴基斯坦的耍蛇人是把蛇的毒牙取掉的），但几百年来，有一种外科手术可以使蛇咬人而不致使人丧命。但这通常会导致蛇的早亡，耍蛇人为维持生计，就得去捕捉新蛇。

耍蛇人捕蛇，通常是几个人一起去，出发前聚在一起抽烟，烟管由一个传给另一个，每个参加者都喷出团团烟雾，接着，便拿起棍、锹和笼子出发。

布满了洞的泥水沟或稻田田埂，是捕蛇人常到的地方。他们沿着水沟或田埂边缘搜索蛇的行踪。一旦发现蛇，不管它怎么拼命逃窜，或怎么咄咄逼人，捕蛇者总是千方百计地使蛇就擒。

耍蛇人长年同蛇打交道，难免被蛇咬伤。这时，药篮子就发挥作用了，里面有草药和动物的某一部分制成的药。对于耍蛇人来说，在这药篮中有一种最重要的药，叫做杰哈·英罗，呈黑色、圆形，指甲般大小。据说，人们为获得这种药，就得到山里去抓黄色的蟾蜍，把这种蟾蜍杀了，撒上盐，埋入地下，过4～7天后挖出来，这时蟾蜍已变成黑色，从它身上切下来一小片就可当蛇药。

不过，蛇毒可是个宝。近几十年来，随着生物学的发展，国内外对蛇毒的研究和利用日渐广泛，蛇毒在国际市场上的“身价”也随之扶摇直上，甚至达到20倍于黄金的价格，这主要是蛇毒在医用上有令人惊叹不已的功效。

在人们的想象中,取蛇毒者一定像蛇岛探险中的科学家那样全副武装——头蒙面罩、足蹬长靴、手戴手套。但事实并非如此。尽管以木为框、以铁丝网为壁的蛇箱里游动着几千条剧毒的蝮蛇和眼镜蛇,他们不但不蒙面罩、不穿长靴,甚至连手套都不戴。只见他们极其娴熟地用钳子夹住蛇的后颈,然后掐住蛇的腮腺部位,让蛇咬住玻璃器皿,毒蛇便滴出极其微量的毒液。可别小看这一小滴毒液,它足可使一头大象丧生。

蛇毒的挤取间隔时间一般不少于两周。挤取的方法除了前面提到的最为常用的"咬皿法"外,还有挤压、研磨和电极刺激等。新鲜蛇毒是略带腥味的黏稠液体,它的颜色因蛇种类的不同而不同,有淡黄、金黄、灰白等颜色。蛇毒在一般室温下只能放置一天,而经真空干燥的蛇毒结晶则能保存 10 年之久。

蛇毒成分相当复杂,主要为蛋白和多肽,还有 10 多种酶和神经毒、血液毒和混合毒等各种毒素。

蛇毒的应用很广泛。应用免疫学原理制造的抗蛇毒血清,可中和蛇毒,挽救蛇伤者的生命:它具有良好的镇痛作用,是治疗三叉神经痛、坐骨神经痛、小儿麻痹后遗症、关节炎、癫痫等的良药;用蛇毒制成的镇痛针剂,与哌替啶、吗啡等传统镇痛针剂相比,具有镇痛作用时间长,长期注射无副作用等优点;蛇毒还可以治疗静脉血栓栓塞、冠心病、心血管病等。蛇毒中的酶类还能帮助消化,增加食欲。

更能引起人们兴趣的是:蛇毒能治癌。我国已研制成治疗早期消化道癌肿的注射剂,有效率达 70% 以上。上海一家医院试用口服蛇毒胶囊治癌,病人普遍反映有疗效,能起到缓解、减轻症状、增加食欲等作用,有些甚至能缩小肿块,对临终的晚期病人也有明显减轻痛苦的功效,服药有效率达 70% 左右。

蛇的冤家对头

有一天晚上,印度新德里南部的警察采取了一个不寻常的行动——抓住了一条两米多的眼镜蛇,这条蛇咬死一名住在内布·沙雷的35岁的男子之后一直缠在受害者的身上,直到警察赶到之后,人们才敢碰它。警方说,他们接到报案,一条大蛇守着被它咬死的男子并且不许任何人靠近这座位于内布·沙雷地区的农舍。

被咬死的人名字叫波耶·雅代夫,他在几天前曾杀死过一条眼镜蛇,所以他的邻居们觉得这条眼镜蛇咬死这个人并守在原地的行动是为其同伴报仇的,因为眼镜蛇并没有碰睡在雅代夫旁边的另一名劳工维杰。警方说,雅代夫和维杰当晚在他们干活的农场的一间农舍中睡觉,忽然雅代夫觉得什么东西在他的腋下蜇了一下,他们两人都醒了。据说,雅代夫在伤口处涂了些油后接着睡了。第二天早晨,维杰发现这条眼镜蛇守着雅代夫的尸体,很吓人。由于它拒绝离开,所以当地人只好报警。一队警察立刻赶赴出事地点,警察用棍子打死了这条眼镜蛇,救出了雅代夫的尸体,然后送往医院去解剖检查。

不过,人们在长期的实践中,研制出一些对付银环蛇行之有效的蛇药。首当其冲的是银环蛇抗毒素。说来有趣,这种特效药还是用银环蛇毒制成的哩。

蛇毒是致人死命的元凶,何以却能制成蛇伤灵丹妙药呢?

原来,许多动物具有一套抗击入侵者的"防卫队伍",因此对不太强大的入侵之敌大多能够对付,对蛇毒也不例外。可是,像毒蛇咬人时那样,一下子注入大量毒液,就难以应付。不过,这支"防卫队伍"却可以进行定向锻炼,把它逐步培育成用于专门抗击某一种蛇毒。

由于马这种动物个儿大,血液多,所以人们就在马身上来"训练"这支专门对付银环蛇毒的"卫队"。办法是:从少到多地逐步注射蛇毒到马身上,使它体内产生足够强大的"卫队",再取出马血将其提炼。为了减低蛇毒的毒性,而又能起到蛇毒作为训练"卫队"的靶子的作用,通常首先用甲醛处理一下蛇毒。

用银环蛇毒经上述方法制成的药,名叫银环蛇抗毒素。因为这种东西取自马血,不是人体内固有的,如果直接注射,势必和人体内的组织器官火并,甚至危及生命。所以,在制造过程中,还用蛋白酶把这种抗毒素的分子切割成小个儿。这样一来,分子缩小为原来的一半,而效果却提高了3倍。

银环蛇毒抗毒素专门找银环蛇作对手,是银环蛇的冤家对头。要是被蛇咬之后,能尽快注射,它一旦进入人体,就穷追猛打,和蛇毒一拼到底,迅速显现奇效。作为祸根的蛇毒被干掉了,险情也就立即解除了。

毒蛇的另一个冤家对头是半边莲。

在空旷湿润的草地上,在田基边或路旁,我们常常能看到一种铺地而生的小草,它细长的叶子像宝剑,绿色的剑叶衬托着一朵朵淡红色的小花,玲珑可爱。这些花,外形似莲花,粗心的人看它是完整的,细心的人看它只是半边,因此,人们给它起了个与众不同的名字叫"半边莲"。

半边莲的名字最早见于明朝李时珍著的《本草纲目》,又名"急解索"。

"识得半边莲,不怕共蛇眠。"这话对半边莲的药用疗效评价这么高,自然有点过分。但是,半边莲单用或与其他药配用,主治毒蛇咬伤,功效显著,确是事实。在《毒蛇与毒蛇咬伤的急救》一书中,就有这样的记载:取新鲜的半边莲全草90克,加水浓煎300毫升,日分3次服。同时取新鲜的全草适量,洗净,与雄黄共捣烂敷伤口周围,每日一换,可治吹风蛇和青竹蛇咬伤。

半边莲的茎、叶被折断后,当即流出一种乳白色的汁液。据说,凡有折断了的半边莲的地方,蛇是不敢爬过去的。你看,小小一棵草竟能使毒蛇失魂落魄,使蛇伤者解除灾难,这真是大自然中的奇迹!

动物界中也有不少毒蛇的冤家对头,正应了一句俗谚——"强中自有强中手"。

老鼠在冬季趁蛇体难以动弹而把眼镜蛇咬得千疮百孔,天暖时多只老鼠联合起来也可将竹叶青蛇置于死地;蛙联合斗五步蛇的事在山野里时有发生,而稚蛇被成年蛙当作蚯蚓吞食也并不稀奇。

比起两米多长的眼镜王蛇,红颊獴的个儿头实在相差悬殊。可是,獴是绝不会甘拜下风的。对峙过程中,蛇竖身鼓脖,“噗噗”喷气有声,獴则竖起身上的毛来像是穿着一身翻毛大衣。开始时,蛇会向獴发起猛攻。可是獴总迅速跳开,待蛇的体力耗尽,獴才爪抓嘴啃地把蛇头咬个稀巴烂。这中间,獴失手被蛇咬中的事也有,可是咬到的只是一撮毛罢了。

飞蛇

有一天上午,一位傣族老人领着孙子岩养,从寨子后面的凤尾竹林穿过。紫雾还未飘散,太阳像一团火球挂在天上。微风吹动的竹林发出簌簌的响声,竹叶飘飞下来,其中有一片在滑翔、盘旋,转了一圈又一圈,才徐徐落在地上。

岩养拉着老人的袖子叫道:“爷爷,你看这是什么?”老人定睛一看,告诉他:“是一条飞蛇!”

这条飞蛇有四只脚,像蜥蜴一样从草地爬过,又沿着一株桐子果树爬了上去。到了高处,它贴在树干上一动不动了。它的颜色和浅绿的桐树皮近似,不易分辨出来。

岩养拍掌、敲树吓唬它,它一动不动。岩养便拿起弓,搭上箭,只听“啪”的一声正射中蛇的腰部。蛇插着箭像树枝似的掉落在地上,挣扎几下就不动了。

这条飞蛇有30厘米长,头和身子一样粗,都不到2厘米宽,尾巴稍小,有四只短脚。全身浅绿,腹下白色,脊背两侧有一对合拢的翅膀,约10厘米长,飞翔时可以像扇子一样打开,薄薄的,半透明,有纹路,如同蚂蚱的翅膀。它不能向上飞,只能滑翔。

奇妙的水象雷达

世界之大,无奇不有。一种颚骨不大、喙部突起、具有奇特本领的鱼,叫做

"水象"。它的"无所不见"的非凡本领，曾使数代人迷惑不解。直到雷达发明之后，才揭开了它的秘密。

原来，水象的尾部有一个袖珍"电池"，虽然其电流的电压很低，只有6伏，但对水象说来，已经足够使用。水象每分钟向天空发射的脉冲量为80～100。它自身电池发电所产生的电磁振荡会从周围物体上反射回来，以无线电回波的形式重新返回水象身上。而捕捉回波的"接收机"便生长在它的背鳍的基底。水象正是借助这种无线电波来"触摸"环境，捕获猎物的。

奇蛙

在印度尼西亚爪哇岛地区有一种火蛙，当它遇到敌害时，就会从嘴里喷出一股火焰，使敌害四散奔逃。据生物学家调查发现，这种火蛙所喷出的可能是一种挥发性油脂，极易在空气中自燃，故而成了喷火的拒敌武器。

在澳大利亚西部，生长着一种世上罕见的龟蛙，它很像伸着脖颈的乌龟，而且鼻子上有个硬壳，所以当地人称之为"龟蛙"。龟蛙身体很小，仅有人的手掌心大小，但它有一对强有力的前肢，可以挖掘洞穴寻找白蚁吃。

生长在南美丛林里的毒箭蛙，长虽不超过5厘米，颜色却很艳丽，皮肤内有很多腺体，其中的分泌物的毒性很强。

食人苍蝇

联合国粮农组织的专家在利比亚的黎波里和突尼斯边界之间的约2万平方千米的范围内，发现了一种可以致人死命的寄生蝇——"食人苍蝇"。

食人苍蝇除身体稍大以外，其外形同普通寄生蝇完全一样，身体暗蓝色，眼睛橘黄色。食人苍蝇十分凶猛，攻击一切热血动物（包括人类），吮食肉组织乃至脑髓。雌蝇则将卵产于人畜的皮肤下,逐渐形成囊肿,有的可以发展到拳头大小。蝇卵在囊疱中发育成蛆,吸食活肉组织。尤其在缺少杀虫药物和医疗条件落后的发展中国家,这种食人蝇危害更大,甚至可以钻入人畜的眼眶、鼻腔、耳道、口腔中产卵,造成灾难性后果。由于食人蝇飞行能力很强,10 天内可飞出 200 千米以外,因此食人蝇具有向整个非洲大陆,或通过中东向亚洲蔓延的危险。

杀人蜂

性格暴躁、进攻性强、毒性剧烈的杀人蜂是非洲蜂与巴西野蜂杂交的产物,1957 年它们从圣保罗的一个养蜂实验室里逃出,当时巴西专家们正在进行一项大胆的改良蜂种的试验工作。

巴西专家原先试图通过引进非洲蜂王与一种欧洲蜂杂交,培育出繁殖力强和酿蜜量高的优良新蜂种,以促进本国养蜂业发展,提高蜂蜜产量。

杀人蜂

然而,那场意外事故使圣保罗大学遗传工程系的努力付之东流。逃亡的蜂群与当地野蜂自由交配,繁殖迅速。出于自卫的本能,这种新蜂变得凶猛异常,疯狂地袭击人畜,蜂灾迅速蔓延,毒蜂蜇死人的事件接连发生,人们谈“蜂”色变。

各地科学家认为,杀人蜂迅速向北蔓延,是因为亚马孙和中美洲森林地区乱砍滥伐导致的。

杀人蜂不知疲倦地向北流动,给所到各国的养蜂业造成灾难性的经济损失，继美国之后世界第二大蜂蜜生产国墨西哥也遭受侵害。古巴养蜂专家埃尔南德斯说，这种具有传奇色彩的蜂种实际上并非像人们想象的那样凶暴，它们只是在受到外界刺激时，如受香味或甜味的刺激后，才变得暴躁凶猛。

埃尔南德斯回忆说，他在尼加拉瓜工作时曾想抓一只杀人蜂以供研究，不料那天他身上使用了一种具有特别香味的除臭剂，除臭剂刺激了蜂群，蜜蜂群起而攻之，由于逃得快，他才幸免于难。

几十年来，美洲大陆蜂祸此起彼伏，蜇死人畜的悲剧不断发生，至今没有有效的办法能阻止杀人蜂蔓延。

科学家们继续在研究这种昆虫，以寻求使它们与人类和睦相处，变害为利。

吃人巨鳄

1982 年 10 月中旬，马来西亚警察局在沙捞越地区的卢帕河上，进行了一场捕杀吃人巨鳄的战斗。

这条鳄鱼有 8 米多长，是一条活了约 200 年的雌鳄。它的活动非常狷獗，先后吃死 11 人，咬伤 6 人，严重危害这一带居民的生命安全。最后一位受害者是 29 岁的村长。1982 年 6 月 26 日，这条鳄鱼突然把他咬住，并拖下浑浊的河水中把他吃掉了。10 月中旬，人们清楚地见到这条巨鳄躺在河边，但当警方狙击手前来捕杀时，它却机警地逃脱了。

警方组织的这次捕鳄行动，邀请了两名科学家和当地的许多村民参加。科学家把幼鳄叫声的录音在水里播放，以引诱这条巨鳄露面；同时还把活的狗和猴子放到河里作钓饵。但这些办法都未能诱出这条罪恶的鳄鱼，也不知道它躲到哪里去了。后来警方又特地聘请了一名捕鳄能手前来帮忙。据说他从事捕鳄 30 年，已捕到 4500 条鳄鱼。可是，这位捕鳄能手也未能引出这条雌鳄。

巨蟒吞人

在秘鲁北部圣马丁省的热带森林地区，一条长约20米的蟒蛇吞食了一个男孩。这个男孩年龄15岁，当时他正在一棵大树下睡午觉。一些过路的农民见此情景赶忙开枪打死了这条巨蟒，但未能救出男孩。男孩的身躯已在巨蟒肚子里被分成了两段。

动物杀婴为哪般

鳄鱼是一种十分凶残的动物，然而，它对子女却十分疼爱。雌性鳄鱼在岸上生蛋，然后，把蛋埋在半米深的地下。在小鳄鱼孵出之前，雌鳄鱼大约要有2个月左右的时间不吃东西，日夜不离地守卫着自己所生的蛋。当小鳄鱼从蛋中咬破外壳，并发出叫声的时候，雌鳄鱼便用前爪扒开土，再用腭抱起孵出的小鳄鱼，把它们依次送入水中，并精心照看它们刚刚开始的新生活。尽管鳄鱼是一种嗜杀成性的动物，但有时为了孩子的生存，甚至不惜牺牲自己的性命。一位非洲的生物学家，就亲眼见到过这样一场惊心动魄的搏斗：一头巨大的雄狮去河边喝水，当它刚步入沙滩的时候，突然一条身长约3米的鳄鱼向它扑来。原来，雄狮遇上母鳄鱼在看护自己的幼子，于是它们便厮打起来。使人惊奇的是，那条母鳄边战边走，以便把雄狮引到远处，远离它的幼子。厮打的结果，雄狮被赶跑了，母鳄鱼又回到幼子生活的地方，它周身是血，趴在地上喘着粗气。第二天，母鳄鱼死了，但它的前爪下还搂抱着一条小鳄鱼呢！

也许有人觉得，上面叙述的这些好像有点神乎其神，可是，这是活生生的事实啊！倘若我们采用达尔文的观点来看，就一点儿也不神奇了，因为如果没有雌性动物这种伟大的“母爱”本能，地球上可能就不会有任何动物了。

然而，世界之大，无奇不有，动物杀婴的现象屡有发生。

近几十年来，有关野生动物杀死其幼体的报道日益增多，这引起许多学者们的惊讶。起先人们以为这是一种动物的病态失常行为，但进一步的实地考察表明，在啮齿类、鸟类、鱼类、狮子和灵长类中，故意杀婴却是一种经常性的现象。

1967 年，日本京都大学的雪九筋山报道了在印度丛林中灰色长尾猴的杀婴行为。当时，哈佛大学的人类学研究生撒拉·赫迪闻讯特地赶到印度，通过几年观察，发现长尾猴群体中新猴王杀死非亲生的幼猴是为了早些获得自己的后代。这似乎不可思议，但实际上却与群体遗传有关。杀婴好像对群体有害，但对物种总的繁殖效率或许是有利的。

然而，作为"母亲"是无法选择自由的。在群体换了新王以后，她们有的被迫带着孩子暂时离群躲避，有的引诱新王性交以掩盖未出世孩子的真正父亲。当这些尝试失败后，她们的孩子或者被杀，自己则改嫁新王，并在食物分配额上得到优惠：或者自行流产，以便及早与新夫交配，生育新的后代。据观察，实验室中的公鼠在交配 15 日（怀孕期）以后便会停止杀婴，且一反常态，对出生的幼子照护备至。

有些科学家坚持认为杀婴或者是由于个体密度太高，或者是由于人类干扰太多……但是，据报道，乌干达基巴尔丛林中有三种猿猴，虽有充分的生活空间且不受干扰，但新"领导"仍然杀婴。同时，在狮子和几种猿猴群中，也有为了节省食物或因争执而杀子、甚至食子的情况。

此外，野生动物中的雌性也会杀婴。雌黑猩猩有时吃掉其他母兽的婴儿。雌海象会杀死试图来索乳的陌生小海象。在野狗、小獴、鬣狗的群体中，高级雌体会杀死低级母兽的幼子。啮齿类中也有这种虐杀，或许是为她自己的孩子获得窝巢。

哺乳类之外，杀灭血亲之事也屡见不鲜。公鱼有时吞食它们已受过精的鱼卵,而某些种的鲨鱼还在母腹中就已啮食其兄弟姐妹了。鸟类中的近亲杀婴,往往占幼体死亡的极大比例。食物缺少时,鸟类双亲往往舍弃已生下的卵,另去他处谋生。

更有甚者,有时双亲会唆使其子女干这种“脏事”。例如黑鹰,先生下第一个蛋,孵化几天后再生第二个。当老大孵出后,往往把老二啄死。有人认为这第二只蛋是以防万一,因为这种鸟一年只生育一只幼雏,如幼雏意外死亡,这一年便绝嗣了,所以要生第二个蛋确保无虞。或许由于大多数鸟类都终生“一夫一妻”制,所以鲜见雄鸟为了早生后代而杀婴。反之,在一妻多夫制的动物中,雌体偶尔也会杀死非其亲生的幼子。

母虎铤而走险

在老虎的家族中,雌雄成虎之间,除了发情交尾期间以外,夫妻之间的关系是比较疏远的。公老虎的性格很孤僻,喜欢独居,不太合群。偶尔雌雄老虎成双成对地出去捕猎时,也是由母老虎在前面冲锋陷阵,而公老虎却在一边装腔作势,呐喊助威。待捕获猎物后,公老虎却同享其食,面无愧色。

野生老虎已日渐稀少,所以老虎在繁殖期很少出现争雌打斗现象。

雌雄老虎在发情期的叫声最为雄浑,“昂——呜——”之声震动山谷,呼唤异性。

母老虎的妊娠期为 102 天,第一胎成活率很低。一般在第三胎后,雌老虎性成熟,在下崽儿前,窝址选得好,洞内絮物软和,哺乳勤谨,照顾周到。如发现有干扰环境者,雌老虎为育幼的本能驱使,将另选安全的巢穴,并用嘴巴叼住幼虎,一只一只搬到新居。虎毒不食子,这是动物保存种族的本能。在育儿期的雌老虎敏感多疑,对四周的一切动物都十分凶残;即使不吃对方,也必杀不赦。人遇到育幼期的雌老虎往往凶多吉少。老虎这种以攻为守的性格,其实是绵延种族的生态学行为,是虎妈妈保护后代的必然手段。如果有谁趁雌老虎外出觅食时偷走它的虎崽子,那么四周将有许多动物遭殃,它将咬死它们以发泄其悲愤。

虎崽子13天后开眼,并开始长出乳齿。20天后眼球由混浊转为明亮有神采,一个月后身上黑条纹逐渐清晰,宛如一只大猫,已具有小老虎的威势,此时它喜欢吃灰石、泥土来补充微量元素的不足。

老虎繁衍后代,养育子女,主要靠母老虎负担,公老虎似乎没有养育子女的义务。一只母老虎一天要吃35千克肉食,在它生儿育女后还要更多地进食,以便给虎崽儿喂奶。虎的哺乳期为半年,半年以后,母老虎还得带领子女出虎穴,学习捕猎。母老虎爱清洁,善于游泳。母老虎的舌头不仅是进食的器官,还是为自己和子女净身整容的工具。母老虎居住的洞穴也是清洁的,它不习惯在洞内便溺,子女幼小时的便溺,母老虎都及时清除。

母老虎爱子如命。在它带领子女出穴捕猎觅食时,倘若遇到敌人,它会不惜一切地全力保护子女。

但也有个别的母老虎不会做"母亲"。有一年,北京西郊公园狮虎山的一只东北虎生了一对小老虎,一雄一雌,皮毛漂亮,斑纹清楚,十分逗人喜爱。

那只母虎11岁,虽然已生过多胎虎崽儿,但是始终不会做"母亲"。生下小老虎后,它就只管自己吃食睡觉,很少去照料小老虎。由于母虎奶水不足,两只小老虎饿得"嗷嗷"直叫,闭着眼到处乱爬。两天以后,其中一只又冻又饿,躺在房内已没有动静了。这个情况使饲养员十分焦急,他们立即把两只小老虎移到一间温室,用牛奶喂养。

小老虎在幼年时期生长发育得很快,两个月就能长10千克左右,一岁时体重能达到50多千克。因为奶牛是食草类动物,牛乳的营养远远比不上虎奶的营养,所以用牛奶喂养不能满足小老虎生长发育的需要,必须找食肉类动物做"奶妈"。在食肉类动物中,狗尚能驯服,较为合适。正巧公园饲养场有只猎狗刚生小狗,饲养员就把猎狗借了来。那只猎狗小得像只猫,奶水有限,饲养员又四处联系,到一家医院动物室借来一条强壮的母狗。

刚开始,小老虎一靠近母狗,母狗不是逃跑,就是张嘴咬虎崽儿。饲养员没有法子,就用布条把母狗的双眼和嘴都蒙住,强迫它喂奶。可还不行,小老虎一放到母狗身边,母狗就蹬腿挣扎,小老虎连奶头都叼不到。饲养员仔细观察并分析了这些情况,认为母狗不让小老虎吃奶是出于天然本能,因为小老虎不是它所生,即使蒙住眼睛,凭其嗅觉还能辨别真假,要使它驯服地喂奶,首先要让它真假难辨。于是,饲养员大胆试验,把母狗生的狗崽儿同小老虎一起放到蒙住眼的母狗身边吃奶。母狗起初有点烦躁,似乎感到异样,后来闻闻小狗,也就逐渐安定了。

一个星期后,母狗已经习惯了,即使不蒙眼睛,它也不再去咬小老虎。母狗每天给小老虎喂一次奶,每次 50 毫升左右。喂奶时,母狗温顺地躺在草垫子上,小老虎依偎在母狗怀中,叼住奶头欢乐地吮吸,吮着吮着就睡着了。

母老虎只是当它生病,特别是人触犯了它,打伤了它,接近它的幼子的时候;或者是当人类破坏了它赖以生存的山林,使其食物极其缺乏的时候,才铤而走险,袭击人类。

国际野生动物保护基金会经过长期观察、研究指出:老虎吃人并不是因为饥饿,而是由于口渴。

猿猴的母爱

一般认为,只有人类、黑猩猩和日本猴等高等动物,才具有执著不渝的母爱。日本科学家在非洲马达加斯加岛进行的一项调查首次证明,即使是低等的猿猴类动物,它们给予下一代的母爱,同样令人感动。这一发现为人们研究母爱的起源,提供了十分宝贵的资料。

所谓猿猴类动物，是比日本猴、黑猩猩等类人猿更为原始的灵长类动物的总称。它们的身材比类人猿矮小，毛发遮面，四个爪子十分尖利。大约数千万年前，我们的祖先类人猿从猿猴类动物中分化而出，并独自进化成了人类。

猿猴类动物由于四爪尖利，无法很好地搂抱自己的孩子。但是，它们深深的舐犊之情，丝毫也不亚于日本猴等接近人类的动物。科学家发现，对于出生不到一个月的幼猴，母猴总是不停地用舌头舔它们的身体，并用嘴梳理它们的毛发，舔去虱子。刚出生的幼猴，紧紧地依偎在母猴怀里吃奶。大约一个星期之后，便能抓着母猴的毛发，爬上母猴的脊背上玩耍。如果不慎落地，只要一听到呜呜的叫声，母猴便会马上抱起。

大约半数的幼猴，一出生便夭折了。这时，母猴总是久久地站在死去的幼猴的身边不忍离开。有的母猴返回猴群后，又重新折回原地，深情地舔着死去的幼猴。一只被取名“梅”的 10 岁母猴，甚至抱着死去的幼猴走了好长一段路程。

泰国猴子城

泰国有一个猴子城，位于曼谷北面的华富里，这里有七百多只野生猴子。由于这里的猴子是宗教的象征，受到法律保护，尽管群猴包围寺院，阻塞交通，劫掠行人，抢夺商店，人们却从不反抗。只有警察被允许用皮靴踢捣蛋的猴子，但猴子很乖巧，总是避开警察。

清晨，猴子跑入集市，转眼间把水果、蔬菜甚至鱼类抢个精光，人们对此无可奈何。过后它们又跑到祭祀死人的普拉卡寺庙，混在人群中仿效祈神拜佛。在闹市区，几乎一切都和猴子有关，无论是哲学艺术品、演木偶戏，或是民间说唱，都可看到猴子混迹其间。

在华富里，由于人猴共处，猴子已学会拉开易拉罐喝可口可乐，拧开水龙头喝水等,偶尔还可看到母猴让幼猴躺在婴儿车里喝牛奶的情景。

每年11月的最后一个星期日,是表示人猴友好的日子,由王室出面宴请猴子。中午,在市中心各庇护所,摆满了各种美味佳肴,招待群猴。

猴子在印度

猴子在印度人眼里是一种圣灵,处处受到保护。猴子滋事骚扰,给人们带来不便,但它又会给人以帮助。

有个男孩在萨尔尤河洗澡,不小心坠入深渊,岸边树上坐着的一只猴子看到男孩行将没顶,立即跳到河边把男孩拖上了岸。

还有一次,一只猴子闯入一间办公室,让人们看它头上的伤口。当人们把它领到医院时,它又重复了同样的动作,直到医护人员为它包扎好为止。

正当强盗破门而入准备抢劫米德纳普尔县一户居民时,这家养的一只猴子突然从身后死死掐住一个强盗的脖子。人们闻讯赶来,把强盗扭送到警察署。

1981年印度独立节时,在坎普尔县的一次集会上,当大会主席上前升旗时,坐在墙头的猴子迅速跳下来,抢先拽住绳子将旗升起,让在场的人惊叹不已。

猴子不是在抓痒

在动物园里,常常可以看到猴子用爪子在身上乱抓,一会儿捏着什么,就麻利地送到嘴里嚼着,一般人认为这是猴子在抓跳蚤或虱子吃。

其实,猴子身上是极少生蚤或其他寄生虫的,它们在身上抓的是出汗后结在细毛下的盐粒,猴子就是靠这种盐粒来增加身体的能量。原来,一般动物体液中含有一定的盐分,心脏才不至于停止跳动,肌肉才有刺激适应性;而素食的猴子,食物中所含的盐分很少,所以猴子就得到处找盐粒吃,以补充身体的需要。

类似的情况在动物中并不罕见。如猫舐身子并不是为自己“洗澡”,鸟啄羽毛也不是为自己“梳洗”,而是通过舔食,吸收体(羽)毛上的维生素D,以补充体内的不足。

黑猩猩趣闻轶事

1. 大多“左撇子”

野生黑猩猩和人类一样,平时习惯用一只手做事。但是与人不同的是,大多数被观察的野生黑猩猩是“左撇子”。

据德新社报道,美国亚特兰大市埃莫利大学的研究人员研究了生活在坦桑尼亚国家公园里的17只黑猩猩。他们特意选择在雨季白蚁活动频繁的40天中对这些黑猩猩进行观察。研究人员发现,黑猩猩会把草、小棍等放在通往白蚁巢穴的路上,白蚁爬到上面时,黑猩猩就可以毫不费力地享受一顿美餐。而此时,大多数黑猩猩都会使用左手完成这一系列动作。但这个习惯究竟是后天养成的还是遗传因素使然,研究人员目前尚不清楚。报道说,到目前为止,科学家通过对人工驯养的黑猩猩进行观察发现,与野生黑猩猩相反,它更喜欢用右手。现在已经有一些科学家开始怀疑,这一现象是否是黑猩猩特有的行为。他们认为,动物不应该在用哪只手干活这个问题上存在偏好,它们只是用习惯的那只手罢了。

2. 能爱能恨

在现今的地球上,有三种最高等的动物:产于印尼的猩猩和非洲的黑猩猩、大猩猩。其中,从形态结构和生理状态来看,最接近于人类的要算是黑猩猩了。

它的智力发育仅次于人类，经过调教可以学会不少人的动作，如吸烟、骑车、穿针线、解扣、开锁、溜冰等，大连动物园的黑猩猩在主人的授意下，还会把前肢举在额前向来人敬礼，然后同人一一握手，表示欢迎。

几年前，广州动物园进口了一对一岁的黑猩猩，雄的叫"黑子"，雌的叫"黑女"。它们在主人的精心饲养下，渐渐长大，日益聪明，整天蹦蹦跳跳，攀枝荡秋千，翻筋斗，时而又发出叫声，常常逗得观众笑声不断。它们的记忆力也很强，如果你跟它们玩过一次之后，相隔较长的时间，即使你距它们很远，只要它们发现了你，就会放声大叫，并跳个不停。当你走近时，它们就争先恐后地伸出前肢和你握手，临分别时，它们就嚷着，目不转睛地望着你直到看不见为止，表示欢送。

公园工作人员常跟它们接触，成了它们的"朋友"。尽管如此，但只要对它们稍不友好，它们就会翻脸不认人了，还马上给你以一个越礼的"报答"。有一次，"黑女"做很不卫生的事，工作人员边吆喝边做打它的手势，它不高兴了，一转身就拿果皮、粪便向他掷来。

还有一次，一位曾经给它打过针的女兽医在笼边工作，被它用两个前肢抓住头发往里拉，在一旁的两位同事用拳头打它也无法解脱，直到拿来铁棒时它才罢休。它这种恩将仇报的行动实在令人哭笑不得。

更使人惊奇的是"黑女"还会告状。可能曾经因打针疼痛引起它害怕注射，一次一位同志用棉签触了触它的臀部，它便立即吼叫起来，两个前肢抱头在地上打滚。这是怎么一回事？正当人们有点紧张的时候，主人来了，它便马上抬起屁股向着主人，然后怒目向着那位同志大叫，主人就问："你准是动了它的屁股，是不是？"这一突然而准确的发问使人们惊呆了：它还会告状？

3. 会照镜子

大猩猩对着镜子不能认出自己，然而，大猩猩的近亲黑猩猩却具有这种能力。美国一名动物学家曾做过这样的试验：他把一面大镜子放在一个装着一些黑猩猩的笼子前面，并观察其反应。起先，黑猩猩对待镜子中自己的形象，就像对待其他猿类那样。但是过了大约两天，它们就明白了事情的真相。于是，这些黑猩猩就对平时所不能看到的自己的身体各部分进行探究，在镜子前待了很长时间。甚至在从牙缝中取出食物残渣或做鬼脸时，它们也会对着镜子仔细观察自己。

以后，人们在黑猩猩入睡后给它们脸上涂上一些没有气味与擦不掉的颜料，并把镜子拿走了几天。黑猩猩的举止表明，它们起初丝毫没有觉察到自己脸上有颜料。但是当把镜子重新放在笼子旁边时，黑猩猩照镜子后就发觉自己脸上的斑点了。它们开始去摸、去嗅，并试图把它擦掉。这些试验最终证实，黑猩猩对着镜子是能认出自己的。对大猩猩也曾做过同样的试验，但并未得出任何结果。

妈妈教女儿做母亲

据美国一位灵长类动物学家说，在一只大猩猩生产后，它的妈妈教它如何照顾幼子，这一情景正好被工作人员看到。

约内是一只被捕获的西部低地大猩猩，11 岁，在它第一次产子时是一个很不称职的妈妈，对它的幼子不闻不问。后来加利福尼亚圣迭戈野生动物园的管理员不得不替它代行母职。不过，在它第二次产子时，它的妈妈过来帮助了。

最初，约内只是将幼子扔在地上，它 21 岁的妈妈——艾伯塔便将幼子抱起来递给约内。但约内根本无意将幼子接过去，于是，艾伯塔走到离约内更近的地方，将幼子送到约内眼前，直到约内终于将幼子接了过去。两天内，密切监视约内的管理员看到了好几次母女之间这一类行为。到了第三天和第四天，管理员发现约内已经怀抱幼子了。

《新科学家》杂志报道说："有时候，艾伯塔会抓住幼子的胳膊，约内便会将幼子递给艾伯塔,但当幼子蜷进祖母的怀里时,约内便会很快将它夺回来。随着时间的推移,艾伯塔便慢慢地参与得少了。"

大猩猩妈妈往往会教幼子行走和攀援,但专家们相信这是首次在大猩猩中看到"祖母大显神威"的情形。

在幼子10个月大的时候,约内去世了,不过它的幼子被另一只母猩猩成功地收养了。

大猩猩妈妈不但能教女儿如何做母亲,还会使用工具呢!

2005年9月29日,一位研究人员说,两只雌性大猩猩使用木棍穿越沼泽地区的情景被拍摄下来,看见类人猿在野生状态下使用工具这还是第一次。

德国莱比锡的马克斯·普朗克进化人类学研究所和野生动物保护协会的托马斯·布罗伊尔说:"这是一个真正的惊人发现。"

研究人员说,这一发现可能对揭示人类如何使用工具的过程有所帮助。

他们在研究报告中指出:"尽管有被关着的大猩猩使用工具的报道,包括扔东西和进食时使用工具,但据我所知还没有野生大猩猩使用工具的报道,尽管实地研究已进行了几十年。"

他们的报告发表在《科学公共图书馆生物学》杂志的网站上。

所有大型的类人猿在笼子里都使用工具,但是科学家认为这只是在模仿人类,不一定反映自然行为。

"野生类人猿使用工具给我们提供了深入研究人类进化和其他物种能力的宝贵资料。首次看见大猩猩使用工具在很多方面具有重要意义。"他们描述了在刚果共和国北部雨林中看到两只大猩猩使用工具的情景。

布罗伊尔和他的同事在报告中写道:"第一次是在刚果北部森林中一个空旷的沼泽地里,我们看到一个成年的雌性大猩猩蹚过一片汪洋时拿一根树枝作手杖试探水的深浅,第二次是另一个雌性大猩猩拔掉一棵死灌木。"

他们写道:"它们双手用力拉倒灌木,左手拉着灌木,右手采摘食物。然后双手将树干折断,放在面前的沼泽地上,然后双脚踩着这个自制的桥走过去,接着四足着地,向空地中间走去。”

大猩猩是人类的“表兄弟”,世界上大猩猩的数量稀少,保护它们刻不容缓。

山地大猩猩是大猩猩的一个亚种,数目更少,大约只有1000余只,主要分布在扎伊尔、乌干达和卢旺达境内的基伍湖地区,属濒危种。

为了拯救这个濒临灭绝的物种,勇敢的自然保护卫士黛娜·福斯在世界范围内掀起了一场保护山地大猩猩的运动。倘若没有她火一般的热情,山地大猩猩恐怕已经从地球上消失了。

1986年,黛娜·福斯逝世了,但她的主张仍旧得到众多人士的响应。目前,已有成千上万的人在为山地大猩猩的生存而奋斗。在他们的推动下,有关国家和国际团体都纷纷制定山地大猩猩保护计划(MGP),为山地大猩猩渡过劫难创造条件。

三峡啼猿之谜

三峡西起四川奉节的白帝城,东至湖北宜昌的南津关,全长200千米。两岸悬崖峭壁,峡谷幽深,风光绮丽。在古人写三峡的诗文中,最脍炙人口的,恐怕要算李白所作的《早发白帝城》一诗:“朝辞白帝彩云间,千里江陵一日还。两岸猿声啼不住,轻舟已过万重山。”诗句不仅描绘了三峡的壮观景色,同时也为后人提供了我国猿的种类和分布的佐证材料。

根据出土文物,特别是根据殷墟发掘出的野象、犀牛、猿等热带动物分析,古代黄河流域很可能有过猿类。可以肯定的是,我国古代猿类分布的最北界至少在长江流域。从李白诗中可以得知,这里猿的数量较多,成群分布。从白帝城至南津关,一路上两岸猿声此起彼伏,连绵不绝。当年的三峡原始森林林木参天,荫翳蔽目,猿类属于树栖的攀援类动物,三峡蓊郁的森林为猿类的生存、繁衍提供了必要的条件。

三峡风光

古代三峡一带的猿究竟是哪一种呢?《早发白帝城》为我们提供了线索。李白的诗一方面反映了三峡水流湍急。从白帝城到湖北江陵,相离甚远,乘船都可"一日还",水流之速,跃然如在眼前。三峡江面狭窄,最窄处不足百米,故在喧嚣的涛声之中,仍可听到两岸的猿声。另一方面,诗也反映出此地猿类善啸的特点。在所有猿类中,唯有长臂猿善啸。其他栖息在三峡地区的猿类,也会在两岸啼叫,但三峡水急浪高,波涛汹涌,恐怕除了善啸的长臂猿以外,其他猿类的啼叫声,都只能被淹没在波涛声中。

长臂猿是人类的近亲。大约在一千多万年前,地球上发生了沧海桑田的变化,森林古猿生活的地域干旱寒冷,不少树木枯死,它们来到地面生活。部分古猿通过劳动,手脚有了分工,大脑也逐渐发达,有了语言和思维,发展成为人类,部分古猿被淘汰;另一部分古猿找到新的森林,继续保持猿的生活,就成了现代的类人猿。长臂猿就是类人猿的一种。

长臂猿的生活以"家庭"为单位,一家有一群,一群一般不超过5只,由一对成年猿和两三个子女组成,成年的雄猿是首领。长臂猿每隔两年产一胎,小猿在两岁左右能独立生活,它们不离群。6岁左右接近成熟,慢慢脱离群体,与异性猿结成新的家庭。

猿群中有严格的等级制度。猿群中的首领有很高的地位,其他的猿要看首领的眼色行事,首领走来的时候,都得让路并小声叫唤,哈腰敬礼。它们的生活地域性比较强,每群长臂猿各占一个山头,只许啼叫,不许越界。

那么,长臂猿为何而啼,又为何啼不住呢?

科学家们经过仔细地观察研究,才逐渐解开了这个谜。原来,猿啼有如人言,是表达某种信息的方式。雄猿通常为建立家庭和保卫家庭的地盘,不停地啼鸣。当雄猿成熟时,不停地发出一种求偶的啼鸣声。邻近的雌猿听到以后,就进入它的地盘,与其结成"夫妻",建立家庭。猿类家庭有个规矩:幼小未成熟的雄猿是不准在家庭内啼叫的。因为它的叫声同样会吸引异性。小雄猿要一直长到八九岁成熟后,才允许啼鸣。此时它已离开家庭独立生活。有时,当家庭成员不在的时候,小雄猿也单独发出啼鸣声,这也许是它吸引异性、争夺地盘、建立家庭的开始。建立家庭以后的母猿,仍会不停地鸣叫。这种声音与求偶的声音不同,它的意思是告诉邻近的同性,"这里已有了一个家庭,不准进入我的地盘,抢走我的丈夫。"幼小的雌猿可以在家庭里啼鸣,因为这种叫声对雄猿不具有性的吸引力:另一方面,小雌猿要向母亲学习将来怎样维护"一夫一妻"的家庭生活。

未建立家庭的成熟了的雄猿,在未被占领的新的地域里啼叫。当它的啼叫引起雌猿的注意,并与其结合建立家庭之后,家庭地盘也就基本确立下来了。雄猿之间经常为了争夺地盘而发生争吵。这种争吵有时竟会长达一个多小时。当它们遭到外来威胁的时候,猿会使劲地啼鸣,吓退侵略者。

科学家发现,猿的啼鸣的音量是经过精心设计的。音量的大小能以达到它所关心的对方听到为止。未配偶的雄猿比已配偶的雄猿叫得响,因为前者比后者更需要吸引异性。已配偶的雌猿只有在其他雌猿进入它的地盘才发出一种特别响的啼鸣。

长臂猿如今是我国一级保护动物,但现在长臂猿分布的地区早已从三峡一带向南退缩,仅局限于云南南部和海南岛的热带密林。

救救大象

一万年前，世界上至少有15类剑齿象和其他象，总计452种，它们中间生存下来的只有两种——亚洲象和非洲象。

象的家谱纷繁庞杂，猛犸是现代象的直系祖先，残酷与巧妙的捕猎方法促使猛犸的消亡，非洲象和亚洲象就成了巨大的动物。

象喜欢生活在热带雨林和热带森林、热带草原接壤的地方，但它还能适应高寒的考验，在终年积雪的高山上留下足迹。因为象皮下脂肪层很厚——形成皱褶。象看起来很笨，其实它走动时却异常轻巧和伶俐。它能像攀登运动员一样爬上超过45°的陡坡；象若发现猎人追捕的声音，还能灵便迅速地逃遁，发出的声响比树叶落在平静的水面上的声音还轻微。大象如此灵活的原因之一，就是它有四只大脚，其脚掌上每平方厘米受力不超过600克。

象的敌手是不多的，老虎、狮子、犀牛、野牛都败在它的手下。象的感官始终保持着紧张和警觉的状态。象一昼夜要用16~20小时寻找食物，只用2~4小时稍事休息，午间阳光最灼热的时候，它就在阴凉处歇憩。

虽然驯化象的历史悠久，但至今仍不能将其视为家畜。然而，驯化好的大象，能帮助人耕地、驮送货物、拖拉木材等。在战火纷飞的年代，大象还帮助军队拖拉大炮。特别在印度，大象成了劳动人民的助手；泰国和老挝人民对大象极为尊重，把大象归属“国兽”之列。

由于林区缩小，工业污染以及乱捕滥杀，在世界上许多地方，珍贵的野生动物日趋减少，大象也是其中之一。然而，在海拔1000米以上的泰国茫茫山林和有水源的原始森林中，仍不时有成群的大象出没，不过稀世的白象却很难遇见。

从前，泰国有“白象国”之称。泰国人历来把白象看作吉祥、繁荣的象征。在1855~1917年间的泰国国旗是红地白象图案。在泰语中，把天上的银河称为“白象之路”。在建筑物和工艺品中,处处可见白象的图案。不少以白象为内容的神话故事在民间广为流传。

由于白象难得,自古以来,泰国历代君王均以获得白象为民富兵强和国家繁荣昌盛的征兆。泰国猎人每次捕获白象,都要举行十分隆重的仪式,将白象奉献给国王。拉玛九世王就曾获得过几只白象。

走出亚洲,我们再前往非洲看看大象的命运。

山林茂密的非洲原野,是各种珍禽异兽繁衍的广阔天地。但是,求财心切的偷猎者纷至沓来,珍贵的野生动物遭到了空前的浩劫。存活了30万年的非洲大象,是地球上最温柔、最聪明的动物之一。由于偷猎象牙以及人们对象的传统居住地区的侵占,使象的数目急剧减少。据世界野生动物保护组织估计,非洲大象正以一年65000头的惊人速度在减少,幸存下来的大象已不足100万头。偷猎者的活动正在由北向南转移,他们把苏丹、乍得和中非共和国的象群消灭殆尽后,进入坦桑尼亚、肯尼亚、赞比亚、扎伊尔和刚果。目前,仅非洲南部的博茨瓦纳、津巴布韦和南非三个国家采取了保护野生动物的有力措施,才使大象数量有所增长。

英国剑桥一个野生动物监护组织认为,高价收买象牙是导致非洲大象惨遭厄运的主要原因。象牙已成为世界大宗贸易商品,而国际市场上销售的象牙主要来自非洲。市场上象牙需求量增大更促使其价格不断上升。估计一年的象牙成交量有950吨左右,这就意味着一年有75000~100000头大象惨遭杀害。

随着非洲人口的增长和经济发展,越来越多的森林和草原被开垦为农田或修筑了公路,这样就缩小了大象生存活动的场所。

不久前,世界野生动物基金会发出紧急呼吁:“救救大象。”他们制订了一个保护非洲大象的行动计划,并正在积极募集基金实现这个计划。

他们的行动计划是:

对非洲各个国家公园所做出的制止偷猎的努力,给予大量财政支援;

对象牙交易做出更加严格的规定,必要时禁止买卖;

采取行动,严禁破坏大象群居的环境;

对非洲学生提供保护野生动物的奖学金,并对当地进行的环境保护教育提供资金。

这个基金会还向世界儿童的父母们发出呼吁,该会认为儿童以及儿童的后代是现在和未来大象的好朋友,理应伸出同情和援助之手。

狗趣

据不完全统计,全世界大约有120多种狗。狗以它勇敢、顽强、灵敏、温顺等性格,早已成为人类亲密的伙伴和忠实的捍卫者。因此,有关狗的趣闻不胜枚举,说来颇为有趣。

1. 狗急跳墙

俗话说:“狗急跳墙。”为什么狗在紧急窘迫时竟能跳过高出人头的围墙呢?

现代医学家研究后发现,动物体细胞内都贮存有一种叫三磷腺苷(即ATP)的高能化合物,它主要由平时食物中的三大营养素——蛋白质、脂肪和糖所产生。在一般情况下,部分三磷腺苷维持体温和日常活动,其余的则以化学能的形式储存在细胞中,以备不时之需。当大脑发出危急信号时,三磷腺苷能转换生成一种叫二磷腺苷的物质(即ADP),它能释放出巨大的能量。这时,化学能便转变成机械能(即肌肉收缩)、电能、声能和光能等。

当狗的肌肉获得了二磷腺苷提供的巨大能量后,便产生了超乎寻常的爆发力,使肌肉猛烈收缩,促使骨骼和关节运动,狗也就能“跳墙”了。

2. 狗犯学校

英国伦敦附近有一所狗犯学校，该校担负着把那些顽劣的“犯罪”狗改造为“遵纪守法”的狗的责任。送到该校的狗分为咬人狗、斗殴狗、杀鸡狗等几类，它们因“罪”而被施“训”。经过训练后改过自新的狗方能毕业。负责该校的“典狱长”是一位前苏格兰的警探。

3. 狗保镖服务

美国俄勒冈州尤金市追求健美的长跑妇女们，在清晨和黄昏经常遭到歹徒的袭击。为此，18岁的姑娘莎莉创办了一家“女子长跑服务公司”，为跑步的妇女提供狗保镖，从而大受欢迎。该公司将那些经过训练的德国牧羊犬出租给跑步的妇女，它们每天跟随主人跑步，倘若途中发现形迹可疑的人，它们就会狂叫，吓退陌生人；一旦主人遭到意外袭击，它们就会奋不顾身地扑向袭击者，以救护主人。据说，该公司自成立以来，出租过数万次的狗保镖服务，使用这些保镖狗的长跑妇女从未发生过意外。

4. 替主人存款

美国林肯市有一条名叫“涛比”的狗会替主人到银行存款，当地居民差不多都认识它。这条狗的主人阿雷内是一间酒吧的店主，每天都要把营业款存入附近的一家银行。阿雷内认为狗比人更值得信任，于是训练爱犬担当这项重要任务。几年来，“涛比”用嘴巴叼着钱袋，跑到银行后就像其他顾客一样排队等候。银行职员见到“涛比”这位熟客，便会替它填写存款单。由于阿雷内的爱犬名扬全市，当狗出现在街上时，路人就会大叫道：“噢，这是涛比！”

5. 送邮件的狗

在法国巴黎有一位叫密苏安的老人，专门训练了一群替人们取送报刊的猎狗。只要订户交上报刊费，狗就会准时无误地把当天出版的报纸杂志送到订户家中,无一差错。

6. 捡球的狗

英国一家网球场驯养了一只专门捡球的狗。当运动员打球时,这只狗便在球场外等候,球一出场地,它就会立即奔过去,用嘴巴把球叼起来,送到运动员手中,然后重新回到原来的地方等球。

7. 反对吸烟的狗

在澳大利亚悉尼,有一家人饲养的一条狗很有趣,不允许人们抽烟。它不但不让其主人抽烟,而且遇到吸烟的人,它就扑上去从吸烟者手中把香烟抢去弄碎,使你在它面前吸不成烟。

8. 子女最多的公狗

生儿育女数量最多的是一只名叫“洛·普雷塞利”的公狗,小名叫“蒂米”,生于 1957 年 9 月,归伦敦雷根特公园的布卢娜·阿默斯特所有。自 1961 年 12 月~1969 年 11 月,由这只狗交配后生下来登过记的小狗共有 2414 只,此外至少还有 600 只没有登记。

警犬与军犬

我国养狗的历史很悠久,开始主要用于守牧、狩猎、看家和食用,到了战国时期,人们又把狗用于战争。顾名思义,警犬即用来警戒的狗,这个名称,最早见于唐代杜佑的《通典》:“恐敌人夜间乘城而上,城中城外每三十步悬大灯于城半腹,置警犬于城上,吠之处需加备脂油火炬。”

警犬之名虽出现在唐代,但警犬之实,却早在战国就已存在了。战国时期著名防御战专家墨子,在《墨子·备穴》里就说:如果敌军开凿地道攻城,守军也应径直迎敌，针对敌穴方向开凿地道，以穴攻穴，把敌军消灭在地下。为了防守地道，墨子主张用狗在地下警戒，“穴垒中各一狗，狗吠即有人也”。这种狗就是警犬。宋代以后，警犬有名有实，成了必不可少的战具之一。《资治通鉴》说：“凡行军下营，四面设犬铺，以犬守之。敌来则群吠，使营中有所警备。”明代《武备志》记有当时军中设置军犬警戒哨的情形，说驻军之地要“置一家，家养数犬，剔犬窟于城壕之下，其犬盖以窟养，犬以壕为院落，一有风息，则犬以警人，人以叩堡”。由此可知，古代的警犬实际上是军犬或战犬。

1953 年，西南边防 10 名战士从北京首届军犬培训班毕业，牵着 10 只训练合格的种犬，由区队长带队回到昆明。“云南省公安总队军犬训练队”的牌子也由此挂起。

为了扩大犬种，部队派人前往重庆、成都、贵阳等地征集了 90 只民用犬，再从这 90 只犬中根据体型及神经类型“优选”出 20 只，加上从德国引进及北京带回的共 40 只样犬作原始血源或基础群，建成繁殖区进行严格选种培育，从而揭开了培养“昆明犬”的序幕。

1988 年 4 月，国家公安部在青城举办了军犬鉴定会。会上，“中国昆明犬”被正式定名，后来荣获全军科技进步特别奖。它标志着“昆明犬”以特定称谓开始走向外面精彩的世界。

50 多年的风霜雪雨，50 多年的辉煌历程，“昆明犬”以突出的战绩，赢得了世人的瞩目。

1993 年 10 月，云南瑞丽海关。在这里已守候待命 17 个小时的缉毒犬“考雷”，机敏的鼻翼、如炬的目光仍在不停地搜寻着。当一名装扮成外商的男子正欲混进熙熙攘攘的人流出境时，忽然，“考雷”朝那人扑了上去。武警战士迅速出击，当场在其行李车内查获海洛因 3000 克。

1994 年 8 月，昆明火车站检票口。正在执勤的搜捕犬“哈利”，突然死死咬住一名乘客的衣襟不放，公安民警、武警战士从那人腰间搜出匕首一把、雷管两枚。潜逃两个月之久的特大杀人案主犯王某,万没想到竟被"哈利"揪进了法网。

这仅仅是云南省军犬训练大队经过特训后的"昆明犬"协同解放军、武警战士并肩侦察、缉毒的两个小小镜头。

在短短几年里,军犬基地训练出的侦破、搜捕、缉毒等7个品类的1100只"昆明犬",在不同的战线上破案万余起,它们破案的迅速、准确性有口皆碑。

尤其值得一提的是,1995年7月25日凌晨2时许,攀枝花市渡口水泥厂发生一起特大碎尸案。时隔3天,当得到报案的市公安局刑警队赶赴现场时,罪犯哪还有踪影?前一天的一场暴雨已把现场破坏得面目全非。一时间,侦破工作陷入了尴尬境地。军犬"飞丽"受命于危难之中。当它在第二现场旁边的小河沟里发现有顶破烂的草帽时,"飞丽"立刻兴奋起来,它利用这项破烂的草帽奇迹般地找到了血迹气味的嗅源。"飞丽"沿嗅源追踪3000米后,终于在高家坪家属区邓某家衣柜内叼出一黑色皮箱。箱内装有死者的躯干,人证、物证俱在。罪犯对此供认不讳。

难怪英国著名侦探凯勒在使用"昆明犬"成功地破获一特大盗窃案后,给予如此褒奖:"'昆明犬'——侦破中不折不扣的'福尔摩斯'。"

关于猪的几则趣闻

长期以来,猪一直是人们心目中蠢、懒、脏的象征。一提起猪,便会使人联想起它那迟钝、懒惰的天性。

然而,国外一些养猪专家经过长期对猪进行细心观察后,认为它有着与狗、马等家畜差不多的智能,只要加以适当的训练,很快就可以学会跳舞、寻物、潜水、取报纸、带路、拉车等本领。甚至还能利用它那灵敏的嗅觉,为军事目的服务——发现战场上的地雷。

在法国,有一种被誉为"调味珍品"的块菌,叫松露。它生长在5~30厘米深的地下,不容易找到,所以它的价钱十分昂贵。有人让一头经过专门训练的猪去寻找这种块菌,结果在6米外,猪就嗅到了长在地下的这种珍宝。假如让狗去完成同样的工作,事先要对它进行很长时间的训练,而对于猪来说,训练一个星期便绰绰有余了。

在美国还流传着不少关于猪的趣闻。马里兰州一个叫法兰克·威勒的人有一头猪,经过他精心训练之后,它能像马一样,备上鞍具,就可以让儿童们骑行。在佛罗里达州,有人教会一头母猪去看守主人秘密收藏的物品,当一些人企图前来找寻这些物品时,这头经过训练的母猪,狠狠地咬伤了这伙人当中的两个。在华盛顿的一次农业展览会上,举行过一场有趣的动物赛跑,参加赛跑的全是猪。看着它们飞也似的朝终点线奔去,谁也不会认为猪是迟钝、懒惰的动物。

要想使猪获得某种技能,有人总结出了这样的经验:在训练时,主要采用赏给食物和抚爱的手段。惩罚,会使猪变得暴躁。

如今的美国,有越来越多的家庭开始像养狗或养猫一样大养特养起猪来,甚至还有预言家宣称:在21世纪,猪可能取代猫,成为千家万户中仅次于狗的"第二宠物"……

眼下,最受美国家庭青睐的倒不是膘厚体壮的大肉猪,而是来自世界各地的小种猪,其中又以越南产的"微型猪"尤为吃香。据说这种小猪体重仅为一般猪的1/10,身高与狗相仿,毛呈深灰,从不挑食,与人十分亲近。由于购买的人很多,"名种猪"的身价便扶摇直上,有的身价竟高达3万美元。为了满足不同顾客的不同需要,动物学家们抓住大好商机,绞尽脑汁,用先进的遗传工程技术培育新品种猪,有的以"小巧玲珑"取悦,有的以"活泼可爱"见长。

美国的"爱猪族"认为,猪与人类"交往"已有很悠久的历史,可以说是人类的"患难之交"。他们还引用了英国前首相丘吉尔的名言:"如果说狗能懂得尊重人类,那么可以说猪为人类作出了最无私的奉献。”

在遍布美国各城镇的“爱猪俱乐部”里,会员们热心地探讨着“养猪经”,切磋着如何训练使猪更清洁并让它学会看电视等。一本专门介绍养猪经验的《养猪》杂志已正式出版,一条以交流养猪经验的“热线电话”也应运而生,甚至还有人特意录制了专供猪“观摩”的录像带。

聪明的养猪迷们还挖空心思地创办各种与猪有关的活动,如赛猪、训练猪缉毒、利用猪表演节目等,真是五花八门。

世界上体重最大的肥猪,是美国一个家庭饲养的名叫“毕克比利”的猪,体重达1157.5千克。丹麦阿克瑟尔·埃杰迪伊家饲养的一头母猪,在1961年6月25~26日,一胎产下34头小猪崽儿,创世界母猪一胎产崽儿的最高纪录。

巴布亚新几内亚人根据猪的颜色、体型,给猪取了各种名字,把它当成爱兽玩赏,以猪的多少来体现自己的富有。巴布亚新几内亚人每4~6年都要举行一次少则百余人,多则几千人参加的猪宴庆典活动,他们的某些部落里,人们常用猪肉作馈赠的高级礼品;把吃猪肉看作友谊的象征,和对方一起吃一次猪肉,即是恢复友谊或建立新关系的标志。

最近,科学家在研究治疗疑难病和癌症的试验中,发现干扰素(正常细胞和病毒接触所产生的抗病毒感染的物质)有着特殊的疗效。而干扰素又必须在特殊的细胞中培养,在老鼠身上培养的干扰素,用到人体上却根本不起作用。

科学家研究发现,把猪血中白细胞里的干扰素引到人体组织中,却能收到积极的抗病毒感染的效果,这是因为猪的蛋白质和人的极为相似的缘故。为此,美国科学家已专门培育成功了作为实验和培养干扰素用的微型猪,从而为实验和生产多种干扰素提供了可能。目前,已推出用遗传工程人工合成的治疗血癌的干扰素——ALFA,用这种干扰素治疗的病例中,90%取得了良好效果,其余病人情况也相当稳定。

奇牛集锦

1. 睡牛

非洲有一种睡牛，称得上是“睡觉大王”了。它每天吃饱喝足以后，倒头便睡，一天至少睡20个小时以上。这种牛既不会耕田，也不会拉车，甚至连路都走不动，走不到几百米就得停下来喘喘气。但它有一个长处，那就是在不长的时间内能长出454千克左右的肥肉，成为人们食用的美味佳肴。

2. 喷水牛

尼日利亚有一种叫“息西”的牛。它的舌头不会分泌唾液。为了让舌头湿润，嘴里整天不停地喷着水珠，所以又叫“喷水牛”。“息西”的颈项下长有一个比头还大的“垂囊”。每逢干旱，当地居民就把它赶到河里饮水，让它灌满“垂囊”，然后牵到田里当“喷灌机”使用。这种牛只要在旱地里待上一小时，就能浇透20~30平方米的土地。

3. 吹风牛

在摩洛哥的瓦锡巴出产一种名贵的牛——吹风牛。这种牛的头部特别大，所以也叫“大头牛”。它的肺部异常发达，不习惯用鼻子呼气，常在鼻孔吸入空气后就张嘴呼出，于是就形成了一种不停地“吹风”现象，而且“风力”很大。所以，当地人都把它当做“鼓风机”应用。即让它在炉旁鼓风旺火；让它在打谷场吹谷扬灰。

4. 用脚饮水的牛

非洲有一种名叫“非罗隆多特”的牛。其形状与普通牛并无两样。令人惊异的是，这种牛饮水不用嘴巴，而是用脚。原来，这种牛的四肢靠近蹄的地方，长有一个气囊，直通胃部。因此，它们只要在水里站上几分钟，就能吸进大量的水。

5. 水花牛

东非卢旺达有一种观赏牛叫“水花牛”，它的体格魁梧，背圆腹壮。奇妙的是，它的背部长着五颜六色的花纹，仿佛是穿上了一件彩色图案的花衣裳；它的头部还长有一大丛毛，就像头上戴了一顶美丽的花帽。每当这种牛在水中洗澡时，只将头背露出水面，人们从岸上看去，好像在河里长出来一朵“水花”，故称“水花牛”。

6. 有驼峰的牛

马达加斯加盛产驼峰牛，是一个牛比人多的国家，其中90%是驼峰牛。这种牛的颈背之间有个峰，像骆驼，故名“驼峰牛”。在水草充足的季节，峰长得格外肥满。驼峰牛有善走、耐渴的特点，加之有峰，便于拖套，是农民常用的牵引畜。

7. 被奉为神明的牛

在印度，信仰印度教的人把牛当做神来崇拜，称牛为“神牛”。印度的僧侣每年都要举行一次盛大的敬牛节活动。这天，人们用树枝和鲜花扎成各式各样的花环套在牛脖子上，牛身染上色彩，并在牛颈下挂上饼食和椰果。“神牛”由当地火领或僧侣牵着，沿一定路线行进；僧侣们打鼓诵经尾随而行；众人分在两旁；身穿盛装的青年男女载歌载舞。“神牛”在行进中不断把颈下的东西扔掉，人们便争先恐后地去抢，把抢到的东西视为“神明”的恩赐。

8. 老牛寻主识归途

在美国佛罗里达州发生这样一件事：一头被主人卡拉夫特梭卖出的老黄牛，冲破新主人理德·海耶斯设置的双层带刺铁丝网，游过三条小河，走了30

千米,花费了20个钟头,最终返回老主人家中。

9. 灯牛

拉丁美洲圭亚那有一种“灯牛”,因其尾巴可以制成蜡烛作灯用而得名。当地人宰杀“灯牛”后,在取下的牛尾巴中心钻个小洞,插入灯芯,便制成一支“牛尾烛”。这种烛光亮而无烟,可点7~8个小时呢!

兔子故事多

1. 兔年

按照我国农历年,2011年春节过后是辛卯年,也就是兔年。

可是,你是否知道十二生肖的由来呢?以动物十二种分配十二支:子鼠、丑牛、寅虎、卯兔、辰龙、巳蛇、午马、未羊、申猴、酉鸡、戌犬、亥猪,谓之十二属。汉代王充《论衡》“物势”篇已载此说。梁代(502~557)沈炯创制十二属诗,从此人们以所生之年,定其所属之动物的习俗,就渐渐传播开了。

兔子

那么卯时(早晨5~6点钟)为什么属兔呢?因为早晨5~6点钟,太阳快要离开黑夜而进入黎明。但毕竟还在“太阴”(指月球)控制的时间里。而月球中唯一的动物,传说就是“玉兔”,卯时就属兔了。

2. 白兔自燃

人体自燃的现象虽属罕见,但也有所耳闻。而在比利时布鲁塞尔一家研究所内发生的动物自燃现象还是第一次。这只白兔是预备作癌症研究的动物。据研究人员称,这只白兔只供给葡萄糖水和少量鲜奶,而笼子内外均没有易燃品放置,所以不是外在因素所致。而且据目击的一位研究人员说,在发生白燃前,那只白兔有不正常的战栗,他还用手轻轻地抚摸过它的背部,试图让它安静下来,却发现它的背部滚热,几分钟后便自燃起来,不久便只剩下一堆灰烬。专家说,人体自燃多由于心理或情绪不稳定所酿成的,而这些较低等的动物理应不会有此问题,但动物权人威士却说那只白兔被困笼内,不能说这些动物无情绪不稳的情况。

3. 最大的兔子

家兔中品种最大的是佛兰芒巨兔。成年兔子平均体重 7 ~8.5 千克,将其前后腿伸开,脚趾至脚趾的平均长度为 91.44 厘米。不过,这一品种的兔子体重超过 11 千克的,也有可靠的报道。

1980 年 4 月,一只 5 个月大的雌性法国垂耳兔体重达 12 千克,当时这只兔子正在西班牙雷乌斯商品展览会上展出。

野兔(平均体重 1.6 千克)体重的最高纪录是 3.7 千克,这是 1982 年 11 月 20 日苏格兰人诺曼·威尔基在打猎时捕获的。

1956 年 11 月,在英国北安普敦郡韦尔福附近打死的一只山兔重 6.83 千克。成年山兔的平均体重为 3.6 千克。

4. 最小的兔子

家兔中最小的品种是荷兰侏儒兔和波兰兔,这两种兔子成年时体重最多只能达到 0.9 ~1.1 千克。1975 年,法国人雅克·布洛克宣称,他将上述两种兔子进行杂交,获得了一个新的杂交品种,这种兔子体重只有 396.9 克。

5. 生育能力最强的兔子

家兔中生育能力最强的是新西兰白兔和加利福尼亚兔。它们在生育期内每年能生产5~6窝，每一窝有小兔8~12只(野兔每年生5窝，每窝3~7只)。

6. 耳朵最长的兔子

在家兔中垂耳族的兔子耳朵最长，而在垂耳族的四个品种中又数英国垂耳兔的耳朵最长。这种兔子的耳朵一般长61厘米(从一只耳朵尖越过头颅到另一只耳朵尖)，宽14厘米。1901年在英国展出的一只垂耳朵两耳长77.47厘米。

奇鼠大观

1. 踩不死的鼠

尼日尔的阿德拉有一种“扁鼠”，它的肌肉特别肥厚松软，脊骨细小柔软，狭小的心脏紧贴在下腹部。当人们用脚踩它时，它的骨骼会挤向一边，内脏挤向另一边，全部压力都由肌肉来承受，人的脚就像踩在松软的橡皮上，稍一抬脚，它便溜走了。

2. 不怕烫的鼠

希腊的维库加地区有一种在热水中生活的“沸鼠”。这里有一水温在80℃~90℃的热泉，沸鼠在泉水里非常活跃。如果将沸鼠放在常温下，反而会很快地死去。

3. 会滑翔的鼠

斯里兰卡有一种会滑翔的鼠。它生活在林间山谷，不仅善于爬树、登山，而且能从高处往下做短距离的滑翔。它能随时捕食林间的小鸟,用来充饥。

4. 可照明的鼠

在西班牙斐加特有一种山鼠,可制成"鼠烛"用来照明。这种山鼠的腹部有一油腺囊,分泌出一种透明无味的油液,当地人捕到这种鼠后,抽出油液,掏尽鼠的内脏,将鼠晒干或烘干后,便可用铁棒从鼠口插入,再倒入抽出的油液,放上灯捻,缝合鼠口,便制成一支可照明3~4小时的"鼠烛"。

5. 作燃料的鼠

坦桑尼亚的基戈马地区,人们经常捕捉老鼠,将捉来的老鼠晒干作燃料。这种老鼠叫火鼠,因为它脂肪含量特别高,约占体重的80%,所以能熊熊燃烧。这种鼠真像"活煤块"。

6. 会捉猫的鼠

非洲有一种捉猫吃的鼠。这种鼠的模样跟家鼠差不多,只是嘴边上有层壳,很坚硬。它有一种特殊的内分泌器官,能分泌出一种液体,挥发出一种叫"麻磷气"的毒气。它捉猫时,发出的气味使猫嗅到后麻醉不醒,瘫软无力。那时鼠跳过去,用锐利的牙齿咬其喉管,把血吸尽。

7. 抗蛇毒的鼠

在美国西部有一种抗蛇毒的"森林鼠",它竟与响尾蛇同穴而居,即使被响尾蛇咬伤,也安然无恙。"森林鼠"血液中有一种抗蛇毒"因子"。科学家认为,这种"因子"很可能是一种酶。当它被蛇咬伤时,这种酶就会将蛇毒包围起来,吸收它,从而达到解毒目的。

8. 会充气的鼠

在南美原始森林里,有一种会自己充气的鼠。它们遇到"敌人"时,便使身体变得如充满气的足球,令对手无计可施。过河时,充气鼠又像一艘充气的橡皮艇,晃晃悠悠地渡过河去。

9. 会游泳的鼠

瑞士有一种鼠,堪称“游泳健将”,它一口气能游几千米或几十千米,还能潜入水底数小时之久。不少保卫部门专门驯养这种鼠用来打捞海中遗失物品。

10. 拱桥状的鼠

非洲赞比亚有一种身躯庞大的拱桥鼠。其背呈拱形,下面有锁骨支撑。它伏在地上,极像一座石拱桥,即使一个60千克的人站上去,它也无动于衷。

11. 不怕冻的鼠

在俄罗斯雅库库特地区,钢铁冻得像冰一样脆而易折,但生活在那里的一种野鼠照样出没于冰天雪地之间,怡然自得。

12. 会跳舞的鼠

日本有一种有趣的老鼠,它们会跳“华尔兹舞”。它们一圈又一圈地旋转,好像在追逐自己的尾巴。

13. 当演员的鼠

瑞士巴塞尔“毛斯”马戏团最小的演员,便是几只老鼠。当你看到猫和老鼠表演“走钢丝”,看到老鼠坐在猫后腿上,向观众致意的场面时,谁都会开怀大笑。

老鼠当上了探雷兵

多少年来,人类消灭老鼠的努力一直没有结果,开始人们把失败归咎于不断增强的老鼠对鼠药的抵抗力,但最近科学家们认为这与老鼠的智商特别高是有关系的。

据报道，灵长类动物的大脑呈螺旋状，但是老鼠的大脑却是一片平滑，不过，这一点不影响老鼠具有惊人的智慧。科学家指出，老鼠的适应力暗示它们有极精巧的神经系统，在一个城市投放一种新的老鼠药，几个小时内，消息就可以传遍各个鼠群。人们开始使用鼠药之后，老鼠曾经无法应付，但是如今它们都知道寻找富含维生素E的食物来吃，因为这种物质有助于解毒。

老鼠还有一种特殊的能力，可以把对新事物的厌恶传给下一代。老鼠生来很谨慎，第一次吃到新鲜的东西，它绝不吃致命的分量，而且一旦发现稍有不对劲，就不让其他的老鼠接近，从而保护了整个鼠群。

老鼠虽然被列为“四害”之首，但它却不是一无是处，仍有利用价值。

老鼠皮柔软有光泽，可以制裘，尤以东北大兴安岭与新疆阿尔泰山的灰鼠皮质量更好，在国际市场上享有一定的声誉。

鼠毛水解后可以制水解蛋白，也可以制成胱氨酸、半胱氨酸等药品。

鼠肉可以喂貂，还可以喂动物园里的狮、虎、豹、大小灵猫，供蛇场喂养乌梢蛇、五步蛇、银环蛇、眼镜蛇等。为食肉动物的饲养开辟了廉价的饲料来源。鼠肉还可以适当喂鸡鸭。鼠肉烧熟之后，可以适当搭配喂猪，饲养黄鼬。不但如此，鼠肉还是粤味佳肴哩！据营养学家研究，鼠肉的营养价值超过牛肉。东北有种麝鼠，俗称青眼貂、大水耗子，个大体肥，每只重一两千克，肉嫩鲜美，味道跟鱼肉差不多。

老鼠是医学研究工作的得力助手。老鼠的生命周期短暂（一般活不到一年以上），因此可以在短时期内跟踪观察许多代的遗传，这对研究人的生长和衰老问题提供了可借鉴的范例。老鼠是一种理想的试验室动物。美国用于医学和心理试验的小白鼠每年达到1800万只。

老鼠个子小，嗅觉敏锐，动作灵活，上蹿下跳，如履平地。根据这些特点，人们训练它来代替警犬做侦察工作。经过专门训练的老鼠叫“警鼠”，能在机场或飞机上检查旅客的包裹里是否藏有炸药或其他违禁品。在美国的哈里森，就有一批经过实验、训练“毕业”出来的老鼠,它们奔赴各种“工作岗位”。让这些老鼠趋利避害,使它们再不是偷吃食物的害人精,而成为有用的动物。

尤其令人惊讶的是,耗子竟然当上了探雷兵,而且工作得十分优异。

我们知道,地雷是一种杀伤力相当大的防卫武器,因此,不论大小战争,交战双方常常为了防守而在阵地上布雷。但是,战争结束后,双方布下的地雷又往往给军队或当地居民造成了极大的威胁。因此,扫雷工作以及作为扫雷之前的探雷工作,也就成为战后的一项繁重而危险的工作。

迄今为止,有个别国家虽然开始用训练有素的军犬从事这项危险的工作,但是,目前的扫雷工作主要还是依靠扫雷部队利用电子磁力探测器探明后加以拆除或引爆。当然,在扫雷的全过程中是无法避免伤亡事件发生的。为了解决探雷问题,美国一位名叫罗兰的军医创造了一种新的方法一老鼠探雷法。

那么,怎样利用老鼠去探雷呢?原来,能代替人去探雷的老鼠是一种经过特殊训练的老鼠。罗兰医生先把一个微型电极植入老鼠的丘脑(大脑中产生畅快感的中心),然后把老鼠放在一个特制的笼子里。笼子里有一根木棒,当老鼠掀动木棒时,连接木棒的活阀便打开,放出强烈的黄色炸药气味。老鼠一旦嗅到这种气味,脑袋里的电极便发出电波刺激老鼠的丘脑,使老鼠得到高度畅快感并发出强烈的脑电波。这样经过反复的训练,那只老鼠便成了一名“优秀的探雷兵”。

在进行扫雷探测时,老鼠身上还要安上一个微型电脑,再由一辆有遥控装置的车辆把老鼠运到雷区。当老鼠嗅到地雷的火药味时,身上的微型电脑便将电脑波录下来,然后用无线电波发回遥控车上的总电脑,于是,地雷的位置便可准确地确定下来了。据称,罗兰所发明的这个办法经过试验已经取得了良好的效果。

德国《世界报》报道,名字叫“纳尔逊”和“关塔那摩”的两只老鼠充满了干劲儿。它们正沿着绳子走向工作场地。“纳尔逊”和“关塔那摩”是两只大田鼠,曾在莫桑比克受训辨别炸药的气味。因此,它们能发现埋藏的地雷。一旦找到地雷,它们就开始挖土。受过培训的排雷人员随后可拆掉地雷的引信,挖出地雷。

实践已经证实:老鼠是优秀的探雷兵。目前,扫雷设备只能准确发现金属外壳地雷,而老鼠根据炸药探雷,即便地雷已埋藏多年也可被它发现。比利时的扫雷组织在莫桑比克首都马普托以南1200千米处的希莫尤附近对老鼠进行6~12个月的扫雷训练。该组织称,用老鼠扫雷比使用人工设备便捷得多;老鼠容易养活,便于运输。

人类可靠的朋友

1. 老虎看家

巴西里约热内卢地区盗窃成风,军警也无能为力。有一家庄园驯养了一只叫"桑巴"的母老虎,日夜蹲在庄园门口看家。主人到家,或以食物行赏,它摇尾点头,以示欢欣。要是陌生人来了,则总是虎视眈眈;陌生人要是扔东西给它吃,它更是吼叫不止,拒绝引诱。

2. 聪明的猪

人们总认为猪是蠢笨的动物,其实它颇为聪明。前苏联卫国战争时期,一支游击队为了突破敌人的阵地,专门训练了一头猪,让它到敌人设置的雷区去探雷,结果敌人布的雷全部都被探明排除。

前不久,美国得克萨斯兽医学会将一头名叫普里西拉的小猪恭恭敬敬地写入宠物荣誉堂的名册里。有一年年底,3 个月大的普里西拉随同 11 岁的小主人安东尼·麦尔顿在赫斯顿湖里游泳。安东尼忽然感到一阵惊慌,往水下沉去,他惊恐万状地大声呼救。小猪听到主人的呼救,迅速游了过来,用前蹄轻推主人,似乎示意他抓住自己脖子上的项圈,然后拖着主人直接往岸边游去,安东尼得救了。

3. 机灵的小警鼠

美国和西欧一些国家的警方机构培训了一种警鼠，把警鼠放在海关桌上的小铁笼内，如有人携带爆炸品过关，它就会不停地跳跃；把警鼠放到飞机、汽车和轮船上，它会钻进缝隙寻找恐怖分子暗置的定时炸弹。

4. 三条腿的狗救主

蒂亚是一只三条腿的狗，它是在一次事故中失去了一条腿的，可是这绝不影响它干出惊人的举动。

冬天的加拿大寒风凛冽，刺人肌骨，6 岁的蒂亚跟随主人林格尔和主人的好朋友帕克一同在位于拉布拉达半岛的尼姆基什河一带猎野鸭。突然，一阵暴风雨袭来，打翻了他们乘坐的小船，船底朝天，他们一起跌入波翻浪卷、冰冷刺骨的河里。吸足了水分的棉衣拽着林格尔他俩直往下沉，他们死死抓住船舷，不住地祈求上帝保佑。突然，奇迹发生了，船慢慢地开始移动，林格尔定睛一看，原来是蒂亚咬着船上的缰绳往河岸死命地游去，一直拉了 800 多米，总算脱离了危险。

5. 小猫报警

家住加拿大多伦多的罗兰·多克莱伦养了一只猫，取名凯利。多亏了凯利的警觉，警方才逮住了强奸未遂犯。一天午夜，凯利听到后门传来阵阵撬门声，原来一个歹徒觊觎罗兰的姿色已久，持械撬门企图入室强奸。主人正在熟睡，凯利蹿到主人床头并跳到她身上刺耳地尖叫起来，罗兰被惊醒，知道将要发生危急情况，因为过去凯利从未这样叫过，她立即拨了报警电话。警察赶来后，当场抓住了那个还在撬门而浑然不知的歹徒。

6. 马救老妇人

在加拿大安大略省的钮马凯特，一位 77 岁的老妇人昏倒在一条冰雪覆盖的沟里，当时周围没有一个人，谁也不知道这件事，如无人救治，老人必定会死在沟里。就在这个节骨眼上，在附近的一家牧场里溜达的一匹叫“印第安红”的老马发现沟里躺着人，便立刻跑到主人那里，它嘶叫着，使劲摇摆着头，并且把主人引到老妇人躺着的那条沟里。“印第安红”的聪明和“善举”使这个老妇人得到及时救治，脱离了危险。

小猫

7. 鲸鱼和海豚、海龟救人

在澳大利亚的一条河上，一个大人和两个小孩在泛舟，不幸被激流冲进了印度洋。就在这危急时刻，一条大鲸鱼游来，3 个人骑到鲸鱼背上，直至被人救起，鲸鱼才游走。

无独有偶。1983 年的一天，荷兰一位飞行员在飞机出故障后跳伞落海。在他精疲力竭时，一条海豚出现在他身边，用鼻子推着他游了 10 海里，直到被人发现将他救起，海豚才悄悄地离去。

“阿罗哈”号客轮不幸失火沉没。有一妇女在水面上漂游了 12 个小时，正在绝望之时，有两只海龟游来把她托出水面，直到救护艇把她救起，海龟才游走。

智斗猎狗的火狐

1. 火狐引开猎狗

天亮时分，一只火狐刚外出归来，跃上一处悬崖，就发现山坡上出现了一只建壮的猎狗和一个猎人。猎狗东闻西嗅,好像要往悬崖边走过来。

火狐知道,这悬崖下一处山洞里,有两只小火狐正在嬉戏玩耍,等待着自己归巢。一旦让猎狗发现了山洞,后果不堪设想。

火狐立刻轻轻叫了几声,算是对山洞里的雏狐发出警报。自己则调头纵身跳下悬崖,在猎狗前方一晃,奔向一处山林。正在搜索的猎狗和主人,见前方有火红的东西一闪而过,明白是遇上了火狐,便马上紧紧追了过去。

倒霉的是那树林子不大,并且树木稀疏。猎狗追,猎人围,火狐难以脱身,便窜出树林,向山下奔去。它知道,山脚下有一条河。

火狐奔到河边,"扑通"跳进河里,游向对岸。这河的水流并不太急,但河面很宽阔。猎狗追到河边,也毫不犹豫地跳下河去。猎人追至河边,面对宽阔的河面,一时竟没了主意,只好望河兴叹。这样,火狐先摆脱了猎人的追捕,排除了一份危险。

猎狗的游泳技术高,与火狐几乎同时到达岸上。河岸上灌木丛生,野草茂密,本来很便于藏身的。可是猎狗的鼻子相当灵敏,火狐东躲西藏,总是被猎狗发现,几次差点被猎狗逮住。

2. 火狐自救失败

正在这时,迎着东升的太阳,火狐发现一群山羊正向河岸这边过来,牧羊人在后面大声吆喝。火狐灵机一动,急忙奔跑过去,一头钻入羊群,还使劲在羊身上蹭。火狐想让自己身上的气味留在羊群里,让猎狗进入羊群后迷失追踪方向,自己再伺机逃走。

可是哪料到,羊群一阵大乱,竟四散逃窜。那牧羊人先是一,继而发现了火狐,便甩响了鞭子,大叫:"抓狐狸!抓狐狸!"

火狐急了,心慌意乱地奔出羊群,仓皇逃命。而那猎狗原来就没上当,它守在羊群外面,见火狐钻出羊群逃命,便绕过羊群,直向火狐扑去。火狐经过这一番折腾,体力大减,现在又被逐出羊群,疲于奔命,速度越来越慢。它知道,今天是凶多吉少了，眼里掠过一丝悲伤。

3. 火狐脱离险境

眼看快要被猎狗追上了，火狐忽然听到一阵“隆隆”声。火狐精神一振，喜出望外。果然，400 米开外的山洞里钻出一列火车，沿铁轨向自己的前方疾驰而来。火狐像是捞到了救命稻草，一阵狂奔，拼命冲向铁轨。

“呜——”在火车迎面而来的一瞬间，火狐终于拼死越来越过铁轨，落荒而去。

再说那猎狗奔到铁道边时，长长的列车正好轰隆而过，挡住了它的去路，它急得前足趴地，“呜呜”直叫。几十秒钟后，列车驶过，猎狗引颈张望，早已不见了火狐踪影。它低头在铁轨上嗅寻火狐留下的气味，可惜那气味因车轮与铁轨摩擦发热而消失了。猎狗沮丧万分，只得回头去寻找主人。

智捕斑马的山猫

1. 山猫迷惑斑马

南非草原，一眼望不到边际，一丛矮树林边上，一群斑马正在吃早餐，几匹雄斑马在马群四周放哨，其余的斑马则悠闲安然地啃着鲜嫩的草叶。

即使在最平静的环境里，它们都不敢有丝毫的松懈。果然，过了不久，就闻到一股异兽的气味，那气味虽不浓，却可以断定就来自附近。斑马使劲煽动鼻翼，警惕地向四周张望。

这时突然看到前方草丛一阵晃动，随即钻出一只小小的山猫来。那山猫短短的尾巴，全身灰溜溜，几乎跟草地的颜色一样。

2. 山猫发起攻击

斑马觉得这小东西傻乎乎的，威胁不了自己。可就在这一刹那间，已经挨近放哨斑马的山猫，突然猛一腾身，变得十分矫健灵活，在空中扭了扭腰，一下子落在斑马脖颈上，4 条腿往斑马脖上一搭，锐利的爪子立刻从肉垫里伸出来，深深刺进了斑马颈脖的皮肤中，身子也紧紧贴住斑马的脖子。

斑马颈背上一阵刺痛，顿时感到了危险。它大声嘶叫起来，撒腿狂奔。马群骚动起来，潮水一般卷过了蓦。

那头斑马还是落在马群最后，它一会儿快，一会儿慢；一会儿左拐，一会儿右弯；有时还突然停下，忽上忽下，忽前忽后在原地跳跃，一心想把背上的山猫甩下地去。山猫却像钉子一般，牢牢钉在斑马颈脖上，再也不肯松开爪子。

3. 斑马结束生命

斑马群越奔越远。那匹放哨的斑马却因体力消耗过度，脚步渐渐慢下来。山猫喘过一口气，慢慢腾出身子，张大了嘴，在马颈椎上狠狠地咬起来，尖利的牙齿_块块撕下马颈肉，一会儿便咬开一个大口子。

斑马的颈椎骨露了出来，随着“咔嚓咔嚓”一阵声响，斑马的颈椎骨被咬断。斑马发出一阵凄厉的长嘶，再也支撑不住了，猛然倒在草地上，双眼依旧瞪着远方。马群扬起的团团尘土越来越远，它再也无法追上前去。

狡猾的山猫骗过了警惕的斑马，咬死了比自己大许多倍的猎物，它可以安安稳稳享用自己的美餐了。这么大一匹斑马，吃上十天半月是不成问题的。

杀大象的青蛙

1. 大象离奇死亡

肯尼亚与坦桑尼亚接壤的塞利吉泰平原，生活着许多野生动物，已被肯尼亚与坦桑尼亚两国政府共同确定为野生动物保护区，也就是国家公园。

1968 年 12 月 3 日上午，公园中的警察汉尼顿和动物保护局官员海尼，在进行例行巡逻时,发现有5头大象倒在沼泽地的边上,不停地呻吟着。起初两人都认为是有人盗猎,可走近一看,大象身上并没有中弹的痕迹。

海尼赶紧拿出急救箱,给每一头大象打了一针强心剂和止痛针,可大象还是呻吟不止。两人面对大象,面面相觑,束手无策。不一会儿,5头大象一个个地接连断了气。

2. 大象死亡原因

他们在死象身上检查来检查去,终于发现了秘密,在每头大象的脖子上,都有五六只0.2米长的大青蛙,它们把嘴巴深深地刺进大象的脖子里,还不断吐着黄褐色的泡。

原来,大象是被青蛙给杀死的!汉尼顿赶紧用无线电向总部报告这件奇怪的事情,并请求派医生支援。

5分钟以后,一架直升飞机载来了公园里医术最高的医生克里斯。克里斯查看了现场,深感惊诧,觉得不可思议。他让汉尼顿和海尼去抓几只青蛙带回去研究。可当他们两个捉住青蛙时,都不约而同地惊叫起来,像触电一般又立即把抓在手中的青蛙扔掉。"青蛙有毒刺。"他们两个异口同声地说。

3. 解剖有毒青蛙

最后,他们还是捉到几只大青蛙带回了实验室。克里斯经解剖发现,这些青蛙头部长着又粗又尖的角,不断冒出一种难闻的黄褐色汁液。经分析,这种褐色的汁液比非洲眼镜蛇还要毒上4倍,难怪那些大象会死于非命。他们把青蛙制成标本,陈列在肯尼亚国家森林公园的展示室里。从那以后,这种有毒的青蛙再也没有出现。

让人不解的是,这些青蛙身上为什么会带有毒素,它们是从什么地方来的,为什么又突然消失。这神秘的青蛙留给人类又一个未解之谜。

当警卫的蟒蛇

1. 盗窃遇警卫

在奥地利首都维也纳城，新开了一家高级百货商店，店里全是豪华昂贵的首饰。在维也纳拳击擂台赛上几次夺得冠军的大力士詹姆斯企图动手偷盗。他巧妙地从营业员嘴里套出夜间仅有一个守卫的情况。于是，趁一个风雨之夜，詹姆斯进行了他蓄谋已久的盗窃活动。

詹姆斯用万能钥匙打开后门，悄无声息地钻进商店，直扑首饰柜台，打算不惊动警卫，不费大手脚而获成功。此时，商店里一片漆黑，连一根针掉到地上的细微声音，也可以听得清清楚楚。詹姆斯放轻脚步，仅仅发出轻微的鼻息声，他确信没有惊动警卫。当詹姆斯开始动手撬首饰柜台的柜门时，突然感觉到肩后有东西搭了上来。詹姆斯估计是守卫者从背后下手来捉自己，由于摸不着预先带来的手电筒，只好在黑暗中和对方夜战。

2. 黑暗中搏斗

这时，他既有思想准备，又有格斗经验。便马上去抓对方伸来的手，准备使劲一拖，把对方从背后凌空甩到面前。哪晓得对方的手软乎乎、滑溜溜，自己的力气用不上去。詹姆斯一躬腰，伸出双手去胯下抓那人的脚，打算把对方拖倒，然后再骑上身去卡死……谁知，对方的腿纹丝不动，詹姆斯怎么拔也拔不过来，僵持了好一会儿，对方自己却把腿伸过来，反而一下子钩住了大力士的右大腿。大力士接连几招没有成功，真正发慌了。

要知道，詹姆斯这两年可是称霸维也纳拳击界的呀，现在却遇上了一个格斗高手。他想和对手拼搏，可现在处在不利的位置和姿势。对方也不答话，只是用手、脚更紧地缠住詹姆斯，仿佛用绳索捆缚那样。

詹姆斯赶紧屏气收腹，运气发力，像平时表演挣断捆在身上的铁链那样，要把对方的手脚崩开，甚至崩断！只听得大力士“啊”的大喝一声，用劲发力，浑身筋骨铮铮作响，店堂里爆发出“啊”、“啊”的回声；而对方却毫无反应，依然如故，用手勒着大力士的颈部，用腿钩着大力士的大腿，连身子也贴紧在大力士的背上。

就这样，詹姆斯发力运功好几分钟，不一会儿已经像泄了气的皮球，猝然跌倒在地，口吐白沫，昏死过去。

3. 神秘警卫揭晓

等到詹姆斯醒来，只见灯光齐明，商店老板和警察站在面前。他这才看清楚擒获自己的对手，竟是一条长两米半、身子像胳膊粗的大蟒蛇！怪不得是长手，长腿，细腰身，浑身冷冰冰、软乎乎、滑溜溜。原来，这是一条经过训练的专业警卫蟒蛇。

大力士做梦也不会想到，这个神秘警卫竟是一条蟒蛇，他只好自认倒霉，在强大的事实面前低头伏法。

智捕山鹰的山龟

1. 老鹰发现山龟

海南岛五指山的密林深处，一只老鹰正在山谷盘旋。只兜了半个圈子，老鹰就发现了搜寻的目标。小溪边的两块大石头的缝隙中，一头小小的乌龟一动不动卡在里面，它的四肢和头尾都不见了，不知是缩进了龟甲，还是已经被其他食肉兽咬掉，反正它的龟甲已呈现出灰白色，那正是开始腐烂的迹象。老鹰打了个旋，从天而降，落在小溪边大石头上。它用闪着绿光的眼珠扫视着四周，没有发现一点可疑的动静，便拍了拍双翅，朝石缝移动两步，急不可耐地朝乌龟尸本下了嘴。

乌龟的壳好硬，带钩的尖鹰嘴啄上去"啪啪"直响，可什么也咬不到。石头缝隙太小，鹰爪伸不进去，它只得耐心地一点一点寻找能下嘴的地方，哪怕能咬下一小块龟肉，也可以填填饥饿的肚子。

2. 老鹰反受袭击

在龟甲的前端，乌龟颈子伸缩处，软软的有一块咬得动的地方。老鹰把尖尖的嘴伸进隙缝中，想咬住乌龟的脖颈往外拽。

没料到突然从那块软软的地方伸出乌龟的脑袋，一张嘴就咬住了老鹰的尖嘴。它一口咬住鹰嘴便再也不肯松开，憋得老鹰将头左右甩动，一下子把乌龟拉出了石缝，拍拍双翅，腾空飞去。

在空中，老鹰更奈何不了小小的乌龟，用颈子甩乌龟甩不了；用爪子抓，老鹰身上便直往小溪里坠。而乌龟的嘴巴死命咬住鹰嘴，尾巴也从龟甲中伸出来，借着飞行中的晃悠劲，一下又一下刺向老鹰的胸膜。

遭到如此厉害的袭击，老鹰经受不住了，它疯狂地伸出爪子朝乌龟乱抓一通。这一下，老鹰失去了飞翔的平衡，终于一个筋斗接着一个筋斗从高空旋转着往下跌，"砰"的一声撞在太石头上，再也动弹不了。那只小小的灰白色乌龟，依旧咬着老鹰的尖嘴不放。过了好大一会儿，乌龟的头才慢慢从龟甲中伸出来，不可一世的老鹰已经摔死。

3. 山龟肢解老鹰

灰白的山龟放下心来，舒展开四肢，尾巴也露了出来，这可是它最锐利的武器。它背过身子，伸出尾巴，在鹰的颈项间来来回回抽动，好像锯子一般把鹰脑袋锯下来。乌龟毫不客气地吸吮着老鹰的血，待肚子略有饱感后，又开始肢解老鹰的身子。后腿锯断后，翅膀锯下来了，最后山龟把鹰肉拖进大石的缝隙藏好。这么大一只老鹰，足够山龟吃好一阵子了。

生死相许的大雁

1. 秀才好奇捕雁

山西省汾水的东岸,匆匆地行走着一位年轻的秀才,他叫元好问。元好问是从家乡秀容去太原的。到了阳曲县城外,遇上一位汉子张罗着捕猎芦苇丛中的大雁。元好问此刻也走累了,便停下来站在树荫下,观看猎人如何捕获飞鸟。

大雁

猎人远远地在芦苇南边的两棵大树上张起一张大网,又带着猎犬绕到芦苇丛的北边。那猎人挥动着一根长长的竹竿,大声鼓噪着,击打着水面。猎犬听到攻击的信号,一头窜进密密的芦苇中,"汪汪"叫着,帮主人驱赶歇息在水面的大雁。

2. 成功捕获雌雁

这一群大雁从遥远的北方飞来,经过了几千千米长途跋涉,正在芦苇丛中捕鱼捉虾,以补充体力。遭到这突然的袭击,便"呷呷"惊叫着,从水面飞掠而起,芦苇南端的大雁中,有两只却一头撞进了大网,脑袋卡在网眼里,越是挣扎,就越是被紧紧地纠缠着,再也无法挣脱。猎人看到有了收获,哈哈大笑着走上前去拿到手的猎物。他放松网绳,伸手去抓一只雄雁。就在他把雄雁从网中拖出时,雁儿拼命一挣,双翅狠狠拍打着猎人的手背。猎人一慌,一把没抓牢,竟眼睁睁望着它脱手而去,掌中只剩下几片雁毛。望着"扑扑"飞到空中的雄雁,猎人又悔又恨,没等把另一只雁从网里拖出,便使劲地扭断了它的脖子,连网带雁一起掷到了地上。

3. 雄雁以死相随

元好问看到一场捕猎已经结束,正想重新出发,突然听到头顶上传来一阵凄惨的雁叫声。抬头一看,刚才从芦苇里飞上天的一群大雁已经排成人字队形,继续朝南飞去。只有逃脱了猎人手掌的那只雄雁,还在头顶上盘旋。

这只雄雁飞了一圈又一圈,不断长声哀鸣,似乎想召唤地上那只颈断骨折的雌雁,重新跟它翱翔长空,比翼齐飞。

突然,天空中又传来一声惨叫,"呼呼"一阵响声过后,那只孤雁突然收拢双翅,头朝下,箭一般地倒栽下来,"啪"的一声,如同一块石头落地,撞在大网附近一块巨石上,脑碎翅折,摔成一摊血肉。元好问"啊"地惊叫了一声,三步并作两步跑上前去,呆呆地站在两只大雁身边,一时间说不出话来。那位捕雁汉子也愣住了,目瞪口呆地站着,不断喃喃自语:"咦! 何苦来! 何苦!"

4. 秀才感慨万千

听着捕雁人的自语,元好问不禁心潮翻腾。这只不惜以身殉情的雁儿,曾与它的情侣遭受过多少风雨的磨难,享受过多少双飞双宿的欢乐。

它们正像人间几多痴情男女,宁愿粉身碎骨,也不肯在别离的苦痛中受煎熬,不肯形单影只,寂寞终身。它们的感情何等深厚,它们的精神又何等高尚啊! 这位年轻秀才不禁热泪盈眶,觉得眼前的一切都模糊起来。

复仇的猫头鹰

1. 猫头鹰伤人严重

一年5月的一个傍晚,湖北丹江口市一家姓张的农户,突然遭到了猫头鹰的攻击。说来奇怪，这家人一出门，就有一只壮实硕大的猫头鹰像战斗机那样俯冲下来叼啄他们。女主人进进出出频繁，所以受冲击最多。有一次，她的额头竟被啄得皮开肉绽，吓得她自此不敢离家一步。第二天清晨，男主人出门干活，刚刚迈步，猫头鹰便“嗖”地迎面扑来。只听他“哎哟”一声惨叫，右眼流血不止，急去医院检查，眼角膜不幸穿孔，当即失明。

2. 村民们疑惑不解

这件事引起了村里人的议论。有的说，猫头鹰通常昼伏夜出，善于捕鼠，但它怕人，从没听说它伤害人。有的说，这猫头鹰为什么专门攻击张家的人，而不碰别人一根毫毛呢。这可是个谜！这事传到了市科学技术协会，他们马上派人来调查，终于弄明白是怎么回事。

3. 猫头鹰伤人原因

原来，年初有一对猫头鹰选了张家的墙洞做巢。它们在此安居乐业，生儿育女。不久就添了5只可爱的小猫头鹰，成天“叽叽叽叽”地欢叫。可是，一天上午，它们被村里的一群淘气小孩注意上了。孩子们不知道猫头鹰是益鸟，应该好好保护，竟去抄家捉鹰崽。他们爬上梯子用棍子在墙洞里乱捣一通，想把大猫头鹰赶走后，再动手抓它们的孩子。

猫头鹰白天怕光，那时正在歇息，突然遭到袭击。母猫头鹰和它的两个儿女慌忙逃命，从高高的墙洞跌下，当场摔死。公猫头鹰和另外3只小猫头鹰生擒活捉。孩子们各人分得一个俘虏带了回去。张家儿子小涛带回一个最小的，养在家里玩耍。

因公猫头鹰毕竟老练，它惊魂稍定，趁逗弄它的孩子不注意，展翅飞逃而去。它飞回巢穴，见妻离子散，好不凄惨！悲痛之余，它一反常态。除了晚上捕鼠，白天也常飞出巢来，寻访小猫头鹰，也寻访它的仇人。它的巢穴离小涛家最近，很快它就听到小猫头鹰的“叽叽”叫声。它几次想救出孩子，可总未如愿。

这么一来,它就更加恼怒了。于是,它采取了极端的报复手段,只要见到张家的人走出门,就不顾一切地向他们展开进攻……

孩了们的顽皮,直接造成了一个壮年男子汉的右眼失明,这可是惨痛的教训呀!

杀人的红蝙蝠

1. 神秘古堡

印度西部的塔尔沙漠里,坐落着一座古老的城堡。门前隐约可见一条褪色的告示:过往人畜切莫在此留宿!

多少年来,别说行人不敢走近,就是那些商旅驼队也远远地绕开古堡,提心吊胆地赶路。因为,凡是夜间在此地住宿或路过的人畜,都会莫名其妙地丧命在古堡之下。

为此,印度警方向全世界发出悬赏布告:"凡能破古堡疑案者,奖励10000卢比!"

2. 准备探秘

直至布告发出一年后的一天,才有人叩响警察局的大门。老人自称来自英国,叫毕德莱克。

警察局长声明,万一出了事,警方不负任何责任。最后他向毕德莱克表示,如果需要什么人力和物质的帮助,警方一定满足他。然而,老人很自信,他摇摇头表示什么也不需要。

毕德莱克离开警察局,立即来到一家杂货铺,买了一只大铁箱子和一张渔网,又去一个耍猴人那儿买了一只猴子。

一个月黑星稀的夜晚,塔尔沙漠一片沉寂,矗立在其上的古堡像恐怖的幽灵一般。

这时，毕德莱克驾着一辆马车由远而近地驶来。马车在古堡前停下，毕德莱克从车上敏捷地跳下。他迅速从车上搬下铁箱和渔网，牵着那只猴子，走进了黑洞洞的古堡。他从身上取出一只药瓶，在猴子的头上涂上了药水，然后将猴子赶进那张渔网里。接着，他打开铁箱，把自己藏在里面，盖上箱盖，手里牢牢抓住网绳，从箱缝里窥视外面的情况。

3. 黑影现身

不一会儿，从古堡的黑暗里传来一声怪异的啼叫声，叫声在大厅里激起回响，使人毛发直竖。叫声过后，便有一阵"哗啦啦"的响动。毕德莱克心头一惊，他盼望的东西终于来了。他屏住呼吸，紧紧抓住网绳，等待着……突然，一团黑影从古堡顶部飞下来，向那只猴子猛扑过去。猴子已酣然入睡，忽然被什么东西在头部猛扎了一下。剧痛难忍，发出一阵惨叫。

躲在铁箱里的毕德莱克早已看准了时机，一听到惨叫声，他飞快地收紧手中的网绳，那团黑影被罩在了网中。它拼命扑腾了几下，不动了。

过了一会儿，毕德莱克确认网中的那团黑影已经失去了知觉，他从铁箱里跨出来，小心翼翼地走近它……

4. 揭开迷案

塔尔沙漠200多年的迷案终于被揭开了……

原来是一只形象十分奇特的大蝙蝠。它的身体呈暗红色，长着一对大翅膀，最吓人的是它的喙，好似一根长长的钢针！

人们全都吓坏了。毕德莱克告诉大家，它就是古堡里夜间杀人的凶手！凶器是钢针一样的喙，刺入人或兽的头部，吸吮脑汁，放射毒液，立刻将人或兽置于死地，所以难以在死者身上找到外伤的痕迹。这种红蝙蝠在世界上极为罕见。

撞翻大船的蝴蝶

1. 一次紧张的航行

1914年,第一次世界大战的烽火刚刚燃起,整个欧洲大陆笼罩在一片战争的阴霾中。

这天,印度洋上空晴朗高爽,在波涛汹涌的波斯湾海面上,"德意志号"轮船正满载货物疾速行驶。船长隆·贝克双眉紧皱,不时用略带沙哑的嗓音向舵手发出指令。年轻的舵手神情严肃,全神贯注地操纵着方向盘。尽管"德意志号"不是头一回远航,船员们对这里的海况也了如指掌,然而战争的阴云,却时时刻刻笼罩在每个船员的心头上。

2. 蝴蝶群扑面而来

船终于驶离波斯湾,隆·贝克这才松了一口气。他已经几天没好好合过眼了。就在这时,他忽然发现海空骤然阴暗下来。在大海上航行,风云变幻是常事,然而眼前并没有出现乌云,也没有雷电来临前的迹象。他推开舷窗,听到一阵奇特的"嗡嗡"声,在海天之间,一大片云状的东西,正以迅疾的速度铺天盖地压过来。隆·贝克慌忙举起望远镜,不禁万分惊讶地叫出声来"我的上帝啊,蝴蝶!"

甲板上的船员也几乎同时惊叫起来。不知从什么地方飞来了这数以千万计的蝴蝶组成的云阵。它们浩浩荡荡,遮天蔽日,扑向"德意志号",转眼间船就被包围了。

然后蝴蝶如同潮水般地迅速涌进船上的每个角落,顷刻之间就密密麻麻地布满了甲板和船舱,连烟囱和缆绳也被它们占据了。船员们被这突如其来的袭击惊呆了。还没等他们回过神来,个个脸上、身上都落满了蝴蝶。"德意志号"

上顿时乱作一团。船员们在甲板上四处乱奔,挥舞着双手,拼命驱赶。然而,这些平时招人喜爱的蝴蝶,此刻却成了无法驱赶的灾难。

3. 蝴蝶占领"德意志号"

隆·贝克也有几十年航海经验了,却从未看到过这样可怕的景象。他的"德意志号"已经完全被蝴蝶占领。蝴蝶群开始向驾驶舱进攻了。隆·贝克惊呼一声:"不好!"一个箭步冲出驾驶台,挥舞双手大声命令船员赶紧打开灭火器。顿时,白色的泡沫四处横飞,受到袭击的蝴蝶更是横冲直撞。一群蝴蝶在泡沫中如纸片一样落下,更多的蝴蝶又前仆后继地冲上来。几分钟后,灭火器失去了威力,而"德意志号"却陷入了至少1000万只各种各样蝴蝶的重重包围。船员们已经无法睁开眼睛,呼吸也十分困难,绝望地尖叫着。无计可施的隆·贝克想下达最后的命令,加快速度冲出重围。可是,已经来不及了。蝴蝶大军把他压迫得喘不过气来。与此同时,他感到巨轮在剧烈地摇晃,舵手再也看不清航向。隆·贝克意识到那可怕的一刻就要降临。

4. 蝴蝶突然失踪

几秒钟后,在一片惊恐而绝望的喊叫声中,失去控制的"德意志号"巨轮迎面撞上了礁石。就在"德意志号"白色的桅杆最后在海面上颤动一下的那一刹那,蓝色的海面上腾起了成千上万只蝴蝶,浩浩荡荡,密密麻麻,一下子便不知其踪。

吃人的巨蚁

1. 准备探险之旅

贝里仁是一名比利时探险家,他要去南美洲的一座古代废墟进行考察。在此之前，要穿越一片古木参天的原始森林，他雇佣当地人查干做他的向导。可是查干却连连摇头。他听镇上老人们说，森林里千万去不得，弄不好会被野兽吃掉。

贝里仁知道，在他之前曾有好几个国家的探险者，来到这里却再也没有回去。可这并没有使他退却，他从小就对探险有着浓厚的兴趣，对南美这片古老而神秘的土地更是充满了向往。他读了不少关于南美的书，更何况开掘古代废墟的工作又是那么诱人。他给了查干优厚的报酬，他们便出发了。

2. 探险中遇险

3天过去了，他们曾遇到过几次小小的危险。在森林中遇到野兽的袭击是很平常的事，对于具有丰富探险经验的贝里仁来说，对付起来并不困难。眼下，他感到双腿有些沉重，正想招呼查干歇一歇，只听见前方树林里"哗啦啦"一阵响，他立即警觉他闪在一棵树后，查干也站住了。树林发出一阵阵越来越大的响动。贝里仁一惊，右手本能地握住了口袋里的手枪，双眼注视着前方。影影绰绰的丛林中，出现了一个黑糊糊的庞然大物！

"哦，上帝！这是什么怪物?"贝里仁心里惊叹着。怪物一步步地向他们的藏身处逼近。那怪物很高，小小的脑袋，狭长的脊背一拱一拱的，脚像树干一样撑在地上。如果不是怪物脑袋上长着两根长长的触须，贝里仁简直不会想到这可能是巨蚁！他一下想起了读过的一本有关南美土著部落的史记，里面曾提到过巨蚁这种奇特的动物。

3. 惊慌击败巨蚁

还没等贝里仁想出对付的办法，巨蚁忽然在查干藏身的树前停住了。查干吓得慌了手脚，浑身哆嗦。贝里仁来不及多想，瞄准巨蚁一扣扳机，"砰！"巨蚁似乎被击中了。然而它仅仅摇晃了一下狭长的身躯，又继续向他们逼来。贝里仁的手心捏出了一把汗，对准那怪物连发5枪。巨蚁东倒西歪，把两旁的树林弄得“哗哗”作响,最后终于重重地倒下了。贝里仁刚想上前去解救查干,随着一阵巨响,树林里又出现了几只巨蚁。查干受到了两只巨蚁的袭击。眨眼工夫,巨蚁已经撕碎了查干的脚,查干痛得惨叫起来。贝里仁怕开枪会伤着查干,只好对天鸣枪。巨蚁这才慌慌张张地拖着同伴的尸体逃走了。

4. 平静后的恐惧

四周一下子恢复了平静,贝里仁默默地站在那里。有一刻他简直不敢相信刚才发生的一切,直至看着坐在地上呻吟的查干,才想到如果刚才稍一迟疑,查干可能就没命了,心里不免有些后怕。

或许,那几个到南美探险失踪的人,可能和他们有过共同的遭遇。贝里仁懊悔不已的是当时没来得及抢拍照片,那对于证实这种可怕的动物的存在,将是十分有用的。

吃蟒蛇的蚂蚁

1. 蟒蛇吞吃水鹿

这个故事发生在越南南方湄公河畔的热带丛林中。

这一天,一条长达 8 米的大蟒蛇潜伏在一棵大树上,等待着猎物的出现。大约一小时后,一只水鹿从树下路过。大蟒蛇从树上一跃而下,用身躯把水鹿紧紧地缠绕住。

水鹿左右挣扎,无济于事。它的骨骼在越缠越紧的蟒蛇怀里“嘎巴嘎巴”地被勒断,并渐渐窒息而死。随后,大蟒蛇把水鹿用劲挤压成长条状,一下子把水鹿吞进了肚子,地上只留下了一滩腥血。

大蟒蛇吞下水鹿后,蛇身胀得更粗更大了。它感到吃力,就在溪边的草地上躺下休息。

2. 蟒蛇遭遇蚂蚁

十多分钟后,沙滩上出现了一群大蚂蚁,极其迅速而又准确地爬向大蟒蛇。原来这是一群凶猛的尾巴带毒的食肉游蚁。它们有特别灵敏的嗅觉,在几百米之外,就嗅到了草地上的那股血腥味。不一会儿工夫,成千上万只游蚁,如同一股褐红色的水流,涌向大蟒蛇。大蟒蛇被剧烈的疼痛弄醒了,惊异地看到周围密密麻麻一大片,有数百万只游蚁在向它进攻。大蟒蛇害怕起来,就扭动笨重的身子向四周猛撞,它要把蚁群们驱赶开去。可是,食肉游蚁们不会轻易逃跑,它们紧紧围住了大蟒蛇,轮番向它进攻,咬它皮肉,向它体内注射有麻醉作用的蚁酸。大蟒蛇身上爬满了游蚁,痛苦万分,它拼命翻滚,想把身上的游蚁甩脱。但是,游蚁们宁可被压烂也绝不松嘴,它们前赴后继,越围越多。

大蟒蛇更慌了,它忍住痛,拖着笨重的身体,开始游动,想突出重围。然而,数百万只游蚁把它围得水泄不通,它像游进了蚂蚁的海洋一样,游到哪里都遭到蚁群的攻击,始终冲不出蚁群的包围圈。

那些具有麻醉性的蚁酸,使蟒蛇逐渐感到头脑昏沉,软乏无力,最后趴在沙地上,任凭游蚁们咬食摆布。

3. 蚂蚁分解蟒蛇

游蚁们制服了大蟒蛇后,开始啃的啃,咬的咬,运的运,把大蟒蛇的肉一块块卸下来,运回窝里。很快,从大蟒蛇到游蚁窝之间,又形成了两条小溪流,一些游蚁奔向大蟒蛇,一些游蚁爬回蚁窝去。数小时后,地上只剩下了一具大蟒蛇的尸骨,那两条小溪才渐渐消失。

那条倒霉的大蟒蛇残杀了水鹿,却引来了依靠集体力量取胜的食肉游蚁,致使自己葬身蚁群,并且碎尸万块。

刺死大蛇的螳螂

1. 猎人的疑惑

一天下午，有个猎人经过深山的溪谷，偶然听到崖上传来一阵“噼噼啪啪”的响声。他循着声音走过去，眼前的场面很奇怪：一条碗口般粗的大蛇正在地上上下翻腾，一会儿将头高高昂起，吐着信子，用力左右猛甩，一会儿蛇尾又一阵猛扫，两边的灌木丛都被折断。

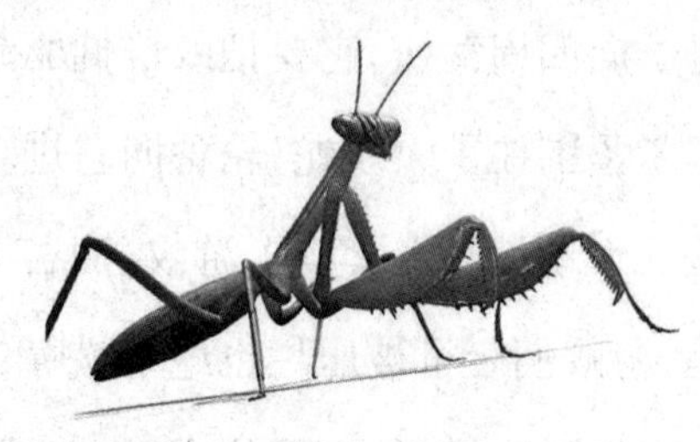
螳螂

猎人很纳闷，它似乎正在与什么东西做殊死的搏斗，但前面却不见有任何敌手。大蛇渐渐显出痛苦之状，粗长的身子在崖上不断地扭动、挣扎，好像是被什么东两钳制住了要害却又无法摆脱。

2. 螳螂杀死大蛇

猎人越靠越近。忽然，他看到在大蛇的头顶靠近眼睛的地方，有一只硕大的螳螂正用两把“刀”紧紧地攫住蛇首。原来，这条凶残大蛇的死敌，竟是这只翠绿色的小虫。

大蛇的眼睛已被螳螂的利刀剜破，蛇身在崖上乱滚。但螳螂仍巍然不动地盘踞在它的头顶，一把利刀已插进蛇的头顶中去了。大蛇已精疲力尽，最后终于丧失了挣扎的气力，抽搐了一阵后死了。

只见那只螳螂轻轻地从蛇尸上跳下，带着胜利者的满足，扬长而去，把在一旁的猎人看得目瞪口呆。

3. 疑惑被揭晓

螳螂与大蛇相比，一小一大，力量相差悬殊，简直不可同日而语，那么，小螳螂何以能置大蛇于死地呢?

首先它有敢和大蛇较量的胆量,少了这一点,其他就什么都谈不上了。

其次是它善于发挥自己的长处。它的两只前爪犹如两把大刀,是它克敌制胜的武器,它就是用这一武器对付大蛇的。

再次是善于抓住对手的要害。如果螳螂只凭自己的武器与敌害蛮拼,那仍旧无法战胜大蛇。它的聪明之处,就在于能抓住大蛇的要害,即紧紧地伏在大蛇的头顶上,用刺刀刺住大蛇的眉心,任凭大蛇如何摆动扑腾,它都死死地刺住不放。

总而言之,它是凭自己的胆略、聪明、智慧和坚忍不拔的毅力战胜了貌似强大的敌害。螳螂的战绩,足可给世界上一切弱小者以巨大的鼓舞。

诡计多端的老鼠

1. 老鼠的智商不低

据外国专家长期研究发现,老鼠是仅次于人类和猩猩的聪明动物。说它聪明,看看苏东坡的《黠鼠赋》中所记叙的:

有一只老鼠被人关在空箱中,开始在里面急蹦乱跳,过后悄无声息。人们打开箱门,发现那老鼠嘴角有血迹,四肢朝天仰在箱底。人们以为它已经死了,可刚倒出来,老鼠便迅速逃走。

狡猾的老鼠不仅能大耍骗术,有时其智商连人类科学家都有所不及。长期以来,人类灭鼠多采用灭鼠药剂,老鼠在最原始的时候是采取对鼠药产生抗力来消减毒性。但随着后来鼠药的快速发展,老鼠又琢磨出了新的解毒良方——维生素 K。从此老鼠家族便不断搜寻和猛啃含维生素 K 的东西。

老鼠的智商还表现在偷盗的伎俩上,偷窃技巧令人叹为观止。比如为了偷窃坛中的鸡蛋,一只老鼠趴在坛边咬住另一只老鼠的尾巴,让它伸进坛中将滑溜溜的大鸡蛋抱在怀里,然后拖出。再用同样的办法运进窝去。

老鼠也是语言大师,也懂媒体传播。哪个地方放了鼠药,哪个地方有捕鼠工具,老鼠会在相当短时间内,一传十,十传百,迅速传遍周围鼠群。

2. 老鼠变身做警鼠

正因为老鼠的智商较高,甚至敢于与现今地球盟主——人类斗智。所以有人想出一个绝招,利用老鼠的狡猾和敏锐的嗅觉功能为人类服务——组织老鼠缉毒队和警鼠连,为人站岗放哨,侦察破案。

据资料介绍:加拿大监狱里的犯人吸毒现象较严重,为了阻止探监者偷运毒品给犯人,监狱当局花 60000 加元,训练了一支“特别缉毒队”,其成员就是嗅觉灵敏的老鼠。它们活跃在监狱入口处,只要一闻到毒品气味,就会按动警铃。看守闻声,即对探监者进行搜身。

在美国,也有老鼠从实验室受训毕业,分赴邮电、海关、边防哨卡、仓库、机场和飞机上做警鼠。它们能在各种场合准确侦察出任何类型的爆炸物和伪装巧妙的邮件炸弹。

3. 老鼠的感应能力

说起老鼠的天然感应能力,令人惊诧。曾有如此报道:某农民在家编筐,突然跑出一只大鼠,用嘴拉农夫手中的藤条。农夫丢下活计去追鼠,鼠窜出屋外,农夫便回到屋里。老鼠又返回屋里跳到农夫脚上,农夫又跺脚甩掉老鼠。老鼠又跑出屋外,农夫刚刚追出,就在这时屋房倒塌了。洪水从山坡奔泻而下,冲倒了土屋。

老鼠的这种灾害预报能力,和对屋主的尽仁尽义之举,说明老鼠的感应能力是较强的。有了这种感应能力和信息传导能力,对种族的生存能说不利吗?

乌鸦能记住人脸

乌鸦和它的亲戚们（包括渡鸦、喜鹊和松鸦）都以其智慧和能在人类主导的土地上繁衍生息的能力而闻名。这种能力可能与跨物种的社会技能有关。在西雅图地区，研究人员发现乌鸦能够记住人的脸。

华盛顿大学野生动植物学家约翰·梅尔茨卢夫是长期以来研究乌鸦能否识别个体的研究人员。曾经被捕捉过的乌鸦似乎对某些特定的科学家更警惕，而且在放生后一般更难被抓住。

为了测试乌鸦对于面孔的识别能力，梅尔茨卢夫博士和他的两名学生戴上了橡胶面具。指定野人面具是"危险的"，迪克·切尼的面具是"中性的"。然后，戴危险面具的研究人员在华盛顿大学捕捉了7只乌鸦，并给它们做上记号。

在随后的几个月里，研究人员和志愿者在校园里戴上这种面具。这次他们按指定路线行走，并不打扰乌鸦。

乌鸦们没有忘记他们。乌鸦向戴危险面具的人大叫，远比它们被捕捉之前叫得厉害，即使用帽子遮住面具或把面具倒过来戴也是如此。中性面具几乎没有引起反应。

梅尔茨卢夫博士说，他最近戴着危险面具在校园里行走时遇到了53只乌鸦，其中有47只冲他大叫，数量远比最初被捕捉和目击同伴被捕捉的乌鸦多。研究人员猜测，乌鸦从父母和族群中的其他同类那里学会辨认有威胁的人类。

康奈尔鸟类实验室鸟类学家凯文·麦高恩20年来在纽约州北部地区捕捉乌鸦并做上记号。他说，他经常被他喂过花生的乌鸦跟随，被他以前捕捉过的乌鸦骚扰。

佛蒙特大学荣誉退休教授贝恩德·海因里希提出，乌鸦分辨人脸的出众能力是它们"灵敏性的副产品"，是它们互相辨认的非凡敏锐能力的结果，它们即使分开数月也能认出彼此。

麦高恩博士和梅尔茨卢夫博士认为,这种能力给予乌鸦和其他同类进化上的优势。梅尔茨卢夫博士说:“如果你能学会应该躲开谁和找出谁,那就不容易受到伤害。我认为这使得这些动物能以一种更安全有效的方式与我们共存,并利用我们。”

鸟类能向竞争对手学习

捕蝇鸟或许只有鸟类的大脑,但是有研究表明它们确实可以学习,甚至向对手学习。

每年春天,叽叽喳喳的捕蝇鸟飞到欧洲的森林里寻找合适的地方产卵。因为对环境不熟悉,它们经常观察本地的鸟类以寻找繁衍的最佳场所。芬兰于韦斯屈莱大学的研究人员雅纳—图奥马斯·塞佩宁说:“这叫入乡随俗。”

塞佩宁领导的研究小组对四个相距很远的山雀栖息地进行了观察。在其中的两处,科学家给山雀的巢都贴上三角形的“门框”;在另外两处,把山雀的巢都贴上圆形“门框”;在所有这些巢的周边,则放置一些随机贴有三角或圆形“门框”的空巢。

研究者发现,首先到来的捕蝇鸟对于三角形“门框”或者圆形“门框”的鸟巢没有什么偏爱,不管这个标记是不是代表山雀巢,但是在迁徙即将结束的时候,飞到森林中的捕蝇鸟75%都会选择和这一地区山雀巢有同样标记的鸟巢居住。

塞佩宁猜测,后来的捕蝇鸟都是年轻和没有经验的。研究者说,为了尽快繁衍后代,它们不得不在不清楚最好的食物来源在哪里以及哪里会出现猛禽的前提下选择巢穴,捕蝇鸟的解决方案是跟着山雀走。

鸟也懂未雨绸缪

根据一项研究报告,“鸟脑瓜”也许根本不是侮辱性字眼。这项研究显示,并非只有人类能够计划未来。

在英国科学家进行的一项试验中,8 只灌丛鸦会在前一天晚上贮存松子来预备次日的早食,因为它们前几天早晨在这里没有获得食物。相反,在前一周研究人员隔一天放一次食的第二个地点,这些鸟储存的食物仅为前一地点的1/3。

多伦多大学心理学与动物学教授萨拉·沙特尔沃思在《自然》周刊上撰文说:“这些鸟在一个最有可能缺少食物的地点储存食物,就像预先在为它们的早食做准备。”她说,要真正显示为未来着想的能力,这些鸟需要符合两个标准。它们必须表现出一种不同于其根深蒂固的习惯性行为的新行为,还要能预知一种“动机状态”,例如在未饿时估计到未来的饥饿。这些灌丛鸦开始在“食品库”预存食物之后,就再没有了断食之虞。

发表在英国《自然》周刊上的这项调查报告的作者说:“预知未来并且未雨绸缪一般被认为是只有人类才有的复杂能力。上述研究结果显示灌丛鸦能够自动地为明天作准备,这对认为只有人能够为未来打算的观点是一种挑战。”

为进一步检验他们的假设,科学家又做了第二项试验。他们在两个地点放上不同的食物——松子或狗饼干碎渣。沙特尔沃思说,当一个晚上同时放这两种食物时,这些灌丛鸦会“往每一个鸟舍里储存通常没有的那种食物,似乎是为了保证第二天的食物能丰盛一点”。

黑猩猩能学会以物易物

野生黑猩猩没有财富意识,因此也不懂得易物经济。虽然自然界的黑猩猩不会交换,但它们可以在实验室里学会。交换被视为人类社会发展的基础。

没有财富的人也不需要进行交换。因此,自然界的黑猩猩不懂得以物易物。不过,美国佐治亚州立大学的心理学家萨拉·布罗斯南与几位科学家在《第一公共科学图书馆》月刊上撰文称,他们在实验室中成功地教会了黑猩猩进行交换。

比如,经过研究人员训练的黑猩猩乐意用不太喜欢的胡萝卜交换更可口的葡萄。布罗斯南表示,黑猩猩会放弃对它们不利的交换。

布罗斯南和同事解释说:自然界的黑猩猩不会积累财富,因此也没有交换财富的机会,所以黑猩猩缺乏"有效的财富标准"。此外,一次形成的交换规则很难得以贯彻,黑猩猩可能因此完全放弃交换。

交换被视为人类社会发展的推动力,它使各领域的专门人才——比如手工业者——用自己的一流产品换取另一种产品成为可能,这种双赢的做法推动了专业分工的发展和新技能的产生。

黑猩猩也具"助人为乐"的美德

人类助人为乐的根源也许比我们一直认为的要早得多。一项新的研究结果显示,黑猩猩也能不计回报地帮助其他个体。

直到现在,大多数科学家仍然认为利他主义行为在600万年前人类与黑猩猩的祖先分头进化时才出现。然而,新的研究结果显示,黑猩猩也有利他主义行为,而且这种行为似乎是由它们的基因决定的。在这项研究中,人类装作够不到放在黑猩猩笼子里的木棍,而年幼的黑猩猩会自发且反复地帮助人类拿到棍子。这一结果表明,利他主义也许一直是人类和黑猩猩的共同祖先——古猿类社会生活中的一大因素。

这项研究的负责人、德国莱比锡的马克斯·普朗克进化人类学研究院的心理学家费利克斯·瓦内肯说:"我们过去认为,我们和我们的灵长类近亲等动物有很大差异，但事实并非如此。至少，某些利他主义行为一直存在于人类和黑猩猩的共同祖先当中。”人类学家很久以来一直把利他主义视为复杂的社会组织得以形成的一个关键因素。这就提出了一个问题：利他主义行为最早是在何时进化而来的？真正的无私助人向来被视为一个独特的人类特征，人们认为，只有人类能够在明知可能对己不利的情况下有意识地帮助他人。

但现在发现其他动物也有许多明显的利他主义行为。例如海豚会帮助生病或受伤的动物，每次在它们下方游数小时就把它们顶出海面，使它们能够呼吸。与此类似的是，狼和澳洲野犬会给群落中未参与捕猎的成员带回肉块。

猴子有奖赏亲朋的本性

美国埃默里大学耶基斯国家灵长类动物研究中心的研究发现：对卷尾猴来说，既给予又获取似乎比单纯的获取更有意义。研究人员发表在《国家科学院学报》上的报告说，他们在试验中给了猴子两种选择，一种是自己获得食物奖励，另一种是在自己获得奖励的同时让另一只猴子也获得奖励。在与亲属或“朋友”配对时，猴子们基本上都会选择后一种奖励方式，这就是所谓的“亲社会性”选择。

研究负责人弗兰斯·德瓦尔说：“卷尾猴的亲社会性选择表明，对他们来说，看到其他猴子也获得食物让他们感到满意或高兴。”

不过，在与陌生猴子配对时，它们就没有这么大方了，它们通常会作出“自私性”选择。

德瓦尔说：“我们相信，亲社会的行为是基于感情的相通。对人类和动物来说，群居的亲密性都会使感情的相通增加，我们的研究表明，更亲密的伙伴会做出更多亲社会性的选择。它们似乎会关心自己所认识的伙伴的幸福。”

现在还不能确定的是，对卷尾猴来说，乐于给予是因为它们希望共享食物还是因为它们就是喜欢看到其他猴子也能享受食物。德瓦尔认为，这种亲社会性的选择肯定意味着一些无形的好处，也许就表明了感情上的相通。

昆虫肩负国家安全责任

当你要踩死蟑螂或拍死苍蝇时，需要三思而后行。虽然它们的形状和行为令人生厌，但他们可能成为未来反恐战争中的奇兵。科学家们越来越重视对昆虫和其他生物的研究，正在寻找利用动物鉴别有害物质的方法。

美国弗吉尼亚联办大学昆虫学专家卡伦·凯斯特耗资100万美元，研究利用蟑螂和家蝇防止建筑物或地铁遭受污染的方法。他得出结论："蟑螂可以鉴别从炭疽孢子到DNA等所有物质。"人们可以在大楼内释放蟑螂或捕捉楼里原有的昆虫，检测他们体内的有害物质后再决定下一步怎么做。这样的方法不仅能节省人工，而且比机械传感器更有效。通常这种活传感器的活动范围和灵敏度都是一般机械传感器无法比拟的。

黄蜂和蜜蜂在辨别气味方面也有高超的本领，利用它们可以探测环境中的有害物质。蜜蜂嗅出目标气味时，它的喙会伸长，用摄像机可以确切记录蜜蜂喙的反应，将这些信息输入计算机，经过处理计算机可以发出警报。训练一条嗅弹犬大概需要10万元左右，而蜜蜂嗅觉系统的精确度和它相当，但一只蜜蜂仅需要几角钱。

蝴蝶和飞蛾对空气中有害物质的检测也有重要作用。机器人技术虽然已有很大发展，但目前还不能模拟昆虫的飞行能力，因此科学家正在研究可控制的半机械化蝴蝶，这样的蝴蝶能够飞行到建筑物中来完成采样任务。在蛹期，将芯片植入昆虫体内，昆虫发育成成虫后，芯片可控制昆虫的运动，用来检测空气中的危险物质。

动物能组成高风险任务突击队

一些鲸类、啮齿类动物甚至昆虫能成为新一代用来完成军事任务的动物军团,它们可以探测反步兵地雷,甚至执行海岸巡逻。

哪怕最新的技术进步也不能让众多帮助人类执行高风险任务的各种动物退休。这些动物不仅限于传统的跟踪犬,实际上,世界各国军队都拥有一支种类繁多的动物军团,包括老鼠、海豚、鲸、蜜蜂和海狮。

在非洲,无数内战留下的最糟糕的危害之一就是遍布各地的反步兵地雷。解决这一问题的最新方案之一就是用老鼠探测这些地雷,这个想法来自安特卫普扫雷组织,这个比利时的研究中心为坦桑尼亚和莫桑比克等国家的扫雷工作提供咨询。目前这些国家都在训练啮齿类动物。

啮齿动物嗅觉灵敏,经过短短几个月的训练后就能够凭气味找到爆炸物。由于体重不到2千克,它们能够停留在地雷上面或挖出地雷并避免引爆。排雷专家则用一根长绳把自己和老鼠系在一起,因此远离危险区域。等老鼠完全确定地雷的位置后,专家再进入雷区排除地雷。

哥伦比亚国防部用一年的时间对老鼠实行类似训练。这些小动物已经通过第一阶段识别火药的训练,然后进入第二阶段识别更复杂的爆炸物的训练,并有望在不久以后执行实地探测任务。

排除地雷和爆炸物的另一种低成本方式是利用蜜蜂。专门研究蜜蜂的生物学家詹姆斯·倪说:“科学家们训练蜜蜂的办法是将炸药的气味混合在糖水中。这些蜜蜂经过3到4天的训练就可以放进雷区,它们会像寻找食物一样去寻找这种气味,只要观察它们寻找的地点就可能发现地雷。”目前科学家正在克罗地亚进行这项实验。

美国军队在研究海洋物种方面处于领先地位。美国海军海洋哺乳动物专家计划用几年的时间对海豚、虎鲸、鲸和海狮进行训练。50年代,这些海洋动物的流体动力学构造帮助美国制造出更具威力的导弹和军舰。海军利用哺乳动物灵敏的听觉和在海面与深海之间穿梭自如的能力,执行寻找海底武器、地雷定位、发现侵入的潜水员以及守卫海港和海军基地等任务。

动物用毒高手

有些动物是用毒高手,它们的毒液在猎物体内肆无忌惮地蔓延,大发淫威,毒液让对手休克、麻痹,死亡可能转眼即至,也可能是漫长痛苦的折磨,令猎物的神经、血液和心脏慢慢遭到破坏。它们利用毒液来加强自己的防御力量,它们以用毒名扬天下,它们以无情让对手胆战心惊,它们是真正的天生杀手。为了生存,它们个个练就一身绝世武功,其中以用毒名满江湖的还要说是蛇和蜘蛛。

一提起这两大用毒门派,大家肯定能说出它们中最具代表的几个厉害家伙,以蛇门中大名鼎鼎的眼镜王蛇最为著名,但是在用毒和速度上非洲的黑曼巴蛇要比眼镜蛇略胜一筹。黑曼巴蛇一口咬下时能够释放出 100 毫克的毒液,这些毒液毒死 10 个成年人都绰绰有余。有些黑曼巴蛇扮演连环杀手的角色。据可靠消息,有一条黑曼巴蛇在导致 11 人丧生后,在另一次意外中又造成 7 人不治而亡。

蜘蛛门的用毒高手也不计其数,其中最为著名的是蜘蛛门的掌门"黑寡妇",它的毒性凶险无比,中毒的对手根本没有生还的希望。狼蛛也是蜘蛛门中声名显赫的狠角色,不但块头大,用毒也高明无比。在蜘蛛门中,除了用毒以外,还有其他身怀绝技的高手,其中最令人佩服的撒网蛛对蛛网运用得巧夺天工,还有流星锤蜘蛛,它的致命武器是用蛛丝制成的"流星锤",它舞动着蛛丝来捕捉"多情"的飞蛾。它们之所以让我们印象深刻,是因为它们的阴险、恶毒让人毛骨悚然,几乎地球上到处都有这些秘密杀手的身影,它们神出鬼没。

善于用计的动物

动物在其漫长的生存、繁衍、进化过程中,为了自身的生存而进行的捕食、自卫和斗争,其方式和技能千奇百怪、五花八门,充满着神奇色彩。

计谋的使用在动物的长期演化过程中又是怎样得以发挥的呢?像伪装术、设陷阱、偷袭等等这些人类常用的战术动物们也经常使用,甚至到了出神入化的地步。例如很多昆虫利用陷阱来捕捉猎物。狮虫是一种蝇的幼虫,它设计了一个无比巧妙的陷阱,它的圆锥型身体可以插进松软干燥的沙土,它挖掘陷阱的速度非常快,而且有着几何学上的精确。蚂蚁踩到陷阱上,沙土就会像雪崩一样倾泻而下。但是,狮虫没有视力也没有腿脚,只能守株待兔等猎物自投罗网。在澳大利亚,一种蜘蛛懂得设置致命的陷阱,这就是隐身蜘蛛。在它们的陷阱中,隐藏着地牢和刽子手,绒螨就经常自投罗网,没有昆虫能逃脱隐身蜘蛛的魔掌。

海洋也为那些依靠阴谋诡计谋生的动物提供了狩猎的平台,它们是墨鱼、章鱼、分泌毒液的蓑鲉、狡猾的琵琶鱼以及油滑的杀人鳗鱼,它们中的成员有些就像活化石,4 亿年间几乎没有什么改变,它们是冷酷无情、效率极高的伪装大师,拥有绝妙的吸盘、灵活的身体,它们能够穿越最狭窄的缝隙,悄悄逼近猎物。火焰墨鱼的行为与众不同,它们用改良的触手在礁底爬行,这样的移动方式不仅有助于接近猎物,似乎也能起到一定的欺骗作用。欺骗是墨鱼最大的特长,紫色、粉色、黄色和黑色的表皮以及奇异的形状使它们看上去像有毒动物,可以使某些馋涎者知难而退。

阿根廷的三条纹犰狳,身披铰链式盔甲,这身盔甲由两层构成,分别是角质和骨头,坚韧的皮把它们连接在一起,这身盔甲足以应付突来的袭击。当它无意闯入一场马球比赛中时,犰狳的绝妙表演令人折服。在马蹄横飞的场地,犰狳首要的保护措施就是逃跑,可是由于盔甲的笨拙直接影响了逃跑速度的发挥,于是马上启动第二套应急预案,把自己团成一个和马球不相上下的密闭的球,坚固安全的盔甲可以抵挡一切,盔甲还可以打开一道缝隙来观察外面的情况。还有些动物甚至用诈骗作为防卫措施,这些动物根本没有死,它们的演技真可谓高超,青蛙仰躺着,看上去就像死了一样,但这只是一个骗局。

实际上"诈死"这种技能起源于负鼠,负鼠诈死时,它的肛门会分泌一种闻起来和腐烂的尸体一样的气味。诈死是行之有效的,因为捕食动物是不吃腐肉的,危险消失之后,它们再悄悄地走出诈死状态。在大自然各种怪诞的诈骗伎俩中最为怪诞的就应该数"诈死"了。

海洋里还有一种更为怪异的生物,就是电鳗,它捕获猎物的手段非常令人不耻。电鳗产生的电流完全可以在短时间内点燃大约一百盏 40 瓦的灯泡,要电击猎物,电鳗需动用一千块经过进化的肌肉,它们大约占了总体重的 6%,这就像它们身体的每部分都装了电池。这些肌肉产生并存储电能,能随时击昏猎物或抵御掠食者的攻击。电鳗的嘴和鼻子位于身体下面的电肌肉的上方,而眼睛则位于背上,这都利于它的捕食。

动物伪装的欺骗性很大,它们变幻出来的一招一式对那些被捕杀的生物来说都是死亡的诱惑。还有一些用计高手懂得用诡计来迷惑对手,足智多谋使它们成为出色的杀手,当它们面对生死决斗的时候,也是它们智慧大比拼的时候,善于用计的高手要么化险为夷与死神擦肩而过,要么战胜对手然后饱餐一顿。有些动物在用计的同时还经常利用自身的优势去战胜对手,它们既会伪装,同时也精通偷袭的战术。除此之外,还有的动物会利用自己的特异功能去捕杀猎物。

陆地和河流里的一些动物是怎样利用计谋捕杀猎物的呢?我们经常拿熊来形容笨拙的人或是其他的动物,其实熊并不笨,不信咱们就去寒冷的北极看看,那里的北极熊会从水下蹿出捕捉鸟儿,也会在海面流冰群中搜索攻击海豹。北极熊掌握着某种知识,从而能够知道捕食的最佳地点和最好方式,这种知识既是天生的,也是后天学习的成果。对于海豹,北极熊会采用水下伏击战术,海豹浮上水面呼吸时正是北极熊得手之时。母北极熊需要将这些捕猎技巧和知识传授给下一代,下一代则要经历漫长的学习阶段,直至长大。北极狐会捕捉蹒跚的海雀雏鸟。在海雀跌跌撞撞大批出现在空中的季节,北极狐就会捕捉它们,然后将它们储存在雪地中事先挖好的地道中,从而熬过寒冬。一般来说狐狸的适应性都很强,它们十分聪明,总是能充分利用眼前的一切,因此,狐狸家族是陆地上分布范围最广的捕食者。但是,猎物不一定会放弃抵抗或投降,捕食者的技术越来越精湛,猎物也会做出相应的反应。只要有进攻就会有防御,一些猎物的防御固若金汤。

守株待兔的战略或是袭击的战术在一些动物身上经常被应用,猫科动物就最擅长此道。他们利用此计谋几乎是屡屡得手,他们的对手都是在毫不知情的情况下就稀里糊涂成了人家的美餐。野猪主要依靠听觉和嗅觉感知周围的危险。它们不敢懈怠,随时保持警惕,稍有风吹草动它们就会逃走。一旦遭遇突袭时,带着子女的个体会受到保护,家族中的其他成员会冒着生命危险挺身而出。通常,美洲虎会跟踪野猪群一段时间,然后找出掉队的成员下手。美洲虎不论采取怎样的行动都会与周围环境融为一体,它的步态非常轻盈,爪子上的肉垫和皮毛可以将响声降到最低限度,在行走时锋利的爪子会深藏起来,一旦时机成熟,它便会发起致命的一击。虎猫是爬树高手,它们属于典型的猫科动物:独来独往、手段毒辣、异常危险。美洲兔最好的防御手段是逃跑,尤其是在它们遭遇一只美洲狮追捕的时候。美洲兔能够突然改变方向或者突然跳起,让美洲狮弄不清它的方向,这有时能够让美洲兔逃过一劫,但幸运并不是永远的,有时厄运还是会来临。美洲狮并不是一出生就具备高超的猎杀技巧,它们必须学习。狮妈妈将活猎物带到小美洲狮面前,这样,它们就能练习自己捕杀猎物了。

可爱的长鼻浣熊竟然拿毒性极强的毒蜘蛛当做美餐,而就在它沉浸在美味佳肴的品尝中时,躲在暗处的僧帽猴却打起了它的主意。可以说,只要有动物的地方就存在进攻与防守的拼杀,这已成了动物世界不变的法则,就连遥远的南极也不是块净土。在那片安宁的冰雪世界里，狡诈的贼鸥给企鹅的生活带来了恶梦。我们看到，动物的计谋在它们漫长的进化过程中发挥了关键的作用，生命的延续是建立在生存的基础上的。懂得使用计谋、善于使用计谋是它们得以生存的保证，通过这些用计高手的展示，让我们对动物之间的战争有了更多的了解，其实你会发现，很多动物的计谋都和人类的谋略有着极其相似的地方。

蚂蚁的秘闻

地球上，有上百万种动物。在动物界中，不显眼的蚂蚁，身上却也有不少值得研究的东西。

1. 蚂蚁吃掉大蟒蛇

在非洲，有一种蚂蚁，能够吃掉比它身体大无数倍的动物，即使像狮子、蟒蛇这些庞大的动物，遇到它也不能幸免。

这种蚂蚁身体呈红色，它们没有巢穴，每天排着队，忙忙碌碌地前进，寻找和猎取食物。蟑螂、蟋蟀、蜈蚣、蝎子等，这类小动物固然是它们要吃的对象；一些家禽、家畜如鸡、鸭、猪、羊、马、牛等，也都是它们理想的佳肴。热带非洲的大蟒蛇，身体有十多米长，有大圆桶那么粗，它们不怕任何猛兽，但是偏偏对这个小小的红蚂蚁束手无策。大蟒蛇一见到红蚂蚁就急忙逃避，以免被它吃掉。可是有时候大蟒蛇刚刚吃饱，逃避不及，结果被红蚂蚁追上围困，那就在劫难逃了。

蚂蚁

红蚂蚁为什么能够吃掉比它们大数百倍的动物呢？原来在红蚂蚁的身体

内部含有大量的蚁酸,毒性十分猛烈,当它们寻找到猎取的对象时,就把千万只像钳子一样的脚钳住猎物的身体,注射蚁酸。不管是身体多么庞大,力气那么强壮的猛兽,被注入蚁酸以后,过不了两三个小时,就会中毒死去,只得任凭蚂蚁宰割了。

2. 花粉"惧怕"蚂蚁

蜜蜂在采集花粉花蜜的同时,为植物"牵线做媒",传授花粉,使植物得以繁殖后代。蚂蚁有时也吃植物的花蜜,然而,令人惊奇的是,蚂蚁并不为植物传授花粉。世界上有几万种植物依靠昆虫传粉,可是已经知道依靠蚂蚁传授花粉的植物只有十几种。有的植物花粉有特殊气味,使蚂蚁不敢接近;有的植物花朵中还进化出特殊的构造,防止蚂蚁接近花粉。蚂蚁不为植物传花粉,植物也不依靠蚂蚁传粉,这似乎是一条自然的法则。

为什么植物不依靠蚂蚁来传授花粉呢?长期以来,这一直是个谜。不久前,澳大利亚生物学家安德鲁·贝蒂通过一个有趣的实验,揭开了其中的奥秘。贝蒂采集了一批花粉,让蚂蚁在花粉上爬行半小时。然后,再拿这些花粉去给植物授粉。他发现,凡是蚂蚁爬过的花粉,授精活力都明显降低。这是什么原因呢?

贝蒂和同事们通过进一步研究发现,在蚂蚁的后胸部有一些腺体,这些腺体分泌一种黏液,能杀死许多致病的细菌和真菌,这是蚂蚁的防御措施。依靠这种黏液,蚂蚁东爬西走,虽然接触各种病菌,也不会感染生病。也正是这种黏液损伤了花粉,使花粉的受精活动大大下降。与之相比,蜜蜂没有这样的腺体,因为它们的蜂巢是封闭型的,平时又常在天空中飞行,很少接触病菌,不需要这样的防御措施。而蚂蚁终日爬行,蚁巢又在泥土中,接触病菌的机会多,没有这样的防御措施是不行的。蚂蚁的后胸腺黏液使植物"害怕",植物有趋利避害的本能,在长期的进化中,许多植物进化出防范蚂蚁的措施。因此,绝大多数植物不依靠蚂蚁传授花粉。

3. 大象和蚂蚁谁的力气大

目前,生活在地球陆地上的动物中,非洲大象是重量级冠军,体重约为6000千克。蚂蚁是太小了,100多万只蚂蚁的重量约等于500克。

一只非洲大象重量相当于100多亿只蚂蚁。非洲大象可以把3000千克(相当于大象体重的一半)的车子拖着前进,使人感到惊奇的是小小的蚂蚁竟能拖着超过自己体重1400倍的东西前进!小小蚂蚁的力气,竟远远超过非洲大象,秘密在哪里呢?原来,蚂蚁爪里的肌肉,是一个效力极高的发动机。它是由几十亿台微妙的小电动机组成的。这个发动机的效率,比飞机上的发动机还要高好几倍。它的发动机不借助燃烧,是直接把肌体内的特殊燃料——磷的化合物变为电能,效能比一般发动机高得多。

4. 蓄奴蚁

蓄奴蚁自己不会找食物,不会筑窝,更不会哺养幼虫。它们专门抢劫别的种类的蚂蚁的蛹。每年的6~8月,它们四出抢蛹。蓄奴蚁把抢到的蛹孵化为成虫以后,它就强迫被劫者当奴隶,代它筑窝、搬运食物、照顾幼虫等,重活累活都让"奴隶"蚂蚁干。人们给蓄奴蚁冠以"蓄奴"的称谓,道出了这个"剥削者"的本质。

5. 蚂蚁灭火

1985年,法国科学家曾发现蚂蚁能救火。后来,一位英国动物学家通过试验,证实了这一发现。

英国动物学家把一盘点燃的蚊香放进了一个蚂蚁巢。开始,巢中蚁群惊恐万状,大约20秒钟后,许多蚂蚁见险而上,纷纷向火冲去,并喷射出蚁酸,但一只蚂蚁能够喷射的蚁酸量毕竟有限,因此,不少"勇士"葬身火海。但它们前仆后继不到一分钟,火终于被扑灭了。蚁巢又恢复了秩序。幸存者立即把"战友"的尸体移送到附近一块"墓地",盖上一层薄土,以示安葬。

一个月后，这位动物学家又将点燃的蜡烛放入原来的那个蚁巢进行观察，尽管这次“火势”更大，可蚂蚁却有了经验，迅速调兵遣将，有条不紊地协同作战，不到一分钟，火就被扑灭了，而蚂蚁竟无一遇难，创造了蚂蚁“灭火”的奇迹。

6. 横扫一切害人虫

在南亚、非洲、美洲等热带地区，有一种“流浪蚁”，是森林中的“清洁员”。它们常排成整齐的6路纵队或者10路纵队，在森林和原野上前进，所经之处，连猛兽都会遭到猛烈的攻击。在非洲，曾有豹子被流浪蚁吃得尸体无存。袭击居民区时，人畜必须尽快回避，否则难逃劫难。但室内隐藏的白蚁、蟑螂、蜈蚣、臭虫、老鼠等害人虫，同时被扫除得一干二净。

7. 蚂蚁预报水灾

居住在南美洲亚马孙河流域的印第安各部族，能够预先知道什么时候会发生大水灾。长期以来，人们对此感到困惑。研究巴西热带森林里印第安人生活已经30年的著名科学家若·利马揭开了这个谜团。他发现，原来这里有能准确地预报水灾的“气象学家”蚂蚁。在大水到来之前的几个星期，蚂蚁就开始进行侦察，它们爬到洞外的各个方向去活动，有的爬上树干，有的爬到河边，似乎是收集气象情报。然后，负责气象工作的蚂蚁要召开“会议”，参加“会议”的蚂蚁好像是交换意见似的，彼此用触须互相触碰。在研究决定之后，就开始迁移躲避水灾。这时，人们可以看到，整个蚂蚁大队，全体出动，长达几百米，它们的任务是扫清前进道路上的障碍——蜘蛛、甲虫、毛虫等，有时它们为此付出了生命代价。走在先锋队后面的是基本队伍，它们随身携带着卵、幼虫和粮食。

通常，逃难的蚂蚁队会绕过印第安人的村庄，但在情况紧急时，也会从村庄里穿行。因此，印第安人能在水灾发生之前，十分准确地断定，什么地方要被水淹，什么地方水淹不着。

8. 蚂蚁的“大炮”朋友

在热带地区和地中海沿岸各地,有一种长约10毫米的小甲虫。它们是步行虫的近亲,但触须的形状不同。已知的这类甲虫有200多种,其中约2/3生活在蚁巢中。

这类甲虫的触须是在自然选择作用下形成的,其决定因素是蚂蚁。在数百万年的过程中,它们与蚂蚁共生,蚂蚁就经常喂养和保护它,这些甲虫的触须用起来比较方便,最终有些甲虫的触须就成为了小勺或小高脚杯形,这些奇妙的触须,里面总是装满甜汁,供给蚂蚁饮用。当然,与人类饲养家畜不同,蚂蚁的行为也许是无意识的。

这类甲虫中有很多种都带有“大炮”,当遇到危险时,就会从腹部后端放出刺鼻的挥发性液体,使敌人仓皇逃窜。但这类甲虫从来不轰击蚂蚁。

观察这种甲虫与蚂蚁的关系是十分有趣的。甲虫常常趴在蚁巢洞口,成群的蚂蚁围住客人,有的舔,有的用触须敲打,目的是使甲虫再挤出一滴甜汁。蚂蚁扯动它的触须,毫无礼貌地把它拉来拉去。如果把甲虫从蚁巢那里扔走,蚂蚁会立即把它找到,并竭力拉它回去,这时小甲虫既不反抗,也不会“开炮轰击”。可是,如果人要动它,它会立即“开炮”,这时,蚂蚁也要四处逃散。

蚂蚁和植物的友谊

动植物共生不止限于菌类和昆虫,很多高等植物——草本植物和木本植物,通过自然选择的途径,获得了特殊的适应性,专门吸引某类动物。而某些动物保护这些植物,或为它们授粉或传播种子等等。为了共同利益,动物和植物也会形成联盟。蚂蚁在这方面做得比较成功。目前,已经发现的喜蚁植物有3000多种,其中有兰花、面包树、肉豆蔻、马兰、含羞草和其他乔木和灌木。

我们知道蚂蚁喜欢植物,于是到植物那里去“做客”,这些植物预先给蚂蚁考虑了“住处”。蚂蚁会向所有为它提供栖身之地的植物爬去。很多研究热带动植物的学者都尝到过树栖蚁的厉害。只要碰一碰喜蚁植物或者偶然臂肘靠一下,疯狂的蚁群就会从小缝或小洞里跑出向你扑来。

植物诱惑蚂蚁的方法可分为三类:一类是植物的茎、叶有一些特殊的腺体专门分泌蚂蚁喜欢的甜汁;第二类是叶子上的“甜面包”,这是含有大量的蛋白和脂肪的球形物,人们称它为“蚂蚁饼”;第三类是设备齐全的住宅:“房间多”、暖和、距离有“小面包”的“食堂”近。

蚁栖树是个典型,它长得直而匀称,叶大呈掌状,是荨麻的亲缘植物,分布于美洲,从墨西哥到巴西都有。蚁栖树并不怕当地树木的破坏者——切叶蚁。当切叶蚁的“先头队伍”一靠近,成千只的当地的阿西德克蚁便出现在枝叶上,它们无所畏惧地向切叶蚁发动进攻,那些切叶蚁便慌忙逃走。

阿西德克蚁住在蚁栖树树干里。蚁栖树干像竹子一样是中空的,也是分隔成节间层,蚂蚁占据五六层“房间”。

蚁栖树还给蚂蚁准备了“厨房”,可免费吃到“小面包”。“小面包”密密麻麻地长在叶柄的基部,是一些长在柄上的小圆球,有大头针针头那么大。这些“小面包”装满蛋白和脂肪。蚂蚁成群结队地向这些摆好的餐桌聚集,当所有的“小面包”被吃光以后,蚁栖树又为蚂蚁“烤”出了新的小面包。

在巴西的森林中,生长着一种叶似蓖麻、茎如竹子的树,它是世界著名的桑科“蚁栖树”。树干上有许多小孔,这是寄居蚁进出的“门户”,中空有节的树干,成为它们理想的住所,在此生儿育女。它们与树木相依为命,因此人们将这种树称为“蚁栖树”。在当地的森林中,有一种专爱啮食树叶的森林害虫——啮食蚁,当它们对树木大举进犯时,会把树上的叶子啃得精光,最后枯死。然而它们对蚁栖树却无可奈何,因为蚁栖树上的益蚁是它们的天敌,一旦它们想要咬食蚁栖树叶,益蚁便会迅速钻出树孔,集中优势兵力,抗击来犯之敌,因此蚁栖树总是长得枝繁叶茂,郁郁葱葱。

为什么益蚁能挺身而战呢?生物学家发现了其中的奥秘。原来,在蚁栖树的叶柄基部,长着一丛细毛,其中生出一个小球,叫做"穆勒尔小体",它是由蛋白质和脂肪构成的。益蚁以小球为食。旧的小球吃完了,新的小球又会长出来,成为益蚁取不尽、吃不完的营养食品。因此,当别的生物来咬食树叶时,益蚁会奋起抗击夺粮者。

生物学上把两种生物共同生活在一起,相互信赖、彼此有利的现象,叫做"共生"。蚁栖树与益蚁相依为命的种间关系是最好的例证。

生长在西印度群岛的刺槐,在自己膨大的刺的内部为蚂蚁准备好了住处,而蚂蚁可以在羽毛状的小叶的末端找到"小面包",这种刺槐的叶子长在棘刺中间。凶恶的蚂蚁和锐利的棘刺能很好地保护这种植物,任何野兽都不敢穿越刺槐丛,甚至当地人带着在密林中开路用的长砍刀也无能为力。当一刀砍下去,上千只凶恶的蚂蚁便从各个树枝上向你扑来,咬得你疼痛难忍,你只好想尽办法把身上的蚂蚁抖掉,而不敢再去招惹它们。

一种非洲产的相思树,由于它有不安宁的"房客"而得名"长笛"。因为栖息在它那膨胀的棘刺中的蚂蚁,在棘刺上钻出很多孔洞,有风吹过时,这些孔洞便发出悦耳的"笛声"。

在印度尼西亚的森林里,有一种晚香玉,蚂蚁不仅保护这种植物,而且能喂它东西吃,蚂蚁排出的粪便集聚在块茎里,为晚香玉提供了类似土壤中的盐分。蚂蚁生活在晚香玉块茎状根茎里,它的茎系被蚂蚁钻成迷宫般的小室和通道,有些通向外面,从这些入口可以进入"迷宫"。

苍蝇鲜为人知的秘密

美国伊利诺斯州立大学的一位生物学家,利用苍蝇协助警方侦破了几起重大案件,被传为美谈。其实,早在一千多年前,我国古人已采用过这种办法。

唐代欧阳询等撰写的《艺文类聚》中转引《益部耆旧传》记载的一个案例说:扬州刺史严遵有一次巡行所属各部,考察官吏的政绩,走在路上,听路旁有个女子在哭丧。那哭声响而不哀。一问,女子说她的丈夫不幸被火烧死了。严遵便命令部下将尸体运来,并派人守尸,吩咐说定会有什么东西前来,要严密监视。守尸的官吏报告说,只发现有一些苍蝇聚集在尸体头部。于是,严遵下令对尸体头部进行解剖,果然有根铁锥穿在里面。经过审讯,查明这是一起奸杀亲夫案。

苍蝇能协助破案,是因为苍蝇具有十分灵敏的嗅觉,喜欢追逐血腥并在创口产卵。当有谋杀案发生时,最先到达现场的往往是苍蝇。美国生物学家利用苍蝇破案和我国古人所依据的原理是相同的。

其实,关于苍蝇还有不少鲜为人知的秘密。

苍蝇怕冷不怕热,但是也不能太热。因为苍蝇的蛆虫适宜生长的最低温度是15℃~20℃,它们在这种温度下最宜成为成虫。这就是说,冬天只有在气候温和的地方才会有苍蝇。而在气候寒冷的地方,苍蝇只能把卵产在隐蔽处,让它们在那里越冬。

春天的时候,家蝇的成虫可以存活15~30天;而在炎热的夏天只能存活10~20天。所以夏天的苍蝇存活的时间少于其他季节。那么,为什么七八月份苍蝇最多呢?

这是因为炎热加快了苍蝇的生命周期。蛆虫只要一半时间就能长大为成虫,成虫虽然死得快,但是产的卵也多。其结果是一代苍蝇死了,新一代苍蝇立即取而代之,而且数量增多了。苍蝇一年能生16代,而有10代都是在夏天出生的。

因此炎热的气候对苍蝇是适宜的,但是不能超过42℃;超过了这一温度,蛆虫就会抱在一起死掉。成虫耐热,但是在酷暑难耐的时候,苍蝇也会在最热的时段找阴凉的地方躲一躲。

美国科学家指出,苍蝇的免疫系统要比人体简单得多,而且一些昆虫如胡蜂、蜻蜓、蚜虫、白蚁等也是如此,一只蟑螂绝不会因折断一条腿而受到感染。经过研究发现,苍蝇和昆虫的免疫系统仅包括三种类型的细胞:凝固细胞、浆细胞和颗粒细胞。细菌一旦进入体内,便会被它们分隔包围,吞食消灭。

与此相比,人体的免疫系统要复杂得多。它不仅可以引起免疫反应,抵御细菌或病毒的入侵,而且能够识别究竟是自身的组织还是异己成分。然而,世界上的一切事物都是存在于矛盾之中。系统越是复杂,其可靠性就越打折扣。在人体免疫功能异常时,往往"认己为敌",损伤自身的组织,引起自身免疫性疾病,如慢性淋巴性甲状腺炎、系统性红斑狼疮等;在对人体进行器官移植时,免疫细胞往往排斥异己,给脏器移植手术带来目前无法解决的困难。科学家认为,这些情况在苍蝇和昆虫身上是不会产生的。

目前,美国、日本的医学专家和生物学家,正就苍蝇等昆虫的免疫系统的体制和机理进行探索研究。人们可望在不久的将来得益于苍蝇,那时的人体将能够有效地防御细菌和病毒,清除自身免疫性疾病,克服异己器官排斥的影响。

科学家研究的数据表明,苍蝇身上的蛋白质、脂肪含量很高,其中蛋白质占40%,脂肪占10%~15%;而苍蝇的幼虫——蛆的蛋白质、脂肪含量更高,分别占51.3%和15%以上。此外,蛆体内还有丰富的钙、镁、磷等微量元素。苍蝇生长速度惊人,每年的4~8月,气温适宜,每对成蝇可"生儿育女"1900亿只。以每千只蛆重25克计算,那么一对苍蝇繁殖的蛆的总重量可达4395吨,从中可提取600吨左右的蛋白质和120吨脂肪。这种蛋白质和脂肪很有可能成为人类未来餐桌上的美味佳肴和新的、有效的营养品。

美国一位学者曾提出一个设想:创办苍蝇培育场。每年可从40亩土地上收获数以万千克的蝇蛆,加工制成美味可口的纯蛋白和脂肪食品。

此外,苍蝇独特的嗅觉功能目前也引起科学家的关注。研究表明,苍蝇能闻到50千米之外的气味。如能揭开这个秘密,苍蝇的作用将会发掘得更多更广更精彩!

蜜蜂将成为探雷高手

据说,狗鼻子能嗅出200多万种物质的不同气味。因此,经过训练的狗,能凭着嗅觉去探矿。

前苏联科学家对狗找矿的本领进行了实验,他们先让一条叫吉尔达的狗闻一闻铍矿石,然后把博物馆收藏的全部矿石拿出来让狗找寻铍矿石,结果,吉尔达只选了含有铍的矿石。

有人说用这种方法找矿太原始了。然而地质学家们在沼泽地带寻找矿物时,面临着极为恶劣的工作条件,狗却可以进入那些人根本进不去的地方,而且这些"活仪器"的活动范围比在地质勘探中使用的物理仪器的有效半径大10倍以上。狗还有一个更大的优点,检查20箱矿物标本,只用几分钟就够了。而一位有经验的地质学家,要检查20箱标本也得花费24小时以上。

加拿大的地质学家就曾利用狗来找矿,在一个勘探季节里,就发现了好几个有潜力的镍矿床和铜矿床。

当现代战争冲突结束以后,战争对人类造成的破坏却仍在继续。硝烟散尽,战场不复存在,可是埋在战场下面的地雷还在延续着战争的残酷。全世界每个月都有很多人成为地雷的受害者,排雷成了世界范围内的头等大事。

目前人们使用一种便携式金属探测器探雷,可是效果并不尽如人意。于是,美国五角大楼的专家想到了蜜蜂。美国军方从1998年就开始进行两项研究,由美国蒙大拿大学的昆虫学家杰里·布罗门申克主持。一项是研究利用蜜蜂探测地雷并定位,另一项是利用蜜蜂探测生物武器。因为蜜蜂完全有条件成为名副其实的探测高手。

首先蜜蜂有异常灵敏的嗅觉,比狗鼻子还强许多。其次它们有惊人的记忆力,能够记住大量不同的气味。人们很容易训练蜜蜂飞向一种散发气味的物质,不管它是不是食物。而且蜜蜂还有一种特性,就是它们不仅能够记住自己闻到的气味,还能把这种认识传给自己的同类。换句话说,只要训练一只蜜蜂,就能使同它接触的所有蜜蜂都"训练有素"。最后,蜜蜂还有一张王牌,就是它们基本上在什么样的气候条件下都能生存。

鉴于这些原因,美国研究人员已经开始训练蜜蜂熟悉三硝基甲苯,也就是人们通常说的梯恩梯(TNT)炸药的气味。这种炸药是地雷引爆装置的主要成分。为了让蜜蜂熟悉梯恩梯的气味,研究人员就在地雷上面放上甜水吸引它们,下次一闻到这种气味,它们就会伸出舌头,以为还能喝到甜水。

在真正的战场上,需要跟踪蜜蜂的飞行路线和所在位置,所以研究人员在蜜蜂的胸部安装了一个反射和接收信号的天线。这个天线可以接收一个谐波雷达发射的电波,然后再把无线电定位测速装置捕捉到的信号发送回去。这样就可以在电脑上追踪蜜蜂的飞行状况。

有人对这种方法的效果提出异议,认为在真正的战场上,情况要复杂得多,还会遇到许多困难,比如战场的地形、地势会影响雷达对蜜蜂的追踪;再比如蜜蜂怕黑、怕低温,所以不能在夜里或寒冷的天气里使用。

不过,这些困难并没有使研究人员放弃研究计划,更何况他们还发现了蜜蜂的另一种用途,这种用途可能更有应用前景,那就是我们在遭受生化武器恐怖袭击的时候,利用蜜蜂检测释放在空气中的致病菌,比如鼠疫杆菌、炭疽杆菌或天花病毒。

为了这项研究,布罗门申克领导的研究小组同许多实验室进行了合作。利用蜜蜂检测空气中的致病菌,其基本的物理原理众所周知:由于空气分子的摩擦,运动物体的表面会产生静电电荷。这种静电电荷可以使蜜蜂的身体吸引住飞行途中遇到的负载相反电荷的轻物质,比如花粉颗粒。那么为什么不能吸住空气中悬浮的致病菌呢?科学家的研究证明,蜜蜂的身体确实能够吸住空气中的病菌,吸多少要看蜜蜂身体携带的电荷有多大。

美国军方感兴趣的不光是蜜蜂,还有胡蜂。因为胡蜂的"鼻子"比蜜蜂还要灵敏10万倍。胡蜂就是通过气味寻找毛虫、蝗虫或蜘蛛等昆虫,并将自己的卵产在这些昆虫身上。在五角大楼的财力和物力支持下,美国佐治亚大学的昆虫学家格伦·雷恩斯开始训练胡蜂,希望用它们检测化学武器的威胁,就像他的同行训练蜜蜂那样。

蝴蝶泉和蝴蝶馆

从大理北行20千米,就到了云弄峰下的蝴蝶泉了。泉边,有一棵古老的蝴蝶树,树身从蝴蝶泉上横卧而过,浓荫翠盖,倍见妩媚。春末夏初,常有颜色不一的蝴蝶首尾相连,串串垂挂在蝴蝶树上,倒映在泉水之中,犹如明镜中束束鲜花,绮丽异常。

蝴蝶泉原名无底潭,泉水清澈明亮,珍珠般的水泡从泉底冉冉升起,阳光下闪烁着银色的光圈;四周绿树环抱,苍翠欲滴,奇特而古老的蝴蝶树横卧泉上,倒映水中,与洁白无瑕的大理石栏杆相衬;山茶、红梅笑立花台泉畔。

相传很久以前,云弄峰下有一眼清泉,泉边有两个小村庄。南边赵家庄,北边城附营。一天,赵家庄的青年猎人霞郎在山中射中一只金色小鹿,正遇到城附营的雯姑上山砍柴,雯姑喜欢小鹿,请求霞郎放了它。霞郎听从了姑娘的劝告,给小鹿上了金疮药,而后放了它。雯姑倾慕霞郎勇敢善良,便把自己的荷包送给他,霞郎也喜欢雯姑聪明贤惠,欣然接受了荷包。从此两人常到泉边相会。

哪知恶霸虞王看中了雯姑,前来说亲遭到拒绝,便派恶奴将雯姑抢走。聪明的小鹿跑到赵家庄拉来霞郎。霞郎到王宫救出雯姑。虞王带兵追赶,霞郎和雯姑在泉边被围,双双跳进了水中。顿时,雷雨大作,虞王被吓得惊慌而逃。雨过天晴,霞光中,泉中飞出一对美丽的彩蝶。虞王又派人扑打,彩蝶变成一棵大树,枝杈上生出数万只蝴蝶,团团围住兵丁,越打越多,兵丁只好逃回。以后白族就把这棵树叫做蝴蝶树,泉叫做蝴蝶泉。

每年的农历四月二十五是蝴蝶泉的节日——蝴蝶会。这时节聚集在泉边的蝴蝶有上百个品种,黑的、红的、彩色的……各种颜色的蝴蝶数量最多时近千群,达10万多只。

这里为什么能引来百蝶相会呢?专家研究认为:云南大理处于北回归线,气候暖和,花草茂盛,适于各种蝴蝶相聚而生;此时正逢合欢树繁花怒放,状如蝶舞,色艳香浓,树叶上分泌出一种蝴蝶喜食的黏液,吸引了大批蝴蝶纷纷来此交配产卵。

蝴蝶泉充满了神奇色彩,而千万只蝴蝶更使这个本来不大起眼的古老泉边成为蜚声中外的旅游胜地。

游览了蝴蝶泉,我们再去墨尔本参观别具一格的蝴蝶馆。

墨尔本动物园可以说是澳大利亚历史最悠久的动物园了。早在1862年,它就迁到现在的园地了。这个动物园展出的动物中,相当多是澳大利亚的特有种类,像各种袋鼠、鸸鹋、树袋熊,还有珍贵的鸭嘴兽、针鼹等。不过,最具特色的,要数动物园中的蝴蝶馆了。

顾名思义,蝴蝶馆展出的是蝴蝶。但这里不同于博物馆和标本室——人们在那里只能观赏钉在标本盒里的"死"蝴蝶。一进蝴蝶馆,人们看到的是成百上千只自由飞舞的蝴蝶!有红色的、黄色的、蓝色的,还有个体硕大的"凤尾蝶",令人目不暇接。

蝴蝶馆是一个大玻璃房子,长27米,宽12米,高6米。东西朝向,以便最大限度地利用太阳光。馆里四周都种植着各式各样的热带植物——香蕉树、棕榈树、各种蕨类、奇花异草……馆内中央是一个大池子,一股清水从馆外流入池中的岛上也种满植物。四周则是供参观者行走的通道。整个馆内又湿又热这是为了给蝴蝶创造一个更接近自然的环境。馆内还装有大量的灯泡,在阴天时能产生足够的光线,使其更接近自然光。在这里展出的20多种蝴蝶,来自澳大利亚的不同地区,对温度、湿度都有特殊要求。因此,整个馆内的"气候",全部由电子设备控制。

展出活蝴蝶是非常不容易的。虽然蝴蝶馆全年开放,但一般蝴蝶的寿命只有一两个星期,最多不过个把月。所以,附属于蝴蝶馆的还有专门的繁殖室,为蝴蝶馆提供活蝴蝶，蝴蝶在生命的各个阶段对食物的要求不同，幼虫吃叶，成虫食蜜。人们看到，在馆内的植物丛中，间或摆着一些托盘，上面放着十几朵色彩鲜艳的花朵。这些花上都加了蜜糖，以弥补蝴蝶食物的不足。不但如此，由于这些蝴蝶在野外还有自己的生活“季节”，因此，馆内的植物也要有相应的“季节性”。否则，错过“季节”而进馆的蝴蝶就不知道该“吃”些什么了。因此，除了一些永久性栽种的植物，许多花草要经常更换。

人们在一株花草上，看到了叶片上布满了密密麻麻的卵。工作人员将这些卵收集起来，孵化、繁殖出新的一代蝴蝶。尽管设计蝴蝶馆时并没有考虑让蝴蝶在馆内繁殖，但已有几种蝴蝶适应了环境，在馆内周而复始地一代代“生活”下去了，这是很有意义的。我们知道，昆虫在整个生态系统中占有重要位置。它们不仅是食物链中的一环，而且与我们人类生活也密切相关，它们可以帮助人们获得丰收，也可以毁掉庄稼、毁掉森林、传播疾病……人类需要进一步认识、了解这些小东西。可是，除了极少数专业工作者，普通人很少有机会能完整地观察到它们的生命全过程，了解它们的生态环境。蝴蝶馆在向普通公众普及科学知识这一点上，无疑是成功的。

蚂蚁巢穴轶事

蚂蚁种类甚多，具有群居性，有明显的多型现象，包括雌蚁、雄蚁与工蚁等不同的型，有时尚有由工蚁变型的兵蚁。

在爱沙尼亚的一个林区，有一座蚂蚁城，它的面积为2850亩。城区里面，井然有序地分布着与树林相间的1500个锥形小土丘——蚂蚁的巢穴。据科学家估计，每一个这样的巢穴里，生活着100万只以上的蚂蚁。而整个蚂蚁城的“居民”则超过了15亿，蚂蚁城“修建”于1977年。从那时起，从事动物与植物研究的科学家和林区工作人员一起，一直在观察和研究这个“城市居民”的生活。

这里森林茂密，病树极少，这应归功于蚂蚁，因为它们不断地捕食森林害虫，保护着树木的健康。

科学家们还发现：这里蚂蚁的住房每年都有增加，因为蚂蚁的繁殖速度很快，原来的住房小了，于是一部分成员离开老巢另建新居，形成了许许多多的住宅群，每三四窝有亲缘关系的蚂蚁的住宅组成一群，中间有“道路”相连。不过，蚂蚁分家另建新居的过程比较缓慢，又由于蚂蚁不能走得太远，所以很难向远距离的地方发展。但是，不少地方由于没有蚂蚁，树木遭到了虫害，很需要蚂蚁的保护，因此，人们就不得不干扰蚂蚁们平静的生活了。

人们挑选了那些即将分群的蚂蚁大家庭，放进特别的袋子送到新的地方。在那里，事先给它们准备好建造新居的必要条件——树桩或者一堆枯树枝。可是有时候，对于人们选择的地方，蚂蚁并不喜欢，而是迁往附近更中意的处所安家落户。

对于人工迁移蚁群的许多问题，比如：一年之中什么时候迁移最好，迁到多远的距离最有利于蚂蚁的分群等，科学家还在继续研究。他们多年来对蚂蚁城的研究、观察表明：蚂蚁新建的住宅，平均高度约为 1.5 米，最高的超过 2 米，但只有快到秋天的时候才能达到这么高，以后由于下雨就不会再增高了。每到冬天，蚂蚁就爬到住宅的下层，到地平面以下树木的根部过冬去了，因为蚂蚁需要生活在 10℃以上的气温里。到了春天，蚂蚁又爬到上面来，赶紧修理自己的住宅，又开始过既紧张繁忙又有条不紊的集体劳动生活。

在南美洲的密林里，有一种蚂蚁“构木为巢”，利用泥浆团在树枝上面建巢，并把各种花卉的种子“种植”在蚁巢上面。当植物萌发、生长和开花的时候，泥巢变得如盛开的花球。这种蚂蚁，人们称之为“花球蚂蚁”。

在非洲和亚洲的森林里，生活着另一种以树叶来织巢的蚂蚁，它们能选择合适的树叶，缝合成巢，这种蚂蚁，又叫做“织造蚂蚁”。此外，还有一种叫做“切叶蚂蚁”的，它们所建造的“地下宫殿”面积达 6 平方米以上，里面设备齐全，蜿蜒曲折的通道，分布犹如蜘蛛网，即使是最高明的建筑师看后也惊叹不已。

南美洲还有一种到处流浪的“魔鬼蚁”，这种蚂蚁没有巢，到处游荡，并且能施放比眼镜蛇强100倍的毒液，人畜被它咬上一口，会立即丧命。所以人们称它为“魔鬼蚁”。其个体寿命一般只有六星期左右，然而它们由成千上万个蚁团组成，每个蚁团都有几百万个成员，而且携带各自的蚁后，一边前进，一边大量繁殖，使“魔鬼蚁”的阵容不断壮大。如今，哥伦比亚、巴拿马、哥斯达黎加等国都对这种蚂蚁繁殖能力感到忧心忡忡。

科学家通过长时期对蚂蚁生活的观察，惊奇地发现，这种默默无声的小动物，竟然是如此井然有序地生活在一个大家庭里。而且这个家庭里的每个成员都有严格的分工，其中一半以上的成员是工蚁。工蚁每天不停地忙碌，它们不仅捕获食物，还经营着“自留地”，培植一些菌类。此外，还饲养一些小蚜虫，以备不时之需。

为了维持蚂蚁的群栖生活，蚁穴中的蚁王，每天不停地繁殖后代。蚁王平均每天大约产10个卵，由于繁殖密度大，蚁王甚至无暇进食。因此，便由工蚁承担向蚁王喂食的任务。

蚁穴也像人类社会一样充满了斗争。为对付外来的入侵者，为数众多的兵蚁担负着巢穴的警卫工作。如果一个爬行的蜗牛威胁了蚁穴的安全，兵蚁就会在它们的头目指挥下，发起进攻，直至将蜗牛击退。担任作战指挥的蚂蚁，是通过其触角微妙的颤动，向部下传达作战任务的。然而，对蚂蚁世界来说，真正的危险是来自同类生物的寄食者，这种不劳而获的蚂蚁，往往通过巧妙的乔装混入蚁穴内部，大吃大喝。待到被兵蚁发现后，一场生与死的激烈搏斗便开始了。寄生的蚂蚁大部分被兵蚁咬死，能逃出蚁穴的寥寥无几。战斗结束后，由体形壮健的巨蚁把战场清扫干净，蚁穴也随之恢复了往日的平静。

苍蝇为我们开启了防癌新途径

苍蝇，人人见了都讨厌。它常常飞来飞去，到处传播病菌，使人患病。有人说，苍蝇是传播疾病的头号瘟神。我们看一下苍蝇的生活习性，就会明白这句话一点也不过分。

蝇的种类很多，从生活习性来看可分为野生蝇和家生蝇两大类。我们常见的家生蝇可分为饭蝇（俗称苍蝇）、金蝇（俗称红头蝇）、绿蝇（俗称绿头蝇）、麻蝇等。其中，对人类健康危害最大的是苍蝇。

苍蝇的繁殖能力很强。科学家列出了一串令人惊奇的数字：一只母苍蝇一生能产 3 ~ 4 次卵，经过世代相传，一对苍蝇一年内竟能繁殖 10 万只后代！

苍蝇能在光滑的物面上行走。原来，在苍蝇的 6 只脚上，长有特殊的结构——肉垫。肉垫上不仅长满了浓密的细毛，而且肉垫的分泌腺还经常向外分泌黏性物质。

苍蝇生活在最肮脏的环境里，经常和各种病菌如伤寒、痢疾、霍乱等打交道，所以便将这些细菌吃进肚子里，带在身上、翅膀上、头上、腿脚上。据研究统计，一只苍蝇的身上一般黏附 600 万 ~ 1700 万个细菌，最多的可携带细菌和真菌 5 亿个左右。6 只脚上能黏附 700 万 ~ 1000 万个细菌。苍蝇的飞行力很强，一天最远能飞 12 千米的路程，病原菌就随它到处散布。苍蝇生有舔吸式大嘴，吃食时，先把胃肠里的液体吐出来湿润食物，再把食物吸进肚子里，并且边吃边拉，留下带大量细菌的唾液和粪便，传播伤寒、痢疾、肠炎、霍乱、肝炎、蛔虫、蛲虫等几十种疾病，而它自己却从来不得病。

了解了苍蝇的这种过硬的“功夫”，人们会很自然地产生了一个疑问：苍蝇出没于肮脏之地、病菌之中，为什么不得病呢？

科学家经过长期观察和研究发现，苍蝇的嘴巴既能伸缩，又能折叠，取食时边吃、边吐、边排泄。这样，吃进肚子里的细菌还没来得及安家落户和繁衍后代,就被抛弃了。

不久前,科学家从苍蝇的分泌物中发现了一种被称为“抗菌活性蛋白”的物质。这种物质具有强大的杀菌作用,只要有万分之一的浓度,就可以杀灭各种病菌,当今人们引以为豪的各类抗生素都无法与它比拟。

科学家还发现,苍蝇在受到损伤后,能够通过自身的防御器官分泌出一种具有抗癌作用的蛋白。

目前,生物学家们正在对这两种神奇的蛋白作进一步研究,希望能大批量地从苍蝇身上提取这种抗菌、抗癌蛋白,以至人工合成这种奇妙的东西,开辟人类自身抗病抗癌的捷径,使人类提高免疫能力,即使接触病菌、病毒也不会患病。

苍蝇逐臭是人所共知的。科学家对苍蝇逐臭的本领进行了一番研究,发现对发展现代科学技术有不少有益的启示。

比如,苍蝇的触角上分布着许多嗅觉感受器,每个感受器里布满上百个感觉神经元。当各种化学物质作用于苍蝇的触角时,感受器便可通过神经元记录到不同气味物质产生的电讯号,并能测量神经脉冲的振幅和频率,所以嗅觉非常灵敏。此外,苍蝇的嘴和腿上密密麻麻地布满了绒毛,绒毛尖端有直径约为0.2微米的小孔,一些感觉神经元的树突末梢从中伸展出来,当苍蝇接触物质时,便产生了瞬间的神经信号的电变化,据此能进行快速分析。科学工作者利用苍蝇的上述功能,仿制了十分灵巧的小型气体分析仪,这种仪器已装置在宇宙飞船座舱里,用来分析其中的气体。同时,也可以用来测量潜艇和矿井里的有毒气体的浓度并及时发出警报。

苍蝇靠翅膀进行飞行,它是靠什么掌握飞行方向和保持虫体平衡的呢?难道就是靠那对能飞翔的翅膀吗?

捉一只苍蝇,把它翅膀后边的哑铃形的小棒槌体剪掉,然后放开,观察它怎样飞翔。这时我们会发现,它飞得很不平稳,总是绕着圈子乱飞。

原来,剪掉的叫“平衡棒”,是苍蝇后翅的痕迹器官,它每秒钟能振动330多次,能帮助苍蝇精确地确定飞行方向的变化,及时调整航向,保持飞行平衡。

根据昆虫平衡棒的作用,科学家研制出一种新的导航仪器,已用于高速飞行的火箭和飞机上,能使飞机停止危险的翻滚飞行,强烈倾斜时也能自动保持平衡,使飞机的稳定度得到完善,以至在急转弯时,飞机也能万无一失。

蚂蚁拍蚜虫的“马屁”

蚜虫以农作物的汁水为食,对作物危害是严重的,所以它在农民眼里是祸害庄稼的“祸首”。

然而,蚂蚁却偏偏与人作对,对蚜虫倍加关怀,拼命保护。如果蚜虫因为刮大风或其他原因被刮落在地面上,蚂蚁会用嘴把蚜虫轻轻叼起来,再送到植物的茎秆或叶面上去,或者把蚜虫携带到自己的洞穴里窝藏起来,待风声一过,再把蚜虫送到植物上去,使其继续为非作歹。蚂蚁在蚜虫群里来来往往,赶走了捕食蚜虫的天敌,使蚜虫更加肆无忌惮地危害农作物。

蚂蚁为什么会不遗余力地拍蚜虫的“马屁”,保护蚜虫呢?

我们知道,蚜虫把针状的嘴刺进植物组织里,像吸血鬼一样吸取作物的养料,而它的排泄物——蜜露,却是蚂蚁香甜可口的食料。蜜露是一种黏稠、透明、有甜味的物质,含糖类、蛋白质、糊精等成分。在高粱蚜虫发生严重的地块里,当千百个蚜虫从肛门喷射蜜露时,犹如细雨蒙蒙。蚂蚁非常爱吃这种有甜味的物质,它嗅到哪里有蜜露,就成群结队奔向哪里。

有时,我们还会在发生蚜虫危害的田里看到:蚂蚁在蚜虫群里吃蜜露时,还会用它那根棒状的触角去拍打蚜虫的腹部,让蚜虫多分泌一些蜜露,以满足其贪婪的食欲。达尔文在《物种起源》一书中对这种现象作过记述:“……于是蚂蚁开始用触角去拍蚜虫腹部,先是这一只,然后那一只,当蚜虫一旦感觉到蚂蚁的触角时,即刻举起腹部,分泌出一滴澄清的甜液。蚂蚁便慌忙地把甜液吞食了。甚至十分细小的蚜虫也有这样的动作,这种活动是本能的,而不是经验的结果。”

蚂蚁对蚜虫起着保护作用，蚜虫以蜜露相酬谢，这种现象在生物学上称为“共生现象”。

这种生物的共生现象是很多的。例如白蚁和披发虫。

白蚁是社会性昆虫，它们群体的成员，少则千百个，多则上百万，成员间分工严密，各司其职。

如果你仔细观察白蚁的生活，就可以发现一个有趣的现象，那就是新孵出的白蚁都会本能地舐吮其他白蚁的肛门。

白蚁是以木材为食物的，但它们却不能消化木材纤维，而是由寄生在它们肠内的一种叫做披发虫的鞭毛虫来帮助消化的。原来，披发虫能分泌一种消化纤维素的酶。白蚁的肠内如果没有这种鞭毛虫，即使吃了很多纤维素，由于不能消化，也终将被活活饿死。对于披发虫来说，躲在白蚁的肠内，也实在是最安全保险不过了。另外，白蚁肠内还有丰富的纤维素供它们分解食用。所以，白蚁和披发虫谁也离不开谁。

白蚁每次蜕换肠内上皮时，披发虫就形成囊孢，而新孵出的白蚁肠内是没有披发虫的，只有通过舐吮其他白蚁的肛门，才能吞食披发虫的囊孢而获得所需要的披发虫。所以，白蚁也必须群体生活，否则将因得不到披发虫而死亡。换句话说，白蚁和披发虫是相依为命的互利共生关系。

像这种有合作共栖关系的还有寄居蟹和海葵。寄居蟹的头胸甲较窄，不能把自己柔软的腹部包住。为了保护自己，它只能钻到软体动物的空壳里去，把头甲和一对大螯露在外面，并伸出前面两对细长的步足来爬行。

当寄居蟹安家之后，便立即去找看守的门卫。当它找到一种合适的海葵之后，便用螯小心翼翼地把它从附着体上取下来，放在螺壳的入口处，为自己看守家门。

海葵是最称职的门卫。它用有毒的触手去蜇那些敢于靠近它们的所有动物，保护寄居蟹。而寄居蟹则背着行动困难的海葵，四出觅食，有福同享。

不能游动的海葵把它的盟友当做交通工具，这种形式的共生叫做“运动共生”。海葵在寄居蟹身上能有更多的捕食机会，同时还能够更快地更换“肚子”里的水。因为海葵如同珊瑚一样，不能移动，它们很容易被细砂等物所埋没，它需要有流动的活水。

随着寄居蟹的不断长大，原来的“旧居”太狭窄时，就去另找一个更大的“住宅”，同样钻到里面去。当它搬进新居时，总不忘了把自己的伙伴一起搬来，仍旧共同生活。就这样，它们一直共同生活到死。

从袁世凯送鹦鹉给西太后说起

袁世凯一向工于心计，善于利用机会。他一生平步青云与他巧心献媚慈禧而获得慈禧宠信有很大关系。由于他向慈禧告密，出卖了光绪，致使戊戌变法失败，六君子蒙难，光绪被囚于瀛台，袁世凯本人却出人头地。

慈禧再度垂帘听政。在她荣归故里路经天津时，当时任直隶总督的袁世凯献上一对从印度弄来的鹦鹉。慈禧一见这对脚上系有极细的金质短链，并肩栖息在一根玉树枝上玲珑可爱的鹦鹉十分高兴，连声说道：“好！太好了！”

袁世凯

袁世凯一听到慈禧对这件别出心裁的礼物连声夸赞，不觉心花怒放，乐不可支，心想我这招总算出对了。

慈禧正在仔细欣赏的当儿，两只鹦鹉中的一只突然发出清脆悦耳的叫声：“老佛爷吉祥如意！”

另外一只也跟着高声叫道：“老佛爷平安健康！”

这一下慈禧更是喜上眉梢，眉宇间都隐含着喜悦，大有一种返老还童的架势。

从此以后,慈禧特命一位太监专门饲养这对鹦鹉,为这对活宝准备饮水和谷米,以及清洁洗澡等等。慈禧还交代太监,这对鹦鹉必须随她的行止——真是宠爱极了!

两只鹦鹉咬字正确,声音清脆,声音像幼儿般可爱。袁世凯花了不少心血和很多银子,其目的不外乎取悦慈禧。老太婆早晚随时听到鹦鹉的叫声,自然会联想到袁世凯,加深了对他的印象。

鹦鹉是人们喜爱的笼鸟。据考证,人类驯养鹦鹉的历史非常悠久。早在四千多年前的奴隶社会,鹦鹉就已成为奴隶主们的宠物。

今天,驯养鹦鹉的习俗几乎遍及全球。鹦鹉之所以特别受人宠爱,不仅是因为其羽毛鲜艳、性格温顺,更主要的是它那擅长学舌的本领。从古到今,鹦鹉学舌的出色本领,引起了人们莫大的兴趣,甚至留下一些传奇般的故事。

相传,唐代时,长安富豪杨崇义在家中被杀,地方官到他家中调查,一只笼中鹦鹉突然开口说话,念叨一个叫李弇的名字。地方官心生疑云,一查,李弇是杨家邻居,便把李弇带来盘问,发现他果然是凶手。鹦鹉因破案有功,被唐明皇赐了个"绿衣使者"的封号。

在我国的史书中,有不少关于和鹦鹉对话的奇闻趣事的记载,如宋时《玉壶野史》中提到过一只灵慧过人的鹦鹉,它能诵李白诗词,每当客人进门,它会响亮地呼唤:"上茶!"并向客人问寒问暖。

后来,主人出事坐狱半年才回家,对鹦鹉说:"鹦鹉哥,我半年里很惦记你。"

不料鹦鹉回道:"你只不过囚禁半年,我却已被关了几年。"

主人慌忙放其回巢……

鹦鹉为什么会学舌?

在古代,不少人相信能说话的鸟真的懂人语,通人性。到了现代,由于动物学、解剖学、生理学等学科的发展,使得大多数科学家对此持否定态度。他们指出，鹦鹉和其他鸟类的学舌，仅仅是一种仿效行为，也叫效鸣。鸟类没有发达的大脑皮层，鸣叫的中枢位于较低级的纹状体组织。因而它们不可能懂得人类语言的含义。鹦鹉学舌，只是一种条件反射，并且只能学会有限的语汇。

近几年，科学家发现，有些鹦鹉聪明绝顶，能在不同的场合说不同的话，甚至有的还能与人类进行某些感情交流。

不久前，英国《星期日泰晤士报》网站报道，一项长达 30 年的研究表明，鹦鹉不仅会做加法，识别形状、颜色，还能辨认出 100 种不同物体。

发表这项研究结果的科学家表示，鹦鹉的大脑差不多与核桃仁一般大小，与大猩猩和海豚相比，它们的智力水平与人类幼童相当。

马萨诸塞川布兰代斯大学心理学系助理教授艾琳·佩珀伯格说："鹦鹉的交流技巧相当于两岁幼童，但它们做加法和识别颜色、形状的能力更像五六岁的儿童。"

有人甚至大胆地提出，有些聪明绝顶的鹦鹉具有与人一样的思维能力。

究竟如何，有待于科学家进一步研究、探讨、揭示。

皇帝赐名的珍禽

林海浩瀚的兴安岭，生活着各种各样的飞禽走兽，在这些种类繁多的禽兽中，"貌不惊人，鸣不压众"的"飞龙"却被称为"禽中珍品"。

据传，飞龙早在 14 世纪初就出名了。那时，地方官员在鄂伦春、达斡尔、女真族的猎民中大量收掠，送到京城给皇帝品尝后，皇帝将之视为珍品，认为这是只有皇帝才能够享受的美味，特下诏书，赐名"飞龙"。清乾隆年间被列为贡品，故又称岁贡鸟。其名称来源有两种说法：一说为满语转音，清嘉庆年间《觉罗西传》的著作中称"岁贡鸟名飞笼（龙）者，斐耶楞古之转音也"。一说其形象具有传说中龙的特征，如颈长而曲，似龙颈；爪有鳞，似龙爪；背腹羽毛棕黑斑驳，似龙鳞等，有"天上肉龙"的美称。如今，有客自远方来，美味的飞龙常常被摆上国宴，招待贵宾。

我们知道，动物性食物做成汤，一般都是乳白色，唯“飞龙汤”无需佐料满室飘香：揭开锅盖，汤水清澈见底，雪白的龙肉“历历在目”；喝一口汤，如琼浆玉液，鲜美异常，令人胃开口爽，尝一思十；色、味俱佳的飞龙肉若和别的肉在一起烹调，别的肉也成“龙肉”味了，实为肴中一绝。近年来，有些地方用蒸、烤、烧、炸、爆等方法，制出形状各异、味美鲜香、鲜嫩可口的参泉美酒醉飞龙、渍菜美味飞龙脯以及油泼飞龙、芙蓉飞龙、香酥飞龙、精烧飞龙、清炖飞龙、飞龙白果、飞龙卧雪、芝麻飞龙、珍珠飞龙、串烤飞龙等数十种高级名菜。飞龙肉不仅美味可口，而且还有“滋补健身”的作用和“扶正、固体、强心”之功效。

飞龙，学名松鸡、榛鸡，是寒温带大兴安岭独有的一种留鸟，冬、夏都出现在大、小兴安岭一带。飞龙头小颈短，它的脖子短得使头紧靠在身子上，胸脯凸起，脊平直，灰褐色的毛略带白色斑点。两只长毛的爪很短，每次飞不太远，飞的时候两翅平展滑翔。飞龙的体重一般为 300～450 克，发达的胸脯几乎占了体重的一半。

黑龙江飞龙主要栖息在大兴安岭针阔叶混交林中，尤喜居于红松、冷杉混交林中。其羽毛随季节不同而有所变化：夏季呈红褐色，有黑、白、土红、蓝灰色斑点，与当地棕色森林颜色相近；冬季呈灰褐色，与落叶松、白桦树之整体颜色一致；秋季色彩最美，全身布有五彩斑斓的斑点。雄性头上生数株主翎，形如凤冠，毛色也较雌性为美。

吉林飞龙栖息于长白山林缘灌木草地，海拔 500 米～2000 米地方均有分布。安图、抚松、蛟河、桦甸等地为主要产地。上体大都呈棕灰色，带有黑褐色及棕黄色横斑：下体棕褐色并形成白色细纹，两颊有一白色宽带。雌雄个体大小与羽毛相差不多，仅喉部略有差异，雄鸟为黑色，雌鸟为深棕色。飞龙为著名长白山狩猎鸟，猎人常以铁哨或口技仿其鸣声加以诱捕。

内蒙古飞龙主要分布于横贯呼伦贝尔盟中部的大兴安岭林区。该地松、桦、柞树茂密，最宜飞龙生长发育。羽毛与吉林飞龙相同。

飞龙喜欢群居,夏季栖息在树上,冬天则栖息在雪窝里,常常生活在高山和山谷的赤杨和桦树幼林中。夏季食虫或草子,冬季吃赤杨和桦树嫩的子穗。夏天,飞龙一天吃三次食,早、午、晚都从树林里飞出寻食。严冬,大兴安岭天气冷到零下四五十摄氏度,早晨飞龙躲在雪窝里,虽然阳光已在林中闪耀,它还是懒得飞出窝来,一直到了九点多钟,飞龙才飞出雪窝,一直吃食到午后两点才回家。

4 月到 5 月初,春天到了,这时成对的飞龙纷纷离群交尾,5 月中旬,它们开始在草丛里下蛋、孵化,每窝产蛋二十多枚,孵化期为 25 天左右。7 月上旬,小飞龙便能独立生活了。兴安岭为飞龙提供了大量的食物,吃得胖胖的"飞龙"在冬季来临时又纷纷合群活动,每群三四十只不等。每年 10 月至翌年 2 月,该鸟毛丰肉厚,为狩猎期。4 ~8 月为繁殖期及雏鸟生长发育期,禁猎。

在产卵、孵化和雏鸟阶段,气候直接影响飞龙的成活率,降雨量大的年份,飞龙的数目大量减少,故飞龙也有"大年"和"小年"之分。在它众多的天敌中,鹰类是最可怕的敌人。

目前,野生的飞龙不多了。为了保护飞龙资源,国家已将其列为三级保护动物。科研部门也开展了人工驯养繁殖飞龙的研究,并取得了成功。

鸳鸯原是"薄情郎"

自古以来,人们都把鸳鸯视为友谊和爱情的象征,为它们写诗、绘画,讴歌它们白头偕老,忠贞不渝的爱情。

鸳鸯的样子跟野鸭子差不多,体形较小,嘴扁,颈长,趾间有蹼,善游泳,翼长,能飞。雄鸟有彩色羽毛,头后有铜赤、紫、绿等色的长冠毛,嘴呈红色。雌雄多成对生活在水边,白天形影不离,晚上睡觉时,雄鸟从右翼向左掩盖着雌鸟,雌鸟从左翼向右掩盖着雄鸟,稍有响声,便双双离去。真可谓"同眠共枕,患难与共"。

鸳鸯属于候鸟,老家在雄伟壮丽的长白山区,每年的9月以后,当北方气候越来越冷时,它们便结队南下。等到第二年阳春3月,鸳鸯和其他候鸟一样,结队从遥远的南方飞回了长白山区,开始生儿育女。从1976年开始,科学工作者们连续多年在林海中寻觅着鸳鸯鸟群,追逐着野生鸳鸯的行踪。一天,他们看到鸳鸯落到高达三十多米的大青杨树上,接着灵巧地钻进了天然树洞。探索者们颇有兴致地躲到树上细细察看,发现洞中存放着鸡蛋大小的灰黄色鸳鸯蛋,原来树洞是鸳鸯的巢穴!鸳鸯一般一天只生一枚蛋,当生下十来枚蛋的时候,雌鸳鸯便开始抱窝孵化了。

繁殖初期,雌雄鸳鸯确实是形影不离的。可是,探索者们发现,这是一时的假象。他们终于获得了意想不到的结论:雄鸳鸯是个"薄情郎"。当它和雌鸳鸯交配后,就再不露面了,产蛋、抱窝等抚育后代的重任完全由雌鸳鸯承担,连孵化期的食物也要靠雌鸳鸯自己寻觅。不过,小鸳鸯们倒是很懂事,出壳后第二天,便像跳水队员一样,从高高的树洞上跳下来,随母亲投到大自然的怀抱里。

从前,传说雌雄鸳鸯一方死去,另一方则从此独居,或殉情而死。探索者们为了验证这个结论,他们在林海中选择了有成对鸳鸯的活动区。然后用猎枪打落某对中的一只,可是,几天过后,不知从哪里又飞来了一只,鸳鸯又成双配对了。探索者连续做了几次这样的试验,结果都是一样,看来传说不可轻信。

鸳鸯子女多,一窝就有七八只,雌鸟日夜操劳,也满足不了孩子们一天比一天增加的食量,它们整天张着嫩黄的小嘴嗷嗷待哺。雌鸳鸯只得忙里又忙外,经常独自孤单单地站在小溪中的岩石上把刚刚会飞的小鸳鸯一只只从树洞唤出来,让它们随母亲到河边觅食和游泳。小鸳鸯迅速成长,它们翅膀硬了,能在河面上展翅飞翔了。

小鸳鸯从小到大从未见过父亲是个啥模样,转眼天气变寒,它们又成双成对地开始了新的一轮南迁北返。旅途中的恩爱,自然又引起不少人的羡慕。

无独有偶。人们常常用相思鸟比喻热恋的情人形影不离,相依为伴。其实，相思鸟也并不相思。

相思鸟，又名红嘴玉，属鸟纲画眉科。这种体态轻盈，羽毛华丽的小鸟，雌雄形影不离，时而在长夜比翼而飞，时而并立枝头互相偎依，连夜晚也是各立一足而宿。它是驰名中外的名贵欣赏鸟之一，也是我国主要出口的欣赏鸟的一种。

相思鸟上体呈橄榄绿，金黄的颈，黄白的眼圈，配上鲜红的喙甲，把头部装扮得妩媚可爱；耀眼的橙色胸部，配上镶着黑边而又具有小叉的尾巴，非常好看；那黄褐色的嫩脚，支撑着匀称而灵活的躯体，犹如一件精美的艺术珍品。相思鸟情意绵长，加上它全身迷人的色泽，似管笙轻奏的"啾啾"鸣声，打动了多少人的心啊！不少国家，每逢亲朋婚姻之喜，总得设法送上一对相思鸟，祝福新婚夫妇长相恩爱，白头偕老。近年来，国外对相思鸟的需求量逐年增加，它成为我们结交海外朋友增进友谊的吉祥鸟。

相思鸟的家乡在我国南方山区，栖息于常绿的阔叶林或成片的竹林中，以捕食林中幼虫和觅食山间植物种子为生。阳春 3 月，相思鸟带着春天的信息，直趋北方高山丛林避暑消夏，生息繁殖。秋末冬初，它们又携带着繁衍的后代，向南迁徙。年年岁岁，循环往复，而且飞迁的路径变化不大。这同时为山民捕捉和保护相思鸟创造了条件。

相思鸟主要产地之一——江西山区，多采用张网捕捉相思鸟。天刚放亮，鸟户们在相思鸟必经的山坳口上，张起用丝线或尼龙丝编织的大网，然后吹响鸟哨，把散栖的相思鸟诱引成群。待到它们接近山坳口，赶鸟人突然撇出一把泥沙，鸟群骤然受惊，拼命朝前飞蹿，鸟爪挂在网上而被擒。

为了保护相思鸟，保持生态平衡，国家有关部门正在采取各种措施：把收购相思鸟的季节规定在冬季；明确规定只收雄鸟而不收或少收雌鸟；要求山民就地把受伤的鸟以及雌鸟和一定比例的雄鸟放回山中，任其繁殖。从而使相思鸟世代展翅飞翔于四海，给人类增添乐趣，为友谊架设桥梁。

其实，根据生物学家的考察，相思鸟并不相思，只是由于人们饲养很少，一般只养一两对,由于经验不足和管理不善造成某种疾病,使其相继死去,便误以为是患相思而死。为了揭开这个谜,有人故意给相思鸟交换配偶,结果,它们经过几天“恋爱”就愉快地起舞,繁殖后代。还有的在配偶死去之后,照常再娶再嫁,与新伴侣开始新的生活,所以说相思鸟并不相思。

纪律严明的大雁

在《汉书·苏武传》里有一个成语故事:雁足捎书。

故事说,汉朝的时候,有位大臣,名叫苏武。他在公元前100年,接受汉武帝的命令,出使匈奴。匈奴的贵族们把苏武扣留在匈奴,劝他投降。可是苏武死也不肯归顺,他正义凛然地对他们说:“我是堂堂的汉朝使者,岂有投降之理!”匈奴的君主单于就将苏武囚禁在阴山的大冰窖中,不给饭吃,不给水喝,想用这个残酷的手段,逼他投降。苏武只好嚼雪吞毡、捕鼠为食,但绝不投降。单于又把他送到遥远的北海,让他在那个寒冷而没有人烟的湖边牧羊。就这样,苏武在那里含辛茹苦地度过了19个年头,始终没有屈服。

后来,到了汉昭帝即位的时候,汉朝同匈奴和亲友好,昭帝便要求匈奴放回苏武。可是单于欺骗昭帝说,苏武早已经死了。有一次,汉朝的使节到了匈奴,匈奴有一个叫常惠的人,晚上偷偷地去见汉朝使者,告诉他们苏武并没有死,仍在北海牧羊。常惠又帮他们想出了一条计策,说:“你们这样同单于说——我们的汉昭帝在上林苑打猎,射中一只大雁,发现大雁的脚上拴着一封信,打开一看原来是苏武写的,说他仍在北海牧羊。”汉朝使者听从了常惠的建议,就照样和单于说了。单于听说竟有雁足捎书的奇事,十分惊慌,以为这是有神仙在帮助苏武,于是赶紧把苏武送回了汉朝。

实际上,大雁是不具备传书本领的,它不能像鸽子那样充当信使。

大雁是一种候鸟,形似家鹅,嘴巴宽厚,脚短且趾间有蹼,便于游水觅食;毛色以淡灰褐为多,并有斑纹:主要食用植物的嫩叶、细根及种子等。

大雁的“老家”在北方西伯利亚及我国内蒙古和东北部分较寒冷地区。每年霜降之前，大雁开始从它们的老家一批一批地迁徙到温暖的南方去过冬。等到来年春天，它们又成群结伴地飞回北方去产卵育雏，繁衍后代。这样周期性的往返，年复一年，代代如此。金朝女真族的祖先，当年就以观察雁群结伴迁徙来计算岁月，历史上曾有“金人据鸿雁以正时”之说。民间也有“八月初一雁门开，大雁脚下带霜来”的农谚。

大雁南来北往，飞越重重关山、条条巨川，够得上“不辞劳苦，不迷失方向”了。而且，雁群更是以严格的“组织纪律”著称的：雁在飞翔途中只只按序、井井有条，或成“一”字，或成“人”形，老雁当“领队”，昼夜飞翔。

大雁在飞行时，为什么常常排成“人”字或者斜“一”字形的队形呢？

在迁徙飞行中，大雁排成整齐的行列，或成“一”字长行，或双行相交成“人”字形，这种行列叫做雁阵。“一”字长行的头一只雁，或“人”字双行交叉地方的雁，都是雁阵的领队。雁阵领队都是有经验的老雁。在飞行中，拨云开路的是它，引导方向的是它，视察敌情的还是它。

经科学家研究证明，大雁之所以排成“一”字或“人”字形飞行，是为了在长途迁徙时节省体力。

原来，鸟儿飞行时，翅膀尖端会产生一股向前流动的气流，叫做“尾涡”。后面的鸟如能利用前边鸟的“尾涡”，飞行起来就要省劲得多，而雁飞成“人”字或斜“一”字的队形，正适于对“尾涡”气流的利用。据电子计算机计算，10 只雁排成的队形可节省 20% 的功率；雁只越多，做功越省。同时，这样的队形还有一定的后掠角，其角度等于每只雁的眼睛和它翼梢之间的连线。这个角度既可保持相邻雁之间尽可能小的展向相距，又能够保证相互之间有着良好的视觉联络，以便互相照应，避免掉队。

“群雁远行靠头雁”，头雁是最辛苦的，因为只有它没有“尾涡”气流可利用，飞行时最为疲劳。这就要经常更换头雁。人们看到雁阵时而“人”字形，时而斜“一”字形的变化，就是为了轮换头雁的缘故。

白天大雁集体飞行,夜晚大雁会选择适当地点集体休息。大群的雁虽然在休息,但在四周布置了"哨兵"警卫,一遇到意外情况,守卫的雁先发出警报,整个雁群立即飞起,逃避危险。

经过长途飞行后,大雁最后飞到了风和日暖的热带地区。在那里,它们找到了丰富的昆虫、蠕虫和植物种子作为食物。在春天来的时候,雌雁很快要繁殖后代,而北方夏天日照长,食物丰富,敌害不多,适于雁的繁殖,因此大雁总是迁回北方繁衍和栖息。

珍鸡奇趣

早在新石器时代,属于龙山文化时期(约在公元前2500年)的遗址中,已发掘到鸡的大小腿骨骼及前臂骨。在公元前16世纪到公元前11世纪的甲骨文里,已有鸡字。所以鸡的饲养驯化在我国至少有3000年的历史了。家鸡的祖先是原鸡,至今还生活在地球上。

原鸡也叫红原鸡,在我国分布于海南岛及广西、云南南部地区,在西双版纳一带称"茶花鸡"。原鸡生活在热带森林和旷野里,听觉和视觉非常灵敏,只要听到异常声音,就会惊起直飞或疾步逃窜到丛林隐蔽起来。原鸡食性复杂,常以植物性食物为主,如种子、树叶和各种花的花瓣。动物性食物是白蚁、蛾、蝗虫等各种昆虫。和家鸡一样,原鸡喜啄少量沙砾。

原鸡每年二三月开始繁殖,繁殖期内,雄原鸡喜欢搏斗,胜者能得到配偶。原鸡营巢在树根和地面上,年产卵两次,每窝产卵6~8枚,最多可达12枚。

原鸡翅短而圆,飞翔能力差。它的天敌很多,主要有狸猫、黄鼬、鹰、隼、鹗等,还有些爬行动物、啮齿动物常威胁它们的卵或幼雏。近年,由于森林的砍伐,原鸡的数量和分布面积急剧减少。

鸡的祖先是原鸡,后经人工培育和长期驯养,按照杂交的不同目的,就育成了形形色色的有趣的鸡了。

菊花鸡。又名波兰带冠鸡,它羽毛纯,有银白色、金黄色和亚黑色等多种。最漂亮的可算它头顶的冠羽了,特别的长,每当它昂首远望的时候,妩媚多姿,望去好像一朵朵盛开的菊花。因此,人们把它作为一种观赏的珍禽而饲养。

长尾鸡。是日本人民培养的珍禽。1974 年日本高知县一只公的长尾鸡,尾羽长达 12.5 米;1980 年,高知县又培育了一只公的长尾鸡,尾羽长达 11.5 米。可是由于"鸡年"除夕的临近,日本各电视台争相邀它"演出",以致尾羽中最长的一根羽毛断掉了一米。日本政府还把这种长尾鸡定为特别纪念物。

光颈鸡。它生长在匈牙利,头颈不生羽毛。光颈鸡非常容易被别的鸡同化。有人做过试验,把光颈鸡和普通鸡交配,第一代都是光颈鸡,第一代再与普通鸡交配时,产生第二代就减少 3/4,以后一代一代再继续与普通鸡交配,比例就愈来愈小了,变成了清一色的普通鸡了。

剪毛鸡:产在我国北京一带,又名北京油鸡,羽毛呈深红褐色,公鸡羽毛光泽闪闪,头上毛冠既发达,又很美观,但长得很长的时候,会将眼睛遮住,需要常常帮助它剪短,脚上的毛也很长,毛色一致,是"毛脚毛眼"的鸡。

长牙齿的鸡。日本科学家为了降低养鸡成本,减少饲料加工的劳动力,他们用诱发鸡雏胚胎基因的方法,培育出了一种长牙齿的鸡。这种鸡的上下颌都长有牙齿,它吃东西时能把大块食物嚼碎咽下,饲养人员不必把饲料粉碎得太细。

无毛鸡。美国科学家利用遗传工程,培育出了一种无羽毛的鸡。这种鸡全身不长一根羽毛,皮肤呈紫红色。无毛鸡有很多优点:散热好,抗高温,消耗饲料少,屠宰加工方便。此外它的肉质很细嫩,烹调食用味美色鲜,芳香可口。

下彩色蛋的鸡。美国科学家培育出一种会下彩色蛋的鸡。这种鸡是由美国农场的普通鸡和南美洲的南洋鸡通过杂交培育出来的。南洋鸡的蛋壳呈淡蓝色,而杂交出来的鸡不仅能下蓝色蛋,而且还能下绿色蛋、粉红色蛋、草黄色蛋。更有趣的是,由彩色蛋孵化出来的小鸡,长大后也能下彩色鸡蛋。

凤毛鸡。山东牟平县解家庄乡一位农民养了一只鸡,生了三年蛋后开始慢慢地在变:脸色由黄变红,头顶上的一撮绒毛长成了紫红色的长羽毛,尖稍带白毛;身上的羽毛由深褐色变成红、绿、黑相间;尾羽虽少却很长,浑身金丝金鳞,在阳光的照射下十分美观。这只变异母鸡不再下蛋,食量渐少,跟普通鸡大小不一样,很像是传说中的“凤凰”。

超重鸡。美国加利福尼亚州有位农民养了一只白母鸡,重达 10 千克,称之为“超重鸡”。它斗死过一只它自己生的、重 8 千克的“儿子”,还和狗打过架,并把狗打残废了,这只鸡也曾伤过它的主人。

碘蛋鸡。这种鸡是前苏联科学家利用改变饲料的营养成分培育而成。下的蛋比一般鸡蛋的含碘高出几十倍,除了食用,还可以治疗哮喘、皮炎和高血压等症。

此外,还有乌骨鸡、斗鸡等等。

如此种种,真可谓大千世界无奇不有,芸芸众鸡,千奇百怪。

话说母鸡打鸣公鸡下蛋

鸡声茅店月,人迹板桥霜。

这是温庭筠《商山早行》一诗中最著名的诗句,也可看做是一副绝妙的楹联。这副对联中,诗人将“鸡声”、“茅店”、“月”和“人迹”、“板桥”、“霜”这六个名词巧妙地排列在一起,勾勒出一幅美丽的山村早晨的画卷:一只大雄鸡正引颈高啼,天边挂着一轮明月,可是住在茅店里的旅客,却早已上路了,在布满浓霜的板桥上,留下了早行人的足迹……这不仅是一副情景交融的楹联,也是一幅惟妙惟肖的深秋山村早行图。

还有一个关于鸡引颈啼喔的对联故事,更是趣味横生。

故事说,旧时有一位秀才,有一天来到江苏省泰县一个名叫“白米”的小集镇,恰巧天已中午,一户人家的一只长满白色羽毛的大公鸡正引颈啼喔,秀才随即吟出一句上联:

白米白鸡啼白昼；

此上联连续应用了三个“白”字，任凭秀才苦思冥想、搜索枯肠，下联再也对不出来了。隔了数年，秀才又路经一个名叫“黄村”的村庄，时已傍晚，一只大狗正站在村头对着这位不速之客汪汪大叫，才思敏捷的秀才触景生情，终于对出了下联：

黄村黄犬吠黄昏。

公鸡打鸣，母鸡下蛋，这是天经地义的事。可是，为什么有的母鸡也打起鸣来，公鸡却下起蛋来呢？

有人说，母鸡打鸣是不祥之兆。这种说法有根据吗？

回答是否定的。科学实验证明，母鸡打鸣并不是什么不祥之兆，而是因为它发生了生理变态。生物学把这类现象称作“性反转”，或者叫做“雄化”。

为什么会发生这种怪现象呢？这是由于某些因素影响了鸡体内器官的正常发育所造成的。动物的雌性和雄性，是由体内生殖腺和它所分泌的性激素直接控制的。鸡和某些动物一样，在胚胎和幼体期，同时具有向雌雄两性方向发育的可能性。母鸡只有一个卵巢，长在左下腹内，右边的雄性生殖腺退化。如果母鸡的卵巢上长了肿瘤或者因为患其他疾病而退化，它右侧的生殖腺就可能发育起来，分泌雄性激素，这样母鸡就雄化了。

如果把一只正常的公鸡阉割，它的红冠便会萎缩退化，颜色由鲜红变成淡红，它啼叫、好斗和求偶的本能，都随睾丸割去而消失了。如果再将一只母鸡的卵巢移植到这只被阉过的公鸡体内，那么它就会变得像母鸡那样性情温顺，而且还能产卵育雏。同样，如果将母鸡卵巢全部割掉，再植入公鸡的睾丸，那么这只母鸡就会变成公鸡。有人做过这样的试验，从而有力地说明了决定鸡的雌雄性别及其各种雌雄特征的，是它体内的生殖腺及其分泌的性激素。倘若性激素发生变化，它的雌雄性别也就会发生变化。

懂得了这些科学道理，母鸡打鸣的现象就比较容易解释了。这种母鸡本来有较发达的雌性生殖腺，有卵巢和输卵管等，因此能生蛋。但后来由于它的生理状态发生了一定程度的改变,它的雌性生殖腺可能受到某种原因影响而退化,而雄性生殖腺得到了发育,使它的雄性特征进一步加强了,最后便发生了性反转现象。

据报道,海南岛国营龙江农场一位职工家里有一只养了7年的公鸡,突然下了一个重100克的大鸡蛋。

公鸡下蛋是极其罕见的现象,公鸡一般是不会下蛋的。如果一只真正的公鸡,即从外貌到内部结构,特别是生殖系统是属于雄性的,它只具有睾丸、输精管、射精管、外生殖器等生殖器官,而这些器官绝不可能产下卵子的。卵的产出过程是相当复杂的。一个成熟的卵从卵巢内排出,掉在输卵管的顶端。卵黄在沿着喇叭管移动的时候,就被蛋壁分泌的卵蛋白包裹,经过子宫时又包上两屋壳膜,最后包上一层卵壳,卵壳在子宫硬化……这些产卵过程必须具有雌性生殖器官才能完成。

那么,为什么会有公鸡下蛋的现象呢?这里有两种可能:一是那只“公鸡”只是具有雄性外部特征,而实质却是具有雌性生殖器官的母鸡。二是有一些特殊鸡,同时具有两性生殖器官,即两性化现象。一段时期,雄性特征突出(雄性内分泌激素占主导),便出现雄鸡特征,如鸡冠发达,啼叫……但到了一段时期性转化,那时雄性征退化,啼叫消失,鸡冠退化,内部的雄性生殖器官萎缩,雄性激素分泌减退。相反,雌性激素加强,雌性征逐渐明显,雌性生殖器官逐步发展,这时性征便转化,即出现公鸡产卵现象。

鸡的这种性转化,据文献报道只有千分之几的几率。当然这种现象不仅在禽类,人类也有,不过实在罕见罢了。

怪蛋不怪

鸡蛋遍及世界各地,尽管“先有鸡还是先有蛋”的问题引来不少争论,但这也说明了鸡蛋带给人的绝不只是“吃”的概念,它已具有相当的社会内涵。

以鸡蛋充当货币古已有之。解放初期,山区农村用鸡蛋换油盐酱醋还相当普遍,这种鸡生的“货币”尽管银行概不受理,但农村供销社却认可。

每当婚丧嫁娶或节日祭祀,鸡蛋是赠品也是祭品,真是“一卵多用”。据说在广西有的地方,每逢农贸集市热闹场所,小伙求婚则拿自己的鸡蛋去碰姑娘的鸡蛋,如果相碰成功则婚事有望。日后相亲,也以鸡蛋款待,生孩子喜庆更以鸡蛋相赠,这种习性在农村一直沿袭至今。产妇补养也吃鸡蛋,生儿育女自始至终与鸡蛋相关联。不过,在我国西部边陲,也有用熟鸡蛋相碰来比其硬度赌博的,这就有损于鸡蛋的完美形象了。

在正常情况下,母鸡所生的蛋,大小、形状大体上差不多。但有时候却生出了奇形怪蛋,像多黄蛋、软壳蛋、蛋中蛋、小鸡蛋、花纹蛋等。由于缺乏这方面的科学知识,有的人认为这是不祥之兆,终日惶恐不安;有的人则认为是鸡得了“怪”病,赶紧把鸡杀掉……其实,这些都是不必要的。

下面我们就以鸡蛋的形成规律来看畸形蛋是怎样产生的,以解人们心中的疑惑。

母鸡的生殖系统主要分两大部分:卵巢和输卵管。卵巢的任务是形成和完成卵细胞(蛋黄),成熟后的卵黄落入输卵管的喇叭管部分完成受精作用,接着又通过输卵管的蛋白质分泌部、峡部和子宫,逐次完成蛋白质包裹、壳膜形成、硬壳形成等过程,最后排出体外。如果家禽受到生理性、病理性、饲养管理方面或者精神的刺激,正常的生殖活动规律遭到破坏,发生了暂时性的兴奋或抑制,生殖系统的蠕动增强或减弱,甚至反蠕动,于是就产生出各种形状不规则的怪蛋来。

多黄蛋。这是家禽生理活动兴旺的表现。多见于当年的初产母鸡。因为初产母鸡年轻,代谢机能旺盛,有时两个或三个卵黄同时接近成熟,相差无几地落入输卵管中,于是被蛋白、蛋壳包裹在一起,成了双黄蛋甚至多黄蛋。

软壳蛋。鸡下软壳蛋大致有以下几个原因:第一,鸡蛋壳的主要成分是碳酸钙,约占蛋壳重量的93%。鸡体缺钙,蛋壳就无法形成,因而下软壳蛋。所以，蛋鸡日粮中，钙的比例应保证达到3.8%。第二，蛋壳中含有少量的磷，其作用很大。鸡体缺磷或钙、磷比例失调，也会下软壳蛋。所以，蛋鸡日粮中应有0.6%的磷；钙、磷的比例以6:1左右为好。第三，鸡体缺乏维生素D。维生素与钙、磷的代谢有密切关系。当维生素缺乏时，钙、磷比例即使恰当，吸收也受影响。因此，应喂给适量的动物性饲料；多让鸡晒晒太阳，或进行人工紫外线照射，以增加体内维生素D的含量。第四，鸡产蛋前因惊吓或剧烈地驱赶、殴打。鸡受惊后神经受刺激，小肠内的钙、磷运行受影响，输卵管收缩，造成早产，也会下软壳蛋。

蛋中蛋。蛋中蛋的发生是禽体生理反常、输卵管逆蠕动导致的。当蛋黄到达子宫部形成蛋壳，但尚未产出时，由于某种刺激输卵管道蠕动将已形成的蛋返送到输卵管前端，待输卵管恢复正常蠕动后，蛋又再次接受了蛋白包裹、壳膜形成等生理过程，于是就造成了有二重蛋壳、二重蛋白、一个蛋黄的蛋中蛋。输卵管的逆蠕动甚至还可将完整的蛋返送入腹腔，有时宰禽会在腹腔中发现完整的蛋，就是这个缘故。

特别小的蛋。有的母鸡在产蛋期间，有时产下特别小的蛋，打开后见不到蛋黄，仅在中央有一块凝固蛋白或其他异物。这是因为：初产母鸡产蛋无规律，输卵管受异物刺激，分泌蛋白，形成壳膜和硬壳后产出体外；母鸡在产蛋盛季输卵管的机能旺盛，有时分泌较浓或成块状的蛋白，这种块状蛋白刺激输卵管再分泌蛋白，形成小的无黄蛋产出体外；卵在卵巢的滤泡内成熟后，滤泡膜破裂，一般情况下不出血，但有个别情况出血，血液被输卵管接纳。如果在产蛋盛季，输卵管机能旺盛，在血液或脱落的黏膜组织等异物刺激下分泌蛋白，导致产小蛋；由于母鸡长期患白痢病，使母鸡卵巢发生病变，滤泡变性而形成一个个小黑硬块，被输卵管前端喇叭口纳入而形成小蛋。如果经常产小蛋，应将母鸡淘汰。

花纹蛋。有的蛋壳表面出现高低不平的花纹状，这是由输卵管反常收缩引起的。其中，尤其是子宫的分泌机能失调，分泌不均匀，子宫收缩时松时紧，使蛋壳表面的钙质厚薄不均而出现花纹。

鸽子参军

鸽子参军,无论中外,自古有之。第二次世界大战时,有一只名叫"森林汉"的军鸽,出生才4个月,便随美军航空队空降到被日军侵占的缅甸大后方。部队跳伞时不小心竟把无线电收发报机丢失了,与指挥所失去了联系。7天后,侦察员收集到日军的重要情报,就让"森林汉"驮着这些情报,翻山越岭,飞行数百千米,送回美军指挥所,使盟军利用这一情报,设计战术,攻克了这个地区。

我国的军鸽早在20世纪50年代初便列入军事编制。我国幅员辽阔,国境线漫长,尤其是西南边疆,山高岭陡,地形和气候又相当复杂,有些边防哨所设在这里,交通、通信都极为不便。因此,利用经过特殊训练的军鸽来送军情、信件、报纸和急救药品,极为有效。

1952年,边疆剿匪正急,仗打得很艰苦。狡猾的土匪钻在峰密重叠、树林茂密的大山里,凭借天然屏障,躲在暗处负隅顽抗。每天都有伤亡的消息传来。

20岁的陈文广心潮澎湃,他想:不彻底消灭这一撮不甘心灭亡的反动势力,刚成立不久的人民共和国就不能安宁。他要当兵。他手头有200羽训练有素的信鸽,其中5羽担负过远征军的作战通信联络。在广西、云南那样的山岭地区剿匪,他知道信鸽的价值。

他想到周恩来总理。周总理在一个月后见到陈文广的信。总理看得很认真,眼睛盯着信的最后一句话:"我志愿将毕生精力献给祖国的军鸽通信事业。"经周恩来总理批示,陈文广很快穿上了军装,并被任命为我军的第一位军鸽教员。陈文广做梦也没有想到,40年后,他成了我军唯一因为养鸽而获得教授职称的人。

昆明。中国唯一的军鸽基地——成都军区昆明军鸽基地就坐落在这里。1985年,中国百万大裁军。许多机构、部门都为了国家和军队的大局裁减了,而这个军鸽基地却反而得到加强。

晚霞正艳。一位发如银丝的老人,又准时来到春城西山之巅,托在他右手的那只名叫“归根”的瓦灰色军鸽,盯着主人的手势有节奏地进行着训练……

他,就是我国军鸽通信事业的奠基人陈文广教授,40 年来,他与军鸽朝夕相伴,精心培育出了 150 多个优良鸽系共 5 万多羽,在国内外专业刊物上发表学术论文 40 多篇,出版了《通信鸽》、《养鸽指南》等 5 本专著。权威人士称:这在世界上也是屈指可数的。

“高原雨点”是陈文广针对我国周边磁性强、老鼠多、寒热反差大等特点,十年呕心沥血培育出来的新型应验军鸽系列。为增强军鸽的抗药能力,他先在自己身上做试验。一次由于药量过大,他昏迷了 3 天……

1954 年,中国军鸽队首次设立了军鸽往返通信点,拥有军鸽 2000 多羽。历 40 年之艰辛,军鸽队培育出了适应边防特点的特有品种 60 余类,保留、提纯外籍和国内优秀品种 90 余种,共拥有 90 多个国家 150 多个品种的名鸽,并为全军、全国培训出 2000 多名军鸽业务人员,培育、输送军鸽 1 万多羽。目前,在全国 20 多个省市,都飞翔着带有“KMIV”军鸽基地培训足环编号的军鸽。一羽军鸽,一串故事。每一位边防战士都忘不了军鸽的功绩,忘不了这些“会飞的战友”的英雄故事。

1956 年冬,一个罕见的恶劣天气。驻守在深山峡谷的边防某连战士小刘患上了急病。往医院送吧,大雪封山;就地抢救,又没有药品。战士们急得团团转,怀着一线希望,他们放飞了配属在这里的几羽军鸽。谁也没有料到,半小时内,军鸽取回了处方和药品,战友得救了,战士们兴奋得又跳又唱,捧着军鸽狂吻不止……

1958 年,边防某部小分队在边防巡逻途中与残匪遭遇。那是一场猝不及防的遭遇战。敌人仗着人多,步步紧逼。小分队且战且退,最后据险而守。

战斗异常激烈,而小分队的子弹却越来越少……危急关头,指挥员放出了一羽小黑鸽前往指挥部报警。

小黑鸽刚刚起飞,一颗罪恶的子弹就击中了它的胸部,指挥员清楚地看见小黑鸽往下一栽,殷红的鲜血洒在阵地前的石板上。指挥员的心一下子提到嗓子眼,急得失声喊了起来:"挺住!"

英勇的小黑鸽在空中摇摇摆摆向前飞,它以顽强的毅力,一路滴着鲜血飞达了目的地。指挥部接到小黑鸽的情报,立即派出骑兵救援,全歼了这股残匪,解救了被包围的小分队。战后,这羽小黑鸽被授予"英雄鸽"的光荣称号。

英雄的信鸽

在历史上,信鸽曾被誉为战争中的英雄。早在埃及第五王朝时期,信鸽就被当作快而可靠的联络工具。在第一次世界大战期间,信鸽曾为交战双方做出了不小的贡献。在比利时占领地,了解信鸽功能的德国人不得不把所有的信鸽统统抓起来。战争期间,森林里不好架设电线,在前后方联络有困难时,又是这种小巧玲珑的鸽子为主人传递信件。第二次世界大战时,特别是抵抗力量,常用信鸽充当可靠迅速的联络工具。如今,在法国和比利时都有为战鸽英雄竖立的纪念碑,甚至有些鸽子的标本和英雄事迹仍然珍贵地保存在美国的一家档案库里。一份美国发表的报告说,信鸽是忠贞不渝的,它们每时每刻都晓得怎样完成任务,它们当中没有逃兵,也没有降敌者。美国兵在法国打仗时,有 422 只信鸽往返前线与指挥员之间,其中有 50 多只信鸽在执行任务中英勇献身。多亏这些鸽子,将 403 封重要信件送到了收信人手里。美国著名的英雄鸽子

信鸽

乌斯曼,在一次送信途中,一只腿被流弹打断,它在身负重伤的情况下,坚持把信送到目的地,而自己却因流血过多死去。1918 年 10 月 20 日午后,阿戈纳战

段进入了白热化，下午2点40分，美军司令通知信鸽队，放一只鸽子给参谋长送信。当乌斯曼带着信出发时，机枪扫射像雨点一般密集，炮火声震天动地，在形势极其不利的情况下，它仅用25分钟就飞行了20多海里，这是一位多么勇敢的战士啊！1870年德法战争时，法军被包围了，曾由信鸽送出许多急件。1916年法国乌鲁要塞的通讯设备被德军大炮击毁，幸亏放飞了一只信鸽求援，才使援军及时赶到而保住了要塞。

尽管现代技术如此先进，拥有各种尖端的通讯设备，但是，信鸽的作用却是不能忽视的。在美国的卡尼亚维拉尔就利用鸽子把微型相机放到各个不同的地方或试验室。英国目前利用鸽子把救护中心的血样送到专门进行化验分析的试验室，既经济又可靠。当然，从事间谍活动的也不乏使用鸽子，因为它们可以用微型相机拍摄照片。

家鸽目光敏锐异常，它不仅能从鸽群中找到自己的"伴侣"，使人惊奇的是，在新西兰集成电路厂的成品检验车间里，家鸽竟在川流不息的传送带旁，准确无误地把印刷线路板的次品拣出来。原来，这位产品质量"检查员"的视神经，是由上百万根视神经纤维密集组成的，视网膜也具有复杂的特殊功能。

还有一件事，也证明了鸽子是一名优秀的产品检查员。事情是这样的：有一位搞电学的工程师，同一位心理学教授谈起了一件恼火的事情：他费了很长时间装配好了一台电子仪器，但由于其中一个零件有缺陷，这台电子仪器不能工作。他认为这主要是质量检查员的粗心大意，把有缺陷的零件当作合格的成品装箱出厂了。

教授对这位工程师说，用鸽子做检查员就不会发生这种事。工程师认为教授在开玩笑，但教授却郑重其事地说下去："鸽子是一种奇妙的动物。它能不断重复一个单调的动作，长时间不睡觉，而一点也不会感到疲倦。鸽子用嘴啄食的动作是一个条件反射，大可利用。"

过了几天，教授请这位工程师到他的实验室去做客，并拿出一台奇特的装置给他看。这台装置很简单，是一个平放着的能转动的圆盘。沿着圆盘的圆周，放着一个个待检查的零件。另外还有一个铅制的盒子，上面并排开有两个小玻璃窗，一块玻璃是透亮的，另一块玻璃不透亮。

教授把一只鸽子放在铅制盒子里，鸽子恰好能通过透亮的小窗看到圆盘上的一个零件。鸽子看见一个零件，就啄一下不透亮的小窗，这不透亮的小窗户接着一个电开关，所以，鸽子每啄一次，圆盘就转一个角度，圆盘上就又出现一个新的零件。鸽子不停歇地啄着不透亮的小窗，圆盘不断转动，零件一个个通过。

突然，鸽子蓬松起身上的羽毛，急速地啄起透明的小窗，圆盘也就停止转动。

“废品！”教授说着顺手取下零件一看，果然有缺陷。

教授告诉工程师：“训练这种检验鸽只要50～80个小时就行，开始时让它辨认缺陷显著的废品，以后让它逐渐辨认越来越不明显的缺陷。教它如果看到零件没有缺陷就啄一下不透亮的小窗，如零件有毛病就啄透明的小窗。”

由于实验心理学的进步，科学工作者发现某些动物具有人们以前不知道的才能。现在已经有人提出利用猴子的特殊灵敏性和智慧来采集棉花；还有些人打算利用聪明的海豚做鱼群的“牧童”。

鸟话趣谈

提起鸟类语言时，人们总以鹦鹉、八哥模仿人讲话为美谈，殊不知在鸟类中还有一种世界闻名的珍禽——丹顶鹤会用它富有韵调的鸣叫声来表达感情。古人曾以“鹤鸣于九皋，声闻于天”来形容其鸣声之响亮。

在丹顶鹤的故乡——黑龙江省齐齐哈尔市东部扎龙自然保护区的科技工作者，多年来观察丹顶鹤小家族日常活动和它们生态习性的时候，听到了丹顶鹤发出的各种悦耳而又具有不同韵调的鸣叫声，每种韵调都表达了一定的意思。如丹顶鹤在寻找食物的时候，用喉内音即腔膛音鸣唱，喙部紧闭，音调由鼻部发出，音响低沉短促，即“GO——GO——GO”的声音；在天敌骚扰其营巢而情绪激动时，用喉外音鸣唱，喙部张开，由嘴部发出“KOGO——KOGO”的长鸣叫声，清脆嘹亮，能传至 2～3 千米远。它用这样的鸣叫声通知“亲友”或“子女”，赶紧远走高飞或者悄悄隐蔽起来。

丹顶鹤在寻偶交配时，不仅双方相互追逐，而且雄鹤追引雌鹤，发出“KOO——KOO——KOO”的求偶单音鸣叫，雌鹤回以“KOKO——KOKO——KOKO”的双音鸣叫，一唱一和，宛如对歌，这时，雄鹤又向伴侣发出一种特殊的鸣叫声，倾诉爱情，这种鸣叫声像悠扬的箫声从远处传来，抑扬顿挫，热情而又柔和，是一曲富有音韵的乐曲。

在动物世界里，人们或许认为鸡是很笨的，因为它既不能高飞，又不能迅跑，反应也很迟钝。但事实证明恰好相反，近年的科学研究结果表明，鸡确实有几十种语言信号，例如：觅食、高兴、恐惧、报警、高温、寒冷、接触、求偶等等，甚至生病也会发出不同的语言信号。

人们经过观察就会发现，带仔鸡的母鸡会发出不同的叫声，仅惊叫就有许多种，如：表示遇有空袭的飞禽，遇有走兽的窜犯等，叫声各有不同。小鸡能够在这些不同叫声中做出不同的抉择：或团居于妈妈的羽翼之下，或四散奔逃，或寻隙隐藏。同是觅食，声音也有差异：遇有小虫之类的美味，鸡妈妈就会发出“咕咕”的声音，召唤着：“孩子们快来呀，这儿有好吃的。”鸡雏们听到这亲切的呼唤，就会从四面八方跑来抢食这些佳肴。平时，母鸡总是一边走一边发出咯咯咯的叫声，像是在说：“妈妈在你们身边。”鸡雏们听到这种声音后，就可以放心大胆地玩耍了。

更有趣的是，鸡，特别是小鸡，在高兴时会一边吃食一边不停地欢叫。所以，养鸡者把鸡在采食时发出的语言称之为“唱食”。

令科学家们惊喜的是，小鸡在破壳而出的前 3 天，就能发出“啾啾”的柔声细语，用以与鸡妈妈“讲话”，这些牙牙学语声或是说“我热了”，或是说“我冷了”，或是说“我很好”。抱窝母鸡根据这些“宝宝”们的不同语言要求进行调整。这就是为什么用母鸡抱窝的鸡雏几乎同时破壳而出，而用孵化器孵化出的鸡雏却要相差十几个小时或更长时间才能出齐的原因。此外，还有一个奥秘：母鸡在孵化时会发出一种奇特的声音，对鸡胚胎的发育起到刺激与调节的作用，使鸡雏能同时出世。可惜的是，随着养鸡的机械化程度不断提高，母鸡孵卵将越来越少见，人们要听到母鸡与小鸡那些丰富有趣的对话也不是很容易了。

现代鸟类学已经能够了解各种鸟类的细微差别。莫斯科大学动物学研究员吉洪诺夫研究过大雁有组织的行为中，有声语言起着很大的作用。幼雁对成年雁的语言是分阶段学会的；有趣的是，有几组信号是幼雁在胚胎状况中就懂得的。

新生幼雏对它钻出蛋壳时听到的声音能马上记住，而且终生不忘。吉洪诺夫合成了模仿母鸡咕哒叫声的人工信号，刚出壳的小鸡听到后会立刻朝着这个声源跑来，就像跑向真母鸡一样。他在人工孵卵室的一些区域不断地传入模仿孵卵母鸡的叫声，结果雏鸡的出壳时间整齐，只用半小时就全部出壳了。

在养鸡场里，小鸡出壳的头几天就要将公母分开，用人工做这件事常常累得养鸡女工眼花手酸，还容易出错。为此，吉洪诺夫同声学工程师共同设计出一种电子装置，它能准确地辨别小公鸡和小母鸡的叫声，从而使雏鸡分类效率大大提高。

掌握了鸡的语言，在养鸡业高度发展的今天，给现代化养鸡场建立自动化生物技术系统管理铺平了道路。那时，尽管养鸡场千万只鸡叫声嘈杂，但应用现代电子技术仍能从中做出细致的分辨，并针对不同情况采取相应对策。

鸟儿的方言和外语

鸟儿的歌声真是复杂而多变，每一种鸟儿，都有自己的一套特殊的曲调，还有它们独有的“方言”呢！

一般说来，鸟儿每次啼鸣，总有一个含意完整、表达明确的内容，这样一个内容最少大约发出10个音节,最多可以发到100个以上的音节。音节越多,鸣声也就越好听。有的鸟儿,每次啼叫2秒钟,就要停顿一下;有的啼鸣可达20秒钟左右;也有的能连续不断地大放歌喉。

人们很早就注意到,鸟儿的啼鸣主要是为了寻找配偶,麻雀不是以善鸣著称的鸟儿,可是在寻求配偶期间,它们啾啾唧唧,也唱出许多调儿来。有一位鸟类学家,对一只雄雀作了45次记录,发现它在啼鸣中,有13种不同的声型,187个小小的音阶变动。

鸟儿的善于啼鸣,除了有它的先天条件外,更重要的是后天学的。科学家把一只幼鸟单独饲养在与外界隔绝的环境里,结果这只鸟儿长大以后,只具有最原始的啼鸣能力。但同样的另一只幼鸟和同种的群鸟养在一起,它的啼鸣能力就强多了,它学会了群体的"语言",尤其是在有老鸟传带的情况下,它的啼鸣能力发展得更为完善。

鸟儿啼声的发展和它们的性激素分泌有直接的关系。从鸟儿的青春期开始,它们便一个音节、一个音节地练它们记着的曲子,在练的过程中,甚至还能对音调加以修饰,所以"新莺初试",往往悦耳动听。

鸟儿的啼鸣除了寻求配偶外,也为了表明它所占的"领地",在保卫它们"领地"的鸣叫中,有些鸟儿居然还会使用"空城计"呢!比方有一种红翅画眉,往往在一棵树上唱了一会儿之后,又飞到另一棵树上,引吭高歌。而在第二棵树上唱的,无论声型、音调高低,或者持续的时间,都与它在第一棵树上所进行的大不相同。这对于不明真相的其他鸟儿来说,仿佛林子的某一区域里,已经栖息着好几只鸟儿了,还是不闯进去为好,省得找麻烦。

为了证实鸟儿这一保卫领地的绝招,鸟类学家把鸟儿的鸣声录下音来,然后在林子里播放。他们连续1小时,反复播放同一个完整的内容,然后停播1小时,最后又交替播放同一只鸟儿的几个不同的完整内容,也是1小时。结果发现,在反复播放同一内容和停播的那两段时间里,别处有鸟儿飞进林子的这个区域里来了,而当交替播放几个不同内容的时候,别处来的鸟儿,即使飞经这个区域也不稍停。

美国鸟类学家路易斯·巴普蒂斯有一天漫步在旧金山街头，一只普通的棕色麻雀的唧唧喳喳的叫声吸引了他，他突然收住了脚步，用他那训练有素的耳朵倾听，他确信这只小鸟是在阿拉斯加而不是在北加利福尼亚的海湾地区长大的。这只鸟的叫声带有清晰的阿拉斯加麻雀的“方言”，和加利福尼亚麻雀的叫声很不一样，后者又有几种地区性的西海岸“口音”。

同类的鸟儿会群集在一起，但是和人们通常的想法不同的是，它们在成长时鸣叫的声音却是跟它们的双亲学会的各种不同的“方言”。研究表明，虽然鸟在刚孵出来时的叫声都是一样的，即是一种天生的啼鸣，但是，它们很快就学会了当地的“方言”。

巴普蒂斯塔是研究鸟类鸣叫的权威专家之一，专门研究某一种鸟（比如普通麻雀）的叫声在世界各地有什么区别。二十多年前，他就动手把鸣叫声录下来，现在则借助于计算机进行研究。他从计算机里提取大量的用图表显示出鸟叫声的答案。这些计算机答案是一些散乱的黑线条，看上去就像地震仪记录的标记。但是，对他来说，看这些东西犹如读乐谱一样，他能毫不犹豫地用口哨吹出一种鸟叫声，并且指明它和其他鸟叫声的细微差别。

鸟儿不但有“方言”，也有“外语”。

美国科学家用录音机录下了宾夕法尼亚州乌鸦的惊叫声，然后拿到美国其他州有乌鸦的地方去播放，听到录音的乌鸦都马上惊慌地飞走了。可是当他们把录音带送到法国对着乌鸦播放时，法国乌鸦不仅不飞逃，反而聚拢起来听得津津有味儿，它们对美国乌鸦的惊叫声没有做出相应的反应。美国海鸥惊叫的录音同样也只能在本国起作用，送到法国播放也不起作用。从上述实验可以看出，鸟类也有“外语”。

最早确定的国鸟

地球上的9000多种鸟类，都是大自然里与各种美丽生命共生存的朋友。它们以婉转的歌声、优美的体态风姿，为山水增添了无尽的诗情画意。正因为有了鸟儿，天空才格外蔚蓝，树木才愈加葱郁。人类和鸟的亲密关系远非自今日开始，其亲密程度更令人咋舌。为了号召人们保护鸟类，特别是以本国特产的珍禽为荣，许多国家都确定了自己的国鸟。1782年，美国国会郑重通过决议，率先把白头海雕定为国鸟。

白头海雕在幼小的时候，生长在头部的毛是黑色的。可是，随着年龄的增大，它周身上下的毛呈现暗褐色的时候，头上原先黑色的羽毛，却渐渐变为白色。而且，从头顶一直覆盖到颈部，形成鲜明的对照，所以被称为"白头海雕"。尽管白头海雕性情凶猛，但是它的外貌还是美丽的。它的体长近1.2米，双翅展开有2米多长，最大的体重可达10千克。

白头海雕的飞行肌十分发达，占全身肌肉的20%，肌肉收缩的力量比人类肌肉强4倍。故白头海雕飞行时显得十分威武雄壮。

白头海雕的配偶固定，恪守一夫一妻制。它的巢安置在高山的大树上，轻易不乔迁新居，而是每年整修加固，于是它的巢就越来越大。佛罗里达州曾经发现一只海雕巢，直径达3米，厚有7米，重达2吨。动物学家估计这对白头海雕已在这儿生活了20年。

白头海雕有很强的飞行能力，当它翱翔在万里晴空时，黑压压的双翅，犹如一架小飞机。它的声音洪亮，震撼山谷，吓得地上走兽四处逃散。所以在美国，人们称它为"百鸟之王"。白头海雕不仅飞得高，飞得快，而且眼睛异常敏锐，甚至能正视太阳。一旦发现猎物，就闪电般地猛扑下去，动作非常敏捷，能轻而易举地抓住猎物。

白头海雕母雕产卵一般在11月上旬，产两枚卵。先产一枚，在抱窝的过程中再产一枚卵。抱窝一个月后孵化出雏雕。白头海雕主要以大马哈鱼、鳟鱼等大型鱼类和野鸭、海鸥等水鸟,以及水边小型哺乳动物为食。美国三面环海,东北面有五大湖,鱼类资源相当丰富,为白头海雕的生活提供了优越的条件。但是,由于种种原因,如大量捕杀,鱼类受到工业污水的毒害,白头海雕捕食后慢性中毒,在不长的时间里,日益减少,走向了绝灭的边缘。美国国会为了使本国的特产白头海雕不致绝种,号召国民树立保护鸟类的思想,于 1782 年 6 月 20 日,通过提案,把它作为美国国家的标志,并推举为"国鸟",同时把其雄姿铸人硬币。《美国大百科全书》(国际版)对白头海雕的解说是:"雕是力量、勇气、自由和不朽的象征,自古以来就被作为国徽、军徽,有时也被用于宗教性的象征。"

但是,随着美国经济的发展,生态环境受到严重破坏。特别是由于农药的使用,导致白头海雕产卵异常,繁殖率下降;加上人为的捕猎,更使白头海雕的数量减少。过去曾遍布北美大陆的白头海雕,现在仅限于加拿大的魁北克省、美国的阿拉斯加州、缅因州、密歇安州和墨西哥的一部分有白头海雕繁殖,其他各地只能看到迁徙途中的白头海雕。美国政府在 1940 年制订了白头海雕保护法,来保护这一濒危的国鸟。1982 年,为保护白头海雕,里根总统宣布每年的 6 月 20 日为美国国鸟白头海雕日。

美国是世界上最早确定"国鸟"的国家。此后,很多国家认为,应用这种办法教育人民树立保护鸟类的意识有着积极的意义,便相继选出本国人民喜爱的,或者是这个国家特产的,或者是有重要经济价值的鸟,作为国鸟。目前已知一些国家的国鸟为:缅甸:孔雀;印度:蓝孔雀;斯里兰卡:黑尾原鸡;伊拉克:雄鹰;英国:红胸鸲;爱尔兰:蛎鹬;法国:公鸡;奥地利:家燕;爱沙尼亚:家燕;比利时:红隼;冰岛:白隼;瑞典:乌鸫;挪威:河乌;丹麦:白天鹅;德国:白鹳;波兰:雄鹰;荷兰:白琵鹭;卢森堡:戴胜;津巴布韦:津巴布韦鸟;肯尼亚:雄鹰;毛里求斯:渡渡鸟;乌干达:皇冠鸟;赞比亚:雄鹰;南非:兰鹤;澳大利亚:琴鸟;巴布亚新几内亚:极乐鸟;新西兰:无翼鸟;美国:白头海雕;墨西哥:长脚鹰;危地马拉:彩咬鹃;萨尔瓦多:蛎鹬;巴哈马:红鹤;多米尼加:鹦鹉;巴巴多斯:鹈鹕;特立尼达和多巴哥:蜂鸟;厄瓜多尔:大秃鹰;委内瑞拉:拟椋鸟;智利:山鹰;阿根廷:棕杜鸟;日本:绿雉……

国鸟趣谈

1.“无翼”的国鸟

鸟类一般都有翅膀,羽毛丰满。而在新西兰却生活着一种没有翅膀的鸟,这就是几维鸟。新西兰人骄傲地称自己为“几维人”,把这种鸟尊为“国鸟”。在新西兰的钱币、邮票、明信片上,也可看到几维鸟的图案。至于物品的商标,商店的牌号,用“几维”两个字命名的就更多了。这些都表明,几维鸟的品格和精神已经深深地印入新西兰人的心田里。

2. 追认的国鸟

在印度洋西部马斯克林群岛中有一个非洲岛国,叫毛里求斯。15 世纪以前,岛上的渡渡鸟数量很多,但自从欧洲殖民者相继在这里定居后,他们不仅带来了猪、狗、猴、鼠等动物开始捕食渡渡鸟的卵和雏鸟,还开始对大片森林进行砍伐,对肉味细嫩鲜美的渡渡鸟进行大肆掠杀,最终导致渡渡鸟于 1681 年灭绝了。为了记住殖民主义统治的历史罪恶,毛里求斯在 1968 年 3 月 12 日宣布独立的时候,将渡渡鸟刻在了国徽上,以此作为和平的象征。

渡渡鸟属鸠鸽目,又名愚鸠。这是冒险的葡萄牙人绕过好望角,登上毛里求斯的国土后,在饱尝渡渡鸟的美味之余,给它取的名字。“do - do”是葡萄牙语,愚笨的意思,说明它行动迟缓,易捕捉。遗憾的是现在连一只渡渡鸟的标本也没有保存下来,幸好,从美术家的画幅中,可以让后人一睹渡渡鸟的风采。

有趣的是,渡渡鸟的故乡有一种稀有的热带树种——大颅榄,这种只有毛里求斯才有的树,也只剩下 13 棵,寿命达 300 多年,虽开花结果,种子却不发芽。后来,科学家在渡渡鸟的残骸中发现了大颅榄的种子,猜想渡渡鸟应该是大颅榄种子的“臼磨机”。他们用吐绶鸡代替渡渡鸟,给它吃了17棵大颅榄种子,吐绶鸡的砂囊消化力极强,磨碎7棵,磨薄10棵,竟有3棵发了芽。

3. 自豪而美丽的国鸟

1984年8月,丹麦电视台《与动物交朋友》节目,举办了一次选举丹麦国鸟的活动,选出了在丹麦野生的一种突顶天鹅为丹麦的国鸟。天鹅,也称“鹄”,鸟纲、鸭科、天鹅属各种的通称。现在世界上共有5种天鹅:疣鼻天鹅、大天鹅、小天鹅、黑天鹅和黑颈天鹅。丹麦国鸟“突顶天鹅”,就是疣鼻天鹅。丹麦的疣鼻天鹅约有4000对,约占欧洲这种鸟的1/4。丹麦人对白天鹅有着特别的偏爱,世界著名童话作家安徒生在《丑小鸭》的童话中,把丹麦誉为“天鹅之巢”,把自己的一生喻为从丑小鸭成长为白天鹅的一生。丹麦人对此引以为豪,称天鹅是“自豪而美丽的鸟”。这是白天鹅能被选为国鸟的主要原因。疣鼻天鹅是天鹅中体型最大、最美的一种。它浑身雪白,白得一尘不染;它的鹅冠鲜红,红得如鲜血凝成。它的体态丰满雍容,犹如雪莲含苞怒绽;它的头颈长而高挺,嘴亦红,前额具有黑色疣突,好像庄穆圣洁、身披雪白羽纱、明眸丹唇的仙女。白天鹅的举止凝重、安详、娴雅、温柔、秉性高洁,所以人们常把它视为美好、纯真与善良的象征。

4.“哑巴”国鸟

白鹳是德国人民选定的国鸟,象征吉祥。而欧洲的白鹳,基本是“哑”的。但是它们也有语言。当守在巢里的白鹳,看见亲人远远归来时,会高兴地敲起响板——上下嘴壳使劲拍打,发出“啪啪”的响声,数百米外都能听到。传说还有件有趣的故事:在一个动物园里,一只雄黑鹳竟然追求起雌白鹳来,而雌白鹳又真的与它热恋了,不久,两鹳便着手营巢。黑鹳传统的“爱情语言”是真诚地频频点头,邀请新娘进巢产卵。然而,雌白鹳不明其意,因为雄白鹳邀请它上巢时,总是敲打嘴巴,啪啪作响,仿佛在鼓掌欢迎一般。由于“语言”不通,最终无法占巢生儿育女。

5. 宁死不屈的国鸟

危地马拉的国旗、国徽上有彩咬鹃的图案。还种鸟羽毛艳丽、华贵,并具有一种向往自由的特性。一旦被捉,它宁死也不过笼中生活。热爱自由的危地马拉人民把彩咬鹃看做是自己国家的象征。

6. 映红天空的国鸟

巴哈马是红鹤群栖之乡。它因为身披红羽而得名。每当红鹤云集,绵延一片,把那里的天、那里的水都映红了。真是景色秀丽,天下奇观。在巴哈马,人们把红鹤看成是这个国家的标志,在国旗上便是一只外貌端庄的红鹤。

红鹤

奇鸟拾零

1. 岩雷鸟

岩雷鸟生活在我国阿尔泰山一带,由于它的羽毛颜色随季节而变换,人们称它为“变色鸟”。它像鸽子,但比鸽子大,长约 33 厘米,重 0.5 千克。冬天,它银装素裹,浑身雪白:春天,它变成淡黄色;夏天,它的羽色变成了栗褐色;秋天,它又变成了暗棕色。

2. 红腹锦鸡

红腹锦鸡,又名金鸡、锦鸡、彩鸡,是我国特产,也是驰名于世的名鸟。红腹锦鸡体型较雉鸡小,雄性色彩斑斓,长约100厘米,重1千克左右。头上有金黄色的丝状羽冠,披散到后颈。脸、颏、喉和前颈锈红色,后颈围以橙褐色镶有黑色细边的扇状羽,宛如披肩。上背除绿色外,大都金黄色,下体深红色,尾长超过体长2倍以上,色黑褐而杂有桂黄色斑点。全身羽色赤、橙、黄、绿、青、蓝、紫,相互衬托,美丽绝伦,显出一种雍容华贵的风采。雌鸡羽冠披肩不发达,尾羽很短,全身几乎都是棕褐色。

红腹锦鸡不仅体羽华丽,而且舞蹈也很奇特。雌雄常翩翩起舞,似急促的弧形或圆形奔走,两足前后站立,引颈挺胸,不断发出柔和的鸣声。红腹锦鸡是一种杂食性鸟类,既吃灌木的嫩芽、叶和种子,又吃各种昆虫。

红腹锦鸡形态华丽,是中外动物园中深受人们宠爱的观赏鸟禽之一,历来也为我国诗人所鉴赏。宋代诗人在咏吟红腹锦鸡的诗中,把它描绘得有声有色。

3. 几维鸟

新西兰是世界上唯一有几维鸟的国家。几维鸟家族里实行母治,即雌性统治雄性。雌性几维鸟只下2~4枚蛋,孵蛋的任务则由雄性几维鸟承担。而雌鸟则展“翅”抒怀,悠闲自在。雄性几维鸟要比雌性几维鸟小得多。

几维鸟的尾部光滑平坦,没有尾巴,也没有翅膀,因为两翼发育不全,基本没有用处。

几维鸟不能飞,因此当遇有紧急情况时,它只能借助其两条健壮的腿逃之夭夭了。它既没有尾巴,又没有翅膀,但在它那个长而弯曲的嘴上却有着稀奇之处:其他鸟类的鼻孔长在嘴的底部,而几维鸟的两个鼻孔却长在嘴尖上。

几维鸟这一名字是当地居民根据它的叫声而起的。几维鸟自己能力很弱,可是,由于它有夜间活动的习惯,加之它生活的区域内没有凶禽猛兽,因此,它还是长期生存了下来。

4. 格查尔鸟

格查尔鸟,号称南美洲的"极乐鸟",是危地马松的国鸟。

格查尔鸟又称彩咬鹃、凤尾绿咬鹃、长尾冠咬鹃。"格查尔"在印第安语里是金绿色的羽毛,格查尔鸟是世界上少有的最美丽的鸟,它如鸽子般大小,红腹绿背,头和胸部浅褐色,周身羽毛呈华丽的闪绿色,鲜红色的嘴很精巧,这一红一绿把整个身体衬托得楚楚动人。特别是雄鸟那雪白的羽冠,拖着一米多长中黑边白的尾羽,形态奇特。

格查尔鸟同"森林医生"啄木鸟是同一个家族。嘴喙强直有力,可凿开树皮。舌细长,能伸缩,尖端列生短钩,适于钩食树木内的蛀虫,是森林益鸟。它们是典型的栖树种,很少落于地面,喜欢成对生活,雌雄嬉戏,形影不离。食性杂,吃昆虫、果实,也吃蜥蜴、青蛙。

危地马拉选格查尔鸟为国鸟,不仅是因为它美丽,还因为它是自由的象征。有这样一个美丽的传说:1524 年,西班牙殖民者入侵,决战前夕,一只格查尔鸟在奋勇抵抗的印第安人上空不停地盘旋,婉转啼鸣,大大地鼓舞了士气,印第安人最终赢得了胜利。后来战斗英雄特昆·乌曼不幸战死,一只格查尔鸟落到他胸膛上,英雄的鲜血染红了鸟的胸脯,所以它在危地马拉人心目中享有崇高的地位。格查尔鸟性情高洁,酷爱自由,无法笼养,故称"自由之鸟"。1871 年,政府将该鸟定为国鸟。在国旗蓝色圆面的轴卷上有一只格查尔国鸟,它被视为自由、爱国、友谊的象征。1924 年,又把格查尔定为货币名称,把它印刷在货币上。同时,还将格查尔勋章列为国家最高荣誉勋章。

鸟群撷趣

1. 光明鸟

印度巴耶森林里的巴耶鸟叫“光明鸟”。“光明鸟”似鸽子大小，浑身长满乳白色的羽毛。白天它在晴朗的天空中飞翔、觅食，夜晚又用“食品”将萤火虫引到鸟巢周围为其驱散黑暗。雌鸟生蛋孵雏的夜晚，雄鸟不但要及时供应水，还要不停地引来萤火虫，以便让雌鸟在光明舒适的“产房”里“生儿育女”。

2. 灯笼鸟

非洲的基尔森林里，有一种周身因长满含磷镁成分的羽毛因而发光的鸟，人们叫它“灯笼鸟”。“灯笼鸟”不但能发光，还有百灵的歌喉、鸳鸯的美貌。每当夜晚，“灯笼鸟”周身放光，恰似熠熠闪烁的灯笼。其他鸟类常常借着它的光芒，随它一起行动。森林里夜间迷路的人们，也可借助“灯笼鸟”的光亮识别方位、路途。

3. 闪电鸟

印度尼西亚的布顿岛上，有一种腹部长着一块酷似玻璃镜的鸟，在光线照射下，闪闪发光，形若“闪电”，因此被称为“闪电鸟”。该鸟常在明朗的夜空飞行，当如水的月光反射到“镜片”上时，灿若流星，快似闪电，令人叹为观止。

4. 复仇鸟

古巴哈瓦那海滨的森林里，有一种疾恶如仇的鸟叫“复仇鸟”。这种鸟小似黄鹂，浑身翠绿。当雌鸟遭袭，鸟蛋被盗或雏鸟被偷时，雄鸟立即奋不顾身，冲上前与“敌人”搏击。如敌不过便尾随其后，跟踪至“敌人”住处，伺机叼瞎其眼睛，并把被盗去的鸟蛋或雏鸟抢回。

5. 发光鸟

在非洲的喀麦隆有个鸟光节。每当夜幕降临、星斗初露的时候，来自村寨里的男女老少，每人手提一只闪闪发光的鸟笼，从四面八方走向附近的山坡、草坪。一时间，一只只鸟笼，宛若数百只光球，布满了田野、山坡。村里的男女青年，借此机会对歌诉情，尽情地跳着、唱着。

据最新研究得知，这种鸟的体表是由能发光的细胞组成的，硬皮通过吸收氧气，使细胞内的发光素和发光酵素氧化，发出光来。山区居民把这种鸟捉回来喂养在鸟笼里，利用它的光亮，作为人们夜间居室照明、行路、学生读书之用。

6. 衔鱼翠鸟

"有意莲叶间，瞥然下高树；擘波得潜鱼，一点翠光去。"这是钱起的一首《衔鱼翠鸟》。诗句短短20个字，似乎抢拍了一只翠鸟捕鱼的精彩瞬间，真是妙笔传神！

翠鸟常常独栖在海水旁的树枝或岩石上，历久不动。然而一见水中有鱼虾游来，立即猛扑入水，用嘴捕取。有时鼓翼于离水面5~7米的空中，俯首注视水面，见饵便迅速直落水中，急掠而去。翠鸟嗜鱼，为养鱼人之忌，故有鱼狗、鱼虎、钓鱼郎等俗名。

7. 筑室鸟

筑室鸟产于澳大利亚和新几内亚。雄鸟擅长"建筑"。所建房屋相当精巧，或二三居室，或配以3米高塔。甚至会用树皮搅和木炭、水和油漆，油饰房舍。

造花园更是筑室鸟的一大爱好。它们在住室外清理出一块圆形空地，然后衔来贝壳、叶子、花朵和草莓果。要是附近有人家，它们还会偷来钥匙、珠玉、玻璃块和金属块做装饰。有一位科学家竟然在鸟的花园里发现了一枚玻璃眼珠！

8. 带着雏鸟飞行的丘鹬

丘鹬生长在罗新岛上，它会用爪子带着雏鸟飞行。狩猎家和自然科学家杰特洛夫曾观察过，当猎人走近丘鹬时，它就把一只幼雏夹在两腿的跗蹠骨之间飞向空中，把它带到大约15米以外的地方后，又飞回来陆续带走其他雏鸟。

9. 鸟类中的全能冠军

一般鸟善走者不善飞，或者是能游善潜者不善跑和跳。唯独海雀，在海中取食能善潜，可以从水面上起飞，到悬崖上休息或生育后代，而且可在陆地上行走、快跑和跳跃，还能爬到人都难以攀登的陡峭的石坡上。真不愧为鸟中的全能冠军。

10. 鸟卵趣话

青海湖古时候叫“西海”，是我国内陆高原最大的咸水湖，面积4583平方千米，为山间断陷湖。青海湖蒙语叫“库库诺尔”，藏语叫“错温布”，意思是“青色的湖”。青海湖有两个子湖：东南岸有耳海，东北岸有尕海。湖中有海心山、海西山、三块石、沙岛、蛋岛（鸟岛）等。青海湖盛产无鳞湟鱼。

青海湖的岛屿最吸引人的是鸟岛（蛋岛）。如果你想了解这里鸟岛的盛况，那么最好是在春末夏初的时候到此一游。这时，正是“鸟城”建筑繁忙的季节。顽皮的鸬鹚，正在悬崖峭壁布窝，密密麻麻，形似城堡；气宇轩昂的斑头雁，衔枝运草，穿梭来往，忙造新居；爱斗的鱼鸥、棕头鸥，常为抢占地盘吵闹不休。据统计，生活在鸟岛的“居民”就有10万多只。鸟岛真是名不虚传，天上、山上、水上，到处是白花花、黑压压的鸟，铺天盖地，蔚为壮观。一眼望去，岛上密密麻麻的鸟巢，一个挨一个，窝里窝外，到处是玉白色的、青绿色的、棕色斑点的大大小小的鸟蛋。雌鸟伏在窝里，一心一意地孵卵，雄鸟寸步不离地守卫在旁边。一个月后，各种雏鸟陆续破壳而出。这是鸟岛最热闹的季节。有时，凶猛的老鹰会突然从天外飞来，企图捕食雏鸟。每当这个时候，整个鸟岛就发出愤怒的呼叫，几千只鸟腾空而起，将老鹰赶出很远很远才胜利返航。

参观完了中国的蛋岛，我们再放眼世界，看看各种各样的鸟蛋。

各种鸟类的卵其外形颜色及大小都有区别，鸡蛋和鸭蛋可以代表最普通的鸟卵的形状。但在野生鸟类中鸟卵还有锥形、钝椭圆形、球形的。鸟卵的外形不同是和生活环境分不开的。如在悬崖峭壁或高大树木上营造简陋巢的鸟类的卵,大都一头较大,一头较小,这样有利于使它们只在很小范围内运动,不致滚落崖下而损坏。

鸟卵的外壳颜色也是各种各样,有白色的,黄色的;也有棕色的,绿色的,浅蓝色的:还有的鸟卵外壳上带有各种颜色的斑点,宛如斑斓的宝石。

鸟卵的大小更是千差万别了,迄今已知的世界上最大的鸟卵,是在不久前灭绝了的象鸟下的蛋。象鸟是一种很像鸵鸟的不会飞翔的巨型鸟类,产于非洲的马达加斯加岛上,其卵大致等于6个鸵鸟蛋那么大,与最普通的鸡蛋相比,两者差148倍。世界上最小的鸟蛋为蜂鸟蛋,只有一颗绿豆粒那么大,一个象鸟蛋大约等于30000个蜂鸟蛋。

生活在非洲草原地带的非洲鸵鸟,是现存鸟类中最大的一种。它体高身长,善于奔跑,适应于沙漠荒原中生活。其中最大的雄性鸵鸟身高可达2.75米,身长2米左右,体重约160千克。鸵鸟生的蛋平均重为1.6~1.8千克(大约是24只鸡蛋的重量),长度为15~20厘米,直径为10~15厘米。煮熟一只鸵鸟蛋要花40分钟。尽管其蛋壳的厚度只有0.15厘米,但它上面却足以承受一个体重127千克的人的重量。

1988年6月28日,在以色列基普兹哈翁集体农庄,一只两岁大的北部鸵鸟和南部鸵鸟的杂交后代产下了一枚创纪录的鸵鸟蛋,这枚鸵鸟蛋重达2.3千克!

在美国的鸟类中产卵最大的鸟是号手天鹅,所产的天鹅蛋平均长度为11厘米,直径为7.1厘米。加利福尼亚秃鹰的蛋平均长度为11厘米,直径6.6厘米,重269.3克。

世界上最小的鸟类是蜂鸟,大小和蜜蜂差不多,身体长度不超过5厘米,体重仅2克左右,主要分布在南美洲和中美洲的森林地带。由于它飞行采蜜时能发出嗡嗡的响声,因而被人称为蜂鸟。蜂鸟种类繁多,约有300多种。鸟类中产卵最小的鸟是产于牙买加的马鞭草蜂鸟,迄今所见到的两只鸟蛋长度不到1

厘米,分别重0.36克和0.37克。

在美国的鸟类中产卵最小的是卡斯塔蜂鸟,其鸟蛋长1.2厘米,直径0.8厘米,重0.48克。南非洲分布的蜂鸟卵长径为1.1毫米,宽径0.8厘米,卵重0.5克。

搜集保存各种大小、颜色不同的鸟卵是非常有趣的,用针管把蛋黄、蛋清抽去,干燥后就可以长期保存。把鹌鹑蛋、鸡蛋、鸭蛋、鹅蛋、各类火鸡的蛋及人工繁育的鸟卵搜集起来,在你的组合柜中陈列,那也是高级陈设之一呢!你若有兴趣的话,不妨寻找几枚鸟卵,自己动手制作成奇特而物美价廉的收藏品。

有趣的鸟的孵化

鸟类是卵生的,一到繁殖季节,鸟类就开始筑巢,然后产卵、孵卵,直到雏鸟出飞,完成生儿育女的任务。那么,你知道鸟一窝能产多少卵吗?

鸟类产卵数目因不同的鸟而差别很大。生活在南极的企鹅,居住在远洋孤岛悬崖绝壁上的海燕,因很少受到其他动物的干扰,每窝只产一枚卵。潜鸟、雕、鸠鸽、大角鹗和许多热带鸣禽,每窝都产2枚卵。大多数温带鸣禽和鸻、鹬、鹟、燕、画眉、莺、雀等每窝产3~5枚卵。许多食虫鸟,如山雀、鸸旋木雀等每窝产6~10枚卵。在地面上产卵的雉、野鸭等,遇到的危险比较多,一窝产卵都在10枚以上。

鸟类一窝产卵数的多少,还随季节而有所不同。有人曾对1800窝大山雀的卵做过调查,发现早期的巢(4月4日~4月12日)平均产卵数为10.3枚;而晚期的巢(6月6日~6月14日)平均产卵数只有7.4枚。这说明,鸟类每窝产卵数的多少是随着繁殖季节的延长而逐渐减少的。猛禽每窝产卵数的多少和它们的主要食物——啮齿类动物的多少有着密切关系。温度对猛禽的产卵数也有影响,在非洲、澳洲,每逢天气十分干燥的年份,产卵数就少一些,而在潮湿多雨的年份产卵就多一些。

许多鸟类，一年内不止产一窝卵，有时可以产两三窝以上，例如麻雀就是。有些鸟类，当它们产下的卵被拿掉一枚的时候，还会补上一枚；甚至全窝卵失掉了，如果生殖腺没有萎缩，还会接着补生第二窝卵。苇莺通常能产3～6枚卵，但是当人们取走它的卵以后，补生的卵数可以达到11枚；在人为的刺激下，寒鸦每窝能产15枚卵；啄木鸟在113天内可以产71枚卵。因此，利用这种特性，可以使许多益鸟增加产卵的数量。

鸟的孵卵多数由雌鸟担任，雄鸟一般只在附近"守卫"，有些还携带些食物给正在孵卵的雌鸟。一般两性羽色区别不太明显的鸟类，雌雄都参加孵卵；而两性羽色有明显区别的，大多数由羽色较淡的鸟类担任孵卵。

当然也有个别的鸟自己不孵卵，比如杜鹃，它自己不筑巢，而是将卵偷偷地放在别的鸟巢中，为没有出生的小家伙选好"义亲"。然后把孵化抚育的事全推给"义亲"去做，自己一概不管。诗人杜甫的《杜鹃》诗中说："生子百鸟巢，百鸟不敢嗔。仍为馁其子，礼若奉至尊。"这虽富有文学夸张成分，但所描绘的情况基本属实。

最懒的雄性鸟有蜂鸟、绒鸭和金雉，它们从不参与孵化工作，把孵化下一代的责任完全推给雌性鸟。而雌性的普通几维鸟却把孵化的责任完全留给雄性。

卵的孵化期，随鸟的种类的不同有长有短，但是同一种类却是相同的。

小型鸟类13～15天。大斑点啄木鸟和黑嘴杜鹃的孵化期最短，通常只有10天。中型鸟类为21～28天。大型鸟类则更长些。漂泊信天翁的孵化期是鸟类中最长的，一般正常的孵化期为75～82天。有一个反常的纪录是由产于澳大利亚的象雉创下的。这种鸟的一枚鸟蛋经99天的孵化后小鸟才出壳。正常情况下这种鸟的孵化期是62天。上面提到的几维鸟其孵化期是75～80天。

平常所说的孵化，实际上就是给卵加温，据三十多种正在孵化的鸟卵的测定，其平均卵温是34℃，一般在33.4℃～34.8℃之间。孵卵的时候，鸟体和卵接触的部分，羽毛脱落，形成孵斑。此时孵斑部分的微血管特别发达，孵斑部分的皮肤温度也特别高，对卵的孵化很有利。

下边我们谈几种人工繁育鸟的孵化。

金丝雀孵卵由雌鸟担任。孵化时间南方一般为14～15天，而北方则需16～18天才能孵出。由于雌金丝雀每天只产一个卵，所以雏鸟出壳的时间不一致，先产的卵雏鸟早出壳，后产的卵雏鸟晚出壳。同一窝的雏鸟个体差别较大。为了克服这个缺点，有的地方在雌鸟产卵后，用石膏制成的假卵换出真卵。到产下第四个卵时，才把另外3个卵同时放进巢里，拿出假卵，让雌鸟孵化。这样，4只雏鸟就可以在同一天出壳。入孵7天，可在灯光下看出卵内有血丝，如无变化则为未受精卵，可以挑出。

珍珠鸟，这是一种娇小美丽的笼养鸟，红嘴、红腿，煞是惹人喜爱。笼养时人工配对、自然配对都可。每窝产卵5～6枚，每天产卵1枚，卵白色，椭圆形，似中等花生米大。孵化期为14天左右，雌雄鸟共同孵卵育雏，但以雌鸟为主。有个别鸟只产卵不孵卵，若发生这种现象，应及时寻找代孵鸟，用十姊妹、白腰文鸟都可。

虎皮鹦鹉的孵化期为16～20天，完全由雌鸟孵卵。孵卵期间，全靠雄鸟叼食喂养。此时要喂主食饲料，停喂发情饲料，雌鸟从产第一枚卵起，即开始孵卵，以后边产边孵卵，雌鸟把腹部卧在卵上进行孵化。每天翻卵数次，更换孵卵方向，在孵化中，雌鸟可把未受精卵或中途死亡卵排出，不进行孵化，这是鸟类的本能。

“八仙过海”，各显其能

1. 鸭子报金矿

在金矿的找矿工作中，除了用一般的地质找矿方法外，还要采用生物方法找矿。有时在金矿区（特别是沙金矿区），发现鸭鹅竟成了“采金者”。如某地一农民在过节杀鸭子的时候，发现鸭子的胃中有重达20克的金粒，这真是比鸭子本身贵重得多的发现。接着他又杀了几只，发现鸭子的胃里都有金粒。后来便沿着这群鸭子活动的范围追寻,终于在一个水沟的上游发现了金矿。

2. 鸽子的眼睛是"超级雷达"

在茫茫无际的大海里,要搜寻遇难坠海的飞行员,是一项相当艰难的事。但经过训练的鸽子,在飞越国际上空时,发现目标准确率却能达到96%,而人仅为35%。在美国海岸警卫队服现役的3只鸽子,在直升机上发现目标后,会啄动信号开关。在雷达技术已经极为发达的今天,鸽子的眼睛,竟是一架"超级雷达"。不仅如此,在新西兰的一家集成电路厂的成品检验车间里,有两只银灰色的鸽子监视在传送带旁,它俩能准确无误地拣出次品,甚至印刷线路板上的虚焊点也逃不过它们的"火眼金睛"。鸽子的视神经,是由上百万根视神经纤维组成,视网膜能完成多种复杂功能,如发现定向运动,鉴定颜色强度,扫描等。科学家正在模拟鸽眼的结构和功能制成警戒雷达,在国境线上监视敌机和导弹的侵袭。

3. 鸟看门

美国圣地亚哥市动物园管理处,为能使游人在猴舍入口处养成脱鞋的习惯,不知花费了多少精力,不管贴上多少严厉的布告或是罚款,都无济于事。大约每100位游人之中,总要有那么一两个人违犯这一规定。后来,动物园管理处把一只经过训练的乌鸦放在猴舍口警戒之后,情况才有所改善。乌鸦对待违纪者的办法很简单,如果游人中有谁进门时没有脱鞋,它立刻就会跳到他眼前,利用嘴把鞋带给他解开,这样一来,不管他愿意与否,都只好把鞋脱下来。

在非洲布隆迪,有一种名叫"斯本大"的鸟,它的舌柔韧有力,能把100~150克重的石块卷起并弹射到5~6米远的地方。布隆迪农家大都养有家畜家禽,但常受野狼的袭击。他们就驯养对狼的气味十分讨厌的"斯本大",当狼来时它就会射石打狼,将狼赶跑,保护门庭。

4. 鸵鸟牧羊

人们往往认为鸵鸟是胆小的家伙，一遇到危险，便马上把头埋进沙子里。但其实这根本就是误传。在非洲南部和大洋洲及南美洲等地，经过驯养的鸵鸟

鸵鸟

是很勇敢的，已成了牧羊人的得力助手。被驯服的鸵鸟看守羊群非常卖力，它能根据牧羊人发出的号令把羊群赶向指定的方向。少数羊走散了，鸵鸟会立即奔跑过去，把它们赶回羊群。鸵鸟两腿高大有力，善于蹦跳，遇到危险时，会用脚掌扑击。因此，陌生人或野兽看见鸵鸟在守护着羊群时，便会远远地躲开了。

第十二章　神秘未知的动物之谜

动物认亲的秘密

近年来,生物界的重大发现之一就是探明动物可以识别它们的血缘,从而照料它们自己的子孙,援助它们的亲属,避免在择配时发生“乱伦”,产生近亲繁殖的退化现象。

动物是如何识别它们的血缘呢?生物学家们在进行了大量的实验后发现:动物识别血缘的能力与它们的遗传基因和环境因素有关。

动物可以根据气味来辨别血缘关系。例如母山羊对它刚出生的小羊的气味非常敏感,会对气味稍有差异的小羊拒乳。如果把一只刚出生的小羊从它母亲身边抱走,几小时后,再抱回到这只母羊的身旁,母羊对它这只亲生小羊也拒乳。由此可见,母山羊是通过气味来识别血缘的。

动物另一个识别血缘的办法是依据巢在何处。许多鸟慈祥地照看它巢内的小鸟,而全然不管巢边十几厘米远的地方亲生儿女的啼哭。

这两个实验使人很容易地看到动物识别血缘能力中的环境因素。

果蝇是遗传学研究中最常用的实验动物。学者们对果蝇的择配现象进行细微地观察后发现:对本家族的雌蝇,雄蝇花费的求爱时间为68%,对异家族的雌蝇,求爱时间要升到88%。学者们指出,雄果蝇较多追逐异家族雌果蝇的现象,提示遗传因素可能在识别血缘中起着重要作用。

更为明确的实验是在蜜蜂身上进行的。蜂房的卫兵不让外来蜂入内,是由于外来蜂的气味不同。学者们指出,气味和遗传因素是密切相关的,因为它与食物代谢和某些酶有关。但在蜜蜂分辨时,学者们发现血缘相近的蜜蜂一齐飞走,这是由于在蜂房内只有一个"后",而产生的子女是与几个雄蜂交配的结果,一箱蜂中就有同母异父和同母同父之分了。又因为有些雌蜂不能发育成"后"就被工蜂咬逐,在这种战斗中,咬异父姐妹的机会是咬同父姐妹的2.5倍。这些都说明识别血缘中的遗传基因问题。

测量一个单独饲养的蝌蚪与另两组蝌蚪在水池中的距离发现:即使这个单饲养的蝌蚪从未与其"亲属"接触过,它也总是靠近与其血缘相近者。有人认为,这一现象可能是与它们在水中释放的某种化学物质有关。动物学家们观察证实,松鼠在发现其亲属遇难时发出尖叫,而对邻居的遇险则漠不关心。

科学家又做了一个有趣的实验。他们把一次产下的卵长成的蝌蚪染成蓝色,与另一群蝌蚪一起放入水池,这些蝌蚪便迅速分成颜色截然不同的两群。显然,它们偏爱与亲兄弟姐妹集群游水,而不愿与无血缘关系的同伙为伍。作为对照,科学家又将一次产下的卵长成的蝌蚪,一半染成红色,另一半染成蓝色,再把它们放入水池。这次并不按颜色分成两群,而是紧紧地聚成一团。但是,一旦封闭它们的鼻孔,使其失去嗅觉,则上述的偏爱现象就会消失。

科学家认为,在蝌蚪卵外面包着的胶冻状化学物质的气味,可能为蝌蚪识别血缘关系提供了线索。

揭开动物如何识别血缘的秘密,无疑对生物进化的研究具有重大意义。

鱼类变性之谜

位于亚洲阿拉伯半岛和非洲东北部之间的红海,美丽动人,特别是日出和日落的时刻,格外壮美。海里红色的海草和无数红色的小动物,把海水也染成了红色。也许就是这个原因,古时候经过这里的水手把它称为"红海"。然而,比红海更吸引人的是这里的红鲷鱼,它有一种神奇的本领,能出人意料地由雌性变为雄性。

红鲷鱼一般都由十几条、几十条组成一个大家庭。在这个家庭里，只有一条雄鱼，它就是“家长”。平时，总是由它在前边开路，保护着跟随在后边的雌鱼。就这样，这个家庭里唯一的“男人”，领着它全部的“妻子”在大海中游来游去，寻食嬉戏。可称为“一夫多妻”吧。

生物和人一样，天灾病祸总是难免的。倘若这一“家”里的“男人”偶患“风寒”或遭敌害而死去，它那些忠贞的“妻子”绝不会变心“另嫁”，也不会就此散伙，它们会仍然维护着这个“家庭”的延续。难道它们就此“寡居”一生吗？不，当然不会。于是让人费解的事情发生了：在这些忠贞的“妻子”中，身体最强健的一个体态发生了变化。它的鳍逐渐变大，体色变艳，卵巢缩小，精囊发达起来，竟然变得和它死去的“丈夫”一模一样。这样，它就接续了“丈夫”的职责，成了这一“家”中唯一的“男人”，那些雌鱼又全部成了它的“妻子”。

如果这个接班的“男人”又遭到了不幸，在它全部的“妻子”中，另一个身体最强壮的又变成了“雄性”。

有人做过一个试验：把红鲷鱼一“家”全部放入一个鱼缸中，然后把它们的一家之主——雄鱼取出。两周后，便有一条雌鱼变成了雄鱼。此后，再将雌鱼变成的雄鱼取出，又有一条雌鱼变成了雄鱼。把变化的雄鱼一条一条取出，最后一条雌鱼也变成了雄鱼。结果等于这一“家”中所有的“女人”都变成了“男人”。

雌鲷的变性过程是：当雌鲷得知自己的“丈夫”不在时，它的神经系统首先出现变化，其他特性也随之发生变化，如雌鲷的鳍迅速变大，卵巢消失，最后精巢长成。这样，一条硕大、雄健的雄鲷便“诞生”了。

不过，红鲷鱼由雌变雄也是有条件的。请看一个试验：用两个透明的玻璃鱼缸，一个装雄鱼，另一个装雌鱼，将这两个鱼缸靠在一起，使两个鱼缸中的鱼能互相看见，这样雌鱼群中就不会有鱼变成雄鱼。如果在两个鱼缸中间放上一个不透明的物体，使两个鱼缸中的鱼不能互相看见，这样雌鱼鱼缸中便会有一条鱼变成雄鱼。看来，识别雄鱼的“视觉”起很重要的作用呢！

那么,红鲷鱼又是怎样通过视觉引起性的变化的呢?这个问题迄今没有明确的定论。有人认为,在雌性红鲷鱼体内也存在着雄性基因。平时,这些雄性基因总是关闭着的,所以,雌鱼就不会变成雄鱼。可是,如果在较长的一段时间里,雌鱼看不到雄鱼,那么,雌鱼的视觉就会发出信息,使得原来关闭着的雄性基因活跃起来,并分泌出一系列的雄性激素,从而使雌鱼变成雄鱼。由于体格健壮的雌鱼具有优越的转化条件,所以它便抢先一步变成了雄鱼。而当它变成雄鱼以后,别的雌鱼看到又有了雄鱼,也就用不着再变了。

不久前,美国和日本的科学家发现了一种根据环境需要可以随意变性的鱼类。

同变色龙改变身体颜色一样,这种鱼能够根据环境需要改变其生殖器官和求偶行为。这种命名为冲绳TKIMMA的热带鱼,能在4天内改变生殖器官并使其脑部功能与变性定位相协调。这种热带小鱼每群中仅有一条为雄性,其余均为雌性。产卵时,雄鱼给所有雌鱼产下的卵受精。

如果另一条体型更大的雄鱼闯入其中,那么原先的那条雄鱼便主动变成雌性,其睾丸萎缩变为卵巢并开始产卵。而当新的雄鱼消失后,原先的鱼群之首又可“重振雄风”,变成雄性。

鱼类的性别转变有两种形式:一种是从雌鱼变为雄鱼,动物学上叫做“雌性早熟”。这种形式较为普遍,除了上面介绍过的,在珊瑚礁上常见的种类有大鳍、红鳍、隆头鱼、鹦嘴鱼等。不久前,生物学家又发现刺蝶鱼、雀鲷和虾虎鱼也能以此方式性变。另一种是从雄鱼变为雌鱼,动物学上叫做“雄性早熟”。这种形式并不常见,鲷科、裸颊鲷科鱼类以及细鳍鱼、海葵鱼、海鳝等会出现这种现象。

海鱼为何不咸

尝过海水的人都知道,海水又苦又涩,是根本不能喝的。据科学家研究,供人们饮用的水，含盐指标不能超过5‰，而海水中的盐分，一般都在35‰。有人细心地计算过，全世界海洋的总含盐量大约有5亿亿吨，体积合2200万立方千米。倘若把这些盐平铺在地球表面，盐层将足有45米厚；如果把它堆积到陆地上，陆地将增高150多米！

世界各地海洋的盐分含量并不完全相同。有的海域盐分很高，有的海域盐分很低，浓淡之差可达130多倍。世界上最淡的海是北欧的波罗的海盐度含量仅为6%0左右，该海北部和东部的一些水域，盐度只有2‰；世界上最咸的海是亚非大陆之间的红海，盐度可达42‰，个别海底的盐度达270‰，几乎成了盐的饱和溶液。

波罗的海和红海，两海一淡一咸，究竟是什么原因使它们具有这么大的差别呢？说起因由，不妨让我们对它们的成因先来作个比较。

波罗的海的纬度较高，气候凉湿，蒸发微弱。周围有维斯瓦、奥得、涅曼等大小250条河流注入，每年有472立方千米的淡水注入。这些对保持其淡水环境非常有利。加上四面几乎为陆地所环抱的内海形势，即使盐度较大的大西洋水体，也很难对淡化了的波罗的海海水特性有所改变。

然而，地处北回归线附近的红海，情况则大为不同。红海纬度偏低，又居干热地带，盐度自然很高。科学家们又进一步发现，红海在其发展的历史沿革中，曾有几度海进海退现象。海进时期，封闭的浅海或海滨泻湖环境，有利于高浓度的海水储存保持；海退时期，浅海（包括泻湖）干涸，海底又形成了很厚的盐层。今日海下的饱和性盐水，其盐分就是由海底的古盐层供应的。

那么，海水中的盐是从哪里来的呢？长期以来，人们都认为海水里所含的各种盐类是由河流在千百万年中一点一点地带到海洋里的。然而，这一假设的支持者却不能解释为什么海水中盐的成分与河水中盐的成分相差那么悬殊。此外，科学家们确认，几亿年以来海盐的化学成分并无变化，而在漫长的岁月中，河水中的盐的化学成分是有变化的。旧假说的支持者对此也不能自圆其说。

最近又有一种新的说法:海洋中的盐分来源于海底火山爆发。海洋学的研究证明,海底火山远比陆地上的火山多得多。而在火山喷出物中,就有可溶解化合物,其化学组成与海盐十分相近。

海水中含有那么多盐分,鱼要喝海水,盐分自然会向鱼体内渗透,那海鱼应该和海水一样咸才对啊。可实际并不是这样。为什么海水是咸的,而生活在海水里的鱼却没有一点咸味呢?

原来,生活在海洋里的鱼类及其他一些生物的体内都有自己天然的"海水淡化器",能把海水中的盐分去掉,变成所需要的淡水。海龟在爬到岸边产卵繁殖后代时,两眼会淌着泪水,但这并不是因为疼痛而落泪,而是在排泄体内的盐液。"鳄鱼的眼泪"也是盐溶液。海鸥和信天翁等海鸟在喝海水时,把经过淡化的水咽下去,再把盐溶液吐出来。生活在海水中的鱼类虽然不具备海龟、鳄鱼和海鸟那样的盐腺,但它们能靠鳃丝上的排盐细胞——氯化物分泌细胞来排泄盐。这些细胞把海水过滤为淡水的工作效率非常高,即使是世界上最先进的海水淡化装置也望尘莫及。这种高效率工作的细胞,可把血液中多余的盐分及时地排出体外,使鱼体内始终保持适当的低盐分。

有趣的是,把淡水鱼跟其赖以生存的淡水相比,又可说淡水鱼不淡。淡水鱼体内保持的恒定的盐分要比淡水的含盐量高,这又是什么道理呢?原来淡水鱼的鳃丝上不是排盐细胞,而是吸盐细胞,也叫做吸氯细胞,它可根据需要把水中的盐分及时吸入体内。淡水鱼不仅鳃上有吸盐细胞,肾脏上也有吸盐细胞。另外,淡水鱼还用多泌尿的办法来维持体内盐分和水分的平衡。据说,淡水鱼比海水鱼的泌尿量要高几十倍。可见,咸水鱼不咸,淡水鱼不淡。这一有趣的生命现象,是生物在长期的适应环境条件的过程中形成的。

目前,地球的陆地上有60%的地区雨水稀少,淡水奇缺。像沙特阿拉伯,人们吃的、用的水,几乎全部是人造水。他们以很大的代价把海水淡化,有时甚至到南极拖运冰山。目前,海水淡化有许多新的方法,如用太阳能淡化海水等。但这些方法不是投资大,就是困难重重,都很不理想。所以科学家们正在积极研究海鱼鳃片氯化物分泌细胞的原理和结构，试图为人类设计最理想的海水淡化器。

鲑鱼的磁感之谜

1979年，在日本札幌市的丰平川里，人们30年来第一次看到成千上万的鲑鱼溯河而上。这些鱼是1975年从此地放出的鱼苗，它们游到大海里，经过4年的天然生长，现在又回来了！望着网中那一条条丰腴肥硕的鲑鱼，人们无不欢欣鼓舞。

鲑鱼的生长习性很特别。它在河流中孵化后，随即游向大海，在海中生活3～5年，长成成鱼，然后再洄游到自己出生的河流里，溯河产卵。产卵后的鲑鱼大部分很快死去。鲑鱼一生只有一次洄游，且距离极其漫长，有时竟达近万千米。

鲑鱼

在亚洲，每年的九十月间，大马哈鱼（鲑鱼常见的一种）成群结队地从海洋进入江河，寻找水清砂石底的山涧水流开始产卵。卵经过3个月后孵出小鱼，小鱼在河沙里生活一段时间，大约在第二年的四五月，就成群结队地游向俄罗斯的鄂霍次克海，然后进入日本海。在海洋里经过4年左右便发育成熟，体重一般在5千克左右，大的可达15千克。这时，它们又成群结队地游回原来孵化的江河产卵。

在北美洲，有5种太平洋鲑鱼把卵产于从阿拉斯加到加利福尼亚的小溪中。待小鱼孵出后，成群的小鱼便沿河游向太平洋。它们以1～5年的时间发育成长，并在北太平洋以逆时针的方向环游一个极其巨大的椭圆形。之后，它们一群群地离开了大椭圆形，往回游。不知为什么，它们不但找到了大河口、支流和小溪，并且准确地回到了它们几年前被孵出的地方。于是母鲑鱼在那儿产卵，公鲑鱼在那儿授精。

鲑鱼的一生只繁殖一次。当它溯流游往江河产卵时，昼夜不停地前进，遇到障碍物就跳跃而过，直到抵达产卵场时才停歇下来。由于它进入淡水后即停止摄食，体力消耗殆尽，所以产完卵后已奄奄一息，不久就死了。

其实，不光鲑鱼有这种远航本领，灰鲸的远航和准确性也颇负盛名。灰鲸能从它们的觅食地北太平洋游到它们的出生地贝加——加利福尼亚的近海地区。

不过，鲑鱼的长游比所有这些动物都神奇。它们游过淡水的小溪、小河，游向大海，完全适应咸水的环境，然后再从几千甚至上万千米之外找到正确的河口，游往支流、小溪、瀑布、急流、湍流，到达当初它们出生的小溪。

人们对鲑鱼的洄游和航行进行了研究，并终于有了线索。鲑鱼并不是只有一个简单的导航系统，它靠着自身的几个系统，既能看着回家，也能嗅着回家，还能用类似海员的罗盘侦察航线的方法，觉察地球的磁场。

鲑鱼用嗅觉回家是人们早已知道的。每块产卵地都有一种幼鱼熟知的气味，当鲑鱼向上游时，是随着由它们出生地飘动到下游的气味而游动的。

鲑鱼也能看着游。虽然它们不会用六分仪来测量太阳的高度，但它们能觉察出太阳在天空的位置，据此它们可以知道自己处在什么地方，而且决定游动的方向，最终游到大海或是游到产卵地。

而这两种方法都有缺点。出生地的气味到河流下游会被冲淡，而在经常阴天或多雨的太平洋西北部，太阳并非总是看得见的。这样一来，它的磁觉就很重要了。这是三元导航工具的一个重要组成部分。

美国科学家奎恩·汤姆建造了一个比照罗盘四个方向的四角星形的大箱子，在夜间把三四十尾幼鲑鱼连同原水放入其中。这些小鱼在华盛顿湖中是往北游动的，夜间也是如此，如今它们在箱子中也游向北边的那一角。

但这还不能说明什么问题。这可能是鲑鱼通过敞着的箱子看见了箱顶而仍向北游动。难道是鲑鱼有很好的记忆力？也许是的。奎恩·汤姆后来又用一块极强的电磁体使鲑鱼可能感知的磁场的方向改变90度。这回鲑鱼改变了方向，不管箱顶是敞向夜空，还是用黑塑料布遮着，鲑鱼都改变了90度的航向，而且朝着改变了的磁场方向游去。

那么，鲑鱼如何在太平洋做逆时针的环游？当它们游回家时，它们如何发现原河口？这些问题的答案我们都还不清楚。很可能磁觉在这两件事中都起作用，但也没有足够的证据来证明。还有，鲑鱼是如何感知地球磁场的？在家鸽、蜜蜂、蝴蝶的某些细菌体中都发现了磁微精——磁化的铁，然而，迄今为止在鲑鱼体中还没有发现这种微粒。这些问题都有待科学家们去继续研究、探索、揭示。

海豚睡眠之谜

据2005年6月29日美国雅虎网站报道，科学家们发现，新生海豚和虎鲸生下来的第一个月可以完全不睡觉。

研究发现，这两种哺乳动物出生后可每天24小时、一周7天、连续几周保持活跃。由此可以想象，它们的妈妈也只能得到很少的睡眠。研究人员在一篇研究报告里说，在接下来的几个月中，海豚和虎鲸母子才逐渐增加它们的睡眠时间。此前的研究发现，这种睡眠缺失会导致老鼠和苍蝇死亡。而对其他哺乳动物的睡眠行为的研究则表明，它们在刚出生时的睡眠时间往往比成年时期长。

人类1/3的时间都在睡觉，只要一个晚上睡得不好，就会感到难以忍受，这时会出现各种机能下降的情况。兰迪·加德纳于1964年连续11天没有睡觉，创下了人类连续不睡觉时间最长的纪录。在连续4天不睡觉后，他开始产生幻觉，但经过11天的折磨后，他仍坚持着举办了一个新闻发布会。

科学家们并不真正了解睡眠为什么对人类如此重要。答案可能与人脑需要重新“充电”有关。科学家已经发现睡眠能强化和巩固记忆。

当然,与鲸类一样,孩子也会使父母睡眠减少。澳大利亚的一项综合研究结论是,在孩子出生的第一年,父母亲一般要牺牲 400 ~ 750 个小时的睡眠。而对海豚和虎鲸而言,进化显然已经决定,与生存相比,睡眠只能是一个次要问题。研究人员杰罗姆·西格尔说:“这些海洋哺乳动物找到了对付睡眠缺失的办法,使其不会成为它们的后代在一个重要时间的发育障碍。”

在海洋中,能够不睡觉是一种优势。如果能够时刻保持警觉,小鲸就能更好地逃生,而且在脂肪堆积起来前,保持警觉还可以使体温维持在较高水平。科学家们说,睡眠缺乏还可刺激脑部迅速发育。

海豚睡觉时的状态更耐人寻味。谁也没见过睡着了的海豚,难道它日夜搏击风浪,竟不知疲倦吗?

有人说,海豚是在水面上睡觉的。因为海豚和其他哺乳动物一样,是用肺来呼吸的,它的鼻孔,即呼吸器官的出口处,位于头顶凸起的部位。然而,任何动物在睡眠时总有一定的姿势,这时身体的肌肉是完全松弛的,可是从未出现过肌肉完全松弛的海豚,难道海豚真的从来也不睡觉吗?

一批苏联科学家曾用记录脑电波的方法,详细地研究一种称为“阿法林”海豚的睡眠。结果发现,这些海豚具有奇特的睡眠方式:它们在沉睡时,是大脑的左右两半球交替休息的。

后来,他们又对海豚科的另一种海豚(被称为“黑海豚”)进行研究。在一个 25 平方米的水池里,对三条“黑海豚”进行了昼夜不停的观察。这些海豚虽然昼夜不停地在池内转圈,可是,它们的大脑却有时处于清醒状态。脑电流记录表明,当“黑海豚”处于清醒和不深沉的睡眠状态时,都有波出现,不过这种脑电流来自海豚大脑的两个半球。当它们处于沉睡之中,贝塔波只来自其中的一个大脑半球。而且,这两个大脑半球是轮流休息的。无怪乎处于沉睡之中的海豚,仍能不停地游动。有趣的是,处于沉睡之中的海豚,其大脑右半球的休息时间比左半球的休息时间要长。

目前尚不清楚，大脑的左右两半球轮流休息这种睡眠方式，是海豚独有的还是所有的海洋哺乳动物共有的；为什么海豚大脑的左、右两半球休息时间长短不一。

那么，人类的睡眠是怎样引起的？它为什么是必需的？至今科学上还缺乏精确的解说。有些人认为，睡眠是机体疲劳时由各种沉积在脑脊髓液、血液和其他组织中的“催眠素”促成的，这种催眠素是由蛋白质组成的。有人把几夜不眠的狗的血清和脑髓液注射到处于正常觉醒状态的狗的身上，结果后者便昏昏欲睡了。不过，这一观念在下列事实面前却无法自圆其说：一对具有共同的血液循环系统的连体的孪生子，他们的睡眠时间却各不相同。

另一种观点认为，睡眠是一种对大部分大脑半球进行积极抑制的过程，睡眠是大脑的一种特殊的工作，甚至同一个机体的大脑两半球也可能不是同时处于睡眠状态。

目前，尽管人们还未真正看到睡眠中的海豚，但科学家们坚信，研究海豚的睡眠，将为揭示人类睡眠的奥秘提供一些新的启示。一旦睡眠的秘密被彻底揭示，人类将按自己的愿望睡眠和觉醒：或者也像海豚那样，大脑两半球轮流处于睡眠状态，使工作和学习的时间大为延长。

奇特的海豚皮肤

在所有陆地动物中，短距离的速度冠军是猎豹。它们生活于东非、伊朗、土库马尼亚和阿富汗开阔的草原上。在适宜的平地上，猎豹的最高时速为96.5千米~101.4千米。

速度最快的海生动物是逆戟鲸。1958年10月12日，在东太平洋测得一头体长6~7.6米的雄性逆戟鲸游行速度为30节（55.5千米/时）。也有报道说，多尔氏钝吻海豚短距离的爆发速度也超过30节。

人们惊奇地发现：当海豚受到惊扰，或者诱捕其他海中动物时，时速竟达

100千米！别忘了，这是在阻力很大的海里啊！目前，世界上最先进的以燃气轮机作动力的导弹快艇，时速也不过七八十千米。

一般来说，在其他条件不变的情况下，发动机的功率越大，速度越快。但是，终究不能无限制地增大发动机的功率。那么，能不能找到一种新的设计，使之能够在不增加发动机功率的情况下，来大大提高飞机和轮船的速度呢？

科学家在研究这个问题时，很自然地想到了人类的老朋友海豚，并期望通过海豚游速的研究，让轮船、飞机穿上"海豚服"，借以大幅度地提高它们的航速。

科学家不仅研究海豚奇妙的流线型体结构，还深入细致地研究它的皮肤。日本一位船舶设计师按照海豚的形体设计客、货船的水下部分，结果比传统的刀形所受到的阻力减少了20%。

实验表明，海豚之所以游得快，除了它的形体能使水流形成阻力最小的"层流"之外，的确还跟它特殊的皮肤结构有关。

海豚的皮肤分五层：表皮、真皮、密质脂层、疏质脂层、筋腱。在真皮里，有无数个细细的、内有水质物的管状突。当海水冲击皮肤时，管状突内的水质物就相应地流动，形成波浪形的起伏。由于管状突的作用，皮肤的伸缩性和弹性始终适应海水的冲击力，呈相应的波浪形状，使皮肤与水的摩擦力减到最小。这样，海豚本身的动力几乎全部用于增加游动的速度上了，每秒可达20米！

科学家已经根据海豚的皮肤结构仿制成了"人造海豚皮"。这种厚度只有2.5毫米的人造海豚皮，如果"穿"在形状、大小和动力都不变的鱼雷"身上"，它所受到的水的阻力至少可以降低50%，换句话说，前进速度增加了一倍。

目前，科学家们正努力研制一种更接近于海豚皮肤的人造材料。假如能够成功，从轮船、舰艇的形体到表面都将采用比较合理的"海豚型"，到那时，我们就可以得到一个令人欢欣鼓舞的航速！再进一步，假如我们依此原理，对气流再进行深入研究，改造飞机和宇宙飞船等的"皮肤结构"，也让它们穿上"海豚服"，相信它们一定会获得更高的飞行速度！

人们发现,细胞也有“皮肤”,这就是把细胞与外界环境隔开的细胞膜,统称叫“生物膜”。生物膜像个“海关检查站”,对有些物质“大开绿灯”任之通行,对有些物质则下“禁令”,不得“入内”。根据生物膜对各种物质具有不同通透性的功能,模拟制造出人工膜。人工膜这层特殊的“皮肤”,不仅在工业上能分离液体混合物,咸水和海水淡化、污水处理,气体分离,净化、浓缩某些物质,而且在医学上还能研制人工肾和人工肺。

不久前,英国哥伦比亚大学的动物学家罗伯特·布莱克经过研究并按数学模式计算之后,得出一个结论:对海豚,以至对某些企鹅和形体较小的鲸来说,跳跃能使它们比较轻松地加快游动速度。布莱克发现,由于洋面波涛汹涌,一头以每秒 3 米的速度快速游动的海豚,通过跳跃的方式可以节省一些能量,甚至比在深水以同样速度流动还要省力。即使以每秒 4.8 米以上的速度游动,跳跃仍是最有效的推进方法。由此可见,人们说海豚比猴子机灵,的确很有道理。海豚的这种跳跃节能的手段,是值得仿生工程研究的学者们参考的。

人们从动物所得到的启示,不过是“沧海一粟”而已。自然界生物的奥秘,尚有多少等待人们去揭示啊！随着人类不断探索并征服其他行星,仿生学又将产生一个独立的分支——宇宙仿生学。这种未来的科学不仅能使我们认识宇宙中新形式的生命,而且能模拟其他行星上生物的功能,创造出地球上前所未有的技术装置来。仿生学为人类的科学技术开拓了多么光辉灿烂的前景啊！

海兽能长时间潜水的奥妙

海兽擅长潜水。如长须鲸可潜水 355 ~ 500 米;海象能潜水 60 ~ 80 米,持续 10 分钟;抹香鲸可潜水 900 ~ 1134 米,一头长 15 米的雄抹香鲸可潜水 1 小时。

海兽不比鱼类,它们的祖先本来是陆地上的“居民”,直到现在,它们依然依靠肺部进行呼吸,可为什么能屏气几十分钟乃至几个小时呢?

海兽之所以擅长潜水，是由于其有独特的内部构造和生理功能，以及适应的外部形态。

海兽没有鳃，不能从水中摄取到氧气，跟我们人类一样只能靠屏气潜水。不过，长期的适应性发展，使海兽成为海洋的真正“公民”了，其体内储备的氧气比陆生动物多。例如一头斑海豹体内的储氧量，约为一个与其同体重的人的两倍多。

然而，奇怪的是海兽的肺与其身体相比，并不比陆生兽大；里面容纳的空气与单位体重相比，也不比陆生兽多。由此看来，海兽潜水时所需的氧气，主要并不是储存于肺中。

我们知道，动物的血液担负着输送氧气的重大使命，这是早就被人们认识的了。其实，血液也是储存氧气的重要场所。动物的血液越多，它所能携带的氧气越多，潜水时间也越长。实验证明，海兽的血液所占其体重的比例，比陆生动物大得多。人的血液一般约占体重的7%，而镰鳍斑纹海豚的血液却占其体重的10%～11%；斑海豹约为18%；海象则为19%～20%。这就说明，海兽潜水所需的氧气，并不是靠肺部储存，而是以血液作“氧气仓库”。

除血液以外，动物的肌肉也能储存氧气。肌肉中的肌红蛋白(也称呼吸色素)很容易和氧结合，储存在肌肉中，供肌肉活动消耗。显然，肌红蛋白越多，储存氧气也就越多。海兽的肌红蛋白比陆生兽多得多，鲸肉经太阳暴晒很快就会变成铁黑色，原因就是鲸的肌肉中含有丰富的肌红蛋白。海兽肌肉所储存的氧气，有的竟高达其全身储氧量的50%！

除了储氧广的特点以外，海兽还具有很强的忍耐二氧化碳的能力。陆生动物，包括人在内，对血液中的二氧化碳非常敏感。空气中的二氧化碳含量过多人的呼吸频率就会加快，吸入空气的二氧化碳量一旦达到5%，呼吸频率就会急剧增加到静止状态时的5倍！所以，陆生动物不能作长时间的屏气，海兽却不然。例如海豹，即使二氧化碳含量高达10%，其呼吸活动仍然保持正常。

此外，海兽还具有摄取氧气能力强、效率高的特点。人平时呼吸，一次只能更换肺中气体的15% ~20%,而鲸类却能更换80%以上。例如巨鲸出水换气,呼吸声音宛如开放蒸汽机阀门那样短促而激烈,喷出高高的雾柱,十分壮观。

有的海兽如鲸类,其支气管短,直径大,具有完整的软骨环支持或仅具有微小的间隙,支气管直接连于肺泡,肺泡上有丰富的弹性纤维,壁上有双层微血管网,而陆生动物只有单层微血管网。这样的结构可以加速气体交换,使氧气得到充分利用。

另外,海兽的外部形态为鱼型或流线型,附肢呈鳍状,尾鳍呈水平状,皮下脂肪丰富,潜水时关闭鼻孔和耳孔的活动薄膜。

通过众多的实验,人们还发现海兽潜水时有一种颇为奇怪的生理现象:心律显著变慢。例如宽吻海豚,在水面活动时每分钟心跳约90次,深潜时可降到12 ~20次:海豹从100 ~150次降至10次;海狮从95次降到20次。据实验计算,海豹潜水时的氧气消耗量竟降到平时的1/50! 所有这些,为海兽长时间潜水,在海水中自由自在地生活,提供了有力的保障。换句话说,海兽能够长时间潜水的秘密也就在这里。

海豹之谜

在美国缅因州,有一个叫康迪的沿海村庄。这里居住着一位年轻妇女,名叫艾丽斯。一天她和丈夫乔治在海滩上散步,发现了一只幼小的孤单的海豹,他们把它带回家养了起来。这只小海豹非常聪明,很快就学会了用鼻子开门,它还会模仿人的动作。主人来到池塘边找它时,经常喊:“喂,出来吧,小海豹!”

有一次,小海豹躲在宽叶香蒲里,主人亲切地喊道:“傻瓜,快出来吧!”这时,使主人大为惊讶的是它竟回答说:“喂,你好吗?”几天以后,主人路过池塘边,又听到小海豹顽皮地在学舌:“喂,出来吧!”

不久,波士顿英格兰水族馆收养了它,并对它进行了训练。后来,这个会说话的“超级明星”,成了水族馆的杂技演员。晚上,人们来到池塘边,常可听到海豹在池中向观众问候:“你好!”但科学家对小海豹会说话之谜,即始终未找到答案。

另一个不解之谜是,贝加尔湖为什么会栖息着海豹?

一次,贝加尔湖生态研究所的科研工作者正在湖面上考察。当驶到贝兰湾的时候,突然看见一只黑色海豹游弋在水面上。淡水湖中为什么会生活着海豹?

研究人员的第一种回答是:北冰洋的海豹顺着叶尼塞河、安加拉河,一直迁徙到贝加尔湖而定居下来。第二种回答是:这个地区一亿年以前就是海,后来随着地壳的变动,切断了与外海的联系,由于地面河流和地下涌泉的不断注入,海水逐渐淡化了,大批的海洋生物因无法适应而归于灭绝,而海豹却适应了这种变化延续了下来。还有一些属于海洋性的鱼类,也成为孑遗种类。第三种回答是:贝加尔湖的海豹历来就是一种不同于海洋性海豹的淡水动物。

在这三种答案中,多数人倾向于第一种。但是也有人认为,海豹不是一种迁徙动物,完成这样长途的跋涉是不可理解的。说海豹历来是淡水动物,证据不足。说海豹是孑遗动物,但贝加尔湖是古海的时候,地球上还没有哺乳动物,更没有海豹。海豹为什么会在贝加尔湖栖息这个谜,还有待科学家们进一步考察、研究。

海豹之谜还不止这两个。在南极,有一种威德尔海豹,它们为了躲避零下六七十摄氏度的严寒,整个冬天都生活在冰层下 -2℃的海水里。海豹没鳃,不能直接从水中摄取氧气。为了呼吸,它们用锋利的牙齿在冰层上凿出一个个圆圆的“呼吸洞”。当它们屏气潜水一段时间以后,必须把头探出“呼吸洞”的水面换气。威德尔海豹往往吸一口气后就又潜入几百米深处追捕鱼和乌贼。一个多小时后再返回“呼吸洞”。倘若它们屏气一个多小时后不能准确而及时地找到“呼吸洞”,就会活活憋死在冰层下。但令人惊奇的是,它们每次都能在合适的时间内准确地返回原出发地点。威德尔海豹这一使人叫绝的本领至今仍让科学家们迷惑不解。

为了揭开威德尔海豹之谜,美国科学家在南极冰原上搭起小窝棚,进行了许多有趣的现场实验。他们给海豹戴上能传递潜水深度、速度、方向和时间的仪器,然后再把它们从“呼吸洞”放入海里。有一只海豹毫不费力地一直下潜到540米的深度,然后又很快地返回“呼吸洞”,往返一共才用去12分钟的时间。我们知道,海水深度每增加10米,压力就增加一个大气压。在50多个大气压的深海,如果没有潜水装备,人的眼睛、肺、气管及内脏都会被压破,无法生还。而海豹却能在几百米的深海里随意沉浮,奥秘在哪里呢?科学家发现,海豹的肺随深度的增加而缩小,并把全部气体排入支气管,气管也变成扁平状,可能这种弹性变化使海豹能耐受深海的高压。但是,肝脏和消化系统为什么也不受伤呢?

科学家还发现,海豹潜水时所需要的氧气不是储存在肺部,而是储存在血液和肌肉中。海豹身体中的血液量约占体重的18%,而人一般只占7%。血液越多,所携带的氧就越多;另外,海豹肌肉中能储存氧的肌红蛋白的量比人要多得多,其中所储存的氧气量约占海豹全身储氧量的一半。海豹潜水时所需要的氧气就是由这些“输氧站”供应的。更奇妙的是,当海豹鼻腔刚一浸入水中,心跳立即从每分钟100次降到每分钟10次;同时,血管收缩,血液除照常供应脑、心脏和鳍肢外,身体其他部位一律停止供应。这样就可以大大降低潜游时的耗氧量。

海豹之谜,将吸引更多的科学家去观察、探索和研究,人类在制造潜水装备等方面,将从海豹那里得到借鉴,以便更快地去开发海洋资源。

揭开“美人鱼”的谜底

关于“美人鱼”的传说,已有2000多年的历史了。

17世纪时,在《赫特生航海日记》中就对“美人鱼”作了描述:“美人鱼”露出海面的背和胸部很像一个女人，它的身体跟人差不多，皮肤很白，背上还披着长长的黑发。当它潜下水去的时候，人们还能看到和海豚相似的尾巴，在尾部还有许多斑块。

在1726年出版的《安波拿自然历史》一书中，有许多关于"美人鱼"在南太平洋出现的记载。

1830年，在伦敦的一家博物馆里还展出了"美人鱼"的标本，曾经轰动一时。观众蜂拥而至，使主办者大发其财。后来这个"美人鱼"标本被意大利人以千万美元的高价买去。不久各地都相继举行了这样的展览，人人都想亲眼目睹一下这位海中美女的风采，这让江湖骗子们大发横财。其实，这些所谓的"美人鱼"标本，都是动物标本制作商用鱼皮、猴子、海豹等材料镶嵌组合而成的。英国科学家弗连希·巴克连德曾经仔细地观察过一件所谓"美人鱼"标本的展品，发现那怪物其实是用大鳕鱼的皮缝在猴子的脑袋和躯干上做成的，下腭还长着人一样的牙齿。与此同时，马戏团的班主们也充分估计了美人鱼可能带来的巨大收益，于是把假造的"海姑娘"带到演艺场上，以欺骗观众，牟取暴利。

关于"美人鱼"的臆造和传说，不仅古代的外国有，中国也有。在司马迁的《史记》中，就已经有了关于"美人鱼"的记载。到了宋代，在《徂异记》里曾记载："在查道出使高丽时，曾在海面上看到一妇人，红裳双袒，髻发纷乱，腮后微露红鬣，乃'人鱼'也。"

那么，到底有没有"美人鱼"呢？没有。人们看到的不过是属于哺乳类动物的儒艮。人们之所以把儒艮称为"美人鱼"，可能是由于雌儒艮在哺乳幼子的时候，有时用鳍状的前肢夹着幼子，把头和胸部露出水面。这时远远望去，很像一位妇女抱着婴儿在喂奶。

儒艮属海牛目，儒艮科，主要分布在印度洋和我国的南海，以及澳洲北部海洋和红海等。

不过，过去人们常见有数十头组成的儒艮群体，现在数量大大减少了，见到的也只有一两头在一起了，因而应注意保护。

后来人们还发现，儒艮并不会唱歌。“美人鱼”歌声之谜，一直到不久前才得以揭晓。那是美国海洋动物学家佩恩和埃尔经过长期的水下考察才发现的。不过谜底可有点大煞风景，原来，在海里“唱歌”的是个丑八怪——座头鲸。它体重达四五十吨，看上去笨头笨脑，但却有一副迷人的“歌喉”。它们唱起歌来是那样地强烈，歌声在水下能传播10多千米，以至在海面上也能透过船底的振动而听到歌声。

更有趣的是，座头鲸不但是优秀的“歌唱家”，还是天才的“作曲家”，它们能“创作”新歌，一到冬天就放声歌唱。这些优美的鲸歌是“世界流行”的，无论是太平洋夏威夷的鲸鱼群，还是大西洋百慕大鲸鱼群，都唱同一旋律的鲸歌。根据佩恩和埃尔的水下录音，还可以听出20世纪70年代的鲸歌富于节奏感，很像摇摆舞乐队歌手的演唱，但旋律远远比不上60年代的鲸歌那么优美。座头鲸发声的方式也很奇特，它们不是用嗓子唱，而是靠贮在头部的空气震动来发音的。因为座头鲸“引吭高歌”时不需要换气，也不受呼吸的干扰，高兴起来竟能够一口气唱上半个小时！

那么，座头鲸为什么要唱歌呢？有人认为它们是为了爱情而歌唱的，从鲸鱼在冬季唱歌，又在冬季繁殖这一点来看，“鲸歌就是情歌”的说法似乎有点道理。不过，至今还没有确切的事实说明这一点。

所谓“美人鱼”的歌声之谜，其实是人们张冠李戴了。

鲸“集体自杀”之谜

大约在7000多万年以前，鲸是一种巨型的陆地哺乳动物。后来由于地壳变迁，沧桑巨变，它被迫下海，前肢变成鳍状，后肢退化，尾巴成了平展展的两叶尾鳍；成为胎生哺乳、用肺呼吸、用鳍游泳、长期不离开水的温血海兽。

大型鲸体重有100多吨，个别的重达200吨，小的也有三五吨。目前，鲸可分为两类：一类是没有牙齿的，叫须鲸。它的口部上牙膛两侧生有几百片角质的须板，长出密密的一排须毛，像梳头用的梳子一样。它在一大群浮游生物之间游过时便张开嘴巴，将浮游生物和水一齐喝进嘴里，再猛然把上下腭闭上，水便从“梳子”里流了出来，而食物却留在口中。它还具有身躯长、鼻孔成对、下腭比上腭长的特点。如长须鲸、蓝鲸、鳁鲸、灰鲸等。

鲸

另一类生有锐利的牙齿，叫齿鲸。它性情凶猛，能猎食海兽和大章鱼等。它身躯较短，只有一个鼻孔，并和两肺相通，下腭比上腭短或相等，比须鲸能在水底多待很长时间。如抹香鲸、独角鲸、逆戟鲸、虎鲸等。

鲸有十多米长的尾巴，刚劲有力。一头大鲸的力量，相当一辆火车头的力量；鲸每小时能游 50～60 千米，最快可达 100 千米以上。由于生殖、找食等原因，鲸常在每年春秋两季洄游至我国东部和南部海域近岸。

各种新闻媒体不时有报道鲸鱼“集体自杀”的消息。例如，1980 年 6 月 30 日，大约有 50 头鲸冲上澳大利亚悉尼以北的海滩，它们在岸上使劲拍打着尾巴，拼命地哀叫。人们想尽办法往大海里赶，都没有成功，只得眼巴巴地看着它们死去。

美国佛罗里达州的海岸边，一天，突然有 250 条鲸游入浅水区。当潮水退下后，发现这些自然界的巨人竟搁浅在海滩上。水警们急忙用消防水龙向它们喷水，因为鲸如果缺水很快就会死去；一些人试图将它们拖回深水区；还有一些水警带领众人进入海中，企图阻止另外一群不速之客在佛罗里达州北部的圣约翰河口附近搁浅。据说，这次鲸集体“自杀”，是由于领航鲸失去方向感所致。美国海军出动起重车，想拖走死鲸，不料鲸太重，反而拖翻了起重车。

鲸“集体自杀”自古以来是一个解不开的自然之谜。对于鲸群这种反常的行为,科学家们提出种种推断。有的认为,这是海洋中水流的突然变化或水温的反常引起的;有的认为,它们吞食了有毒物质,破坏了运动系统的协调;有人认为是领头鲸迷失了方向酿成的;有人认为是海洋噪声太大引起的:还有人认为,鲸本是陆地上的哺乳动物,游向海岸是一种返祖现象;等等。这些说法,至今未能使人信服,有待人们继续探索、研究。

两位英国学者对数十头搁浅"自杀"的鲸进行了尸体解剖,弄清了它们"自杀"的原因:在鲸尸的耳朵里,都找到了一种身长2.5厘米的小虫。他们认为,这种小虫才是杀害这群庞然大物的凶手。他们解释说,鲸是靠自己耳朵内的天然"雷达"发射和接收超声波来测定方位的。耳朵内一旦被小虫入侵,发射和接收超声波的操作便受到致命的干扰,"雷达"失灵,鲸则无法测定方位,只能在海中瞎游,直至撞到海滩搁浅身亡。

经过多年来的研究,科学家认为:"鲸集体自杀,是它们身上的回声定位系统失灵了。"

什么叫回声定位?原来鲸的眼睛不太灵敏,看不远。为了探清水下的道路和寻找食物,它们不断地向四周发出声音。这些声音碰到物体以后就被反射回来,鲸根据反射回来的声音可以判断方位和寻找猎食目标。倘若鲸的回声定位系统失灵了,它们就会因为找不到前进方向,而硬往岸上冲。鲸的回声定位系统怎么会失灵呢?科学家们设想了许多可能。

有的人认为,鲸"集体自杀"的地点,大多在地势比较平坦的海滩,那里堆积了很多泥沙,水很浅,鲸的喷气孔又不能完全浸没在水里,这些都妨碍了鲸的回声定位系统的功能,使得鲸不能对周围的环境做出准确的判断。也有人认为,鲸群可能碰到了水下异常的声音,比如水雷爆炸和水下火山的爆发,它们受到惊吓,才闯上了浅滩。还有的人在搁浅的鲸的脑袋里或耳朵中发现了许多寄生虫,他们认为是这些寄生虫破坏了鲸的回声定位系统。究竟是什么原因,还在研究、考证中。

那么鲸为什么常常几十只甚至几百只地"集体自杀"呢?原来最早遇难的

鲸，会不断地发出呼救信号。鲸是习惯成群生活的，从来不肯舍弃遇到危险的伙伴，它们只要听到这种信号，就会奋力去抢救，结果造成了集体死亡的悲剧。

蝴蝶迁徙飞行之谜

蝴蝶种类特别多，全世界大约有14000多种，大部分分布于美洲，尤以亚马孙河流域为最多；我国大约有1300多种，分别隶属于弄蝶、凤蝶、绢蝶、粉蝶、灰蝶、喙蝶、眼蝶、斑蝶等科。

目前，已知最大的蝴蝶是亚历山德拉女王鸟翼蝶，这种蝴蝶仅见于巴布亚新几内亚的波蓬丹达平原。雌蝶翼展可超过28厘米，重量在25克以上。

蝴蝶是美丽的，蝶翅上的天然色彩是自然界无法复制的恩赐，其配置得体的图案花纹，应用在绘画、工艺美术和纺织品设计等方面，绘制出了多少精美的艺术品啊！

蝴蝶虽小，翅薄力单，却能飞渡重洋，到千里之外的大海彼岸去。

迁徙飞行是某些种类的蝴蝶所具有的一种特性。每次参加飞行的蝴蝶数量都有成千上万只，最多的能达数十亿只。一般只有单一种类的蝴蝶，有时也有两三种蝴蝶的混合编队。迁徙的距离不等，短的千八百米，长的可以横渡大洋，作国际旅行。1935年曾有大群蝴蝶从墨西哥飞迁到加拿大和阿拉斯加，行程达4000千米。又一次数万只粉蝶从南美的委内瑞拉陆地飞向大洋，浩浩荡荡，一望无际，极为壮观。据文献记载，我国蝴蝶的迁徙飞行，大都发生在云南、广西两省。最近的一次发生在1933年，当时报纸曾报道说："民国二十二年五月二日正午天阴，云南昆明距市东方40千米之大板桥，忽有白蝶数千万漫天蔽野，由东面飞来，遍布于该镇之田亩林木及房角墙壁等处，白茫茫毫无空隙……此蝶群休息2小时后，又行飞起……"

小小蝴蝶为什么竟有这么强的飞翔能力呢？这同它们翅膀的发达分不开。一般蝴蝶翅膀面积都要大于它身体的十几倍，稍稍扑动就能产生很大浮力。特别薄的一层翅膜上布满许多纵向的“翅脉”，犹如牢固的骨架。前后两对蝶翅分别长在它的中胸和后胸上，这里胸壁坚厚，肌肉强健，富有弹性，因此能省力地鼓动双翅作长途旅行。

当然，蝴蝶翅膀再发达，想要一连几十个小时不停顿地越洋过海，仍是困难的。除了中途在大洋中寻找岛屿歇息外，恐怕还要靠它们的滑翔本领。

由于蝴蝶大迁徙的次数很少，所以人们一般很难见到。

说到这里，很容易使人联想到一个问题：蝴蝶长途旅行为什么不迷路呢？

据美国每日科学网站2005年8月18日报道，黑脉金斑蝶几千年来每年秋季都要从加拿大飞行大约4800千米到墨西哥却从不迷路。网站揭开了这个秘密。

鸟类的长途迁徙是一个众所周知的现象，但在昆虫世界这种情况却并不为人所知。另外，鸟类的迁徙是往返的旅程，它们在一生中要经历多次这样的旅程，但对于黑脉金斑蝶来说，它所经历的是一次单程旅行。它们是如何做到这一点的呢？科学家解释了此种现象所牵涉的神秘的生理机制，他们研究了蝴蝶极小的大脑和眼组织，来揭示引导这种纤弱的动物长途飞行的生物学机制。

该研究小组是由马萨诸塞大学医学院的史蒂文·里珀特教授领导的。

一般而言，光线对蝴蝶大脑中的“生物钟”的运行十分重要——“生物钟”控制着包括迁徙“信号”的代谢周期——但研究人员发现，光线中的紫外波段对于蝴蝶的方向感尤其重要。蝴蝶的眼中有能够接收紫外线的特殊感光器，使它们获得方向感。

研究人员将蝴蝶放在一个飞行模拟器中，当在模拟器中使用紫外线过滤器时，蝴蝶就迷失了方向，由此证明了紫外线“导航”的重要性。

进一步的研究显示，蝴蝶眼睛中的探测光线的导航传感器和它大脑生物钟之间存在着一条重要的连线。由此显示，以两个互相联系的系统——眼睛中的紫外线探测器和大脑中的生物钟——输入的信号一起引导着蝴蝶，在为期两个月、行程数千千米的旅程中，使它们在特定的时间“有序而准确地”飞向目的地。

不过,蝴蝶远渡重洋去干什么呢?去传播花粉?还是去觅食、游览、"谈恋爱"?至今仍是昆虫界的一个谜,目前我们只知道蝴蝶具有"迁徙飞行"的习性。

信鸽识途之谜

人们常赞美家鸽为"和平鸽",其中有一段神话故事:据说,在太古时候,发生过一次大洪水,挪亚全家乘一只小船,漂浮在茫茫无际的洪水上,因急于寻找陆地,便把家鸽放飞。晚上鸽子返回,衔了橄榄枝叶,为挪亚全家带来了希望,知道快要接近陆地了……从此,鸽子、橄榄叶便成为和平幸福的象征。

我国驯养信鸽有着悠久的历史。据传说,汉朝张骞、班超出使西域时,就利用信鸽来传递信息。唐朝宰相张九龄幼年时用"飞奴传书","飞奴"就是信鸽。古希腊在举行奥林匹克运动会时,就用信鸽把优胜者的名字传报四方。古代不少航海者出海时,常携带信鸽数只,用它来传递消息,或者把归期带给远方的亲人。在军事上,军鸽准确无误地传递情报的事例更是不胜枚举。公元前43年,罗马军队把穆廷城围困得水泄不通,又在城的四周掘了又宽又深的沟。守城的军队靠鸽子送出告急文书得到增援,打败了罗马军队。1870年9月,普鲁士军队围攻巴黎城,孤城巴黎靠信鸽同各地联系。这些空中信使,在硝烟弥漫的巴黎上空飞来飞去,两个月里传递了大量邮件。1916年法国乌鲁要塞的通讯设备被德军炮火击毁,幸亏放飞了一只信鸽求援,使援军赶到而保住要塞。

在通讯技术高度发达的今天,鸽子仍然是不可缺少的通讯工具。不久前,英国一家医院经过实验,用信鸽传递急用的血样,在饲养训练的12对信鸽中,传递血样1000份,均完好无损。

信鸽为什么能认路、辨别方向呢?

一是以"地磁感"导航。动物的某一器官发达到惊人的程度,这在生物界是常见的现象。譬如蛇能看见红外线，蝙蝠能听到超声波，而鸽子却能感觉到地球磁场作用力的方向和强度的微小变化。地球是一个巨大的磁体，它的磁性集中在地球的两极，即磁南极和磁北极。地球上任何一个带磁性的物质，都受到地球磁场作用力即吸引力和排斥力的影响。信鸽的眼内有一块突起的"磁骨"。这块磁骨能测量地球磁场的变化。有人做过这样的试验，用20只飞翔素质基本相近的鸽子，其中10只翅膀下装上小磁铁，另10只装上小铜片，然后一齐放飞，结果是装铜片的10只鸽子一天内有9只返回，而装有磁铁的10只鸽子4天后才有一只飞回来，而且显得精疲力竭。这说明鸽子身上所带磁铁的磁场，干扰了它对地球磁场先天具有的灵敏判断，产生了误差，造成不能准确、迅速地寻路归巢。

二是以"飞返逆行"定位。信鸽经过长时间的训练和使用锻炼，环境和外部因素通过鸽体内部器官发生作用，养成了信鸽的使用地点向原住地飞回去的飞返逆行的习性。鸽子从住地携带信息出发，经过很多地方，因地形的差异，造成地磁数据信号、气压数据信号、颜色光反映信号等，在鸽子的神经、循环和呼吸等系统留下不同的"印记"。到目的地放飞后，它就根据来时的这些"印记"，判断方向飞归返航。这种现象，又称为"复印迹线定位"。

三是凭体内"震撼小体"导航。经过科学试验，弄清鸽子的腿部、胫部和腓骨之间的骨间膜附近，有一种葡萄状的能感觉机械振动的小体，每个大小为0.01毫米左右，每条腿约有一百多颗，由坐骨神经的一个分支支配着。这许多震撼小体对几十赫至一两个赫频率的微小振动非常敏感，信鸽在飞行途中，就是根据这些小体提供的信号参数来定位的。它还可以测定气候的变化以及地震的发生。

四是靠"大气压数据"定位导航。信鸽对海拔高差产生的随季节变化的大气压数据，有灵敏的感觉。信鸽长期饲养在一个地方，它的循环系统、呼吸系统，对当地的地理气候条件很适应、很熟悉，一旦携带到陌生的地理位置上，鸽子感到大气压数据"负荷系数"不一样了，就感到不习惯，放飞后，它通过气囊、血管、肺部等进行双重呼吸时，很敏感地向适应的方向定位。这称为嗅觉信息导航。

五是以“生物钟”导航。信鸽体内有计量太阳位移的生物钟，这是它寻找归程的途径之一。信鸽为了适应环境，它的时间观念很强，例如信鸽在繁殖期内，雄鸽每天上午 9 时入巢孵蛋，换雌鸽出巢觅食饮水，下午 4 时雌鸽准时入巢孵蛋至第二天上午 9 时，换雄鸽出巢，日复一日直到孵出幼鸽为止。更引人注意的是，鸽子的孵化期一般是 17 天，超过这个时间孵不出幼鸽，它们就放弃旧巢，另寻新巢产蛋再孵。这种掌握时间的精确程度，确实是罕见的。信鸽在归航途中用它的生物钟来校正时间，测量太阳位移和方位角的变化，确定自己的位置和运动方向，准确地判明应向哪里飞行。可以说：太阳是信鸽的定向标。

信鸽除了以上五方面能够自行导航定位的本能外，信鸽品种的选择、饲养技术和严格训练，也都是很重要的因素。

动物为何雌雄互变

1. 雌雄同体现象

男变女、女变男，平常对人类来说是不可能的，即使是在高科技的今天，在医学手术的帮助下，变性也是一件不容易的事。但在生物界中，却是一种司空见惯的现象。大多数动物和人类一样，有着不同的性别。一出生，性别就已经确定。然而，有些动物却不是这种情况，它们的性别可以改变，它们生命的前一部分是一种性别，之后，变成另一种性别，科学家称这种现象为序列性雌雄同体。

2. 低等生物的性逆转

人类对这种性逆转现象的研究，首先是从低等生物——细菌开始的。在人的大肠里寄生着一种杆状细菌，被称为大肠杆菌。在电子显微镜下可以发现，大肠杆菌有雌雄之分，雌的呈圆形，雄的则两头尖尖。令人惊奇的是每当雌雄互相接触时，都会发生奇异的性逆转，即雄的变为雌的，雌的则变为雄的。

后来经科学家研究，发现雌雄互变的媒介在于一种叫性决定素的东西，当雌雄接触时，就将彼此的性决定素互赠给对方，从而改变了彼此的性别。

3. 高等生物的性逆转

科学家们又发现，在比细菌高等的生物体上，也存在性逆转现象。有人认为这些生物的原始生殖组织同时具有两种性别发展的因素，当受到一定条件刺激时，就能向相应的性别变化。

沙蚕是一种生长在沿海泥沙中的动物。当把两只雌沙蚕放在一起时，其中的一只就会变为雄性。但是，如果将它们分别放在两个玻璃瓶中，让它们彼此看不见摸不着，则它们都不变。

还有一种一夫多妻的红鲷鱼，也具有变性特征。当一个群体中的首领——唯一的那条雄鱼死掉或被人捉走后，在剩下的雌鱼中，身体强壮者，体色会变得艳丽起来，鳍变得又长又大，卵巢萎缩，精囊膨大，最终成为一条雄鱼而取代原来雄鱼的职位。但是如果把一群雌红鲷鱼与雄红鲷鱼分别养在两个玻璃缸中，只要它们互相能看到，雌鱼群中就不能变出雄鱼来。但如果使它们互相看不见，雌鱼群中很快就变出一条雄鱼。再有，海边岩礁上常见的软体动物——牡蛎，也是一种雌雄性别不定的动物。有一种牡蛎，产卵后变为雄性，当雄性性状衰退后又变为雌性，一年之中可有两次性转变。

4. 由雌性向雄性的转变

只要在雄性动物之间存在择偶竞争，通常就是只有个体最大和最强壮的雄性才占有最大的生殖优势，而小者或弱者为了回避和强大对手的直接竞争往往采取偷袭交配的对策。但是，它们有一个更令人吃惊的对策就是改变性别，借助性别转化来改变自己的不利处境，以获得生殖上的较大成功。

雌性变雄性往往是当动物还没有充分长大时，它先作为一个雌性个体参与繁殖。当它一旦长大到足以赢得竞争优势的时候便转变为雄性，开始以雄性个体参与繁殖。

性别发生转变往往比终生保持一种性别能在生殖上获得更大的好处，因为对改变性别的个体来说，它无论是在小而弱时，还是在大而强时，都能得到生殖的机会。就其一生的生殖来说，改变性别的个体也比不改变性别的个体更为成功。在大西洋西部的珊瑚礁上生活着一种蓝头锦鱼，雌鱼体色单调，只选择最大、最鲜艳的雄鱼与其婚配。因此，珊瑚礁上最大的雄鱼在生殖季节高峰期，一天便可与雌鱼婚配40多次。由于个体最大的蓝头锦鱼总是在生殖上占有最大优势的雄鱼，所以当鱼体还小时，总是表现为雌性，并进入生殖期开始产卵。一旦鱼体长到足够大时，便由雌鱼转变为雄鱼，开始执行雄性功能。蓝头锦鱼的性别转变是受社会环境控制的，如果把珊瑚礁上最大的一条雄鱼移走，次大的一条雌鱼就会改变性别，转变为色彩鲜艳的雄鱼。

5. 由雄性向雌性的转变

双锯鱼生活在印度洋的珊瑚礁上，与海葵密切地共生在一起。由于海葵的大小通常只能容纳两条双锯鱼生活在一起，这种空间上的限制便迫使双锯鱼只能实行一雄一雌的配偶制。此外，一对双锯鱼在生殖上的成功主要决定于雌鱼的产卵量，而不决定于雄鱼的精子生产量。因此，只有当最大的个体是雌鱼时才对两性最为有利。在这种情况下，最好的对策便是双锯鱼在小个体时表现为雄性，待长大后再转变为雌性。据研究，双锯鱼的这种性别转变也是受环境控制的：如果把雌鱼拿走，失去配偶的雄鱼使会与一个比它更小的雄鱼相结合，而自己则改变性别，转变为雌性并开始产卵。就这样，通过性别转变，一个新的家庭就建立起来了。

6. 对动物变性的研究

有人对鱼类的变性之谜进行了研究，认为鱼类改变性别的目的，主要是为了能够最大限度地繁殖后代和使个体获得异性刺激。美国犹他大学海洋生物学家迈克尔认为，在一种雌鱼群或一种雄鱼群中，其中个头较大者，几乎垄断了与所有异性交配的机会。当雌鱼较小的时候，能保证有交配的机会，待到长大时，就变成雄性，便又有了更多的繁育机会。与性别不变的同类相比，它们的交配繁育机会就相对增加了。同样，在从雄性变为雌性的鱼类中，雌鱼的个体常大于雄体。雄鱼虽小，但成年的小雄鱼所带有的几百万精子，足够使大的雌鱼所带的卵全部受精。另外这些雌鱼与成熟的无论个体大小的雄鱼都能交配。因此，它们小一点的时候是雄鱼，长大以后变雌鱼，便得到双重交配的机会，与那些从不变性的鱼类相比，又多产生一倍的受精卵，这对繁殖后代大有益处。

性别转变现象可以说是行为生态学中最有趣、最奇异的现象之一。在动物界里频频发生的性变现象，至今仍没有一个令人满意的、科学的解释，还需要人类进一步的研究、探索。

动物预感之谜

1. 海啸中奇迹生还的动物们

2004 年 12 月 26 日圣诞节翌日，一场史无前例的海啸席卷印度洋沿岸各国，数十万生命瞬间被吞没，昔日的椰风海韵顿成人间炼狱，遇难者的尸体布满海滩。为了统计在海啸中印度洋沿岸的野生动物损失情况，一些动物观察家来到了斯里兰卡。让他们吃惊的是在这个地区面积约 1000 平方千米的动物自然保护区里，横七竖八躺在泥泞当中的都是人的尸体，而没有一具动物的尸体。

不仅如此，早在海啸发生的前两天，一些深海鱼类也出现了集体大逃亡的现象。据马来西亚库洼拉姆达海啸灾区的渔民报告说,当时有很多的海豚游到离海滩非常近的地方,而且纷纷跃出海面摆动尾巴。在海啸发生的前三天,当地渔民捕获到鱼的总量是以前的20倍,这可是一个相当惊人的数字。可正当人们为这难得的"丰收"庆祝时,海啸就来临了。

一个美联社的记者在海啸发生时,正好乘坐直升机飞在斯里兰卡一个小岛的上空采访。据他后来回忆说:"当时无数只蝙蝠在岛上的岩洞里栖息,它们白天进洞睡觉,夜晚才出来活动。但是海啸发生的那天早晨,蝙蝠全从岩洞里飞了出来。"

2. 动物的异常表现

据史料记载,1971年地震前夕,人们在圣弗兰西斯科的都市大街上曾经看到过从街区逃来大群大群的老鼠。不仅是老鼠,其他动物似乎也具有这种神奇的本领。

1853年查乐斯·达尔维乘"比格利号"船在南美洲海岸航行时,突然发现海鸟大群大群地升空,匆匆往大陆纵深处逃离,正当他为这罕见的景观惊叹时,历史上著名的智利地震发生了。

1969年,有一天,塔什干地区动物园里的老虎、狮子前所未有地坚决拒绝进入窝房,放弃了舒适的床铺的兽中之王们,宁愿呆在露天土地上过夜,这让在场所有的饲养员们大惑不解,几天后塔什干地震爆发,结果这些动物们因为睡在露天土地上,在灾难来临之际幸免于难。

1975年2月,在我国辽宁省海城发生了一次7.4级的大地震,在这个地震发生之前就有人观察到,有一些动物出现了反常现象。

那可是隆冬季节,原本冬眠的蛇却突然都醒了,总共有上百条的蛇在路上到处爬,有的是爬到屋里面,有的甚至都爬到井里去了。

河北省唐山市殷各庄公社大安各庄李孝生养了只狼狗,那一夜死活不让他睡觉,狗叫不起他,便在他的腿上猛咬了一口,这下可够狠的,疼得李孝生当时就蹦起来了，提上鞋就去打狗。边跑边琢磨，这狗今儿是怎么啦。李孝生犹豫了一下，可就这么会儿工夫，四周突然摇晃起来，震惊世界的唐山大地震爆发了。

丹麦的一个女主人领着自己心爱的猎犬出门散步，走了没有多久，爱犬竟然死也不肯再向前一步，主人怎么劝说都没有用，只好悻悻而归，一路还在奇怪自己的宝贝怎么会变成这样。可没想到等他们到家后一个小时，天空开始出现电闪雷鸣，过了 3 个小时，狂风暴雨骤然而降，这令女主人震惊不已，望着爱犬说不出话来。

3. 科学家的不同观点

有人认为这只是一种巧合。这些动物行为之所以被称为异常，是因为在某地某时比较罕见。但是一旦把观察范围扩大到整个城市辖区内，把时间范围扩大到一两个月，针对的又是多达上百种动物的无数个体，那么异常行为就变得常见了。如果没有地震发生，这些异常行为不会有人长久记得；但是在地震发生之后再回头去回忆，就总能发现动物异常行为的案例。

这能证明这些动物异常行为与地震有关吗？不能。有许多更为常见的因素能让动物行为出现异常：饥饿、发情、遇到天敌、保护领地、受到惊吓、气候变化等。如何证明震前动物异常行为不是这些更为常见的因素引起的，有人认为动物有预感灾难的能力。

大地震前，家禽、家畜、鱼类、鸟类、穴居动物等都普遍有异常反应。其中，穴居动物反应最灵敏，反应时间最早，有的在震前几天，甚至一个月前就出现异常。还认为老鼠的异常在动物中最普遍，反应敏感性最高，时间最早；大牲口则比较晚，往往临震才有反应；虎皮鹦鹉在震前 10 天以内也会出现行为异常，北京工业大学地震研究组就曾根据其跳动频度的相对值来预报地震，并取得过几次成功。动物预感是否真的存在？在历经上亿年的进化过程中，为何每当灾难来临，总有物种能奇迹般地生还？印尼海啸、唐山地震一次次的灾难来临前夕，动物的反常行为告诉了我们什么?

动物真的有思维吗

1. 动物的喜怒哀乐

动物也和人一样,有着表达感情的喜怒哀乐,甚至也会做出和人一样的行为。

欧洲有一种叫白头翁的鸟,雄鸟从远方归来时,常常给未婚妻带来一支艳丽的鲜花,以表示对爱情的忠诚。

巴西有一种性情温和的稀有动物——狮子麒,在自己的主人被杀害后,它竟会为自己的主人报仇。

西伯利亚的灰鹤,有着奇特的葬礼风俗:它们哀叫着伫立在死灰褐跟前,突然头领发出一声尖锐的长鸣,顿时其他灰褐便默不作声,一个个脑袋低垂,表示沉痛的悼念。

燕鸥在举行婚礼之前,雄燕鸥总要叼着一条小鱼,轻轻放在雌燕鸥身旁。对方收下这份聘礼后,便比翼双飞。

2. 猩猩的计谋

有许多动物在觅食时非常狡猾,如果你仔细观察一下,一定会大开眼界。

美国威斯康辛州灵长类研究中心的工作人员,做了一项有趣的实验:故意让一只小黑猩猩,独自看到工作人员在园中某处埋下葡萄,接着再把它的几十个同伴放到园区。知情的小黑猩猩与同伴同行时,会装着若无其事的样子。3个小时后,等同伴们全睡着了,它才悄悄起身,摸黑来到“藏宝处”,神不知鬼不觉地挖出葡萄,吃个精光。这个小黑猩猩机灵得很,它知道如果当着大伙的面挖葡萄,也许就没有自己的份了。

3. 狮子的策略

在肯尼亚原始森林里，有人发现4只母狮联手出击。两只母狮高高地立在土岗上，有意让猎物知道这儿有恶狮，此路不通。第三只母狮钻进草丛，神秘地向猎物潜行，而第四只母狮从另一个方向咆哮而出，虚张声势地试图把惊慌失措的猎物赶向设有埋伏的草丛。

而此时受惊的猎物眼看三面被围，便拼命向草丛奔去，这可中了恶狮的计。恶狮毫不费力地咬住了送上门来的美食，然后狮群一拥而上，狼吞虎咽地分享起来。

4. 复仇的大象

象的复仇心很强。有一家动物园里的雄性大象因不听话而被主人打过，它记恨在心，伺机复仇。有一天机会终于来了，它拉了一堆粪便，主人看见后立即拿扫帚簸箕进去为它打扫，它趁机用长鼻将主人顶死。

非洲的一头小象亲眼看到它的母亲被猎人杀死后，它被捕捉卖到马戏团里当了“演员”。它渐渐地长大了，但杀害母亲的仇人它一直没忘。它利用每场演出绕场的机会巡视着观众。有一天，当它绕场时终于发现了那个仇人，它不顾一切地冲到观众席上，用长鼻将仇人卷起摔死在地上。

5. 人类的疑惑

像一些较高级的哺乳动物，有类似的举动我们可以理解；而鸟类、蚁类的做法，便令人不解了。

它们没有思维，靠本能来生活，而爱和哀是一种情绪反应，这也是本能吗？鸟类用不同的方式表达感情，为什么与人的表达方式如此相像呢？

有人说，这些动物可能与人有着或近或远的亲缘关系，但这只是人们的一种猜测。究竟是什么原因，没有人知道。

动物是怎样自杀的

1. 蝎子的自杀行为

动物学家研究发现,无论是在自然条件下,还是在实验条件下,蝎子对火都非常恐惧。如在野外发现火,便躲在碎石下、树叶下或土洞中不出来。要是大火把它们团团围住,便只见它们弯起尾钩,朝自己背上猛刺一下,然后便软瘫在地上,抽搐着死去。

2. 旅鼠的自杀行为

在欧洲北部挪威的高寒地区,生活着一种奇怪的小老鼠。它们黑褐色的皮毛中夹杂着白斑花点,短小的身躯仅有成人手掌那么长。由于它有迁移的习性,因此人们叫它北欧旅鼠。

令人不解的是每隔三四年,人们就看到这种鼠大批大批地集体在挪威海岸自杀。从最早的目击者记录至今已 100 多年了,这种现象至今仍然有增无减,继续有规律地发生着。

3. 自寻死路的青蛙

在美国的夏威夷檀香山附近,有一个小镇,这里以高超的烹食青蛙的手艺而出名。

故事发生在 1993 年,在这一年的年初,成千上万的青蛙前呼后拥,冲进了这个小镇。每到夜里,镇里到处蛙声阵阵,吵得居民无法入睡。青蛙还会往屋里跳,进屋之后,不是叫个不停,总是往火坑里跳,或者往碗里、盆里、床上、家具上、衣柜里乱钻乱蹦。

整个小镇已经成了青蛙的世界,没有一处空地。交通也被堵塞了,前面的死了,后面的又拥了上来。它们并不向人进攻,只是自寻死路。

青蛙的到来,又引来了无数吞食青蛙的毒蛇,给这个小镇带来了意想不到的灾难。当地政府不得不派出人员,一方面清理死去的青蛙,一方面消灭毒蛇。就这样,足足一个多月,才逐渐平静下来。

可是从此以后,这里再也没有出现过一只青蛙。就在这一年,在这个镇的百里范围之内,连连不断发生虫害,毁坏了大批果树和庄稼。而死青蛙给这个小镇带来的臭气,也久久不能散去,也就再没有游客光顾这个小镇了。

令人困惑不解的是发生的所有这一切,到底是怎么回事呢。至今人们对此仍然百思不得其解。

4. 大王乌贼神秘死亡

1976 年 10 月,在美国科特角湾沿岸辽阔的海滩上,突然涌来成千上万只乌贼,它们前仆后继、勇往直前游向海岸,搁浅死亡,尸体布满了沙滩。人们目睹了这番情景,采取了各种办法救援,却毫无效果。事态并没有到此结束。11 月,乌贼集体死亡现象又沿着大西洋海岸向北蔓延。有时,一天死亡的乌贼竟达 10 万只之多。

近几年来,在英国、冰岛、丹麦、挪威、芬兰、日本、新西兰等国沿海也发现了成批已死或半死的大王乌贼,它们成了海鸥的口中之物。

5. 鸟儿的自杀行力

一件怪事发生在印度北部的一个小村镇。一个风雨交加的晚上,一伙村民正打着火把,焦急地寻找一头失踪的水牛。忽然发现大群的鸟儿迎着火光飞来,纷纷落在地上。

由于这里粮食不足,村民们经常挨饿,见到这些送上门来的鸟儿自然惊喜万分,可以美餐一顿。打这以后,每逢刮风下雨的晚上便打着火把,在院子里坐等飞鸟送上门来。

6. 对鸟自杀的研究

常言道:"人为财死,鸟为食亡。"按常理,轻生之举,跟鸟类无缘。因为在我们的印象当中它们都是些活泼开朗、能歌善舞的乐天派,怎么可能自寻死亡呢。

近年来印度动物研究所和阿拉姆邦林业局,为了揭开鸟类自然之谜,在村庄附近设立了一个鸟类中心,修建了一座高高的观察塔。他们收集到飞来这个村庄寻死的鸟,共有将近 20 种:有牛背鹭、王鸠鸟、绿鸠鸟、啄木鸟和 4 种翠鸟,还有许多叫不出名的鸟。

另外,观察中心还在这里修建了鸟类图书馆和饲养场,把飞到这里的活鸟弄来饲养。奇怪的是前来寻死的鸟拒绝进食,两三天内便都死了。

有人认为这种现象可能与这里的地理位置有关。黑暗、浓云密雾、降雨和强烈的定向风,是这些鸟类诱光必不可少的条件。

那么,这些鸟都是从哪里来的呢。只因诱光,便非得集体与火同尽?更有那些自寻而来的鸟为何拒绝进食?

7. 数万只梭子蟹丧命

2010 年 12 月,约 4 万死蟹沿英国肯特郡的海岸线被冲上岸,环境专家认为,寒冷天气可能是导致梭子蟹死亡的原因。梭子蟹一般在 3 米至 5 米的深海底生活及繁殖,冬天移居到 10 米至 30 米的深海,喜在泥沙底部穴居。最适宜的温度在 22℃ 至 28℃。水质要求清新、高溶氧,当环境不适应或脱壳不遂时有自切步足现象,步足切断后能再生。

梭子蟹

2010 年冬是英国 120 年来最寒冷的时候,寒冷的天气使海水温度比平常值低了不少,梭子蟹是这种天气最大的受害者。

海岸看守人托尼·斯亚克斯称:“我们怀疑气候变化和更温暖的天气诱使蟹前往海岸线,它们进入这些海域可能是为了寻找海藻。我们认为,温度突然下降使蟹因温度过低而死亡。”当地海岸项目经理表示对防止大量海蟹死亡无能为力。

8. 寒鸦集体自杀

2011 年 1 月 5 日,在瑞典斯德哥尔摩的一条街道上发现了 100 多只寒鸦的尸体。专家接到报告后,专门对这些神秘死亡的寒鸦进行了检测。检查发现,这些死鸟中有的被车撞过,其余的没有明显伤痕。

瑞典官方兽医对当地电台表示,这种情况非常少见,可能是疾病或者中毒。兽医称,4 日晚上事发地曾燃放过焰火;寒冷的天气和难以找到食物也可能是死因。在巴西巴拉那瓜海岸附近,科学家发现了至少 100 吨死去的沙丁鱼、大黄鱼和鲶鱼。

动物自杀的现象已持续将近百年,但无人知晓是什么原因。虽然这种现象早已吸引了有关专家的注意,但至今仍无令人信服的权威性答案。看来解开动物自杀现象的科学谜底,只有待动物学家们去探索。

动物为什么要杀婴

1. 动物杀婴发生频繁

从几十年野外工作取得的资料表明,野生动物中杀婴现象经常发生。动物杀婴的死亡率,比人类中的谋杀和战争造成的死亡率还高。

因此,当近 10 年来有关动物杀婴的报告开始频繁地出现时,许多科学家都感到困惑。围绕动物杀婴的原因，动物学家、人类学家、生物学家展开了激烈的争论。

2. 猩猩为何虐待小崽

猩猩力大无穷，可以说在动物世界里，大猩猩是人类的近亲。凡是生活在动物园里的大猩猩，人们都让它们成双成对，以便繁衍后代。可大猩猩却很不配合。

在北京动物园里，有一次，一只雌猩猩生了一只小崽，开始时雌猩猩对小崽还算爱护。可是一周之后，它不但不给孩子喂奶，还经常耍弄小崽，时不时把小崽举起来使劲摇，吓得小崽“嗷嗷”直叫；没过多长时间，小崽就被折磨得骨瘦如柴。管理人员只好把它们隔离开，对小崽进行人工饲养。

3. 科学家的猜测

大猩猩为什么要如此虐待它的孩子呢？难道是因为小崽妨碍了它的活动吗？还是因为雌猩猩缺乏某种营养而疲劳过度，力不从心所致？或者是因为生的是第一胎不会抚养小崽？

这其中的奥秘，还有待于科学家的进一步探索和研究。

4. 对动物杀婴的分析

以美国伯克利大学的人类学家多希诺为代表的一些学者认为，杀婴是由环境拥挤造成的一种压迫效应。

野外条件下，一些较高等的社群动物，如猩猩、狒狒和猴子，在发生种内冲突时，也常杀戮幼体。当种群密度升高，食物供应不足时，淘汰幼体是为了减少对食物的竞争，如黑猩猩会咬死并吃掉非亲生的幼体、姬鼠会咬死企图吃奶的病弱幼体、黑鹰会啄死第二只孵出的雏鸟。

多希诺还指出，动物在受到惊扰威胁或嗅到特殊气味时，也会杀婴，如母兔在刚产下幼兔时，受到外界惊扰就会吃掉幼兔。

另外一种观点认为，杀婴是一种结偶生殖的需要。持这种观点的日本京都大学的动物学家杉山、美国生物人类学家联合会的一些科学家、卡里索克研究中心的迪安·福西等，他们提出了一种生殖优性假说。

杉山曾长期研究长尾叶猴的野外生活。杉山发现，在一个由 1 只至 3 只成年雄猴为头领、带领 25 只至 30 只个体猴群中，年轻雄猴在登上首领宝座接管一个种群时，会杀死几乎所有未断奶的幼猴。

他们认为，接管种群的新雄体杀死未断奶的幼猴，是为了更快地得到自己的子孙。因为一般哺乳动物在授乳期不发情，杀死。幼猴可促使母猴早发情，从而早生育新头领的子孙后代。

因此，这种表面看来有害的破坏行为，除了使新头领得到利益外，对整个种群可能仍是一种生殖上的进步。就是被杀婴的母兽，也往往能从自己子孙后代的死亡中受益。当被屠杀幼仔的场面惊扰后不久，通常母兽就与杀婴凶手结偶。这些地位较低的雌体，会通过与新头领结偶尔获得较高的地位，得到较好的食物和较多的保护。它的后代会受到保护而不致被杀。

还有一种观点认为，动物的嗅觉灵敏性远远胜过人类，而嗅觉辨认是母子相认的关键因素。有实验证明，非亲生的幼兽由于身上的气味与母兽气味不相投，不仅得不到母兽照顾，反而会遭到攻击。

但若用母兽的尿涂抹在非亲生甚至不同种的幼仔身上，母兽则会把它们当作自己亲生孩子般地照料，因为其身上的特殊气味与母兽气味相投了。

实际上，动物园里就常用这种办法让哺乳期的雌狗给刚生下的小老虎、小狮子喂奶。相反，如果母兽自己的亲生孩子身上带有特殊气味，这气味与母兽气味不相投，则会导致母兽不认自己亲生孩子的现象。例如某些啮齿类的幼鼠如果被人用手摸过，母鼠不久就会将带有异味的幼鼠咬死，甚至吃掉。可见，特殊的气味是动物母子联系的纽带，“气味不相投”是导致动物杀婴现象的原因之一。

事实上，动物借助于气味联系形成的纽带对于动物个体生存与种族繁衍具有积极的意义。

一方面,幼仔可以通过这种气味信息与自己的亲代相互辨认,并得到亲代的保护与喂养,获得生存机会;另一方面,它可以使幼兽形成早期印象,甚至在成年之后还会根据这种早期印象寻找自己的同种配偶,以便防止种间杂交。动物正因具备这一系列本能才有可能在复杂的生存竞争中被自然选择保留下来。因此"臭味不相投"导致动物杀婴现象,就不足为奇了。

5. 科学不断进步

但以上假说也证据不足。因为有些动物如兔、绒鼠,袋鼠,黄麂等产后即会发情,对于雌体杀婴以及鸟类、鱼类中的杀婴,很多原则都无法解释。因此以上假说都有明显的局限性,动物杀婴的原因究竟何在,还是个待揭之谜。希望科学的进步能早日解开这个谜。

动物为什么要冬眠

1. 动物冬眠的现象

一些不耐寒的动物,经常用冬眠度过寒冷的季节,这已经成为它们的一种习性。每年霜降前后,气温就逐渐降低,池塘中的蛙鸣便消失了;令人生畏的蛇也不知盘缩到什么地方去了;长着肉翅膀的蝙蝠倒挂在阴暗的屋梁或洞壁上,开始它的长睡;鼹鼠、仓鼠、穴兔、刺猬等也躲入洞穴,进入一种不吃不动的休眠状态。

此时,休眠动物的体温不断下降,直至同气温接近,呼吸和心率极度减慢,机体内的新陈代谢作用变得非常缓慢,降到最低限度,仅仅能够维持它的生命。

2. 不同动物的冬眠

热血动物与冷血动物的冬眠是不同的。冷血动物的温度,取决于外部的环境，它们体温的升高或降低完全是被动的。而热血动物的冬眠，则能把自己的体温精确而有目的地加以控制。它们能够逐步降低体温，一直降至一定的限度，进入冬眠状态。当它们出眠时，便把制造热量的器官充分调动起来，在几小时内把体温恢复到原有水平。

这种热血冬眠动物所具有的制造热量、补偿体温消耗和保持恒温的高级、复杂的生理现象，引起了科学家的注意，于是它们做了许多研究。但迄今为止，有关动物冬眠诱因和生理机制还是各有各的说法。

3. 动物冬眠各具特色

在加拿大，有些山鼠冬眠长达半年。冬天一来，它们就掘好地道，钻进穴内，将身体蜷缩一团。呼吸由逐渐缓慢到几乎停止，脉搏也相应变得微弱，体温直线下降，可以达至5度。这时，即使用脚踢它，也不会有任何反应，简直就像死了一样。

松鼠睡得更死。有人曾把一只冬眠的松鼠从树洞中挖出，它的头好像折断一样，怎么摇都始终不睁开眼，更不要说走动了。把它摆在桌上，用针也刺不醒。只有用火炉把它烘热，它才悠悠而动，而且需要经过很长的时间。

刺猬冬眠的时候，简直连呼吸也停止了。原来，它的喉头有一块软骨，可将口腔和咽喉隔开，并掩紧气管的入口。生物学家曾把冬眠中的刺猬拿来，放入温水中，浸上半小时，才见它苏醒。

蜗牛是用自身的黏液把壳密封起来。绝大多数的昆虫，在冬季到来时不是成虫或幼虫，而是以蛹或卵的形式进行冬眠。

动物冬眠的姿势也各不相同。蝙蝠往往在屋梁上或山洞顶部的隐蔽处，把身体倒挂着呼呼熟睡；刺猬、松鼠和狗獾等在洞穴或窝巢中抱头大睡，蛙和蟾蜍埋在池底的泥里睡觉；石头下、枯叶堆、树洞里都可以成为蜥蜴的冬眠场所；蜗牛则躲藏在石缝或枯叶间，连自己的壳也封闭起来，只留一个小孔供呼吸用。

4. 生理学家的观点

行为生理学家把引起动物特有行为的外界信号称为刺激。外界刺激越多，内部本能的适应能力越强。因此，他们认为动物冬眠主要是外界刺激所致。

这个刺激主要来自两方面：一是环境温度的降低；二是食物不足。上述观点遭到许多人的反对，他们的理由是：人工降温并不能保证所有的冬眠动物都入眠；不少冬眠动物每到冬季就会自动停止或拒绝进食，而并非是食物不足。

5. 科学家们的探索

科学家们用黄鼠进行试验。他们从正在人工条件下冬眠的黄鼠身上抽出血液，注射到活蹦乱跳的生活在盛夏的黄鼠静脉中，后者随即进入了冬眠状态。这表明，正在冬眠的黄鼠血液中，可能存在一种诱发冬眠的物质。

1983 年，科学家从松鼠脑中抽提了一种抗代谢激素，并用这种激素注射到无冬眠习性的小鼠身上时，会明显降低它的代谢率，体温也降到 10 度左右，由此可见激素代谢也可能是诱导冬眠的另一途径。

又有科学家从动物细胞膜上的变化，这一新角度探讨了冬眠机理。但细胞膜变化与神经传导如何联系作用、细胞膜变化是否真是冬眠的关键因素还有待研究。总之，要解开冬眠之谜，还有待于人们努力探索。

动物禁圈是怎么回事

1. 动物禁圈的含义

什么是禁圈呢？但凡看过《西游记》的人都知道，孙悟空用金箍棒画禁圈的故事，妖魔鬼怪无法进入圈里，唐僧等坐在圈里安然无恙。

在动物中出现的这种现象，就叫动物的禁圈。

2. 各种动物的禁圈

我国东北大兴安岭深处林海中,有一种貂熊,体形没有熊那样大,头部像貂。它不是直接攻击或迂回偷袭,而是用自己的尿在地上洒一个大圆圈,被圈进来的小动物,像中了魔法一样,不敢越出圈外。

貂熊就不慌不忙地把这些小动物一个个吃掉。一条一米多长的蛇,沿着葡萄藤滑行而下。突然,蹿出一只黄鼠狼,绕蛇一圈,然后走了。这条蛇立刻停止滑行,一动不动地吐舌头。过一会儿,来了 5 只黄鼠狼,各叼一段蛇肉扬长而去。水田中,有一只田螺绕螃蟹“画”了一圈,这只螃蟹再也动弹不得。几天后,螃蟹死亡、腐烂,成了田螺的美食。

到春天繁殖期,雄棘鱼就离群,“圈”占一块地方筑巢,欢迎雌棘鱼来圈内安家。而对游近的其他雄棘鱼,则立刻冲上去在圈占的边界上决斗,要“御敌于国门之外”。

2. 动物的禁圈之谜

动物的怪圈生动有趣,但其中的奥秘却令人不解。不过从大量的事实可以看出,画圈并不是动物对空间本身的欲望,而是根据生活需要产生的一种本能。

它们或是像貂熊一样,通过画圈取得食物,并保证摄食的安定性;或是像雄棘鱼一样,通过圈占领地招来异性,进而生儿育女,繁殖后代。

动物为何能有这种本能,这一谜团的答案将具有深刻的生态学研究价值,因此也促使科学家们为之不懈地努力。

动物躯体再生之谜

1. 动物躯体再生的含义

适者生存,不适者被淘汰,这就是生物的进化规律。在这无情的大自然激烈的竞争中,生物具有了各种各样的本领。其中有一部分生物为了保全生命,暂且舍弃身体中的某一部分。不过,舍弃的那一部分还会重新长起来的。我们把这种现象称之为动物躯体的再生。

2. 章鱼遇险自救的方法

章鱼也有自断其腕的本领。平时章鱼的腕手是很结实的,当某只腕手被人抓住时,这只腕手肌肉会痉挛地回缩,像被刀切一样地断落下来。掉下来的腕手不断蠕动,还会用吸盘吸在某种物体上,当然这只是障目法。

章鱼断肢一般是在整个腕手的4/5处,它的腕手断掉后,血管极力收缩,自身闭合,避免伤口处流血。自行断肢6小时后,血管开始流通,血液渐渐流过受伤的组织,结实的凝血块将尚未愈合的腕手皮肤伤口盖好。第二天伤口完全愈合后,开始长出新的腕手,一个半月后,即可长到原长的1/3。

3. 海星的再生能力

海星长得像一个五角星,进餐时,海星先将贝类包住,然后从口中翻出胃来,再从胃里分泌出一种液体,使贝类麻醉而张开贝壳,最后,就可吃掉贝类的肉。因此,养殖贝类的渔民们往往想方设法消灭海星。

起初,他们以为只要把海星撕碎就可以消灭它,没想到海星繁殖得更多了。这到底是怎么回事呢?

原来,海星的再生功能很强。因为它的行动又笨又慢,所以常常会被鱼、鸟撕碎,它的这种本领就是它防御和繁殖的手段。再生能力如此强,以致只要还有一个腕,过了几天就能再生出 4 个小腕和一个小口,再过一个月时间,旧腕脱落,又再生一个小腕,于是,一个 5 腕的海星得以重现。

海星

4. 各种动物的再生本领

壁虎在处于险境时,可以折断尾巴,让扭动的尾巴迷惑敌人,自己则逃进洞穴,过后,一条新的尾巴又会从折断的地方长出来。

兔子也有它独特的再生本领,当狐狸咬住兔子肋部时,它却会弃皮而逃。兔子的皮跟羊皮纸一样薄,被扯掉皮的地方一点儿血也没有,并且伤口处会很快长出新的皮毛。

还有样子像小松鼠的山鼠,一旦被猛兽咬住尾巴,毛茸茸的皮很易脱落,秃着尾巴逃跑。据说黄鼠、金花鼠也有这样的绝技,并且又都具有再生的本领。

海参遇险时,它可以倾肠倒肚,把内脏抛给敌害,留下躯壳逃生,过不了多久,它又再造出一副内脏。

海绵是动物界的再生之王,是最原始的多细胞动物,它的再生本领是无与伦比的。若把海绵切成许许多多的碎块,抛入海中,非但不能结束它们的生命。相反它们中的每一块都能独立生活,并逐渐长大形成一个新海绵。即使把海绵捣得稀烂,在良好的条件下,只需几天的时间也能重新组成小海绵个体。

5. 对动物再生力的研究

研究动物的再生能力,无疑对探讨人的肢体再生途径有很大的启发。美国的贝克尔在研究中发现:蝾螈被截断的肢体在未复原时,会产生一种生物电流,这种电流逐渐增强,仿佛由于电流输送了一个信息,而使残肢末端的细胞分裂,形成新的组织,最后长成新的肢体。

而不能再生失去肢体的青蛙,就不能产生这种电流。贝克尔还把老鼠前腿的下部切断,并让电流从此通过。实验的结果是失去的肢体开始复原了。

有研究显示,通过去分化产生的间质细胞的分化潜能是有限的,大多只能重新分化为原来类型的细胞。例如,肌细胞去分化后产生的间质细胞能再分化为肌细胞而不能分化为软骨或表皮,软骨细胞去分化后可再生为软骨细胞而产生肌细胞,血管内皮细胞去分化后产生的间质细胞只能再分化为血管内皮软骨细胞,皮肤细胞去分化后可分化为软骨细胞但不能分化为肌细胞等。

蝾螈肢体截肢后再生过程中最奇妙的现象是,再生只重新长出被截除的所有部分,而不会长出未被截除的部分。例如,从臂区截肢,则会依次再生出截口以远的肢体部分;如果从腕区截肢,则再生出掌指区。显然,肢体沿着自身轴线存在着特殊的位置信息,这种位置信息可以被肢体自身所识别。

研究发现,并非所有类型的细胞都承载了位置信息,如软骨细胞含有位置信息,而神经髓鞘细胞不含位置信息。但这一理论只是生物躯体再生的一个小小的方面,并不能适应所有的有再生能力的动物。所以说我们并没有完全揭开动物再生之谜。

白色动物从何而来

1. 白色动物的出现

近些年来,在世界各地发现了一些白色动物。在韩国的京畿道的山区里,发现了一种喜鹊,它通身都是白的。在亚美尼亚的一家国营农场,生出了一头白毛水牛。此外,在印度还发现了白虎,在非洲发现了白狮,在我国台湾和云南发现了白猴等。在我国湖北省神农架发现了白金丝猴、白熊、白狼、白蛇、白松鼠、白乌鸦、白龟、白鹿、白麝、白蜘蛛等20多种白色动物。

2. 神农架白熊

1954年,一位当地的农民到树林里采药时,偶然发现了一个熊窝。老熊可能出去找吃的去了,令人惊奇的是熊窝里竟然有一只白色的小熊。它全身的白毛就像细绒一样,上唇和鼻子尖是淡红色,而且眼睛也是红的。他把小熊装进药筐里,送给了武汉动物园。

3. 台湾的白化猴

1977年11月,在台湾捕获了一只体色纯白的幼年白化型台湾猴雌兽,取名为"美迪"。马上轰动了整个世界,美国、英国以及一些国家的新闻机构大多报道了这件"奇闻"。

由于"美迪姑娘"已经到了"出嫁"的年龄,仍然没有合适的白色配偶,便在1980年7月5日由台湾各报向全世界发出了"征婚"启事,希望能继续繁育出纯白的后代。

恰好云南省永胜县在1980年9月捕获一只毛色纯白的猕猴,收养在中国科学院昆明动物研究所,名叫"南南",便发出了"应征"信。由于种种原因,这个美好的愿望并未能实现。

4. 其他地方的发现

在广西大新县曾发现若干白色的黑叶猴,捕获到的一只被放在柳州市的柳侯公园中展出。

另外据说分布于我国的金丝猴也有白化型,有人曾在湖北省西部神农架林区考察时见到过一些白色的金丝猴,但没有捕捉到。

5. 动物界中的白色动物

2003年11月,世界上已知的唯一一只白化猩猩"雪花"在西班牙巴塞罗那动物园里去世。它身患皮肤癌,最终因病情恶化被兽医实施安乐死。"雪花"生前深受人们喜爱,西班牙人为它的离开非常难过。

2006 年 1 月,美国圣路易斯市的世界水族馆曾经拍卖过一条白化双头蛇。这条白化蛇长着两个头、两张嘴,一直是"明星动物"。

2007 年 11 月,阿根廷布宜诺斯艾利斯动物园一对澳洲红袋鼠生下了两只小袋鼠,其中一只是灰色的,另一只竟然是纯白的,看起来像一只"大号白兔"。据悉,袋鼠患先天性白化病现象非常罕见,特别是在人工饲养的条件下。

2009 年 3 月,英国摄影师迈克·霍尔丁在非洲博茨瓦纳的奥卡万戈三角洲拍摄象群时意外发现一头粉色小象。专家称,患白化病的象的皮肤更多是红褐色或者粉色的。白化病在亚洲象中比较多发,但是在较大的非洲象中极为少见。

2009 年 8 月,一对英国夫妇在自家花园内拍摄到了一只患有白化病的画眉鸟,更奇妙的是这只画眉仅头部为白色,身体其他部位都为正常的黑色。鸟类学家称,这只脑袋为白色的画眉相当稀有,它能活到成年很不容易,因为白色的脑袋更显眼,更容易受到天敌的袭击。

6. 科学家的观察发现

科学家对白色动物观察最多的是最先发现的白熊。他们发现,白熊从不在一地长期停留,一般生活在海拔 1500 米以上的原始箭竹林里,以食野果、竹笋为主。它们虽然看起来像黑熊,但脸比黑熊短,视觉比黑熊强,而且没有冬眠的习惯。白熊性情温顺,高兴时会直立起来,手舞足蹈,有时还模仿人的动作。

对于神农架的白色动物,有的科学家认为是远古残存下来的品种,有的认为是该地区独特的水文气候、地理环境等因素造成的。究竟是什么缘故,仍有待考证。

7. 动物变白原因假说

这类动物的白色是怎么形成的呢？有人认为,其中可能有一部分是远古残存下来的，一部分是后来变白的。

有人分析，变白可能是地区独特的地质条件，以及水文、气候、环境等因素，导致了白色动物的大量产生。但真正的答案还有待进一步探究。

猛犸象为什么会灭绝

1. 史前动物猛犸象

作为一种统治了北半球几百万年的巨大的动物，猛犸象曾经遍布各个大陆。源于非洲，更早时分布于欧洲、亚洲、北美洲的北部地区，可以适应草原、森林、冻原雪原等环境。有研究指出，猛犸象和大象拥有共同的祖先。这两个物种是在500万年前分化出来的。大象一直繁衍至今天，然而，猛犸象却灭绝了。

猛犸象是最负盛名的史前哺乳动物，夏季以草类和豆类为食，冬季以灌木、树皮为食，以群居为主。距今4000年前完全灭绝。其生存的时代为冰河世纪，它们在极地附近的冰原上觅食与生活，为抵御严寒，猛犸象的皮下脂肪和皮上浓密绒毛层皆厚达0.1米，绒毛层之外还披覆长毛层，毛色呈黑色或深棕色，因此也被称为“长毛象”。

2. 猛犸象的尸体

在20万年前，地球就出现了猛犸象，它曾经遍布北半球的北部地区，分布如此广阔的猛犸象为什么灭绝了呢？真让人不可思议。

在前苏联西伯利亚北部的冻土层中，科学家们曾发现20多具皮肉尚未腐烂的猛犸象尸体。

这些尸体在大自然的冰库里保存得相当完好。尸体肌肉的血管中充满血液，胃里还有青草、树枝等未消化的食物。

经科学家考查证实，这些尸体已冰冻了10000多年。

几十年前，国际地质学会在前苏联召开期间，许多国家的科学家还尝到了这已冻了10000多年的猛犸肉。

据说味道虽不十分可口，却别有风味。

3. 猛犸象的足迹

据科学家证实，大约在距今20万年前，最早的猛犸象就出现在地球上。它的足迹遍布北半球的北部地区，我国北部也有发现。特别是北冰洋的新西伯利亚群岛，更是猛犸象的世界，人们在那儿发现许多猛犸象牙。

在西班牙的洞穴岩壁上，30000年前的古人就用红赭石画出猛犸象轮廓图；在法国的洞穴岩壁上，也有10000年前的人雕刻的猛犸象作品。直至距今约10000年前，猛犸象才随着冰川的消退而消失。在严寒的西伯利亚地区，人们发现猛犸象化石遗骸非常多，大约有25000万具。

4. 猛犸象灭绝假说

气候说。认为气候变化是导致猛犸象灭绝的最重要因素。冰期结束，气温上升，随之而来的干旱让极地的生态环境发生了巨大变化。体型庞大的动物于是更敏感地被这种变化所影响。

在美洲发现的猛犸象遗骨表明，猛犸象数量下降的时候，正是冰川期结束和地球开始变暖的时期。20000年前气温开始上升，改变了美洲的环境。美国西南部的草地逐渐转变成长着稀疏灌木和仙人掌的沙漠，导致猛犸象无法生存而死掉。

环境说。认为由于猛犸象居无定所，当迁到一个新地方后，对新环境不适应，而导致猛犸象大批死亡，最终走向灭绝之路。人类猎食说。认为猛犸象的灭绝与人类有关。北美古印第安人对猛犸象的大肆捕杀，才是它们灭绝的直接原因。

在猛犸象骨骼上发现有刀痕，用电子扫描显微镜分析证明，这刀痕是石制或骨制刀具砍杀所致，而不是猛犸象间互相争斗的结果，更不是挖掘过程中造成的外损。

古印第安人捕杀猛犸象，除食其肉，用其皮外，还用其骨，因为猛犸象的骨骼有类似玻璃的光泽，也许能把它作为镜子用。

考古学家也发现史前人类对猛犸象的杀戮遗迹，例如有一些留有刀伤的猛犸象牙，以及猎捕猛犸象的工具，证实人类会组成群对，以陷阱或火烧等方式去捕捉猛犸象。

食物匮乏说。指出由于环境的改变致使猛犸象喜欢吃的食物在生存的地区大量消失，而开花植物增多，使猛犸象短时间内无法适应恶劣环境，而又加上食物短缺，雪上加霜，最终走向灭绝之路。

繁衍过慢说。繁衍很慢，致使族群数量日益稀少。一头母猛犸象的妊娠期长达两年左右，而且通常一胎只生一头小猛犸象，幼象要长成到具有生殖能力的成年象，至少又要再等10年。

因此，猛犸象减少的速度远大于繁衍新生的速度，族群数量日益稀少，最后终于走上绝种的命运。

目前，对大型动物灭绝的原因仍然众说纷纭。猛犸象灭绝的疑案，至今都在讨论，相信不久的将来，科学会给我们一个答案，让猛犸象灭绝的真相大白于天下。

大熊猫稀少的缘由

1. 大熊猫繁殖能力低

人们都知道，可爱的大熊猫是世界上最珍贵的动物之一。但是大熊猫繁殖困难，面临灭绝的危险。

大熊猫繁殖困难这个问题，一直困扰着人们。从1937年至现在，我国出口的大熊猫已有39只,存活到现在的还有14只。在这么长的时间里,只有日本的“兰兰”怀过一次孕,墨西哥的“迎迎”产过一次崽。这是什么原因呢?

美国华盛顿动物园主任里德博士说,由于大熊猫的生殖器官发育得不健全,因此不能顺利地进行交配。生殖器官的先天性缺陷,可能是导致大熊猫濒临灭种的主要原因。还有人发现,雄性大熊猫不发情或很少发情,这也是导致它繁殖能力低下的原因之一。

2. 大熊猫的食物习性

除此之外,大熊猫奇特的食物习性也令人不解。它吃东西很挑剔,只吃很少的几种竹子,并且不吃老竹,不吃开花结籽的竹,只吃竹子的中段;竹笋只吃笋肉;但若被其他动物碰过,它绝对不吃。可有时也吃草、树皮、朽木、沙土、石块、铁、山羊肉、野兽尸体等。

它们的活动范围又很小,只局限在海拔3000米左右。如果大熊猫生活范围内的竹子枯死,它们宁肯饿死,也不到别的地方去觅食。这实在让人费解。

3. 大熊猫的人工饲养

1963年9月14日,第一只人工圈养的大熊猫在北京动物园诞生。那时,何光昕作为北京动物园的工作人员,值了两个月的夜班。他回忆说,那时环境绝对安静,除个别投食的饲养员,任何人不得接近大熊猫母子。但是,大熊猫毕竟与黑熊和小熊猫不一样,它应该有自己的行为学。不弄清楚熊猫妈妈的行为规律,就无法提高幼仔成活率。大胆接近熊猫妈妈,把丢弃的幼仔拾去人工喂养,又引发两大难题:一是育幼箱保持多高的温度;二是给它喂什么奶。他们沿用人工哺育老虎、狮子幼仔的经验,因陋就简,钉个木箱,在木箱里吊上个灯泡,保持30度左右的温度,结果幼仔冷得不行,两三天就被冻死了。

巨型鲸鱼之谜

1. 抹香鲸的体态特征

抹香鲸不但个头大，捕食凶猛，其外形也很奇特，就像一个大大的蝌蚪，而脑袋就占了整个身体的1/4，看上去有头重脚轻之感。它那个大脑袋可不是空的，里面储满了鲸油，一头火抹香鲸脑袋里的油，重达1000多千克。

抹香鲸

人们还发现，抹香鲸的油是所有鲸类中最纯净的。这样一来，抹香鲸就遭了殃，人们为了牟取暴利，肆意捕杀，抹香鲸的数量锐减，从原来的100多万头，减少到现在的几万头，面临灭绝的危险。为了挽救抹香鲸的命运，世界各国都制订了一些保护措施，并在海洋里划出禁猎区。

2. 科学家的各种看法

科学家们对抹香鲸最感兴趣的还是它奇特的大脑袋。它长那么大个脑袋，是干什么用的呢？人们对此提出了各种不同的看法。有人认为，抹香鲸大脑袋里面的脂油，起着回声探测器的作用。抹香鲸的食量很大，平均每天需要捕食300千克，它不仅白天要捕食，晚上也要进食。

抹香鲸的食物主要是章鱼和大乌贼，在嘈杂的海洋世界里，如果不用回声定位法来探测猎物的方位和数量，行动就不会灵敏和迅速。而抹香鲸大脑袋里的脂肪，就像声学中的透镜体，把复杂的回声折射成灵敏的探测声束，传入耳中，这样才可让大脑作出快速准确的判断。

有人不同意以上这种说法，认为抹香鲸大脑袋里面装了那么多的油，是为了潜水用的。因为抹香鲸的食物——章鱼和乌贼都生活在深海区，它为了捕捉到更多的食物，必须延长潜水时间，它那个大脑袋里面装的那些油脂，就起到了浮力调节器的作用。这两种说法谁是谁非，还有待于进一步研究。

3. 抹香鲸集体自杀

高度智能的鲸和海豚弃海集体登陆自杀，海洋生物学家对这一现象一直迷惑不解。

在澳大利亚，有人认为这是鲸为了躲避鲨鱼，企图在多石的海湾中找到庇护所；有人说是船舶发动时的噪声使得它们迷失了方向。

美国鲸学家阿·格奥德教授认为，抹香鲸是一种眷恋性很强的动物。当一头抹香鲸在海滩遇难的，只要它通过定向声响系统发出呼救信号，其他同类便迅速赶来奋力相救。如果没有脱险，其他同类也不会弃而离去。正是这种长期的种群生活方式就了它们保护同类的本性，最后酿成了它们集体自杀。

美国加州理工大学的卡西别克博士等人通过研究发现，抹香鲸是通过磁性感觉器官来辨别前进方向的。而大海中的地球磁场分布有两种情况，一是逐步增强的磁区域，它到了海底大山等处就成了磁场极强区；二是在磁场增强区的外围有一磁场减弱区，它的临近一端是极弱的磁区域。

而抹香鲸必须经过极弱区才能游往磁场极强区附近。虽然这里的磁力极弱，会使抹香鲸的第六感官失灵。但凭着经验，在绝大多数情况下，会本能地继续勇往直前，到达磁场极强区附近，追捕猎物。可哪里知道有些海岸也是局部磁场的极弱区，于是在磁感失灵的情况下，抹香鲸依然本就地冲向海岸，企图游到磁场极强区。这种徒劳致命的冲撞造成了集体自杀的悲剧。

美国国立海洋渔业处的市赖恩·戈尔曼博士，通过仔细查看自杀抹香鲸的尸体，发现它们的皮肤和嘴部都有严重溃疡，特别是皮肤都出现了同肌体分离的现象。解剖尸体后，又发现其胸腔、腹部、心脏及肺部均有红色液体。

细菌培养的结果表明，这些鲸都感染了弧菌属或其他病菌，它们的免疫功能已相当脆弱，正是这种传染病夺去了他们的生命。因此，戈尔曼认为，抹香鲸集体自杀是人类对海洋的严重污染，致使病菌迅速繁殖的结果。

4. 科学家的又一发现

此外，科学家们还发现抹香鲸另外一个奇特之处，即它只有下牙，没有上牙。下牙很大，足有 0.02 多米长，每侧有 40 颗至 50 颗，这些牙齿把上颌刺出了一个个洞。别看它牙齿长得怪，一旦被它咬住，就休想脱身。

有人分析，抹香鲸捕捉大王乌贼，不是靠它的牙齿，也不是因为它那个庞大的身体，而是它在捕食之前要大吼一声，这一声会把动物吓昏，然后它再慢慢品尝。事实是不是这样呢，还有待于科学家们进一步的探索和研究。

5. 俾格米逆戟鲸是什么样的

俾格米逆戟鲸由于数量极少，加上其深居简出，时至今日，人们还很难认识它的庐山真面目。

据记载，人们只捕获过两次俾格米逆戟鲸。一次是在 1963 年，在夏威夷的近海海面上，一些海洋学家意外地用渔网捕到一条俾格米逆戟鲸。但是，一个星期以后，这头逆戟鲸死了。经检查它是因呼吸道感染而死。

第二次捕到这种鲸是 1970 年，在南非开普敦的海滩上。当时一头俾格米逆戟鲸正搁浅在那里。人们及时把它送到南非国家水族馆中。之后过了 6 天，这头逆戟鲸因绝食而死。此外人们还曾两次获得死去的俾格米逆戟鲸的遗尸和遗骨。

最幸运的要算是夏威夷海洋学院的几位教师了。一次，他们到水下拍摄有关海洋哺乳动物的电影，意外地发现了一批从未见过的鲸鱼。他们拿着摄影机在鲸群中游动拍摄。他们回来后，就拿着这个片子去请教夏威夷海洋研究所的鲸类专家纳利斯博士。纳利斯看了影片后，说他们遇到的是世界上摄少见的、也是最神秘的一种鲸——俾格米逆戟鲸。

为什么俾格米逆戟鲸这么少见,它们有着每样的生活习性,有多少种群和数量,这些对我们来说,还都是未知数。

海豚是飞毛腿吗

1. 格雷怪论的产生

海豚可算得上是游泳健将,它平常的速度每小时可游 40000 米至 48000 米。当它全力前进的时候,就可以达到每小时 80000 米。这样的速度足可以让其他鱼类望尘莫及,因此人们便把海豚称为海洋里的飞毛腿。

但科学家们认为,根据海豚的自身特点及形体,它的游速每小时怎么也不能超过 20000 米。如果海豚的游速超过了它的肌肉所能承受的限度,只有在以下两种情况下才能得以实现:

一是海豚的肌肉具有超自然的高效率,比一般哺乳动物强 6 倍;二是它采用某种奇特的方法减少阻力。

这种假说,是 1936 年英国的一位水生动物研究专家詹·格雷提出来的,人们便把这一理论称为格雷怪论。

2. 格雷怪论的阐述

自从格雷提出这一怪论以来,科学家们围绕这一问题进行了广泛的研究和探讨,海豚的游速问题成了热门话题。

人们很快就证实了海豚的肌肉没有特殊的构造,当然也就不具备超自然的高效率。那么,它的超速动力源究竟来自哪里呢?

有人把研究的焦点,放在海豚那流线型的体形上。为了证实这种假说的可能性,便做了一个海豚的模型,从体型到体表都与真海豚别无二致。

另外,在模型上还安了与海豚尾鳍所产生的推力相同的推进器。实验的结果却让人大失所望,它与海豚的速度比起来要慢得多。这一假设被推翻了。尽管如此,人们仍然觉得海豚的游速与其皮肤有关。因为海豚的皮肤很特别,光滑而富有弹性,同时它还不沾水。有人分析,它那光滑的皮肤可能会分泌一种润滑物质,用来减少水中的阻力。这一假说也被推翻了,因为经研究发现,海豚没有皮脂腺,无从分泌润滑物。

3. 格雷怪论的证实

科学家们进一步研究发现,海豚的皮肤分上下两层,上层也就是外层,弹性很强;下层也就是内层,也有很好的弹性。上层皮肤在受到水的压力时,会根据水压的程度而变得凹凸不平。形成很多小坑,把水存进来,这样,在身体的周围就形成了一层"水罩"。

而当海豚进入高速运行时,身体振动所引起的紊流,就会在皮肤的凹凸变化中得到调整,这样就能天天减少阻力。

有人根据这种说法,研制了人造海豚皮,把它贴在鱼雷模型上,结果相当令人满意,其受阻情况比普通模型减少了60%。

可以说问题至此有了极大的进展,但人造海豚皮还不能令鱼雷模型达到让人满意的高速度。它与真的海豚皮差在哪里呢,这还是一个尚待破解的谜。

4. 海豚的声纳

所谓声纳,原意为声音导航和测距,是利用水下声音来探测水中目标,及其状态的仪器或技术。常用来搜索潜艇、测量水深、探测鱼群,是航海中不可缺少的导航设备。

这项技术是本世纪才发明的。但是这种人造声纳技术与海豚一比,就显得相形见绌。

有人曾做过这样的实验,在水池里插上36根金属棒,每排66根,然后把海豚放进去。只见海豚在棒中间游来游去,而绝不会碰到金属棒。即使把它的眼睛蒙上,它也照样畅游无阻。如果偷偷地在水池里放进一条小鱼,它就会立刻游过去进行捕捉。

人们发现,海豚在捕食时,会发出一系列探测信号。由于有了这种信号,它可以在几种鱼都存在的情况下,准确地捕捉到它最喜欢吃的鱼。

海豚之间的交流

海豚之间还有一种独特的交流方式。比如把一对长期生活在一起的海豚分开在两个水池里,相互无法接近和看见。

然后,再用一根电话线把两个水池连起来,只要电路一通,人们就会惊奇地发现,两只海豚竟然用一种特殊的声音交谈起来。如果电路一关,它们就中止了谈话。

即使把两只海豚,分隔在遥远的太平洋和大西洋,它们也会通过电路进行谈话。有人还把海豚娃娃的声音录下来,放给海豚妈妈听。当海豚妈妈听到之后,显得很焦躁,四处寻找它的孩子。海豚还可以用这种声音向同伴发出警报。

1. 海豚发声的疑惑

海豚的这种奇妙的声纳系统,引起了科学家们的兴趣,人类试图揭开这一秘密。

首先让人们感到奇怪的是海豚没有声带,为什么会发出音域极宽的声音呢?

有人认为,海豚主要是靠跟喷气孔相通的鼻囊系统发声的。可是如果说它在水上用鼻孔发声还说得过去,那么它在水下发声又怎样解释呢?

因为它潜入水下时,鼻孔就会闭合,可它仍然可以发出声音来。

科学家们又发现,在海豚的脑门上,有一块圆圆的像西瓜一样的组织,大概是这块组织起到了声透镜的作用,声音就是从这里聚焦成声束向水中发射的。

有人不同意上述说法,因为他们发现,海豚虽然没有声带,却有发达的喉头,当它吞咽食物时,发声就会停止。他们认为,海豚的声音大概是从喉头发出的。

2. 海豚有探测能力

人们还发现,海豚有很强的超声波探测能力,即使把它眼睛给蒙上,它也能找到目标。这种能力从何而来呢?

有人认为,海豚的外耳已经退化,已起不到耳朵的作用,其声音是通过下颌的脂肪传到内耳的。对这种说法有人表示反对,他们看到海豚的耳道中充满了水,认为海水对声音有很好的传导作用,因此,它的耳朵仍然是主要的听觉器官。

围绕着海啄声纳问题,科学家们进行了各种各样的实验,但问题还是没有得到最终的解决,仍然是迷雾重重。

3. 海豚睡眠的研究

任何动物在睡眠时,都有一定的姿势,使全身叽肉完全松弛下来。可海啄却从没有出现过这种状况,难道海豚不睡觉吗?

美国动物学家约翰·里利认为,海豚是利用呼吸的短暂间隙睡觉的。这时睡眠不会有被呛水的危险。

经过多次实验,他还意外地发现,海豚的呼吸与其神经系统的状态有特殊的联系。他曾给海豚注射适当剂量的麻醉剂,半小时后,海啄的呼吸变得越来越弱,最后死了。

为什么会有这种现象呢?

动物学家们认为,海啄是在有意识的情况下睡眠的,麻醉剂破坏了海豚的神经系统,使它们都处于休眠状态,从而阻塞了呼吸的进行,便导致海豚死亡。

海豚睡眠之谜，使研究催眠生理作用的生物学家，产生了浓厚的兴趣。他们将微电极插入海豚的大脑，记录脑电波变化。还测定了头部个别肌肉、眼睛和心脏的活动情况，以及呼吸频率。结果得知它们某一边的脑部，会呈现睡眠状态。

即使它们持续游泳，左右两边的脑部却在轮流休息，每隔十多分钟活动状态变换一次，而且很有节奏。正是由于海豚两边脑部的睡眠和觉醒的更替，才能使它维持正常的呼吸和游动。

4. 海豚智力之谜

海豚的智力也是科学家们争论不休的话题。在水族馆里，海豚能够按照训练师的指示，表演各种美妙的跳跃动作，似乎能了解人类所传递的信息，并采取行动，许多人坚信，海豚要比任何一种类人猿都聪明，有人甚至认为它们的智力与人类不相上下。

根据观察野生海豚的行为，以及海豚表演杂技时与人类沟通的情形推测，海豚的适应及学习能力都很强；但目前尚无法证明海豚运用语言或符号进行抽象式的思考。

不过，即使没有科学上的确凿证据，也不能就此认为海豚没有抽象思考能力。倘若海豚真的具有抽象总考能力，那么它究竟是如何运用这一种能力，而其程度又是如何。

这些问题都是很有意思的。但现在，想找出这些问题的答案并不容易，因为即使是人类所拥有的智慧，也还有许多未知之处。

虽然海豚与人一样都属于哺乳动物，但因生活的环境不同，相互接触的机会不多，所以，人类对海豚潜在能力的了解是很有限的。看来，海豚之谜暂时还无法得到圆满的答案。

海龟为什么埋自己

1. 海龟的自埋现象

在航海史上，曾多次记载着海龟救人的传奇故事。海龟是我们人类的好朋友。海洋生物学家们对它的生活习性进行过不少研究，但一直不知道海龟还有自埋的行为。

前几年，在美国佛罗里达州东海岸的加纳维拉尔海峡，有人发现了把自己整个身体都埋在淤泥里的海龟。当时，他们还以为是个海龟壳。扒开淤泥，挖出来一看，原来是只活海龟！

这个奇闻一传开，很多潜水员都觉得新鲜。因为在他们的潜水生涯中，从来就没有听说过，更没有见过这种海龟自埋的怪事。

2. 探究海龟的自埋

究竟是什么原因，使海龟把自己活埋在淤泥里呢？为了探索海龟自埋之谜，海洋生物学家们到实地进行了观察和研究。

有的科学家发现，在一些个子较大的雄海龟身上，常常寄生者好多藤壶。所以他们认定，海龟要摆脱藤壶的纠缠，才钻进淤泥里去的。

而另一些科学家却亲眼观察到，海龟自埋的时候，是把脑袋扎到淤泥里的。在它们头上寄生的藤壶，虽然因为陷入淤泥，缺氧而死。可它们身体中部和尾巴上的藤壶，却仍然活得好好的。

海龟是海洋中躯体较大的爬行动物，它们用肺呼吸，因此每下潜 10 多分钟就要浮到水面上换一次气，不然就会被憋死。究竟是什么原因导致海龟自己把自己活埋起来呢？它们全身埋在淤泥里为什么不会憋死？这是它们冬眠的一种形式，还是它们清除藤壶的一种方法？或者是它们在冰凉的海水中自我取暖的一个窍门?

藤壶是一种小型甲壳动物,体外有6片壳板,壳口有4片小壳板组成的盖,固着生活于海滨岩石、船底、软体动物以及其他大型甲壳动物身上。

专家们观察发现,在一些大个儿的海龟身上也常常寄生着许多藤壶,这既影响它们游泳,又会使它们感到难受。

因此,有人猜测,可能是为了要摆脱藤壶,海龟才钻进淤泥。但是,埋在淤泥中的海龟是头朝下,尾巴朝上,它们头部和前半身的藤壶因陷进淤泥较深而缺氧死掉,可后半身和尾部埋得很浅的藤壶却依然活着。这不是解决问题的办法。因此,关于藤壶的猜测就难以成立了。

另外,一些身上没有藤壶的大个儿雄海龟,在海底也有这种自埋的习性。所以,认为海龟是为了清除藤壶而自埋的说法,就站不住脚了。

3. 发现自埋的海龟

过了些日子,一个潜水俱乐部的会员们,来到一个港湾里进行训练。当女潜水员罗丝潜入海底的时候,她发现淤泥里露出一只海龟壳,像是被人扔掉的。罗丝游了过去,先慢慢地检查了一下四周的环境,拍下了照片,然后伸手把海龟壳提起来,原来这是一只活海龟!

此刻,这个活埋自己的家伙被惊醒了,它不满意地抖掉了身上的淤泥,转身游走了。没过多久,罗丝又发现了一只海龟壳。不过,这是一只大个子雌海龟,它并没有睡觉,反应特别敏感,罗丝还没碰到它,它就搅动起淤泥,乘海水一片浑浊什么也看不清的时候,逃之夭夭了。

不一会儿工夫,罗丝的同伴们也发现了两只埋在淤泥的大雌海龟。后来,她们在海底只找到了一些海龟待过的泥穴,再也没有看到一只自埋的海龟。

4. 生物学家的猜测

佛罗里达州的一些海洋生物学家,根据罗丝他们的新发现,否定了前些时候的种种猜测。他们认为：

第一，在潜水员发现的4只自埋海龟中，有3只是大个子的雌海龟，这就推翻了大个子雄海龟为摆脱藤壶而自埋的说法。

第二，从潜水员们观察到的情况来看，海龟的自埋仅仅是一个短暂的现象，所以不能认为它们是在冬眠。

第三，根据罗丝的记录，她发现海龟自埋的时候，海底水深是27.4米，水温是21.7度。这就说明，海龟自埋也不是为了取暖。

那么，海龟自埋到底是为了什么呢？海龟自埋的现象是偶然的，还是经常发生的？对于这些问题，目前有以下解释。

第一种解释：这可能是海龟冬眠的一种方式，因为海底的动物和许多陆地动物一样，也有这种长时间睡眠的方式，比如海参就有夏眠的习惯。

第二种解释：这是一些海龟清除身上的藤壶而采取的方式。在淤泥里的长时间的浸泡，会让这些讨厌的寄生虫窒息。

第三种解释：这是海龟在冰冷的海水里取暖的一种方式。可是这些猜测很快就都被不久后的各种发现给否定了。此后生物学家们又做了各种各样的假设，却都难以自圆其说。

那么究竟为什么海龟要把自己藏起来呢？相信终有一天人们会揭开这个谜团的。

鱼也能当医生吗

1. 科学家的发现

人一旦有了病，都要到医院去看医生，经过医生的治疗，使疾病得到解除。那么，生活在水中的鱼得了病之后，也有医生看吗？有，那就是清洁鱼，鱼一生了病，它们就去找清洁鱼。

这一秘密是科威特的海洋生物学家库拉达·兰姆布发现的。有一次,他在美国加利福尼亚海岸附近的水域进行科考时,发现有一条大鱼突然离开鱼群,向一条小鱼冲去,这条大鱼要比这条小鱼大 10 多倍。库拉达·兰姆布以为那条大鱼要去吃那条小鱼呢。可出乎意料的是,那条大鱼到了小鱼面前,温顺地呆在那里,乖乖地张开了鳍。小鱼则靠上前去,用自己尖锐的嘴紧粘在大鱼身体上,就好像在吸吮乳汁。过了一会儿,小鱼突然跑出来,消失在水草之中。大鱼也回到它的同伴那里去了。

2. 会看病的小鱼

这究竟是怎么回事呢?原来小鱼就是鱼的医生,这是在给大鱼看病。

生活在海洋里的鱼和人一样,不断地受到细菌等微生物和寄生虫的侵袭。这些令人讨厌的小东西粘附在鱼鳞、鳃、鳍等部位,就会使鱼染上疾病;同时,鱼之间也在不断发动战争,一旦受了伤,也需要治疗。那么谁来给它们治病呢?医生就是前面提到的那种小鱼,人们给它起了一个好听的名字——清洁鱼。

清洁鱼给鱼治病,既不打针,也不吃药,而是用它那尖尖的嘴巴清除病鱼身上的细菌或坏死的细胞。不过它在给鱼治病的时候,对病鱼也有很严格的要求,要求它们必须头朝下,尾巴朝上,笔直地立在它面前,否则它就不给予治疗。假如鱼得病位置是在喉咙里,那么,病鱼就必须乖乖地张开嘴巴,让医生进去清除病灶。

3. 试验后的结论

科学家们曾做过实验。他们在一定的水域里,把所有清洁鱼都请出去,只过了两周,他们就发现不少鱼的鳞和鳃上都出现了肿胀,有的还得上了皮肤病,而有清洁鱼的水域,鱼则生活得很健康。由此可以证明,清洁鱼是称职的鱼医生。在海洋里,大约生活着 40 多种清洁鱼。它们的医院一般设在有珊瑚礁或岩石突出的地方。有人曾发现,一条清洁鱼在 6 个小时内医治了几千条病鱼。

4. 海洋馆请来“医生鱼”

广州海洋馆的海底世界里，饲养着3条身长超过1.8米的豹纹海鳝，饲养员发现大海鳝口腔牙缝中的食物残渣不少，身上附有外来寄生虫，考虑到这将会影响到它们的健康，海洋馆工作人员及时采取措施引进一批“医生鱼”为它们治病。

2005年8月2日，广州海洋馆把100多尾“医生鱼”，分别放养在海底世界的各大鱼缸。一到“新家”，“医生鱼”就开始忙碌，东游西窜在鱼群中穿梭，认真地寻找有病、有寄生虫的鱼。奇怪的是凶猛的鲨鱼、威猛的龙趸、尖齿獠牙的裸胸鳝……见到这些“医生鱼”游来，都显得十分温驯，并张开大嘴、打开鳃盖，任由“医生”进入“清污治病”，而不会吃掉它们，情景相当有趣。

5. “医生鱼”给人类治病

在土耳其的温泉里，栖息着许多能治病的“医生鱼”。医生鱼的绝活是为人治疗各种皮肤病、皮肤溃疡和丹毒。世界各地有不少人慕名而来，希望享受到医生鱼的神奇治疗。当患有皮肤病的人进入温泉时，成群的“医生鱼”就会团团围过来，对准患处开始啄咬。小鱼的啄咬加上温热的泉水不断冲洗患处，就好像在做全身按摩，使患者感到十分舒服。

“医生鱼”的治疗十分有效。9天内，“医生鱼”就可以替人治愈奇痒难忍的皮肤病，而且再也不会复发。

动物因何能充当信使

1. 鸽子充当信使

1815年，法国拿破仑在滑铁卢战役中被击败。得胜的英军把写有这个消息的纸条，缚在一只信鸽的脚上。结果这只信鸽飞越原野，穿过海峡，回到伦敦，第一个把胜利的消息送到了伦敦。

1979年，我国的对越自卫反击战中，某部一个侦察员得了急病，医生诊断需用一种药品，可身边没有，如果派人去后方取药，已经来不及了。他们便用军鸽去后方取药，仅用30分钟就取回来了，使病员得到及时抢救。

2. 狗当信使

据《晋书》记载，陆机育养一犬，名叫黄耳，陆机到洛阳做官时，很久都没有家里的消息，于是，他对黄耳开玩笑说："吾家绝无书信，汝能书驰取消息不？"

这条狗竟然摇尾答应了。陆机就试着写了一封信，装在竹筒中，系在黄耳的脖子下，它就寻路南走，一直送到了陆机家中。

3. 野鸭充当信使

美国著名的动物学家佛曼训练了一批野鸭，让它们把气象表和各种科学情报，送到很远的地方去。这些野鸭能将捆在爪子上的照片和稿件准确地送到报社。

4. 蜜蜂充当信使

野鸭

上世纪末，法国科学家捷伊纳克还利用蜜蜂，和5000米以外的朋友保持通讯联系。他们互相交换了一些蜜蜂后，便将它们禁闭起来。需要传递信件时，就把写满字的小纸片粘在蜜蜂的背面，然后放飞。蜜蜂信使便向自己的家飞去。

5. 充当信使的条件

有些科学家认为，鸽子两眼之间的突起，在长途飞行中，能测量地球磁场的变化。有人把受过训练的20只鸽子，其中10只的翅膀装了小磁铁，另外10只装上铜片。放飞的结果是：装铜片的鸽子在两天内有8只回家，可是带磁铁的鸽子4天后只有一只回家，并且显得筋疲力竭。

这说明，小磁铁产生的磁场，影响了鸽子对地球磁场的判断。从而断定，鸽子对飞行方向的判定的确与磁场有关。更多科学家认为，鸽子能感受磁场和纬度，它们用这些感受来辨别方向。

科学家们不但对鸽子为什么不迷路各持己见，对其他动物长途跋涉不迷路也是众说纷纭。谁是谁非，有待进一步研究。

动物之间的互助精神

1. 帮助对方剔牙的猩猩

我们经常可以看到，各种动物为了自己的生存，与不同类甚至同类动物，展开你死我活的斗争。然而，在少数动物间也有互助互爱，乃至舍己救人的行为。

在一个动物园里，美国斯坦福大学的生物学家们发现，一只名叫贝尔的雌性黑猩猩，常常从地上拣起一根根小树枝，并认真地摘掉枝上的叶子，站在或跪在其他雄性黑猩猩身边，一只手扶着它的头，另一只手拿着光秃秃的小树枝，伸到那雄性黑猩猩的嘴里，剔去它牙缝中的积垢。原来它是用小树枝作为牙签，给别的雄壮黑猩猩剔牙呢！

有时，贝尔还直接用手指给雄性黑猩猩剔牙。科学家们观察了6个月，发现几乎每一天，贝尔都会给别的猩猩剔一次牙，每次3分钟至15分钟。

2. 共享食物的白尾鹫

生活在草原上的白尾鹫，互敬互爱的行为更是让人敬佩。这种专门以野马等动物尸体为食的鸟类，在发现食物之后，会发出尖锐的叫声，把自己的同伙招来共享。吃的时候总是先照顾长者,让年老体弱的鹫先吃饱以后,其他鹫才开始吃。家里还有幼鹫的母鹫,回家之后,还会把吃下去的肉吐出来喂幼鹫。

3. 联合对敌的狒狒

非洲坦桑尼亚的坦噶尼喀地区是狒狒的栖身之地。狒狒晚上宿在树林里,临睡之前,它们总要看看周围是否有狮子、巨蟒等天敌。

据美国科学家实地考察,狒狒群通常到有水源的地方去饮水,而狡猾的狮子和巨蟒,常常在水源处等候着它们的到来。因此,每一次饮水,都是狒狒群的一次计划周密的集体战斗行动。

它们出发之前,总是由最强壮有力的狒狒在前面开路,中间是雌性、幼年狒狒,后面是一些成年雄狒狒。一旦遇上潜伏的狮子或巨蟒,打先锋的狒狒便与来犯者进行勇敢的搏斗,其余的狒狒从地面抓些石块迅速上树,一齐大声吼叫助威,并向敌害猛烈投掷石块和果实。在这种情况下,狮子或巨蟒往往是心虚胆怯,狼狈而逃。

除了自已团结对敌以外,还能与周围其他受威胁的动物结成统一战线,一起防范凶暴的敌人。狒狒最可靠的盟友是羚羊和斑马,因为它们共同的敌人是狮子。

4. 异类动物互助现象

不仅同类动物之间互帮互助,而在不同类动物间也有这种行为。在非洲,有一只小羚羊和一头野牛结伴而行。羚羊在前走,野牛在后面跟着,每走几步,野牛便哀叫一声,小羚羊也回过头来叫一声,似乎在应答野牛的呼唤。

假如小羚羊走得太快了,野牛就高喊一声,小羚羊马上原地立定,等那野牛跟上后再走。这是怎么回事呢?原来野牛眼睛害了病,红肿得厉害,已无法单独行动,小羚羊在为它带路。

河马见义勇为的精神,曾经使一位动物学家感叹不已。在一个炎热的下午,一群羚羊到河边饮水,突然一只羚羊被凶残的鳄鱼捉住了,羚羊拼命抗拒可也无法逃命。

这时,只见一只正在水里闭目养神的河马,向鳄鱼猛扑过去。鳄鱼见对方来势凶猛,只好放开即将到口的猎物逃之夭夭。河马接着用鼻子把受伤的羚羊向岸边推去,并用舌头舔羚羊的伤口。

5. 动物互相帮助之因

有关动物互帮互助的例子不胜枚举,科学家们已经肯定动物之间有互助精神。

那么动物为什么会有互助精神呢?

有的科学家认为,动物的这种行为是自然选择的结果。因为在求生存的斗争中,一种动物间如果没有互助精神,就很难生存与发展;有的科学家认为,近亲多半有着同样的基因,同一种群动物的基因较为接近,因此会有互助精神。对于动物为什么会有互助精神这一问题,科学家们各执已见,始终没有一个完美的答案。

动物嗅觉之谜

1. 利用狗的嗅觉破案

在感觉和判断微量有机物质方面,任何先进的检测仪器都不能超越人的鼻子。自然界中的气味多于几十万种,一般人可以嗅出其中几千种气味,而经过训练的专家则能嗅出几万种气味。和人鼻相比,狗鼻子更加灵敏。

警犬破案用的就是它灵敏的鼻子。我们知道,人身上有着丰富的汗腺、皮脂腺,每个人分泌出的汗液和皮脂液味道是不同的,我们称之为人体气味。人鼻子较难分辨不同人的人体气味,而狗却可以。将犯罪分子穿过的衣服、鞋子或用过的用品给警犬嗅过后，它就能顺着气味去追踪逃犯，或者将混在人群中的坏人嗅出来。

海关人员利用狗的特殊嗅觉功能，训练它们搜寻毒品。目前，贩毒、吸毒已成了世界性的犯罪行为。经过训练的狗，能够搜寻出藏于行李中或汽车中各个角落的毒品，它们屡建奇功，使得贩毒分子闻狗丧胆。

2. 利用狗的嗅觉救人

在瑞士等多山国家中，高山滑雪是人们喜爱的一种运动，由于雪崩等自然灾害造成事故时，常常有滑雪者被埋于雪中。当地人训练了一批救护犬，每当发生滑雪者失踪事件时，就派这种救护犬上山寻找。它们身背标有红十字的口袋和救援队员一起跋涉于高山积雪之中。由于它们的努力，不少遇险者获得了第二次生命。

在欧洲的一些城市，煤气公司训练了一批狗，作为“煤气查漏员”。由于管道煤气的使用日趋广泛，要查找埋藏于地下的泄漏煤气管道是一个难题。如果不能找到泄漏处，漏出的煤气在地下某一地方会积累起来，它们一遇上明火就会发生爆炸或燃烧。在查漏方面，狗是人类得力的助手，一发现问题，它就会狂吠不止，以引起人们的重视。

3. 利用狗的嗅觉扫雷

狗还是很好的地雷搜寻者。现代化的战争中，布雷成了保护自己、消灭敌人的重要手段。过去多用金属探测器来查找地雷，因为大多数地雷是用金属作为外壳的。

后来，兵工专家改进了外壳材料，采用塑料或其他非金属性材料来做外壳，一般的金属探测器就找不出它们。经过训练的狗能够嗅出火药的气味，所以不管用什么材料做外壳，它们都能把地雷查找出来。在战争中，它们的工作挽救了成千上万战士的生命。

还有的地质部门，训练狗帮助人们查找矿藏。

4. 金丝雀会预测毒气

在煤矿中有毒或易燃气体的存在，常引起井下爆炸，或发生煤矿工人中毒的事故。

人们发现，金丝雀对于这类气体很敏感，矿井中存在的微量有毒气体，在对矿工尚未造成威胁时，金丝雀就会出现窒息中毒的症状。所以，一些矿工在下井时带着金丝雀，将它们作为“生物报警器”。同样的办法，也在某些生产有毒气体的工厂中使用。

5. 昆虫的化学感受器

和人类、鱼类不同，昆虫的嗅觉既不靠鼻子，也不靠皮肤或嘴唇上的感受器，它们靠的是嘴巴周围的触角或触须，这是昆虫的化学感受器官。在触角上，遍布着接受和处理气味信息的嗅觉细胞和神经网络。在麻蝇的触角上有 3500 个化学感受器，牛蝇的触角上则有 6000 个，而蜜蜂的触角上更有 12000 个化学感受器。正因为有了这些先进的工具，它们的嗅觉才特别灵敏，普通的家蝇可以识别 3000 种化学物质的气味。

6. 昆虫靠嗅觉寻配偶

昆虫嗅觉还用于寻找配偶。在昆虫繁殖期，雌性的昆虫能释放出一种叫做性引诱剂的激素。雄性的昆虫嗅到了这种气味后，就飞向雌性的昆虫。雄昆虫对这种性引诱剂的嗅觉特别灵敏。科学家实验发现，性引诱剂的含量已稀释到每立方厘米的空气中只有一个分子，而雄蛾依然能分辨出。科学家们利用现代的分析手段，搞清楚了一些昆虫性引诱剂的结构，并且在实验室中，用化学方法合成了同样的激素。利用这些人造的性引诱剂，在农田中捕杀害虫，已成为一种新的植物保护手段。

7. 不同动物的灵敏嗅觉

大象的视力很差，它全靠灵敏的嗅觉去寻找食物、发现敌害。而这种有选择性的敏感性还在生命的繁衍中遗传给后代，使之天生就具有遗传气味选择记忆能力；骆驼能在80000米外闻到雨水的气味；牛能嗅出浓度低达1/10万的氨液；猴子、野猪等动物中的领袖能够发出使其他雄性动物屈服的气味，只要闻到这种气味，即使没有见面也马上服服帖帖。

动物身上的年轮揭秘

1. 不同动物身上的年轮

锯倒一棵大树，观察树桩断面上的年轮，就可以知道这棵大树的年龄。那动物身上也有年轮吗？

不同动物的年轮隐藏在不同的部位，五花八门。鲤、鲫鳞片上的同心圆，就是显示鱼龄的年轮。为了看得很清楚，一般将鳞片洗净，煮一下，再把它浸入两份苯和一份乙醚中，去掉脂肪，使它干燥后观察。河蚌的贝壳上有明显的一圈圈生长线，那就是它的年轮。大黄鱼、小黄鱼的耳石上也可以找到年轮。

怎样了解庞大的鲸的年龄，多年来一直是个难题。过去曾用许多方法来测定：一是有人认为鲸出生时是雌鲸体长的1/3，根据幼鲸体长的增长，可以推算年龄；二是观察鲸体上白色伤痕数目，测算年龄，因年龄越老的鲸，受细菌、寄生虫寄生后留下的伤痕越多。以上方法都有缺点，测算的年龄不够准确。1995年发现鲸的耳垢是推算年龄的最好办法。

2. 鱼类的年轮的表现

生活在水中的鱼类是个庞大的家族，它们的年轮表现有所不同。如产于我国东北的大马哈鱼，它的年轮在鳃盖骨上；鲨鱼的年轮在背鳍棘上；著名的大小黄鱼的年轮则在耳石上。此外，一般鱼类的年轮记录在鳞片上。仔细观察，会发现上面有许多同心的环纹，一个环纹代表一年。

大自然年复一年的周期变化，决定了鱼类生长的快慢，而鱼的生长状况便在鳞片上留下了真实的痕迹。春夏时节，鱼儿的食饵丰富，水温又较高，正是生长旺季，鱼儿长得快，鳞片也随之长得快，便产生很亮很宽的同心圈，圈与圈的距离较远，这是“夏轮”。

进入秋冬后，水温逐渐下降，水域中食饵减少，鱼儿的生长放慢，鳞片的生长也随之放慢，产生很暗很窄的同心圈，圈与圈的距离较近，这是“冬轮”。这一疏一密，就代表着一夏一冬。等到翌年的宽带重新出现时，窄带与宽带之间就出现了明显的分界线，这就是鱼类的年轮。

3. 鲸的耳垢的特殊结构

鲸的耳垢与人的耳垢大不相同，耳垢不能从外耳道掉出来。鲸的外耳道不是一直管，而是呈 S 型。耳垢积存在耳道中，由表皮角质层脱落的细胞和脂质所构成，脂质少、角化程度高、呈长圆锥形，像一个栓，所以又是耳栓。把耳栓切成纵剖面，上有交替的明亮层和暗色层，数清多少明暗交替的条纹，就可以推算出鲸的年龄。

鲸的耳栓上的明暗条纹，就和树木的年轮相似。明亮层是夏季索饵期形成的，那时候营养条件好，形成的脂质多；暗色层是冬季繁殖时期形成的，那时鲸几乎过着绝食生活，耳轮上的角质多。真奇怪，鲸的年轮竟会在耳垢形成的耳栓上。

4. 判断动物年龄的方法

在购买骡、马等家畜的时候，知道它们的年龄是相当重要的。因为家畜的年龄大小直接影响它的价格。所以在农贸集市上，在买卖牲畜时，买主要掀起牲畜的嘴唇,仔细观看它们的牙齿,以确认牲畜的真实年龄,进而考虑价格是否适当。

另外,像鹿等野生动物,知道它们的年龄也具有重要的意义。这样可以使其群体经常保持年轻健壮,以保证它们能良好地繁衍后代。如果是年老的雌雄交配,生育出来的后代就较差。因此,一些动物园和动物保护区,年老的动物都不用来繁殖后代,而是淘汰掉。

其他野生动物,没有鹿那样的年龄特征,则只能根据体格和毛色的浓淡,以及行动来判断它们的年龄。

现在已有了利用显微镜,检查兔子、黄鼠狼等动物的骨头,来确定其年龄的方法。这种方法是切取野兔等动物的下颌骨,将其磨制成薄片,染色后在显微镜下观察,能看到骨头的层次,根据骨层的多少,便可准确地推断动物的年龄。因为小动物的寿命都较短,所以使用这种方法是相当有效的。如果是象和鲸那样的大动物,则只要取其牙齿在显微镜下鉴定,就可知道它的年龄了。

动物也有语言

1. 同地异类无法沟通

每一种飞鸟几乎都有自己独特的语言,而且互不相通。有这么一个故事,在某个动物园中,一只野鸭闯入了红鸭的窝中,把老红鸭赶走,自己帮助红鸭孵出了一窝小鸭。可是这些小红鸭根本听不懂野鸭的语言,不听从它的指挥。小鸭们乱成一团,野鸭也毫无办法。后来来了只大红鸭,它只讲了几句土话,小红鸭就乖乖地听它的话了。

2. 异地同类无法沟通

不仅不同种动物之间语言不通,而且同种动物之间也有方言。美国宾夕法尼亚大学的佛林格斯教授研究了乌鸦的语言，而且将它们的语言用录音机录制下来。当成群的乌鸦从天上飞过时，佛林格斯教授在地上播放他先前录制的乌鸦的“集合令”，这时乌鸦群就乖乖地降落在地上。当他将乌鸦的“集合令”录音带，带到另一个国家去播放时，就不灵了。

佛林格斯教授发现，居住的国家和地区的不同，乌鸦的语言也不一样。法国乌鸦对美国乌鸦讲话录音就一窍不通，甚至于对它们的呼叫也毫无反应。

3. 行为语言交流

动物还会运用各种不同的行为来表达它们的意思，这也是一种无声的语言。例如长颈鹿在发生危险时，会用猛烈的惊跑来向同伴传达警报；野猪在平时总是把尾巴转来转去，但一旦觉察到有危险时，就会扬起尾巴，在尾尖上打个小卷给同伴报警；蜜蜂在发现蜜源以后，就会用特别的“舞蹈”方式，向同伴通报蜜源的远近和方向。

有一种小蟹，雄的只有一只大螯，它们在寻求配偶时，便高举这只大螯，频频挥动，一旦发觉雌蟹走来，就更加起劲地挥舞大螯，直至雌蟹伴随着一同回穴。有一种鹿是靠尾巴报信的，平安无事时，它的尾巴就垂下不动；尾巴半抬起来，表示正处于警戒状态；如果发现有危险，尾巴便完全竖直。

4. 蜜蜂的交谈方式

蜜蜂之间的交谈，是通过舞蹈来表达的。蜜蜂除了舞蹈的姿势以外，还要用翅膀的振动声来表达。振翅声的长短，表示蜂巢到蜜源距离的远近，振翅声的强弱则表示花蜜质量的好坏。这样，蜜蜂就能通过舞蹈语言和振翅语言，把蜜源的方向、距离、蜜量多少等信息通报给伙伴。

5. 训练黑猩猩“说话”

美国有一对夫妇，采用美国聋哑人通用的哑语，去教一只名叫娃秀的雌性猩猩。他们非常用心地训练娃秀，和它生活在一起，给它创造非常好的学习环境。经过两年的训练,娃秀可以理解和领会60种手势,其中有34种可以在日常生活中灵活运用,如吃、去、上、请、内、急、听等,它还能将一些手势连贯起来。

人们期望,将来能训练猩猩来进行一些简单的劳动。

动物生物钟之谜

1. 动植物的生物钟

在自然界里,很多生物的活动都受到"生物钟"的影响。如雄鸡黎明报晓,猫头鹰昼伏夜出,在潮水到来时招潮蟹就出现在洞口,都是生物钟在起作用。

有些植物也是按照自己的生物钟来活动的,如牵牛花在太阳出来之前就打开了喇叭,蒲公英在清晨6点才绽出花蕊,该中午开的花就中午开,该晚上开的花就晚上开。

2. 生物学家的实验研究

有人发现,许多昆虫都能利用自己体内的天体定向器来保持正确的行动方向,即借助于阳光来定向,蜜蜂和大蚂蚁等昆虫就是这样。

可德国的生物学家贝林通过实验发现,一些动物的定向不一定非借助阳光不可。他将蜜蜂关在暗室里,发现即使没有阳光,甚至在完全黑暗的情况下,它们也能察觉出昼夜的变化。

瑞士昆虫学家维纳尔和兰费郎科尼利用大蚂蚁做的实验,更能说明这个问题。

大蚂蚁中的工蚁常常到几百米以外的地方觅食,他们就把这些工蚁放进黑洞洞的潮湿的容器里。过了6个小时,带到一个它们不熟悉的地方放出来,同时在它们头上安装一个特制的东西,使蚂蚁看不见能够当作定向目标的各种物体。其结果令人惊讶,153只蚂蚁都顺利地找到了自己的家。这个实验表明,这种蚂蚁既具有稳定的记忆力,能够记住太阳在一天的不同时间里在天空运行所走过的路线,而且还具有时钟系统,这使它们能够找出正确的方向。

3. 未解之谜

怎样来认识动物体内的生物钟,至今还是一个悬而未绝的谜。有人分析这可能是来源于动物空腹感的“腹时钟”;还有人认为这种时钟可能与物质代谢的速度有关。

不过这些还都仅仅是猜测,其具体的生理机制,还有待进一步研究。

揭秘动物的超常感

1. 对小狗旅程的研究

动物和人一样,也具有超常感本能,它们也能够预感危险,这就是它们的心灵感应。

1923 年 8 月,在美国俄勒冈州,布雷诺带着两岁的小狗博比去印第安纳州的一个小镇度假时,博比不幸走失了。结果 6 个月后,博比历尽千难万险,历经 3000 千米路程,终于从印第安纳州回到了俄勒冈州的家。

之后,俄勒冈州的动物保护协会主席,返回到博比走失的原地点。沿途访问了许多见过、喂过、收留它住宿,甚至曾经捉过它的人,最后证实了这一切确实可信。

与此同时,科学家却想到一个问题,博比并没有沿着它的主人往返的路线走,而它走的路与主人走过的路相距甚远。博比所走过的几千千米路,是它根本不熟悉的道路。那它是怎么找到回家路的?

2. 什么是动物超常感

研究结果使人们相信,这只小狗之所以能回家,是靠着一种特殊的能力和感觉找路的,这种本领与已知的犬类感觉完全不同。有人认为动物这种神秘的感觉和能力,是一种人类尚未了解的超感知觉,或者称之为趔常感。

超常感指的是有些动物能够以超自然的感觉感知周围的环境,或者与某人、某事,或与其他动物之间心灵相沟通。然而,这种沟通似乎是通过我们人类并不知道,又无法解释的某些渠道进行的。

3. 动物超常感的反应

多少年来,在世界各国都发现了很多动物的超常感行为。例如,它们有的会跑到从来没去过的地方找到主人;有的似乎还能预感到自己主人的不幸和死亡;有的能预感到即将来临的危险和自然灾害,如地震、雪崩、旋风、洪水以及火山爆发等。

1976 年我国河北省唐山大地震之前的四五天,一向很怕见人的老鼠,一反常态拼命地逃离房屋,在大街上乱窜,动物园里的动物也莫名其妙地横冲直撞。

动物的主人在大祸来临时,可能会影响动物的超自然感觉。反过来,也可能影响动物的主人。曾担任加拿大总理 22 年的麦肯齐·金,就曾预感到他自己十分喜欢的爱犬帕特要大祸临头。

有一次,总理的手表突然掉在地上,时针和分针在 4 时 20 分停住了。这位总理就感觉帕特在 24 小时内就要列了。第二天晚上,帕特爬到它主人的床上,躺在那里静静地死去了,时间恰好是 4 时 20 分。

4. 动物超常感的研究

动物的超常感,引起了世界各国的科学家的重视,并做了大量的研究。科学家们发现,某些动物确实具有一些非常奇特的感觉本能,并能以独特的方式,利用人类具有的感觉本能。还有一些动物的某些感官功能,是我们人类完全没有的。而还有一些动物的超常感,则是我们现在还没能完全了解到的。

1965 年,荷兰的动物行为学家延伯尔根在他著的书中写道:“多动物的非凡本能,以特殊生理作用为基础。至今,我们还没有了解这些作用。因而,才把这些本能叫做'超感知觉'。"

动物世界有着许许多多我们未知的领域,在这些领域里,充满了神奇和奥秘。即使今天的动物学研究已经有了很大的发展,但动物的超常感本能的奥秘,仍然是我们所不了解的。

老鼠不能绝迹的奥秘

1. 捕杀老鼠的方法

多少年来,人们一直在想方设法消灭老鼠,但始终不能使它绝灭。

人们先用机械的办法捕杀老鼠,但这种办法杀灭老鼠的数量大分有限。近几十年来,人们发明了许多杀灭老鼠的药物。可每次用一段时间后,这些药物也就失去了作用。

2. 老鼠的抵抗能力

据说,苏格兰的一个农户,发现了不怕老鼠药的老鼠。科学家研究发现,这种老鼠已具有遗传性的抗药能力。也就是说这种老鼠已具备了抗药的基因,它们的子子孙孙也都能抵抗药害。

老鼠不但不怕药害,而且连具有强大杀伤力的核放射也不怕。据 1977 年 7 月的美国《地理杂志》报道:第二次世界大战之后,美国在西太平洋埃尼威托克环礁的恩格比岛和其他岛屿上试验原子弹,炸出一个巨大的弹坑,同时放射出强大的射线。

几年后,生物学家来恩格比岛,发现岛上的植物、暗礁下的鱼类以及泥土,都还有放射物质,可是岛上仍有许多老鼠。这些老鼠长得健壮,既没有残疾,也没有畸形。这可能与老鼠洞穴有一定的防御作用有关。然而,老鼠本身的抵抗能力,也是十分令人惊讶的。

3. 集体自杀的老鼠

1981 年春,在我国西藏墨脱的一个江边拐弯处,成群的老鼠从四面八方聚集在那儿,集体从山崖顶上往江里跳。结果所有老鼠都被翻腾的江水淹死了。

老鼠集体自杀的原因还不清楚,有的科学家认为,可能那些到了海边的老鼠,认为海洋也只不过是一条它们可以游过的小溪或一潭水,而没有意识到那是游向死亡。

4. 老鼠的繁殖力强

一只母鼠在自然状态下,每胎可产出 5 只至 10 只幼鼠,最多的可达 24 只,妊娠期只有 21 天。幼鼠经过 30 天至 40 天发育成熟,雌性即加入繁衍后代的行列。如此往复,母鼠一年可以生育 5000 左右子女,所以说自杀的老鼠与老鼠的总体数量相比,那就像大海中的一滴水了。

老鼠为什么不能灭绝,它为什么有如此大的抵抗能力呢?要揭开这些令人费解的谜,还需要科学家们不断地探究。

鱼类洄游的秘密

1. 鱼的嗅觉器官

人和高等哺乳动物是依靠鼻子来辨别气味的,而鱼却不一样。鱼类的嗅觉器官和味觉器官,都长在嘴巴周围和唇边上。

有些鱼的同类器官分布在鳍上或在鱼皮上,在这些地方有一种纺锤状的细胞。这些细胞是一种感受器,能从周围的水中接受各种信息。

鱼类在水中运动,大体上可分为两种:一种是没有一定规律的,如临时躲避敌害的袭击,追逐俘获物,或其他偶然性的运动等。这类运动有时连续发生,有时则很长时间没有出现,移动的距离或持续时间一般较短,而且没有一定的方向和周期性,因而被称为“不定向移动”。

另一种则相反。它的运动是有目的性的,时间和距离相当长,有一定路线和方向,而且在一年或若干年中的某一时间,某些环境条件下,做周期性的重复,因而形成了所谓“定向移动”,这就是通常所说的洄游。

2. 大马哈鱼洄游现象

在海洋中度过青少年时期的大马哈鱼,到了性成熟的时候,就成群游向河口,并以一昼夜四五十千米的速度,逆水而行,到离海洋数百千米的河流上游产卵。

它们在洄游途中,不思饮食,只顾前进,遇到浅滩峡谷、急流瀑布也不退却。有时为了跃过障碍,竟碰死于石壁上。到达目的地后,因长途跋涉,体内脂肪损耗殆尽,憔悴不堪。绝大多数大马哈鱼在射精及产卵后就死去,不能看护自己的后代。受精卵在河水中发育成小鱼后,顺水而下,回到海水生活四五年,又沿着父母经过的路线,回到河流的上游产卵。

大马哈鱼

3. 鳗鱼洄游现象

生活在江河中的鳗鱼,却与大马哈鱼相反。它们长大以后要在海洋中产卵。鳗鱼在繁殖季节也有勇往直前的精神,当它们遇到河道阻塞,无法前进的时候,会不顾死活地离开水面,沿着潮湿的草地,翻越重重障碍,奔赴大海。鳗鱼在完成繁殖后代的使命之后,有的累死了,有的同子女一道回到故乡。

在许多情况下,洄游的鱼类是成群结队的。例如黑海里的鳀鱼,就是著名的例子。成群结队的海鸥,常因饱食了拥挤在海面的鳀鱼而不能飞翔,有时鱼群大量游来,竟使海湾淤塞。100 多年前,巴拉克拉夫海港,曾因大量鳀鱼拥进,挤得水泄不通,大量的鱼因而闷死腐烂,臭气弥漫,竟然成灾,成了世界奇奇闻。

4. 鲑鱼洄游现象

鲑鱼是一种非常著名的溯河洄游鱼类,是一种相当奇妙的鱼类,出生于淡水的河流,却在成长期游入大海,在咸水的环境中长大,觅食,等到产卵期时却又跋涉千千米,再一次回到淡水环境的故乡生出下一代,如此循环不已,生生不息。

在西雅图东方的鲑鱼产育中心,来自几千千米外的鲑鱼努力地溯游而上,与急湍而下的水流搏斗,偶尔一个腾跃,身长可达 0.6 米的大鲑鱼“刷”的一声跃上 1 米高的鱼梯,充满了动感之美。

在大自然中,鲑鱼的伴侣亲子关系是很令人动容的,在秋日的产育中心里,我们看见许多长相狰狞的奇怪鲑鱼,原来在长达几千千米的溯蝣过程中,鲑鱼会遇上千奇百怪的天敌,因此为了吓跑敌人,雄鲑鱼会在这段期间长出狰狞的下巴尖刺,尽职地护卫母鲑鱼。而等到它们完成产卵责任时,便会满身伤痕地力尽而死,而沉在水中的身躯,便是日后出生小鲑鱼的食料,小鲑鱼成长后再流入大海,等到产卵期再次回来,如此世世代代,绵延下去。

5. 洄游的原因

究竟什么原因促使鱼类做这样的洄游呢?首先是受到外界条件的影响。鱼类也和其他动物一样,它的活动受到温度的影响。由于鱼类在水中生活,除了温度,水流和盐度等对鱼类的洄游都有影响。

水流对鱼类的洄游,特别是对幼鱼的洄游起着重要作用。因为对幼鱼来说,它们缺乏必要的运动能力,不能与强大的水流作斗争,因而只能完全被水流所“挟持”，随着水流而移动。许多成鱼的洄游，在很大程度上也受水流所左右。

是什么因素引导着鱼类，游向它们的家乡呢？

根据研究，是它们家乡溪流中水的成分和水的气味。它们家乡的土壤、植物和动物持有的气味溶解在河水之中后，成为引导鱼类洄游的路标，在这中间，鱼类的嗅觉起了至关重要的作用。

至于鱼类如何在海中寻找到它们熟悉的江口。从而循气味游向家乡，这仍然是一个未解之谜。

蝙蝠之谜

1. 蝙蝠大量捕食之因

蝙蝠是一种能飞翔的哺乳类动物。每当夜幕降临的时候，空旷寂静的山坳间、崖洞内、湖塘上，成群的蝙蝠舒展灰黑色的肉翼灵巧翻飞，穿屋越脊觅食蚊蝇飞虫。

蝙蝠捕捉蚊虫的效率惊人。它们从秋天开始冬眠，直至来年春天才苏醒。因此，它们必须捕食成千上万的蚊虫，以便使体内积蓄足够的脂肪，才能保证冬眠时的消耗。

2. 蝙蝠不靠眼睛捕食

蝙蝠究竟怎样在能见度较差的黄昏，捕捉到如此多的蚊虫呢？

18 世纪意大利生物学家、天主教士斯帕朗扎尼，试图解开这个谜。他抓了一只蝙蝠，用蜡封住它的双眼，然后把它放走。那只被蜡封住双眼的蝙蝠，居然若无其事地飞上天空捕捉蚊虫。这证明它根本不借助眼睛捕食。

3. 蝙蝠依靠回声捕食

那么,蝙蝠是用嗅觉捕食吗?斯帕朗扎尼又用蜡封住蝙蝠的鼻子,然后放飞,蝙蝠照旧不受影响。斯帕朗扎尼又假设蝙蝠靠听觉去捕食,于是又用蜡把蝙蝠的耳朵堵上进行试验。只见它在空中盲目地飞行,可怜地东碰西撞,最后掉落地面。设想被证实了。

斯帕朗扎尼将自己的发现,写信告诉法国大名鼎鼎的动物学家居维叶。居维叶看了信后朗声大笑,不无讥讽地说:"这个用耳朵看东西的动物故事,到底是怎么一回事?斯帕朗扎尼教士最好还是去做他的弥撒……"

此后几十年,再无人提及此事。

直至18世纪后期,法国物理学家朗之万发现声纳,才又对蝙蝠进行观察研究。最终才明白,蝙蝠飞行时,能发出一种人耳听不到的超声波。超声波与飞虫相遇后,反射回来经耳道传人大脑,大脑对回声进行分析对比,迅速判断出飞虫位置,随后蝙蝠便以迅雷不及掩耳之势将飞虫吞食。

解开这个谜后,人们对蝙蝠的认识还是很有限,它的特殊习性又引起人们的好奇。

4. 蝙蝠识别方向之谜

法国洞穴专家卡斯特雷在西班牙的岩洞中,发现了一种随季节迁徙的巨型蝙蝠——灰顶飞狐。这种蝙蝠寻找家乡的本领,也是受其声纳系统指挥的吗?卡斯特雷从洞中捉了10多只蝙蝠,系上环形标志,装入藤条箱里准备将它们带到几百千米外放飞,目的是观察它们是飞回岩洞,还是呆在原地惊慌失措。

于是,卡斯特雷将藤条箱运到火车上。火车徐徐开动了,藤条箱里的蝙蝠一动不动,仿佛死了一般。完全出于偶然,那条铁路从卡斯特雷捕获蝙蝠的那个岩洞附近经过。当火车行至距岩洞最近的地方时,箱内的蝙蝠全醒了过来,它们开始"咻咻"叫,喧闹不已……

蝙蝠如何知道火车正在经过自己的家呢？它们是看不到外界景象的，它们的声纳系统在飞速行驶的火车上是无法辨别外界的地形构造的。

那么，是靠嗅觉吗？可蝙蝠是不靠嗅觉来识别方向的。那又是靠什么呢？各国科学家在苦苦思索，试图早日解开这个谜。

5. 冬眠蝙蝠集体死亡之谜

2009年3月26日，美国科学家在该国最大的蝙蝠栖息地阿地伦达克地区发现，原本处于冬眠期的蝙蝠突然集体醒来，并在白天时候在冰天雪地中飞行，所有这些醒来的蝙蝠最后都离奇死去。

科学家担心在蝙蝠种群内部发生了传染病或者是中毒事件，但更为具体详尽的结论尚不得而知。

蝙蝠只在夜间活动，并且一到冬天，它们便进入冬眠状态。这些蝙蝠的异常举动，让生物学家非常担心，根据他们的说法，如果不能及时找出其中原因，这有可能导致该地区甚至是整个美国的蝙蝠死亡殆尽。

在一个冬天里，纽约州四处蝙蝠栖息地中有90%以上蝙蝠死亡。生物学家担心接下来纽约州15个主要的蝙蝠栖息洞穴都将面临同样的灾难，同样也包括马萨诸塞州的一些蝙蝠栖息地。

通过对死亡蝙蝠尸体进行观察发现，这些蝙蝠都非常瘦弱，并且在已经死亡的蝙蝠肢体上发现一些白色菌点。目前科学家还无法确认这些蝙蝠是因为何种原因死亡。

6. 蝙蝠唾液的妙用

据墨西哥国立自治大学的一个科学家小组发表的一份研究报告说，一种叫口蝠的蝙蝠唾液能够溶解血栓。因此，它可以用于治疗心肌梗死及脑血栓患者。这种蝙蝠的唾液，没有副作用，其中含有一种可以溶解人类血栓的蛋白质，如果把它用来治理心脏病，血液循环会立即恢复正常。这可以使一位突发心肌梗死患者,在短时间内恢复正常。

由于蝙蝠是狂犬病的携带者,若提制蝙蝠唾液,必须制定安全措施。另外蝙蝠唾液还要进行处理,因为蝙蝠唾液中的纤维强蛋白溶酶原含量很高,不宜直接用于治疗。

候鸟迁徙的秘密

1. 鸟类迁徙的现象

鸟类为了生存,夏天的时候在纬度较高的温带地区繁殖,冬天的时候则在纬度较低的热带地区过冬。夏末秋初的时候这些鸟类由繁殖地往南迁移到度冬地,而在春天的时候,由度冬地北返回到繁殖地。人们把鸟类的这种移居活动,叫做迁徙。

当然并不是所有的鸟类都要进行迁徙,一部分鸟会常年居住在出生地,甚至终身不离开自己的巢区。有些鸟则会进行不定向和短距离的迁移。迁徙中的鸟一般会结成群体,在迁飞时有固定的队形。一般有人字形、一字形和封闭群。一字形队又分为纵一字和横一字形两类。这种方式的结群中,鸟类之间是有相互关系的,有的具有一定的群体结构。

迁飞中,保持一定的队形可以有效的利用气流,减少迁徙中的体力消耗。

2. 鸟类迁徙的原因

那为什么有的鸟类会有迁徙现象呢?有的科学家认为,远在10多万年前,地球上曾出现过多次冰川期。冰川来临时,北半球广大地区冰天雪地,鸟类找不到食物,只好飞到温暖的地方。后来冰川逐渐融化,并向北方退却,许多鸟类又飞回来。由于冰川周期性的来临和退却,就形成了鸟类迁徙的习性。

有的科学家认为,鸟类迁徙的根本原因,是受体内一种物质的周期性刺激而导致的。这种刺激物质可能是性激素。有时候，由于这种物质刺激导致的迁徙本能，可能超越母性的本能。因此，在这些鸟类中往往可以看到，当迁徙季节来临时，雌雄双亲便抛弃刚出生的小鸟而远走他乡。

也有的科学家用生物钟来解释鸟类迁徙现象。而现在，人们普遍认为，鸟类的迁徙与外界环境条件的变化、和它自己内在生理的变化有着密切的关系。

3. 候鸟迁徙省能源

还有一个困惑人们的问题就是，鸟类迁徙中的"能源"问题。

鸟类在迁徙过程中，一般要飞行几千千米甚至上万千米，中途几乎都不休息。

它们是怎样来完成这样艰苦旅行的呢?

有人认为鸟是把脂肪作为能源来利用。它们在准备长途迁徙之前，就大量进食，以便贮藏大量脂肪，供飞行之用。

但鸟一般体积都比较小，它怎么可能贮存那么多的脂肪，来供自己长途飞行呢?

有人曾对鹬做过观察，发现它从加拿大的拉布拉多半岛飞往南美洲，行程大约3850千米，其体重只减轻了0.056千克。如果能把鸟类在飞行中节约能源的秘密揭开，那对人类的贡献将是不可估量的。动物迁徙之谜还有待于继续研究。

4. 候鸟迁徙如何识途

候鸟迁徙的路线一般都比较远，可它们不但可以准确地返回故乡，还能毫无差错地找到旧巢。这是怎么回事呢?

有人认为，它们是靠着对所行路线地形地物的观察、熟悉和记忆，来确定回飞路线的。这种说法可以解释短距离飞行，却无法解释其远距离的复杂飞行。

有人发现在鸽子眼睛的上方，有一块磁性物质。经研究，鸽子是靠它与地球磁场产生联系来辨别方向的。但并不是所有候鸟都有这种磁性物质,这不能解释全部候鸟识途定向问题。

有人分析,候鸟白天飞行大概是靠着太阳来辨别方向,晚上飞行是靠着星辰来辨别方向。

有人曾做过这样的实验,他们把正在飞行的候鸟装在笼子里,用镜子把太阳光反射入笼,并不断变换反射方向,鸟便随着光线的变动飞行。这说明它是靠着太阳来辨别方向的。

但阴天怎么办呢?还有人做过实验。他们把鸟放在天文馆里,播放夜间的天象。当天顶出现北欧秋天的星座时,鸟就把头转向东南;当出现巴尔干天空的星座时,鸟便将头转向南方;当出现北非夜空时,鸟便朝正南飞。

看来,候鸟靠星辰识途定向是一种比较有说服力的观点。当然,这还不是最后的结论。

5. 企鹅识途现象

科学家们在南极发现,那里的企鹅每到冬季就出海,到没结冰的地方以捕鱼为生;等春天到来的时候,它们又长途跋涉,回到自己的故乡,并且准确无误。

这一段距离足有几百千米,甚至上千千米。要知道,南极洲是一片茫茫雪原和冰川,没有任何标记可供企鹅识记,这使科学家们困惑了。企鹅这种独特的识途能力,向科学家们提出了挑战。为解开企鹅识途之谜,各国的动物学家纷纷奔赴南极进行研究和观察。

6. 科学家的实验

科学家们做了各种各样的试验。有人在远离企鹅故乡几百千米以外的地方,将一只只企鹅分别放进洞穴里,然后在上面盖上盖子。过了一段时间,企鹅从洞里出来了。起初,那几只企鹅不知所措地徘徊了一阵,随后就不约而同地把头转向它们的故乡所在的方向。

经过多次观察，科学家们初步认定，企鹅识途与太阳有关，而与周围环境无关。它们体内的指南针，是以太阳来定向的。但是，企鹅要想用太阳来定向，它就必须具备与太阳相配合的体内时针，以便能从某一特定时刻的太阳位置，来推定出哪儿是它们的家乡。

可是，企鹅的体内时针是什么，它又是怎样与太阳相配合的，这些人们一时还说不清楚。

7. 鸟类迁徙的经度定位

苇莺等鸟类能够寻找回 1000 千米以外的原始迁徙路线，这种迁徙导航功能令科学家们惊奇不已。

一份刊登在《现代生物学》杂志上的科研结果表明鸟类确有巡航功能。它们可能至少有两个相当于地理纬度、经度的方位参照维度。

很多相关研究已有充分证明：除了其他重要因素外，鸟类迁徙过程的确利用了地磁信息。

研究人员表明，欧亚大陆的苇莺可以确定经度方位，具有双维度导航功能。这个奇妙功能为人类研究鸟类迁徙提供了一个新的挑战。

究竟是什么指引鸟类确定东西方向的经度定位目前还没有答案。

动物尾巴用处很大

1. 尾巴是游泳器

动物身后大都长有一条尾巴，可不能小瞧这条尾巴。

夏天，你可以看到鱼在自由自在地游泳，鱼儿究竟靠什么游泳呢？根据科学家试验证明，尾巴是主要推进鱼体和使鱼儿转向的器官。鱼在水里靠尾巴的左右摆动，对身体周围的水施以压力，得到水的反作用力，使自身向前行进。同时，鱼在遭遇强敌时，其尾巴既可以作为搏斗的武器，也是自我保护的利器。

2. 尾巴是飞行舵

鸟儿是靠翅膀在空中飞行的。鸟儿的尾椎愈合形成了尾椎骨，藏在体内脊柱末端。在短短的鸟儿尾巴上，丛生着又长又宽的羽毛，这些羽毛展开时好似扇子，能够灵活转动，便于掌握飞行方向，所以鸟尾在飞行时起到舵的作用。

另外，爬行动物中的飞蜥，哺乳动物中的飞鼠和鼯鼠等，它们在空中滑翔飞行时，靠尾巴平衡身体和控制方向。

3. 尾巴是平衡器

澳大利亚的袋鼠种类很多，其中红大袋鼠与人差不多高，后肢极为强大，约为前肢的5倍至6倍长。另有一条粗壮而有力的尾巴，长可达3米。平时，它的前肢不落地面，常用后肢与尾巴支撑身体，以便休息。只有在吃草时，前肢才落地面。跳跃时，尾巴维持身体的平衡。老虎、豹子、松鼠从高处跳跃时尾巴都可以当作降落伞起减缓坠落速度的作用。

我们常见的马、牛等哺乳动物，它们也长有一一条长长的尾巴，而且尾巴术端还长着丛生的毛，当它们奔跑时，尾巴高高竖起，也起平衡身体的作用。

4. 尾巴是强武器

产于非洲尼罗河上游的尼罗鳄，在世界鳄类中是大名鼎鼎的。这种鳄个头很大，一般体长4米至5米，大者可达8米，重约1000千克左右。它生性凶暴，又长又粗的尾巴是相当危险的重型武器。它见到牛、羚羊、鹿等哺乳动物在河边饮水的时候，会突然将铁鞭似的尾巴向上一扫，把这些动物打入河里。然后张开大嘴，饱餐一顿。其他一些鳄类，也能用类似的行为伤害人畜。

在无脊椎动物中，也有用尾巴作为武器的。蜜蜂和胡蜂是大家熟悉的昆虫，它们的腹部尾端有螯针，与毒腺相通。如果人扰乱了它们，或者捣毁了它们的蜂巢，它们就会用螯针螫人，并将毒液注入到人体，使人中毒。

蝎子的尾部有一对毒腺，在行走时，张着双螯，翘起尾部，遇到猎物或敌害就用双螯钳住，尾端勾转将尾刺刺入对方身上，注入毒液。

4. 尾巴是捕食器

蝙蝠在起飞时，很像一个个风筝，从前肢、躯体、后肢，直至尾巴间，有一层薄薄的翼膜，好像风筝上的糊纸，又犹如鸟儿的翅膀。有的蝙蝠可以自由蜷缩尾巴和后肢之间的翼膜，使其成为篮形。蝙蝠为什么要伪装成吊篮呢？因为它们依靠这个法宝，才可以捕捉身体较大的昆虫。

此外，不同动物的尾巴都有不同的作用，如啄木鸟、袋鼠的尾巴起支撑作用，懒猴在树上睡觉时它的尾巴卷住树的枝干起握持固定作用，雄孔雀的漂亮尾巴是它争夺雌孔雀做配偶时的主要工具。

第十三章　动物的生存之道

动物的繁殖

从低等的单细胞动物到高等的哺乳动物，在它们生长发育成熟的时候都会进行繁殖。求偶时各种动物都会各显其能，有的利用特殊的声音来吸引异性，有的利用视觉效果，还有的利用巢穴的筑建、漂亮的羽毛、优美的舞步来吸引异性。

从无性繁殖到有性繁殖，动物的繁殖方式真是五花八门，有的甚至是匪夷所思。每种动物都用自己的方式来保证种群的繁衍。人们总是认为母爱是最伟大、最无私的爱，然而在动物界有些父爱更感人。比如，帝企鹅和海马便是尽职尽责的好父亲；花溪鳉鱼与黄鳝可谓比帝企鹅和海马更辛苦，它们是既当爹又当妈……

1. 含辛茹苦的好爸爸——宝宝的孵化

哺育后代，被人们理所当然地认为是妈妈们的责任，尤其是孵卵肯定是它们义不容辞的义务。然而，对于帝企鹅和海马来说，这条准则却不适用。这项艰巨的任务由称职的父亲——企鹅爸爸和海马爸爸完成，它们打破常规，堪称创造了动物界的奇迹。

帝企鹅爸爸

帝企鹅为现存企鹅科企鹅属中体形最大的一种，成鸟体长110～130厘米，仅次于飞翔在南大洋的巨型海鸟——漂泊信天翁，体重可达41公斤。帝企鹅终年活动在南极大陆周围沿海地带，堪称南极大型土著动物，因其种群数量少，也被看做南极的象征。帝企鹅是游泳健将，主要生活在海里，它的一生有三件大事，分别是繁殖、换羽和觅食。帝企鹅的繁殖和换羽都是在陆地上完成的，在繁殖之前，它们会先换羽，同时开始求偶。帝企鹅平均三四岁就有繁殖能力，每三年可以繁殖两次。

在寒冷的南极，帝企鹅们一年只会进行一次"聚会"。每年4月份，南极开始进入初冬，帝企鹅们便爬上岸来，开始寻找自己的另一半，"聚会"就这样开始了。在这次大型聚会中，雌雄帝企鹅会通过"跳舞"或是"唱歌"的方式来吸引异性。当然二追一的现象也会发生，那么它们是如何决定胜负的呢？原来，最终谁能抱得"美人"归，就看谁是相互厮打之后的胜利者。这样，情投意合的帝企鹅们才算最终完成了人生大事。

雌帝企鹅交配之后便集体迁徙到一个合适的地方。在怀卵一个多月后，即5月份左右，雌帝企鹅会产下一枚淡绿色、重约500克的蛋，并交给雄帝企鹅，然后返回到食物丰富的海洋中，以补养身体。这是因为怀卵期间雌帝企鹅会产生妊娠反应，大约一个月左右无法进食。

雄帝企鹅会用嘴将蛋拨到足背上，然后放在它们温暖的腹部，把蛋盖住。帝企鹅爸爸十分辛苦，它们要进行两个多月的孵化，而且在此期间，一直弯着脖子，低着头，不吃不喝地站立着，承担着孵蛋的重任，并完全靠消耗自身脂肪维持生命。几千只帝企鹅爸爸互相挤靠在一起取暖，背部向外，抵御时速超过160千米的刺骨寒风。外部的企鹅会轮流转到较温暖的中间去，一群雄帝企鹅慢慢地挪动、慢慢地旋转，最里面的渐渐地到了最外面，在挪动的过程中，帝企鹅爸爸们会小心翼翼地保护着"育婴袋"里的蛋，因为，企鹅蛋只要在风中冻上两三分钟，就永远孵不出小企鹅了。

经过两个月的坚持，7月中旬到8月初之间时，小企鹅们陆续孵化出来了，这时，雄帝企鹅可以稍微放松一下了。然而正在饱餐中的雌帝企鹅还要再过两个多月才能回来，在她们返回之前，小帝企鹅没有食物吃，只靠母亲留给它体内的卵黄作为营养，维持生命，所以经常饿得喳喳叫，甚至用嘴叮啄雄帝企鹅的肚皮。如果小企鹅太饿，雄帝企鹅会反刍出一些胃液喂到小企鹅的嘴里，但由于雄帝企鹅自己也长时间没有进食，所以这种分泌物其实没有任何营养。

雌企鹅们在“酒足饭饱”后会游回岸边，不过它们还要走很长一段路才能到家。雌帝企鹅依靠雄帝企鹅的叫声在几千只帝企鹅中寻找自己的家人，找到家人后便将胃中的食物反刍出来喂给小企鹅吃，这也是小企鹅真正意义上的第一顿饱餐，倘若食物够多，它也会十分慷慨地把食物分给别家的孩子。而此时，雄帝企鹅终于可以到海中饱餐一顿了。从此，夫妻双方开始共同抚养小企鹅。

海马

海马属刺鱼目，海龙科，平均体长约10厘米。它的头部与马相似，并长着一个管状的吻，还有一条逐渐变细能卷曲盘绕的尾巴，尾巴上还生有一个尾鳍。自然界中几乎所有的动物都是雌性繁殖下一代，但海马却是一种非常神奇的动物，它是由雄海马分娩出来的。

当海马的繁殖季节到来时，雄海马的前腹就会慢慢地长成一个像袋鼠妈妈的“育儿袋”一样的孵卵囊，雌海马会把卵子排到雄海马的孵卵囊中，雄海马也会将精子通过输精管排到“育儿袋”中，完成受精。怀孕期间，海马爸爸的“育儿袋”里会产生浓密的血管网层，胚胎血管网联系起来，像子宫一样供应胚胎发育时所需要的营养。“育儿袋”除了可以给小海马提供生长发育时所需要的养分，还可以提供安全温暖舒适的环境，以保护海马宝宝不被其他鱼类吃掉。

此后，雄海马就担起孕育的责任，在怀孕10～25天里，雄海马可以携带2000多只小海马幼体。当小海马在海马爸爸肚子里发育到一定时候，便由爸爸把它们一个又一个地“生”下来。过程是这样的：海马爸爸用尾巴拴住一棵海藻，身体前后摇晃，然后突然把身体往后一仰，小海马就会从“育儿袋”中弹出来，小海马脱离父体后，便开始独立生活。而海马妈妈在孩子的整个生育过程中，除了排卵之外，便无所事事，一切均由雄海马“代办”了。但这不是真的由父亲生小孩,因为海马爸爸的“育儿袋”只是起到孵化器的作用,卵还是来源于海马妈妈。

在动物行为学上,这种雄性参加育儿的现象叫做“雄性对后代的投资”,是一种牺牲自我、保存后代的父爱表现。但雄性参加育儿也是有条件的,这便是父亲对其亲子的确认程度,即确认幼儿是否为该雄性所出的程度。如果在确认程度低的动物社会中,即对父亲来说不容易判断孩子是不是自己的,雄性育儿行为就不发达;在确认程度高的动物社会中,即对父亲来说容易判断孩子是自己的,雄性育儿行为就很发达。

2. 既当爹又当妈——花溪鳉鱼与黄鳝

帝企鹅爸爸能孵卵育儿,海马爸爸能“怀孕”产崽,但从根本上说,它们还是属于“孩子”的父亲,因为帝企鹅和海马爸爸提供的是精子,卵还是来源于妈妈们。可是花溪鳉鱼和黄鳝却大不相同,花溪鳉鱼是雌雄同体,黄鳝能够发生性逆转,它们是既可以当爹又可以当妈的。接下来让我们一起了解它们。

神奇的花溪鳉鱼

作为鱼类群体中非常奇特的一种,花溪鳉鱼可以说是严重打破了鱼类的生存规则,它不仅雌雄同体,不通过交配便可生儿育女,而且还经常跑到树上去“逛逛”,甚至在树上待上数月之久。

花溪鳉鱼是鳉鱼中的一种,分布于美国佛罗里达州、拉丁美洲和加勒比海地区红树林密布的沼泽地带。这种鳉鱼长约 5 厘米,重 100 毫克左右,是一种娇小的鱼类。

花溪鳉鱼雌雄同体,既有雄性生殖器官产生精子,又有雌性生殖器官产出卵子。花溪鳉鱼产生的卵子和精子直接在体内完成受精过程,随后受精卵才被产到水中,继续发育。锵鱼家族的鱼卵会随着雨水的减少和沼泽的干涸而埋在干燥的泥层中。经过几个月后,当甘霖再次浸润大地的时候,幼鱼就会纷纷破土而出。它们的鱼卵必须经过较长时间的干燥贮存阶段,才能正常发育。

在雨水充沛的季节，花溪鳉鱼像普通的鱼儿一样，生活在沼泽地的泥潭或被水淹没的蟹类洞穴中，当雨水减少、泥潭干涸时便用身体拍打水面，借助反弹力跃上沼泽里的树上，躲进树枝或者树干的裂缝中。在那里，它们的鳃和皮肤功能发生变化，腮用来保持水分和营养，皮肤用来排出废物。而当几个月后再次回到水中时，它们鳃和皮肤的功能会立即恢复，又"变"回正常的鱼儿。

"忽男忽女"的黄鳝

花溪鳉鱼，雌雄同体，如果说它们是"亦男亦女"的话，那么黄鳝这类动物就是"忽男忽女"了。因为黄鳝会发生性逆转，就是指动物在发育过程中，性别发生转换的现象。

黄鳝这种向随性雌雄同体，属于雌性先熟型雌雄同体。所有的黄鳝出生时都是雌性，它们的生殖腺从胚胎到成体都是卵巢，只能产卵，但当性成熟产卵后，卵巢就会逐渐退化，同时，分布于生殖褶上的原始精原细胞开始生长发育，形成精小囊，并逐渐发育为精巢，黄鳝也就从雌性变成了雄性。这一发育过程是单向的，即由雌性变为雄性后不能再由雄性逆返为雌性个体。

在野生状况下，繁殖期中黄鳝的雌雄比例一般是：前期雌多于雄，中期趋于相等，后期雄多于雌。它们一般是子代与亲代相配，即雄鳝会和性逆转之前所生子代雌鳝交配，也有少量是子代与前两代雄鳝交配的。在雌鳝变性前，黄鳝实行短期的"一夫一妻"制，如果有雄鳝靠近已有交配对象的雌鳝，原雄鳝会向其发起猛烈的攻击。一般情况下是胜者为王，败者会自动退出，但也有不气馁、不放弃的雄鳝，会等待机会，一旦雌鳝排卵，它们会一样冲向卵排精。

3. 懒"人"有懒法——寄生的行家

寄生是指一种生物从另一种生物的体内摄食其养分生活，在繁殖的过程中，也会有各种各样的寄生。杜鹃，可以说是最不负责任的母亲，不建巢、不孵蛋，连喂孩子也由"养父母"代劳；鮟鱇鱼，生活在深海中，雄鮟鱇经常赖着雌鮟鱇不放，吃的都得靠雌鮟鱇供应。

借巢孵卵——杜鹃

“布谷布谷，布谷布谷……”杜鹃鸟，也称布谷鸟，它们绚丽的羽毛、婉转的歌喉，为大自然增添了许多情趣和生机。但是这种鸟在繁殖方面却是个不尽责的母亲。杜鹃繁殖后代的方式被称为“巢寄生”。春夏之际，雌雄布谷鸟交配，交配后雌雄布谷鸟便不在一起了。雌布谷鸟就要产蛋了，但它们却不会自己筑巢。它会寻找与其卵大小、颜色等都较相似的寄主，如画眉、苇莺等鸟类的巢穴。而杜鹃还会经常“踩点”：常飞到巢位附近的低矮树上或到支撑巢位的香蒲丛上伸颈探头观望巢址、认定巢位。目标选定后，它便利用寄主不在的时候快速偷偷地产下蛋。有时，也利用自己和鹞形状、大小及体色都相似的特点，由远及近地飞来，并将翅膀拍打得很响，以吓唬正在孵卵的小鸟。小鸟误认为是天敌，吓得落荒而逃，这时，杜鹃便可以胡作非为了。在每个巢穴，杜鹃只产一个蛋，而且它会把巢穴中已有的一只蛋扔掉或是吃掉，把自己的蛋放在其中，以防止寄主认出。由于卵较为相似，再加上画眉、苇莺等鸟类又没有严格分辨异卵的能力，杜鹃便可以轻易得逞了。

杜鹃鸟

杜鹃的卵孵化得快，孵出来的雏鸟有一种天生的本能。在雏鸟孵出第三天，两眼还未睁开，全身羽毛尚未长出，两腿还不能站立的时候，它就能用背部特有的凹坑，将同巢中尚未孵出的其他卵或已孵出的雏鸟全顶出巢外。它之所以这样做，是因为它不久就会长得很大，食量需要吃光“养父母”所能找到的全部食物。当“养父母”回来，看见巢中只剩下唯一的幼雏，不但没有疑心，还会更加尽心地哺育它。雏鸟长得很快，二十几天后体形已经是“父母”的几倍大了，这时的杜鹃已经羽翼丰满，可以独立觅食了。杜鹃离巢后便单独飞走，从此不会再回来探望"养父母"。可悲的"父母"却仍然不知道这不是它们的亲生"儿女",辛苦不说,最终反而变得"无儿无女"。

深海中的懒汉——鮟鱇

鮟鱇鱼,又名"蛤蟆鱼"、"老头鱼"、"丑婆"等,也有人把鮟鱇鱼评为最丑陋的鱼。这也难怪,你瞧,它的头大而扁平,口又宽又大,下颌布满大小不等、带倒钩的利齿,嘴张开时堪称血盆大口。它的体表柔软,无鳞,但有黏液,尾部较细,头和背部还有许多短而硬的刺。无论怎么看,面相都有点吓人。

鮟鱇是一种世界性的鱼类,分布在大西洋、太平洋和印度洋。在海中分布极广,从浅海、近海直到几千米的深海都有其踪影。我国有黄鮟鱇和黑鮟鱇两种,黄鮟鱇分布于黄渤海及东海北部,黑鮟鱇多见于东海和南海。在海上捕捞经常会碰到一种情况,那就是捕捞的鮟鱇都是雌鱼,一般见不到雄鱼,这究竟是怎么回事呢?仔细观察捕到的雌鱼,你就会找到答案。雄体比雌体小得多,雌鱼长一百厘米以上,而雄鱼只有八九厘米长。雄鱼出生后不久,便开始选择它的终身伴侣。找准后,以口吸附在雌体上,靠吸取雌鱼的血液以获取氧气和营养成分,进行寄生生活,这种现象被称为"性寄生"。但由于这种鱼非常稀有,又异地独居,因此找伴侣实属不易。而且深海中饵料缺乏,捕食不易,所以,一旦找到合适的对象,雄鱼就会毫不犹豫地将牙齿咬进雌鱼身体的柔软部位,紧咬着不放。常见的组织排异性面对它们如胶似漆的结合也无济于事。除了嗅觉器官和生殖腺发达之外,雄鱼的其他器官均逐渐退化,个体也逐渐变小,开始了"懒汉"生活。

这种性寄生对于雌鱼是有点不公平,但正是因为这种繁殖方式,才能既保证雄鱼的生存,又维系了种群的繁衍。在深海这种特殊的生存环境之下这也不失为最可靠的一种繁殖方式。

4. 弱肉强食,只留强者——老鹰与鲨

大自然中的一切生物遵循着一条定律:优胜劣汰,适者生存。为了生存,不

仅种群之间弱肉强食，适者生存，就连在同一窝出生的幼体之间，手足相残也是有可能发生的。某些猛禽类，如鹰、雕等，遇到灾年食物不足，幼鸟便会相互攻击，就连母鹰也只喂给强者；凶残的幼鳖还在母亲体内时就已经开始激烈的竞争。

老鹰喂食

老鹰位于食物链金字塔的顶端，是所有鸟类中最强壮的种族。但是，你知道鹰族这么强大的原因吗？这是因为，老鹰从小就开始了魔鬼式的训练。

老鹰孵化小鹰之前，会先做一个孵蛋的窝，但与众不同的是，老鹰习惯性地都把窝巢筑在树梢或是悬崖陡壁。它们先用尖嘴衔一些荆棘放在底层，再叼来些尖锐的小石子铺放在荆棘上面，最后再衔些枯草、羽毛或兽皮盖在小石子上。

老鹰一般每窝产下四五枚卵。小鹰孵化后，母鹰按时叼回食物喂入小鹰嘴中。但由于巢穴很高，所以捕回来的食物一次只能喂食一只小鹰。而老鹰喂食并不像其他母亲那样公平地一只一只地喂，而是每次都喂给那只抢得最凶、抢得最猛的小鹰。在此情况下，瘦弱的小鹰吃不到食物都被饿死了。最终只有最凶狠的才能存活下来，受到父母的精心喂养。

幼鹰长到足够大的时候，母鹰就不再喂养小鹰了，而且还会驱赶小鹰自已去觅食。而母鹰的训练方法却很残忍。鹰妈妈会把巢穴里的铺垫物全部扔出去，露出尖锐的小石子和荆棘，小鹰被扎得疼痛难忍，啾啾直叫。它们不得不爬到巢穴的边缘。这时，狠心的鹰妈妈还会不断地搅动窝巢，把它们从巢穴的边缘赶下去。当这些小鹰开始从悬崖或是高耸的树枝向下掉时，它们不得不为了生存拼命地挥动翅膀，努力地飞起来。这就是母鹰训练小鹰飞翔的方法。

在母鹰哺育小鹰的过程中，每个细节都体现了适者生存的法则。这种方法似乎缺乏温柔的母爱，但正是这种狠心哺育方式，才保证了该种族的优越性，使老鹰一族愈来愈强壮。

幼鲨相残

鹰是空中的王者，鲨鱼也是一样，它是海中的霸王。那么不同领域的两个霸主在繁殖方面有哪些相似和不同之处呢？跟鹰相比，鲨鱼幼崽之间的竞争显得更加残忍！

鲨鱼的繁殖方式为有性繁殖，但不同种类的鲨鱼受精卵的发育过程是不同的，大体可分为三类：卵生，卵胎生和胎生、卵胎生和胎生的鲨鱼受精卵均在子宫里发育，为胎生，它们的区别在于前者营养来源于卵黄囊或由卵巢排入子宫的卵，而后者来源于卵黄囊胎盘。这两种发育方式的小鲨鱼，均在鲨鱼妈妈的肚子中，待基本长成完整个体时才会产出。虽然这样可以避免盐分对受精卵和胚胎的损害，但正是这种生殖方式使它们的竞争在胚胎中就开始变得残酷。

幼鲨在子宫中的数量较多，一般能达到数十尾。但幼鲨在母亲的体内时就已经长出锋利的牙齿，开始撕咬甚至吞食身边的兄弟姐妹，到出生时，只剩下为数不多但极其凶残的小鲨了。人们曾在大西洋海岸的一种虎鲨的肚子里发现了这一现象。

5. 问世间情为何物——丹顶鹤与鸳鸯

在动物世界中，或是一夫多妻制，或是一妻多夫制，而一夫一妻制的很少见。丹顶鹤和鸳鸯就属于这种单配制鸟。从古至今，它们对“爱情”的忠贞一直被人们所尊重和歌颂。

痴情的丹顶鹤

因头顶有“红肉冠”而得名的丹顶鹤是鹤类中的典型代表，它是东亚地区所特有的鸟种，也是我国的一级保护动物。

丹顶鹤的繁殖期从每年 3 月份开始，持续 6 个月，到 9 月份结束。丹顶鹤的求偶方式非常明确，有优美的舞蹈、嘹亮的鸣叫。它们的配偶形式为“一夫一妻”的单配制，一旦结成伴侣，将彼此共度终身。丹顶鹤的寿命也很长，可达 60 多年。

丹顶鹤 4 月中下旬开始营巢产卵，它们在浅水处或湿地上营巢，巢材多是芦苇等禾本科植物。丹顶鹤每年产一窝卵，产卵一般 2 ~ 4 枚。孵卵由雌雄鸟轮流进行,孵化期 31 ~ 32 天。属早成鸟,2 岁性成熟。待幼鸟学会飞行,人秋后,丹顶鹤从东北繁殖地迁飞南方越冬。

恩爱夫妻——鸳鸯

鸳鸯可谓家喻户晓,它们是一对恩爱夫妻。鸳鸯,亚洲的一种亮斑冠鸭,动物分类学上属于雁形目鸭科,又名乌仁哈钦、官鸭、匹鸟、邓木鸟。鸳指雄鸟,鸯指雌鸟,是经常出现在中国古代文学作品和神话传说中的鸟类。鸳鸯白天常在水面中心处漂浮游荡,夜间常在阔叶树林中活动,晨昏常在水田和岸边的沼泽地活动。

如果你见过鸳鸯,就会发现雄鸳鸯的色彩极为艳丽。它的头上披着一束绿色、白色和栗色镶成的冠羽,喙为少见的鲜红色,额部和头顶中央为带有金属光泽的翠绿色,枕部红铜色的羽毛、后颈暗绿暗紫色的羽毛都很长,上体颜色较深,部分部位带有绿色的金属光泽,下体颜色较浅。雄鸟有一个显著的特征,它的最后一枚飞羽特化,形成竖起来的帆状结构。雌鸟远不如雄鸟漂亮,通体颜色为暗灰色,雌鸟头上有一道白眉,灰褐色的背部,纯白色的腹部,淡妆素裹,朴素大方。

民间传说鸳鸯一旦配对,便会终身相伴,即使其中一方死亡,另一方也不再寻觅新的配偶,直至孤独终老。因此人们将鸳鸯视为永恒爱情的象征,故自古鸳鸯便成为形容恩爱夫妻的典型称谓。后来也出现了我们熟悉的鸳鸯枕、鸳鸯锅等等。

动物的学习

学习是一种复杂的行为变化过程,它在动物的生命活动中有着重要的地位。动物当然不用背着沉重的书包去上学,不用做家庭作业,也不用把成绩单交给家长看,但是,它们也必须学习,而学习成绩则用于评估它们一生中唯一的活动:生存。

众所周知,动物在成长过程中,其行为时常会发生明显的改变。引起动物行为变化的原因主要有三种:首先是动力,例如一只饥饿的小鼠会不断快速地吞下食物,但吃饱了之后,它会忽略任何进一步提供的食物。其次是成熟,最明显的成熟改变行为的例子就是性成熟。在大部分种类中,性成熟的成年个体的行为与较年轻的成员的行为迥然不同。最后是学习,也就是我们将要重点讨论的内容。

1. 授之以鱼不如授之以渔——母狮教幼狮捕食

狮是唯一一种雌雄两态的猫科动物。狮的体形巨大,公狮身长可达180cm,母狮也有160cm。狮的毛发短,体色有浅灰、黄色或茶色,不同的是雄狮还长有很长的鬃毛,鬃毛有淡棕色、深棕色、黑色等等,长长的鬃毛一直延伸到肩部和胸部。狮的头部巨大,脸型颇宽,鼻骨较长,鼻头是黑色的。狮的耳朵比较短,母狮的耳朵好像是个短短的半圆,而美洲狮的耳朵则比较长也比较尖。另外,狮属于猫科动物中的豹亚科。狮的前肢比后肢更加强壮,它们的爪子也很宽。它们的尾巴相对较长,末端还有一簇深色长毛。狮子猎食有着严格的分工,公狮负责圈地,看到一块没有被其他狮子发现的土地,先撒几泡尿表明土地所有权,然后由母狮在领地内狩猎,捕到猎物,公狮、母狮一起享用。狮子的这种分工跟人的"男主外,女主内"有异曲同工之妙。

母狮教子捕食

成群的斑马、羚羊和几只长颈鹿在水渠边悠闲地饮水,这场面是多么祥和迷人。但谁知此时危机四伏:几只狮子正在周围窥视,伺机发动进攻。无论对于捕猎者还是惨遭其杀戮的猎物,每天上演的都是相同的故事。肉食动物在草原上掠食,必须面面俱到:选择合适的窥视地点,耐心地盯梢,接近猎物的最佳路线,恰到好处地扑上去咬住猎物的喉咙,不能早也不能迟……这一切都需要精密的计算。从这个角度讲,肉食动物就像一个缜密的计算天才。对猎食者而言，如果要袭击一只时速36公里，也就是一秒钟能跑10米的猎物，则必须在十分之一秒的时间内预测到猎物的下一个位置，直接冲向那个地方，同时还要计划好下一个捕猎的动作，以便应付目标物的反抗。所以在整个猎食的过程中，发动袭击的肉食动物要预见、猜测目标的行踪，有时甚至要赌上一赌。

母狮最先行动，它起身径直向目标走去，而它的姐妹或小狮子们也并非无动于衷，一只绕到左方，一只转向右方，还有一只切断猎物的后路。人类可以通过手机互相传递信息，而母狮之间没有任何信号，依靠的是百分之百的心有灵犀。每只狮子对自己的任务都“心知肚明”。一切看来都准备就绪了，但这并不表明母狮们会马到成功，相反，在大多数情况下它们都是败兴而归的。每一个狮群联盟都有自己独特的捕猎策略，独来独往者往往空手而回，这也是它们为什么保持“永久”合作关系的原因。小狮子在多次参加捕猎活动的同时就学会了技巧和方法。

2. 跟着爸爸学唱歌——幼鸟学鸣叫

鸟类鸣叫是对内外环境刺激的一种反应。许多鸟类学家经过长期观察和研究证实，鸟类的确能通过鸣声进行交流，彼此间了解相互的意图。

鸟类学习鸣叫

鸟类的鸣声就是种群内个体之间相互沟通信息的“语言”，是与鸟类的集群、取食、领域、求偶、育雏、报警等活动有关的声通讯行为。所以，许多年幼的鸣禽必须要学会典型的代表其种类的鸣叫声，这种学习过程包含了观察和练习两个必不可少的部分。幼鸟在出生后不久就会聆听亲鸟的鸣叫，其后才会自己练习鸣叫。实验证明若人为剥夺幼鸟的这两种经历过程，其长大后就根本不会像同类那样发出特殊的悦耳叫声。

鸟儿的鸣叫声悦耳动听，对鸟儿而言更是一项重要的生存技能，同时也是一项重要的本领，它关乎鸟儿能否占领领地、吸引异性、在残酷的环境中生存下来。所以需要认真学习才能掌握，失去双亲的孤鸟没有父母传授这项技能，往往不能正确鸣叫。为了帮助孤鸟学习鸣叫技能,英国防止虐待动物协会专门录制音乐 CD 光碟,教授它们学习鸣叫。后来发现,让被关在笼中的鸟儿多听鸟鸣声,能帮助它们提高鸣叫本领。

3. 跟着妈妈学捕食——小猩猩取食白蚁

黑猩猩是黑猩猩属的两种动物之一,但由于黑猩猩和人类的基因相似度达98.77%(最近有些研究为99.4%),所以亦有学者主张将黑猩猩属的动物并入人属。它们的原产地在非洲西部及中部。由于黑猩猩在生理上、高级神经活动上、亲缘关系上与人类最为接近,所以是医学和心理学研究,以及人类的宇宙飞行最理想的试验动物。但国际法律明文规定,不论任何理由任何方式,都不能用猩猩科属的动物做医学研究等试验。

人类的亲戚——黑猩猩

黑猩猩是与人类最相似的高等动物,研究表明,一些黑猩猩经过训练不但可以掌握某些技术、手语,而且还能用电脑键盘学习词汇,其能力甚至超过两岁儿童。然而研究人员无法训练它们用人类的语言大声讲话,这是为什么呢?1996 年 1 月 19 日,美国科学家发现,黑猩猩被抓痒时也会笑,笑的同时还呼吸,听上去就像链锯开动的声音,而人类讲话或笑时呼吸是暂时停止的,这是因为人能够很好地控制与发声有关的各部分隔膜和肌肉。科学家认为,能否讲话的关键在于神经系统对气流的控制,人类能讲话就是突破了这方面的限制,而黑猩猩却无此能力,这就揭开了黑猩猩不能讲话之谜。

在动物世界里,每天都在演绎着"大吃小"的故事。不同的动物会采用不同的方式来取食。有些动物靠积极的猎狩获取食物,另一些动物则采取等待和伏击的方法获取食物。在大自然这个广阔的舞台上,各种各样的动物以其杰出的才干演出了一幕幕有趣、紧张的话剧。

右图就是一幅很有趣的画面:小猩猩善于将草秆捅进白蚁穴内,待白蚁爬满后抽出,抿进嘴里吃掉。这些本领都是从小在妈妈的带领下学会的,以便更好地适应环境。

4. 年轻无极限——猕猴带领大家学习新技能

猕猴是我国常见的一种猴类，体长51～63厘米，尾长20～32厘米。体重4～12千克左右。头部呈棕色，背上部棕灰或棕黄色，下部橙黄或橙红色，腹面淡灰黄色。鼻孔向下，具颊囊。臀部的胼胝明显。

猕猴带领大家学习

猕猴是最常见的一种猴。它个体稍小，颜面瘦削，头顶没有向四周辐射的旋毛，额略突，肩毛较短，尾较长，约为体长之半。四肢均具5指（趾），有扁平的指（趾）甲。它身上大部分的毛色为灰黄色或灰褐色，腰部以下为橙黄色，有光泽，胸腹部和腿部的灰色较浓。

猕猴

不同地区的猕猴，个体间体色往往有差异。它的面部、两耳多呈现肉色，臀胝发达，多为红色及肉红色。其中雌猴的颜色更赤。雄猴一般身长55～62厘米，尾长22～24厘米，体重8～12千克；雌猴身长40～47厘米，尾长8～22厘米，体重4～7千克。我国是猕猴的富产国，60%以上的省（区）都有猕猴，虽然分布不均、分布区不连续，但分布面积仍相当广。据近年来各地对猕猴不完全的估算综合统计，目前我国的猕猴数量约20万只左右。其中主要产区之一的广东省约1万只；广西约3～5万只；贵州约3～5万只；云南约5～6万只；其他地区共约3～4万只。从一些地区的调查结果分析，目前，猕猴最多仅为四五十年前的20%～30%。以广东、广西、湖南、福建、河南等地的猕猴数量下降最甚，许多地区甚至连猕猴遗迹都断绝多年了。

猕猴同其他许多动物一样，出生后不久，也要通过自然选择对环境变化产生适应，除了本能以外还要学习其他的行为方式。如模仿学习就是最为常见的一种学习行为方式。一次，一只日本猕猴的马铃薯块掉进水里，捞上来后发现大部分泥土洗掉了，吃起来毫不费力，这样日本猕猴都学会了在水中洗去马铃薯块上的泥土。模仿行为在动物对环境的适应上有着重要意义，因为它使得动物能从同种其他个体的经验中学习而不必消耗精力与时间从头做起，还可以绕过完全依赖遗传机制的途径来继承传统。如右图，就是猕猴在模仿人类喝水的动作。

研究资料表明，前额皮层是多重感觉皮层，视、听、体感觉刺激都能引起前额皮层的反应。行为电生理学的研究提示，在猕猴行为作业的学习过程中，前额皮层神经元参与感觉注意、信息的短时记忆及行为动作的准备。

猕猴掌纹特征

有人采用油墨印模法收集了15只猕猴的手(脚)掌纹，并进行了分析。

实验的结果是猕猴的手(脚)掌纹呈现两大特点，即猕猴的指(趾)间区，小鱼际区，脚弓区纹型出现频率非常高，每个指(趾)间区纹型频率达95.5%以上；手掌小鱼际区纹型频率131.8%；脚掌小鱼际区59.1%；脚弓区81.8%。且上述各区出现的纹型斗形纹频率最高，指间区斗形纹频率为77.3%，趾间区是40.9%，手掌小鱼际区是59.1%。

实验最后得出的结论是：以上特点可作为灵长目分类的参考。

5. 失败乃成功之母——小鹌鹑学啄食

鹌鹑属于鸟纲，鸡形目，雉科，鹑属，是雉科中体形最小的一种禽类，成体体重为66~118克，体长148~182毫米，尾长约46毫米。鹌鹑的驯化与养殖在我国有悠久的历史，文字记载可以追溯到春秋时代。野生鹌鹑尾短翅长而尖，上体有黑色和棕色斑相间，具有浅黄色羽干纹，下体灰白色，颊和喉部呈赤褐色，嘴沿灰色。雌鸟与雄鸟颜色相似，广泛分布于中国四川、黑龙江、吉林、辽宁、青海、河北、河南、山东、山西、安徽、云南、福建、广东等地。

小鹌鹑学啄食

鹌鹑一般喜欢在平原、丘陵、沼泽、湖泊、溪流的草丛中生活，有时亦在灌木林中活动。喜欢在水边草地上营巢，有时在灌木丛下做窝，巢构造简单，一般在地上挖一浅坑，铺上细草或植物枝叶等，巢内垫物厚约 1.5 厘米，很松软，直径约 10 厘米，产蛋 7～14 个，卵呈黄褐色。它们的卵具褐色斑块，蛋平均大小为 30×24 毫米。鹌鹑主要以植物种子、幼芽、嫩枝为食，有时也吃昆虫及无脊椎动物。受惊吓时仅作短距离飞翔，或潜伏于草丛中。到了一定的季节会迁徙到其他的地方，迁徙时多集群。

唐代李白《雉朝飞》诗："春天和，白日暖。啄食饮泉勇气满，争雄斗死绣颈断。"清朝黄六鸿《福惠全书·莅任·驭衙役》："污秽堆积，臭气熏蒸，则蝇蚋聚飞如雾；数马骨立，领脊溃裂，则乌鸦啄食成麋。"鲁迅《朝花夕拾·从百草园到三味书屋》："用一枝短棒支起一面大的竹筛来，下面撒些秕谷，棒上系一条长绳，人远远地牵着，看鸟雀下来啄食。"看，小鸟们都是这样啄食的，那么，它们啄食的本领是跟谁学习的呢？毫无疑问，肯定是它们伟大的母亲。在每年的初春乍暖，丁香花含苞待放的时节，母鹌鹑就会带领一群小鹌鹑，它们的队伍是如此庞大，母鹌鹑体态丰腴，浑身上下一片灰褐色。它们还由三只胖墩墩的公鹌鹑陪伴。公鹌鹑看上去仿佛穿了件灰背心，脖子上一圈领带似的黑毛。每只鸟的前额都有一根黑色羽毛一上一下地跳动。它们在庭院里漫步闲逛，俨然像一个观光团，不时停下来在地上啄啄，滑滑，漫无目的，谁也不管谁，却谁也离不开谁。在寻找到合适的食物时，母鹌鹑们就用它那只帽檐儿般的羽毛镶嵌着的眼睛睨视碎屑，终于朝诱饵跑过来，一口啄走了碎屑。然后小鹌鹑们就一哄而上吃被母鹌鹑啄碎的食物，时间久了，小鹌鹑也就学会了这种啄食的方法，就是先找到目标，然后把它慢慢磨碎。

6. 我也能有金丝雀的嗓音——乌鸦学唱歌

乌鸦是雀形目鸦科数种黑色鸟类的俗称，为雀形目鸟类中个体最大的，体长 400 ~ 490 毫米；羽毛大多黑色或黑白两色，黑羽具紫蓝色金属光泽；翅远长于尾；喙、腿及脚呈纯黑色。乌鸦共 36 种，分布几乎遍及全球。中国有 7 种，大多为留鸟。

乌鸦的奇闻轶事

在太多时候，人们基本上都相信乌鸦这种鸟非常聪明，但是所有故事都没能提供证据支持乌鸦具有超乎寻常的智商。当然，人们已经观察到乌鸦能完成很多复杂的举动，例如它们习惯将大块的、自己无法一次飞行携带的牛油或者羊脂分割成小块便于携带；它们在发现散落的饼干后能用嘴将一块块饼干精确地垒在一起，然后一次叼走；如果看到地上有两个面包圈，它们能想办法一次带走，不留给其他鸟类机会；为了误导天敌，它们会制造一个假的储存食物的地方。但是以上诸多相对复杂的行为也不能说明乌鸦潜意识里具有类似人类的推理能力，能计划出两个行为方式，然后在其中选择一个较好的。还有很多观察结果也不能说明乌鸦具有简单的学习本能，也就是通过条件反射而学会某个特定的动作。研究者们还惊讶地发现，乌鸦能够辨别不同的个体，这种能力与人类的辨识能力十分相似，如果没有这种能力，人类就无法形成社会，最多只能形成类似昆虫那样的小群落。

乌鸦的生活习性

乌鸦为森林草原鸟类。栖于林缘或山崖，到旷野挖啄食物。除少数种类外。集群性强，一群可达几万只。并在秋冬季节混群游荡，但多数种类不集群营巢。乌鸦的行为复杂，表现有较强的智力和社会性活动。乌鸦为杂食性，吃谷物、浆果、昆虫、腐肉及其他鸟类的蛋。虽有助于防治经济害虫，但因残害作物，仍为农民捕杀对象。它们主要在地上觅食，步态稳重。

乌鸦繁殖期的求偶炫耀比较复杂，并伴有杂技式的飞行。雌雄共同筑巢，每对配偶通常喜在崖洞、树洞、高大建筑物缝隙中筑巢，产 5 或 6 个带深斑点浅绿至黄绿色的蛋。野生的乌鸦可活 13 年，而被豢养者寿命可达 20 多年。某些供玩赏的笼养乌鸦会“说话”，有的实验室饲养的乌鸦能学会计数到3或4，并能从盒里找到带记号的食物。

动物的合作

动物种群之间向来是大鱼吃小鱼的弱肉强食规则。为了生存，强者要想尽办法吃掉弱者，填饱肚子，而弱者要不被吃掉，就要使出浑身解数进行各式各样的防御。但是，你知道吗，动物之间不光有捕食防御，它们还有合作的时候，还有互惠互助的相互生存。比如蜜獾和导蜜鸟就是一对好伙伴，它们共同捣毁蜂巢；鳄鱼享受地让牙签鸟啄食嘴中的食物……

蜂群被视为典型的精诚合作社群，它们内部有明显的分工和组织；还有猴群，它们内部竞争上岗，各自有各自的职责；鹈鹕、鸬鹚合作捕鱼，从而成为捕鱼高手……这些动物种群内的个体一般不能离开群体而单独生存。

不管是同种动物间的合作，还是异种动物间的集体合作行为，这都被称为社群行为。动物共同取食，共同御敌，共同育幼，能提高取食、御敌等行为的效率，从而大大增强了个体和种群的存活率。

1. 合作捕鱼高手——鹈鹕与鸬鹚

鹈鹕和鸬鹚这两种水禽看上去毫无相似之处，但它们的喜好却是相同的——都爱吃鱼。它们广泛分布于世界各地的河流、湖泊和海滨。

鹈鹕和鸬鹚均为群居性鸟类，而且它们都是捕鱼高手。但有时，贪婪的白鹈鹕经常利用鸬鹚捕到鱼浮出水面时予以抢夺，以坐收渔翁之利。

鹈鹕

鹈鹕通常成群繁殖于岛屿，在一个岛上可能有许多小群鹈鹕。鹈鹕每天除了游泳外，大部分时间都是在岸上晒太阳，它们把喉囊缩起，大嘴藏进背羽，闭目养神或耐心地梳洗羽毛。它们目光锐利，具有高超的游水和飞翔技术。在高空飞翔时，漫游在水中的鱼儿也逃不过它们的眼睛。

鹈鹕在陆地上的动作很笨拙，但飞翔姿势优美。通常成小群飞行，在高空翱翔并经常一齐拍动翅膀。两性外形相似，但雄鸟稍大。鹈鹕有一个独有的特征，那就是它有一张又长又大的嘴巴。可别小看这张嘴巴，这可是它赖以生存的工具。它的嘴巴下面还有一个大大的喉囊。

成年鹈鹕的嘴巴都能长到40厘米。巨大的嘴巴和喉囊使鹈鹕在地上走路的时候总是摇摇摆摆，显得笨头笨脑的样子，甚是可爱。

成群的鹈鹕经常合作捕鱼，非常有趣。只要有一只鹈鹕发现鱼群，它便张开翅膀往水里扑通一跳，岸上的鹈鹕仿佛有谁一声令下，它们便齐刷刷地前进，向岸边进发，情景十分壮观。它们纵身跳下水后便排成直线或半圆形进行包抄，把鱼群赶向河岸水浅的地方，这时鹈鹕只把嘴露在外面，而且不停地用翅膀拍打水面，张开大嘴，兜水前进。这样一来，鹈鹕群像是织成了一张"活动渔网"。鹈鹕群一边向岸边移动，一边开始"收网"，最后，将鱼儿都赶到了浅水区。连鱼带水都成了鹈鹕的囊中之物，于是，鹈鹕再闭上嘴巴，收缩喉囊把水挤出来，鲜美的鱼儿便吞入腹中，这样便美餐了一顿。这种绝妙的配合，给鹈鹕群中的每个成员带来了一顿丰盛的活鱼大餐。这种捕鱼方式效率极高，使其他鸟类望尘莫及。如果不是群体通力合作，一只鹈鹕不可能会有这么好的收获。

鸬鹚

鸬鹚体长80厘米左右，体重3～4斤，全体黑色，带有紫色金属光泽，肩和翼有青铜棕色的金属反光，羽边黑色，善潜水捕鱼，飞行时直线前进。除南北极外，几乎遍布全球。欲称鱼鹰、水老鸦、乌鬼、墨鸦等。寿命一般可达20～30年。

鸬鹚可被驯养捕鱼，我国古代就有很多驯养、利用其捕鱼的现象。现在这种古老的捕鱼方式已经不多了，我国南方某些地区还有这种传统，但也有些地区，如福建已经禁止利用鸬鹚捕鱼。鸬鹚极善划游，在捕猎的时候，脑袋扎在水里追踪猎物。一般可潜入1～3米的水中，有时在10米深的水中也能追捕鱼类。潜水时间一般在 30～45 秒，有时可达 70 秒。在能见度低的水里，鸬鹚一般看不清猎物，但它借助敏锐的听觉也能百发百中。它们一般采用偷偷靠近猎物的方式。在到达猎物身边时，突然伸长脖子用嘴发出致命一击。这样再聪明的鱼儿也逃不出它们的手心。鸬鹚非常耐饥，即使 7～8 天不吃东西，也能照常生存。

鸬鹚与鹈鹕一样，在遇到鱼群或者八九斤的大鱼时，它们会发出信号，几只鸬鹚一拥而上，齐心合力地把鱼捞出水面，并共同分享。

鸬鹚以鱼和甲壳类动物为食，它的食道前端有一个膨大的喉囊，称为嗉囊。嗉囊除了贮藏食物外，还具有特殊功能。鱼肉在嗉囊中消化后，剩下的鱼骨可在里面来回蠕动，并慢慢地团作一团，然后在上面分泌一层黏液，裹成一枚光滑的鱼骨球，然后从嘴中吐出。

2. 团结就是力量——群体的力量

很多动物都过着群居生活，或是为了更好地捕猎食物——像鹈鹕与鸬鹚，或是为了回避捕猎者，进行更好的防御，甚至是更有力的进攻——像狼和麝牛。那接下来就让我们看看狼和麝牛的保卫工作吧。

狼群也能胜猛虎

狼，相信大家都不陌生。它长得极像我们日常生活中的宠物狗，但是它又比温顺忠诚的狗凶猛得多，狗实际上是被驯化了的狼的后代。狼是以肉食为主的杂食性动物，主要以鹿类、羚羊、兔等为食，有时也吃昆虫、野果或盗食人工饲养的猪、羊等等。

狼，雌雄同居，群居性极高，往往 5 到 12 只以家庭为单位的狼群聚集并生活在一起，但在冬天寒冷的时候一群狼的数量可达到 40 只左右。狼群中的领导者往往由一对最优秀的夫妻担任，有时也会以其中最强的一只狼为领导。每个狼群都有自己的活动范围，也就是它们的领域。狼群之间则会以嗥叫警告其他狼群不能侵犯自己的领地。在狼王的带领下，每个狼群中都有一定的身份制度，它们相互帮助，相互合作，很少仇恨或打架。

正是由于狼这种群居生活，使它们的捕猎变得相对容易，而且它们还利用群体围捕猎物的方法捕杀比它们大的动物。如果想要对付这一群狼，猛虎也不是对手。

麝牛的保卫战

麝牛，因雄性麝牛在发情期会散发出一种类似麝香的气味，故又叫麝香牛。麝牛是一种古老的生物，它们在冰川时期就已经存在，距今约有60万年的历史了。

在外形上，麝牛既有牛的特征，又有羊的特点。它的四肢没有臭腺，雌兽有4个乳头，及其硕大的体形，这些都与牛类相似。它的角从头顶上长出，尾巴特别短，耳朵很小，四肢也非常短，这些特征又与羊类类似。目前，大部分人认为它是介于牛与羊之间的过渡型动物。

麝牛

麝牛主要分布在加拿大北部、格陵兰和美国阿拉斯加，是一种大型的极地动物。它非常耐寒，在—50℃——60℃时，也能适应北极的生活，因此是常驻北极的唯一的一种大型食草动物。麝牛能适应北极的环境与它的生活习性有关。平时，麝牛的进食等习惯都充分地节约了能量，从而降低了对食物的需求。它们停下来吃一点食物，接着躺在地上细嚼慢咽，不一会儿便打起瞌睡。等稍微清醒时，接着再向前走一段，然后继续刚才的进食行为。正因为如此，它们所需的食物极少，仅占同样大小的牛的六分之一。

麝牛在北极遇到的最大的敌人便是北极狼和北极熊。但在强敌面前它们决不退缩。麝牛是一种很有组织的群居性动物，在遇到天敌时，它们不像其他的动物那样惊惶地乱跑，而是形成一种特殊的防御阵形。它们围成一个圈，成年体壮的公牛站在最外面，母牛也会冲过去，弱小的牛犊则被放在中间。外围公牛会将尖角抬起，准备好防御工作。麝牛性情温顺，一般不主动攻击。但当受到攻击时，公牛会立即用尖角袭击对方，攻击完毕又立即返回原地，维持阵形。因为麝牛的毛长得长而且厚，也可以保护自己不被敌人咬伤。面对这种严谨而有效的防御阵形，北极狼和北极熊往往无计可施，最后不得不一退了之。另外，麝牛的这种方式属于防御中的反击。因为麝牛躯体庞大而且长有长角，往往可以进行有力的反击与保卫。

2. 分工、合作相协调——昆虫王国

昆虫王国的严密组织很早就引起了学者的注意，但早期的解释大都是猜测。人们通过对蚂蚁和蜜蜂的行为进行现场观察，并对其行为机制进行探索和分析，目前已经了解得较为透彻。

蚂蚁王国

蚂蚁的适应能力超强，它们一起搬家，一起生活，一起寻找食物，一起养育后代，它们能生活在世界上的任何角落。但单个蚂蚁的适应能力并不强，脱离群体后很快就会死亡。这是为什么呢？让我们仔细看看蚂蚁的王国并从中找出原因吧。

蚂蚁是完全变态发育，即发育过程中要经历卵、幼虫、蛹、成虫四个时期，而且幼虫的形态结构和生理功能与成虫显著不同。在一个群体里一般有四种不同的蚁型，它们各自执行着自己的使命。

1. 蚁后：蚁后是有生殖能力的雌性蚂蚁，也是蚁群的领导人，一个蚁群只有一个蚁后。在蚁群中它体形最大，为工蚁的 3~4 倍，生殖器官发达。在蚁群中它可谓是国母兼国王，统管整个大家庭。建立起王国后，它的饮食起居便由工蚁负责，而它的主要职责就是产卵、繁殖后代。蚁后寿命较长，可存活十几年或几十年。

2. 雄蚁：即雄性蚂蚁，也称为父蚁。有发达的生殖器官和外生殖器，主要职

能是与蚁后交配，是蚁国的一国之父，但并不具有“实权”。它们的寿命一般较短，交配后不久就会死亡。

3. 工蚁：我们平时能够看到的大部分都是工蚁，它们是群体中数量最多、个体最小的蚂蚁。工蚁是没有发育的雄性蚂蚁，没有生殖能力。工蚁是大家族的顶梁柱。也是勤劳、无私的象征。因为建造巢穴、采集食物、饲喂幼虫和蚁后各种工作都由它们承担，而它们却没有一点儿怨言。

4. 兵蚁：是对某些大工蚁的俗称，它们的上颚可以粉碎坚硬的食物，主要负责保卫群体，是蚂蚁王国的卫士。

蜜蜂王国

蜜蜂王国与蚂蚁王国很相像，它们都是群体生活：一起觅食，一起哺育后代，一起保卫家园。也属于完全变态发育。蜜蜂群体分三种类型：蜂王、雄蜂和工蜂。每个蜜蜂都具有蜇刺，都具有防御能力，所以没有单独的保卫性蜜蜂。蜜蜂具有社会性，雌雄和工蜂都生活在同一巢穴中，但在形态、生理和劳动分工方面均有区别。

1. 蜂王：即雌蜂，相当于蚁群中的蚁后，它的主要任务就是产卵。但它没有蚁后的无私，它会分泌某些激素抑制工蜂的卵巢发育，使自己成为唯一的王后。

蜂王也是由受精卵发育而来的，但它在由工蜂建造的特殊巢穴——王台中成长。工蜂对蜂王会特别照顾，一直到幼虫化蛹以前，始终保持有充足的蜂王浆饲喂。羽化后的新蜂王身体柔嫩，在交配成功后便成为处女王，等待产卵，并继续交配。

2. 雄蜂：与雄蚁相似，也是由未受精卵发育而成的，主要任务就是和处女王交配繁殖后代，交配后死亡。雄蜂个体比工蜂大些，即使是雄蜂幼虫食量也要比工蜂幼虫大一两倍。

3. 工蜂：与工蚁相似，除了采集食物、哺育幼虫外，它们还可以酿造蜂蜜、保巢攻敌。

蜂王的未受精卵发育成雄蜂，受精卵中的部分幼蜂，一直喂养高品质的蜂王浆,继而长成蜂王,而其他幼蜂则只在孵化后的头三天内饲喂蜂王浆,而自第四天起就只饲喂蜜粉混合饲料,随后便发育成工蜂。

4. 大手牵小手——丰富的海底世界

海里有着大量的神话传说,它是神奇的,至今人类有很多没有破解的秘密。海底世界是壮美的、奇妙的。那里有陡峭的峡谷,连绵的丘陵,深邃的海沟,还有绚丽的珊瑚礁。在偌大的海底世界中,又存在着很多奇异的场面。

你瞧!一些凶猛的大鱼竟然平静地停在一种金黄色的小鱼面前,任小鱼在它们身上甚至嘴里游来游去;拳击蟹的两只大螯各自夹着一只海葵,整天东游西荡;吃鱼的海葵竟然不吃娇小的小丑鱼,而且还让它们在自己身体中"放肆"……

能让凶猛鱼群顺从的清洁鱼

在澳洲东部的海域中,有一种神奇的小鱼,它们穿梭在海底世界,辛勤地劳碌着,这种鱼叫做清洁鱼。它们没有鲨鱼的凶猛,没有乌贼的灵活,也没有电鳗电鳐的电力保护,但却从来不会受到其他鱼类的攻击。有时,甚至可以看到清洁鱼紧贴着大鱼的身体,用尖嘴东啄啄西啄啄,甚至将半截身子钻入大鱼的鳃盖中的场景。清洁鱼到底有何能耐,能让这些凶猛的鱼儿乖乖听话呢?

这是因为清洁鱼有"特殊"的服务——专为生病的大鱼搞清洁。清洁鱼用尖嘴为大鱼清除伤口的坏死组织,啄掉鱼鳞、鱼鳍和鱼鳃上的寄生虫,这些脏东西又成了它们的美味佳肴。这种合作对双方都很有好处,也即生物学上的"共生"现象。认真将每位顾客从头到尾彻底清洁,而同时自己也可以饱餐一顿。因此人们亲切地称它们为"鱼大夫"、"鱼医生"。

"鱼大夫"总是这么忙碌,它们开设的"流动医院"可以接受任何"病人"。栖息在珊瑚礁中的各种鱼,一见到"鱼大夫"就会马上游过去,要求就医。甚至可能出现几百条鱼围住一条"鱼大夫"的场景。有些凶悍的肉食鱼类会让别的鱼闻风丧胆,而清洁鱼面对这类鱼时,甚至深入其大嘴内部清除垃圾,进行口腔清洁。就连凶猛异常的大海鳝,也从不把清洁鱼当做猎物。因为雄鱼好斗,受伤的机会较多,而且雄鱼除去脏东西后,它们会变得比较干净,容易得到雌鱼的垂青,所以前来"求医"的雄鱼居多数。

其他种类的鱼类变得干净了,它们自然要感谢清洁鱼的工作。清洁鱼除了能吃到美味佳肴外,还能得到大鱼们的保护。当清洁鱼在大鱼张开的口中,去啄食里面的寄生虫进行清洁时,如果有敌人出现,大鱼自身难保时,它便先吐出清洁鱼,不让自己的朋友遭殃,然后逃之夭夭,或冲上前去对付敌害。这种方式对于两种生物均有利,形成了互惠互利的合作关系。

拳击蟹与海葵

拳击蟹主要生活在坚硬的珊瑚礁附近,体形偏小,一般成蟹体长只有2~5厘米,没有醒目的螯足,也没有特殊的色彩,自卫能力一般。

海葵看上去好似一朵无害的柔弱的鲜花,其实它却是有毒的食肉动物。海葵盛开在一年四季,被称为"海菊花"。海葵种类约有1000多种,栖息于世界各地的海洋中。它的寿命是世界上寿命最长的海洋动物,大大超过海龟、珊瑚等寿命达数百年的物种,可长达1500~2100年不谢。多数不移动,有的偶尔爬动,或以翻慢筋斗的方式移动。有些种类深埋于泥沙内,仅露出口和触手。海葵口周围有十几个到上千个以上的触手,触手按6或6的倍数排成多环,其上布满刺细胞,可用于防卫或捕食。

拳击蟹能够自由移动,善于获取食物,自我防卫技术却有所欠缺;海葵则恰恰相反,自卫能力强,却没有主动出击的能力,不善于获取食物。于是,为了弥补各自的缺陷,拳击蟹和海葵便进行了长期的合作。

拳击蟹用两只大螯各夹着一只海葵,整天东游西荡,在海洋中觅食。一旦遇到敌人,拳击蟹就像戴着拳击手套的拳击运动员一样。立即举起海葵,用海葵触须在掠食者的面部挥动,海葵便用有毒的触手对付敌人。这样,拳击蟹便可以自由觅食,不必为安全担忧了;而海葵也乐意与蟹为伍,只要收集拳击蟹吃剩的食物就足可以饱腹了。另外,凭借硬邦邦的蟹壳,当蟹在水中游动时,海葵也能够找到更多的食物来维持生命。

拳击蟹与各种各样的带刺海葵终身相伴，它们属共生关系，海葵保护拳击蟹，拳击蟹为海葵引来食物，互惠互利，两者各得其所。

同居的虾虎鱼与小虾

虾虎鱼，绝大多数非常小巧，一般都短于10厘米。其中，侏儒虾虎鱼和矮虾虎鱼应该是世界上最短小的脊椎动物了，它们长大后也短于1厘米。虾虎鱼类最突出的特征就是它们的腹鳍转变成一吸盘，并可用吸盘吸附在岩石或珊瑚上。饲养的虾虎鱼也会经常吸在鱼缸的玻璃上。一些虾虎鱼种类与掘穴的虾类，如硬壳虾、鼓虾等共生，它们“同居”在同一个洞穴中，可谓是真心实意并快乐的同居伙伴。虾挖洞并需要不断地打理两者共同居住的洞穴。因为松软的海底洞穴很容易被沙石堵塞，所以小虾需要经常清理洞口的沙石。那么，小虾为什么允许不会挖洞也不会打理的虾虎鱼住进来呢？原来小虾的视力极差，几近全瞎，但它总是通过其触须与它的室友虾虎鱼保持联系。当有危险时，虾虎鱼轻拍尾鳍以示警告。小虾一般是在洞内进食，不过有时食物短缺，它也需要冒险离开洞口寻找食物，但这时它还得靠亲密室友来带路。因此有人称这类虾虎鱼为“看门虾虎”。

它们共居一室，但又分工明确：小虾负责打理好洞穴的同时，依赖虾虎鱼的视力寻找食物、躲避危险，而虾虎鱼在负责小虾安全的同时，依赖小虾的挖洞技巧，才有个安全的家可以美美地睡上一觉，因此作为报答，它需要为清理洞口的小虾放哨。

与鲨鱼共舞的鲫鱼

鲨鱼是海洋中的霸主，它们体形巨大，游泳速度非常快，同时也是残酷无情的猎食者。那么，这些霸主们怎么会对鲫鱼如此宽容大度，甚至可以允许它们把脑袋中奇怪的芒刺和鲨鱼自己的下腹部连接在一起呢？这便是海底世界又一奇特的共生现象。

不过海洋中最凶猛霸道的鲨鱼，到了成都海底世界却成了被鮣鱼“欺负”的对象。鮣鱼用自己强力的吸盘死死贴在鲨鱼的身上，让鲨鱼欲罢不能。无论鲨鱼游向哪里，鮣鱼都会寸步不离，如果有小鱼靠近，鮣鱼就会像箭一般冲过去，先将食物揽入口中，让迟到的鲨鱼毫无办法。因为鮣鱼的时速比鲨鱼要快上一倍。每当有食物出现，鮣鱼就靠着自己的游泳本事捷足先登将食物吃掉。所以，在成都海洋世界里竟然出现了鮣鱼从鲨鱼口中夺食，两鲨鱼被饿死的现象。

鮣鱼的游泳耐力极差，但它的背鳍进化为一种椭圆形的吸盘，可以吸在大鱼身体下面或船底下寻觅食物。当到达饵料丰富的海区，便脱离宿主，摄取食物。然后再吸附于新的宿主，继续向另外海区转移。这样在大海中乘“船”旅行，不仅省力，而且还狐假虎威地免受敌害侵袭，真是一举两得的美事。因此，鮣鱼被称为“免费的海洋旅行家”。当然，也有人不太喜欢它，说它们是世界上最懒的鱼。

鮣鱼的背鳍吸盘与虾虎鱼腹部的吸盘类似，但从解剖上来看，又是十分不同的结构，因此只是趋同进化的结果。它能跟着鲨鱼在海中遨游也多亏了它的这个吸盘。

在大海之中，鲨鱼是一个十分凶残的家伙，很多鱼类都惧怕它。海中大部分鱼类都是鲨鱼的攻击目标和食物，但鮣鱼的待遇却不一样，它可以与鲨鱼共游。鲨鱼非但不吃它，相反倒为它提供食物。鮣鱼吸附于鲨鱼庞大的身体上，随鲨鱼游动。当鲨鱼捕杀到美食时，鮣鱼可以享受鲨鱼吃剩的食物残渣，但同时它也为鲨鱼清理了下侧表皮的寄生物，因此鲨鱼也就容忍了把它留在身边。

5. 鸟类的合作伙伴——蜜獾与鳄鱼

鸟类群体内，它们相互合作，如合作捕鱼能手鸬鹚群和鹈鹕群，它们群体的力量能增加群体的适应性，有利于种群生存。可是鸟类除了群体中的同伴外，它们还有很多其他的好伙伴，如蜜獾和鳄鱼。蜜獾和导蜜鸟常常相互合作，共同捣毁蜂巢;鳄鱼和燕千鸟的互惠互利更为有趣……

鸟类的伙伴还不止如此,你瞧,它们在水牛、鹿、河马、斑马等等前背上休息呢,甚至还跟蚂蚁住在一起。

蜜獾和响蜜䴕

蜜獾,这种动物表面看起来很可爱,但实际上它极其大胆,并且凶猛,几乎所有的东西都会攻击,多年占据了吉尼斯世界纪录中“最大胆的动物”这一宝座。例如。一只6公斤重的蜜獾能够杀死30公斤重的袋熊,而且它是非常有效的蛇杀手。它只需要15分钟就可以吃掉5尺长的蛇。甚至没有哪只豹或狮子可以杀死它们。除了大胆、凶猛外,它还非常具有智慧。例如,当面对的是一个男人它会攻击他的睾丸。它也是除人类外为数不多的可以使用工具的动物。例如用原木作为梯子。

蜜獾是杂食性动物,它从不挑食,什么都吃,包括小哺乳动物、鸟、爬虫、蚂蚁、腐肉、野果、浆果、坚果、毒蛇等。不过它最喜欢吃的是蜂蜜。但野蜂常把巢筑在高高的树上,蜜獾不容易找到它。于是,蜜獾和响蜜䴕便成了一对好伙伴。

响蜜䴕是一种奇特的鸟,它目光敏锐,容易发现蜂巢,但同时,响蜜䴕遇到了一个难题:自己破不开蜂窝。所以,当它发现蜂窝时,它便会寻找蜜獾,并发出叫声,甚至去啄蜜獾的脑袋,吸引蜜獾跟着它找到蜂窝。蜜獾循着响蜜䴕的叫声跟着它走,同时也发出一系列的回应声。找到蜂窝后,蜜獾用其强壮有力的爪子扒开蜂窝好好地享用了一顿美餐。待蜜獾吃够了蜂卵,而此时的蜂群大部分已经飞离了此地,响蜜䴕就飞下树枝来慢慢地享用剩下的蜂蜜和蜂蜡,尽情地享受着这一餐佳肴。比较特别的是,响蜜䴕的消化系统中有一些特殊的微生物,因此它也能吃一般动物无法消化的蜂蜡。

这种鸟不仅和蜜獾合作,也会带人类去找蜂窝。为了报答响蜜䴕,人们通常会留下一些蜂蜜给响蜜䴕。有了这种神奇的鸟,一个本地人找到蜂蜜的时间能快上3倍。

鳄鱼和牙签鸟

鳄鱼和牙签鸟的互惠互利更为有趣。很难想象鳄鱼张着血盆大口任一只身体娇小柔弱的鸟儿在其嘴中啄来啄去，不过这种现象倒是极像清洁鱼与凶猛食肉性鱼类。而不同的是，这种现象可以追溯到几千年前，早在公元前450年牙签鸟就已被人们所认识。

这种灰色的小鸟学名叫埃及燕鸻，因为同鳄鱼的亲密关系，又被称为鳄鱼鸟，在我国，我们多叫牙签鸟、燕千鸟。当凶猛的鳄鱼饱餐一顿后，就会在河边闭目养神，或爬到沙滩上沐浴阳光。这时，许多牙签鸟便在它们的背上飞来飞去。不管鳄鱼有没有睡着，牙签鸟都会毫不客气地拍打翅膀把鳄鱼叫醒。而鳄鱼并不会生气，反而百依百顺地张开大嘴，一动也不动地任其啄食。牙签鸟进入鳄鱼的口腔中，啄食残留的鱼、蚌、蛙的肉屑和寄生在里面的水蛭，帮助鳄鱼清洁口腔。有时鳄鱼把大口一闭，牙签鸟就被关在里边。然而你不必为牙签鸟担心，只要牙签鸟轻轻用喙击打鳄鱼的上下颚，鳄鱼就会张开大嘴，让牙签鸟飞出来。

牙签鸟在鳄鱼的“血盆大口”中寻觅水蛭、苍蝇和食物残屑，这让鳄鱼的牙齿变得干净了，能防止感染，同时还给饥饿的牙签鸟提供了食物，虽然在某种程度上有点恐怖。而有时候，牙签鸟干脆把鳄鱼当做栖居营地，好像在为鳄鱼站岗放哨，一有风吹草动，它们便一哄而散，使鳄鱼猛醒过来，做好准备。

动物对环境的适应

达尔文的进化论表明了优胜劣汰的道理，只有能够适应环境的生物才能生存下来，不能适应环境的动物或植物则会在生存竞争中被淘汰。因此，适应环境是生物界普遍存在的现象，是自然选择的结果。研究生物适应对生物进化的研究及生物多样性保护与持续利用都具有重要的意义。

生物适应主要包括两方面的含义:一是生物的结构都适合于一定的功能,如鸟翅构造适合于飞翔,人的眼睛构造适合于感受物像等。二是生物的结构和功能适合于该生物在一定环境条件下的生存和繁衍,如骆驼的外形和驼峰适合在沙漠干旱的环境中生活,海豚通过水下发声定位方式寻找猎物,躲避天敌和同伴交流等等。

无论是形态适应、生理适应还是行为适应都是在进化过程中通过自然选择形成的。同时,也印证了大自然的规律:"适者生存。"每种生物都用自己的方式去适应环境和自然。

1. 天生的本领——生来就会跑的羚羊

羚羊的种类繁多,大多数种类的羚羊生活在旷野或沙漠,有的则栖息于山区地带。产于中国的有原羚、鹅喉羚、藏羚和斑羚等。羚羊的角是羚羊的又一大特征。有的种类的羚羊雌、雄均有角,有的仅雄的有角。中国新疆所产塞加羚羊的角,常用做平肝息风药,有极大的药用价值。

羚羊的天生本领

羚羊的体形优美矫健,四肢细而长,蹄子小而尖,十分机警。羚羊的天敌都是赛跑高手,主要有:猎豹、狮子、虎、豺狗群体等。羚羊遇到猛兽强敌,总是"三十六计,走为上计",决不恋战。这就意味着羚羊也必须擅长跑步,跑得慢的羚羊注定命丧"狮"口。

羚羊

有趣的是,羚羊的奔跑本领似乎是天生的。比如我国特有的藏羚羊,新生幼崽出生后仅需两个小时,它就能学会从站立到奔跑的全部能力。这样的天生能力真的让人很惊叹。

藏羚羊

藏羚羊是中国青藏高原的特有物种、国家一级保护动物,也是列入《濒危野生动植物种国际贸易公约》中严禁贸易的濒危动物。

藏羚羊身形矫健,头部宽长,吻部粗短。鼻部较宽并略微隆起。四肢细长却强健有力,尾较短。藏羚羊一般体长约135厘米左右,肩高约80厘米,体重一般可达45~60千克。藏羚羊全身除脸颊、四肢以及尾外,其余各处都长有丰厚绒密的毛,通体淡褐色。雄性的藏羚羊长有乌黑发亮、又长又直的角,而雌性藏羚羊则不长角。

每年六七月,成千上万的雌性藏羚羊来到卓乃湖等海拔5000米处,产下幼崽。初生羚羊体重在1.84~3.20千克之间。新生幼仔在半小时内吃到初乳后就会站立起来,一个小时后就能蹒跚学步,仅仅需要两个小时,就能学会从站立到奔跑的全部能力。“藏羚羊出生两个小时以后,任何想撵上并抓住它的努力都是徒劳的”。

一岁以后,这些小羚羊按性别分别加入不同的群体,三岁起开始为父为母。

藏羚羊的发情期为冬末春初,雄性间有激烈的争雌现象。1只雄羊可带领几只雌羊组成一个家庭,一般6—8月份产崽,每胎只产1崽。

2. 沙漠中的王者——耐渴耐饿的骆驼

“一声铜铃响,款款驼队来。”

骆驼是沙漠中特有的动物,颇能忍饥耐渴。一般来说,一只骆驼只要饮足水,夏季可以七八天,冬季约二十多天不喝水,仍能在炽热、干旱的沙漠地区活动。骆驼行进缓慢,但可以驮很多东西,它已成为人们在沙漠中的重要交通工具。骆驼就像是渡过沙漠之海的航船,因此,享有“沙漠之舟”的美誉。

沙漠王者的奥秘

一般的骆驼有两种,即单峰骆驼和双峰骆驼。单峰骆驼较高大,在沙漠中既能走也能跑,可以运货,也能驮人。而双峰骆驼的四肢粗短,更适合在沙砾和雪地上行走。一般而言,雌骆驼三年产两胎每次只产一崽,从怀孕到生产要用410天的时间。幼崽的哺乳期为一年。骆驼的寿命为30至40年。

骆驼是沙漠中的王者。那么沙漠之王——骆驼又是如何在沙漠中自由驰骋的呢？骆驼之所以能在沙漠中自由行走和奔跑,这和它得天独厚的外形和生理特性是分不开的。

从外形上看,骆驼的头较小,颈部又粗又长。它有双重眼睑和浓密的长睫毛,可防止沙尘进入眼睛;骆驼的耳朵里有毛,能阻挡风沙入耳;骆驼的鼻子斜开,同时还能自由关闭;骆驼的视觉和嗅觉都特别敏锐,其鼻子中的嗅觉细胞相对较集中,在干旱的沙漠中,不仅可以寻找食物,还能通过空气湿度"嗅出"水源。这些均是骆驼适应多风的沙漠和其他不利环境的法宝。

我们再来看看骆驼的脚。骆驼的四肢细长,动作灵敏可以大步地前进。脚掌扁平,脚下长着又厚又软的肉垫子,这样的脚掌能帮助骆驼在松软的沙地上行走自如,而不会陷入沙中。

那么骆驼又是如何耐渴耐饿的呢？这就得依靠它那独一无二的驼峰了。骆驼的驼峰内贮存着大量脂肪,脂肪被氧化后产生大量的能量以及一些代谢水,可供骆驼生命活动的需要。有了驼峰这个巨大的能量贮存库,骆驼在沙漠中长途跋涉便有了充足的能量保障。

骆驼的胃也有其独特之处。骆驼的胃是瘤胃,分3室(缺少瓣胃),被肌肉块分割成若干个盲囊,即所谓的"水囊"。一次饮水后,"水囊"能保存5~6升水。骆驼在干旱的沙漠中,也可利用胃中贮存的水分来维持生命活动。

拥有了这些生理特点,骆驼自然就能适应沙漠中恶劣的生态环境了。

人与骆驼

经过训练的骆驼性情驯顺,已成为人们在沙漠中最重要的驮畜(尤其是生活在沙漠地区的游牧民族)。

骆驼有两种:即单峰驼和双峰驼。单峰驼就是只有1个驼峰,它主要分布于阿拉伯半岛、印度及非洲北部;双峰驼有2个驼峰,体长约3米,高2米以上,前后两峰距离约0.5米，体重超过725公斤，一次最多可以喝下120升的水，其身体特征非常适应干燥炎热的沙漠气候。双峰驼行进速度较慢，仅为每小时3至5公里，但能长时间地背负重物，每日可行50公里。单峰驼腿更长些，人骑坐时，在18个小时内能保持每小时13到16公里的速度。骆驼非常熟悉沙漠里的气候。大风来袭前，骆驼会预先感知，随后就地下跪，旅行的人得到“预警信号”后便可早做准备。骆驼能吃其他动物不吃的多刺植物、灌木枝叶和干草，能以植被中最粗糙的部分为生。食物充足时，骆驼将能量转换成脂肪并储存在驼峰里，环境恶劣时，便利用驼峰中储备的能量维持生命活动。骆驼的胃中附生有20~30个水囊，能储存大量水分。大漠深处的游牧民把骆驼视为一种储水的装置。在极端缺水的情况下，他们会选择一头年事已高的骆驼，将木棍插入其喉咙，促使它将储存在胃中的水吐出。有的就干脆将其宰杀，直接从其胃中把水取出。这种水，固然不好喝，但毕竟是救命水啊。

美国历史学家菲利普·希提所著的《阿拉伯通史》称，马固然是阿拉伯人珍视的家畜，但从游牧人的生活来说，骆驼却是最有用的东西。而阿拉伯人，尤其是生活在沙漠地区的游牧民，早已将骆驼视为生活伴侣和朋友。

骆驼赛跑在阿拉伯国家则是一项传统的竞技项目，比赛时间主要集中在每年10月到来年2月间。赛场大多是向政府登记的公开赛场，仅阿联酋就有二十多个。比赛开始前，装扮精美的骆驼排成一排，驼背上坐着身穿彩服的赛手。号令枪一响，赛手纷纷扬鞭，骆驼便飞一般地直奔终点，速度可达每小时60公里。优胜者往往能得到几万美金的奖金。近年来，许多国家为了保障骆驼骑手的安全，已用机器人代替真人作为骑手。

骆驼招人喜欢，不只在于其曲颈之美，也不只在于其经济价值之高，更在于其天性之雅。它吃苦耐劳，所求甚少，奉献甚多。它的这种性格，同生活在沙漠地区的游牧民有着共同与共通之处。因此，有的阿拉伯人说：“我是骆驼，骆驼也是我。”

3. 面对严酷的环境，一睡了之——黑熊与蛙的休眠

休眠是动物适应环境，维持个体生存的一种自我保护性生理过程。自然界的环境千变万化，有时这种变化是较为剧烈的，并可能引起食物或水的缺乏。在这种情况下，某些动物出现活动减弱，不食懒动，反射活动下降，处于昏睡状态的生理现象，这就是动物的休眠。

变温动物和恒温动物都有休眠现象，但两者的机制则截然不同。变温动物由于不具备体温调节能力，其体温只能随环境温度的变化而变化，因而，当环境条件（尤其是温度）不适于其生理活动时，动物便被动地处于麻痹状态进入休眠，环境条件恢复正常前不会出眠。而鸟类和哺乳类（恒温动物）的休眠则是由于体温调节能力的完善而成为对环境的一种积极主动的适应。

处于休眠状态的动物呼吸和心跳速度减慢，体温降低，基础代谢率下降，总之，一切生命活动都降至最低限度，仅仅依靠体内贮存的食物来维持生命。但是，科学家发现，动物在休眠时期神经系统的肌肉却仍然保持充分的活力。动物苏醒后，行动更灵敏，食欲更旺盛。今天医学界所创造的低温麻醉、催眠疗法，便是从动物的冬眠中得到的启发。

黑熊的冬眠

黑熊（也称狗熊），一般身长近两米，重三百多千克，胸部有一道V字形的白纹。黑熊的颈短、眼小、嘴长、腿短，虽然模样看似笨拙，但是它力大无比，行动还相当灵活呢！黑熊不但会爬树，还会游泳，奔跑起来速度相当快！

一到秋天（有时甚至在夏季季末），黑熊就忙着准备过冬了。它们每天将近要花20个小时不停地吃食，以便机体储存足够的脂肪和营养。将身体养胖后，黑熊就跑到深山岩洞或者树洞里，安稳地冬眠了。科学家发现，黑熊进洞冬眠时的体重比平时的体重通常要增加四十多公斤。有些黑熊冬天躲进树洞或深坑里休眠时，还用树枝、树叶封住洞口。在它的洞口常会看到“白霜”，这是黑熊呼出气体遇冷而凝结的“霜”。

冬天,黑熊能足足睡上四五个月。在这段时间里,它们不吃不喝,心跳也随之降低(从每分钟 40 ~ 70 次下降到每分钟 8 ~ 12 次);体温下降到 3℃ ~ 7℃;新陈代谢的速度也降低了一半;休眠时,不再排泄,而是把排泄物转化成蛋白质。

不过黑熊的冬眠,跟失去知觉的冬眠的两栖类、爬虫类动物不同,它虽然不吃不动,整天睡大觉,但是,它的听觉却很灵敏。周围一有动静它就会惊醒过来,同对手搏斗。而且仍和平时一样,力大无穷。

黑熊睡了一个冬天,春天一到,就很快醒来,醒后浑身依然是劲,行动自如,如果继续两周不吃不喝,也不会觉得饿。黑熊冬眠后肌肉依然结实强壮,关键在于其肌肉细胞的数目、大小及体内蛋白的成分。人类倘若长期处于失重状态,肌肉细胞会大大减少;对黑熊冬眠前后进行的活组织检查则显示,其肌肉细胞无论质和量都没有太大的差异。研究小组负责人哈洛表示:研究黑熊冬眠后的肌肉情形,将有助于了解肌肉萎缩问题,以及反重力和长途太空旅行对人体的影响。

蛙的冬眠

蛙类属于冷血动物,由于冷血动物自身的产热和散热的调节机制不完善,其体温会受到气温的影响。冬天来临,随着气温变冷,它们的体温也会逐渐下降。当气温下降到 7℃ ~ 8℃以下时,为了生存而不被冻死,蛙类就会选择一个安全温暖的地方,进行冬眠。在休眠过程中,蛙类不吃不喝,新陈代谢也降到最低,基本处于假死状态。蛙类以此来躲避严寒,等到第二年的春天,气温升高后再出来活动。

蛙类(如黑斑蛙)冬眠,通常是隐藏在树根、石块、洞穴或土层中,也有的(如大蟾蜍、中国林蛙)沉入河、湖底的淤泥中冬眠。

在极其寒冷的冬天,有时气温会直降到零度以下。那么,冬眠中的蛙类会不会在滴水成冰的环境下结冻或结冰呢?其实,你大可不必为蛙类担心。科学家们发现,蛙类会自制“防冻液”。在实验室中,科学家们将青蛙冷冻起来,5 ~

7天后,再慢慢地为之解冻,青蛙解冻后依然活着。经过认真分析和研究,科学家们在青蛙体内发现了一种人们在防冻剂中常用的物质:丙三醇。而到了春天,这些青蛙的体液中则再也找不到这一物质了。有的蛙类在冬眠前还会吐出一层黏液,或泡状液,把自己包裹起来,既为自己保暖也降低了冻害的威胁。

到了春暖花开的时节,地温上升,蛙类便渐渐苏醒。这时,昆虫也日渐繁多,而睡醒了的蛙类正可以饱餐一顿了。

4. 不得不做的选择——蜘蛛相残

蜘蛛的猎物往往是一些小昆虫以及其他的蜘蛛。在蜘蛛界中,相残现象十分普遍。可以说,每只蜘蛛都是一名“身经百战的战士”。相残在幼蛛间就会发生。成年后,战争更加频繁,稍有不慎就会落入“他人圈套”。即使在交配中,雄蛛也难逃“妻子”之口。

相残看似残忍,但是却有着重要的生命意义。通过相残,就能选拔出强壮、机智的个体。这些个体有更高的几率将自己优良的基因遗传给下一代,如此,种族才能不断得到优化,更加适应自然。“恶妻吞夫”类的相残则是为了让母蛛更好地繁衍下一代。因此,蜘蛛的相残实属不得不做的选择。

新郎的命运

今天是黑寡妇雄蛛的大日子,因为它打算在今天向所倾慕的黑寡妇雌蛛求婚。为了讨得雌蛛的欢心,雄蛛跳起了它已准备许久的“求偶舞蹈”。在雄蛛热情的“舞蹈”下,雌蛛害羞地答应了雄蛛的求婚。

然而,婚礼并非都是喜剧。交配后,雌蛛为了补充体力从而更好地繁衍下一代,往往会毫不客气地将雄蛛吃掉,新郎便一命呜呼了。有的雄蛛非常聪明,交配前它会向新娘献上“结婚大礼”(一般是雄蛛捕到的苍蝇或其他昆虫)。嘴馋的新娘欣然接受礼物后,便迫不及待地开始享用“美食”,早已将雄蛛抛之脑后。交配后,雄蛛趁雌蛛还在美滋滋地享用美食之时便溜之大吉了。但是,顺利逃亡的黑寡妇雄蛛也难逃厄运,因为交配数日后,雄蛛也会自然死亡。

在蜘蛛界，有些种类的雄蛛非常伟大。在交配时它会把自己钉在雌蛛的牙上，任雌蛛将其吃掉。这可能是为了要保证它们配偶的营养充足，进而增加可能的子代数量。

同类相残

在蜘蛛界，同类相残的现象时有发生。出生不久的幼蛛们不会吐丝结网，一般和母亲生活。母亲会悉心照料幼蛛宝宝们，并全权负责幼蛛们的食物。但是，几周以后，待幼蛛稍大，母亲便会离开。这时，幼蛛们必须自食其力，通过自己的劳作捕获猎物。

可是，幼蛛毕竟是新手，捕获的猎物始终有限，因此，残杀便在兄弟姐妹间开始。一些弱小的个体首先成为了被残杀的目标。有时还会看到十几只蜘蛛扭打成一团，用各自的毒牙去咬对方，用各自的丝去缠绕对方。不少蜘蛛在被其他蜘蛛咬过之后，都出现了严重的麻痹状态。最后，获胜的蜘蛛会毫不念亲情地将战败的蜘蛛吃掉。其实，这也是大自然的法则：只有最强壮，最适应生存的个体才能存活下来。

幼蛛成年后，也会面临着被同类残杀的威胁。一般蜘蛛的主要食物是小昆虫以及其他蜘蛛。弱小的蜘蛛必须小心前进，以免误撞入其他蜘蛛的捕食网，成为别人的美味佳肴。然而，当两只个体强大的蜘蛛相遇时，一场恶战便由此上演……最终，较强大的个体会将较弱的个体咬死，并将其作为自己的美餐。

5. 与众不同的器官——比目鱼的眼睛

比目鱼是鲽形目鱼类的统称，因此又叫鲽鱼，主要生活在温带水域，是重要的经济鱼类。比目鱼多为海产，但也有些进入或永久生活于淡水。海产比目鱼幼体生活在水体上层，成年后则经常栖息在浅海的沙质海底，捕食小鱼虾。

比目鱼的身体扁平，且呈卵圆形。虽然比目鱼种类繁多，有胖有瘦，颜色斑斓，但它们却有着共同的两大特点：一是它们的两眼完全在头的一侧；二是其体色特点：有眼的一侧有颜色，而无眼的侧为无色。比目鱼特别适合在海床上的底栖生活。常常可以看到它们静静地侧卧在海床上。双眼一侧的身体朝上，其表面有极细密的鳞片，颜色与周围环境配合得很好。有些种类还能随环境的颜色而改变体色。无眼的一侧身体朝下，这侧的身体为白色。比目鱼还将部分身体埋在泥沙中，伺机捕食小鱼和小虾。

比目鱼真是一种奇特的鱼类！可是，你是否知道比目鱼的眼睛怎么会长在一侧呢？长在一侧的眼睛对比目鱼来说又有什么生物学意义呢？

会移动的眼睛

刚从卵膜中孵化出来的比目鱼幼体，完全不像父母，倒跟普通鱼类的样子很相似：眼睛长在头部两侧，每侧各一个，非常对称。比目鱼幼体生活在水体上层，常常在水面附近游泳。

经过20多天后，当比目鱼的幼体长到大约1厘米时，奇怪的事情发生了。幼体一侧的眼睛开始搬家，从一侧通过头的上缘逐渐移动到对面的一边，直到跟另一只眼睛接近时，才停止移动。不同种类的比目鱼眼睛搬家的方法和路线有所不同。比目鱼的头骨是由软骨构成的。当比目鱼的眼睛开始移动时，比目鱼两眼间的软骨先被身体吸收。这样，眼睛的移动就没有障碍了。

奇特的生活方式

比目鱼生活习性非常奇特。成年的比目鱼生活在海底，它们身上长着带颜色的斑纹，与海床浑然一体。平时比目鱼常常平卧在海底，在身体上覆盖上一层砂子，只露出两只眼睛以等待猎物（一般是小鱼或小虾），同时躲避天敌的捕食。它们是“守株待兔”型的捕食者。有时，它们还能改变自身斑纹的形状和颜色，以适应周围的背景色。

游泳对眼睛长在一侧的比目鱼来说是一种挑战，但是，比目鱼也有应对方法。在水中游动时，比目鱼不像其他鱼类那样脊背向上，而是有眼睛的一侧向上，侧着身子游泳，还游得很稳健呢！

比目鱼的眼睛与其生活方式息息相关。长在一侧的眼睛不仅帮助比目鱼更准确地捕获猎物,还能更快地发现天敌,更好地隐藏自己。因此,两只眼睛在一侧对比目鱼来说有着重要意义,当然这也是动物进化与自然选择的结果。

6. 美妙乐章——海豚音

海豚是一种聪明伶俐的海中哺乳动物,属于体形较小的鲸类,共有近62种,分布于世界各大洋,主要以小鱼、乌贼、虾、蟹为食。海豚的视觉不发达,但在水中却能敏捷自如,既不会碰到暗礁和峭壁,也不会撞到船只和同伴。这到底是为什么呢?原来海豚能在水下用声音"看"东西。通过研究发现,海豚有一套极灵敏的发声探测系统,能利用发声进行回声定位。海豚朝要探测的目标发出超声波或低频声音,当声波碰到物体时,被物体反射产生回声,这种回声被海豚的耳和其他部位接受。海豚通过对这种回声的分析,可以判断前方的目标,避开障碍和天敌,寻找食物,控制本身的行动,与同伴联系等。海豚没有回声定位就无法生存。

海豚音

根据录音调查记录显示,海豚会使用两种声音进行"回音定位",一种是频率在200~350千赫兹以上的超声波的喊叫声,而人类的听觉范围介于20~20000赫兹之间,因此人类无法听到海豚所发出的超声波。另外一种是频率在20千赫兹上下的低频声音,主要用于近距离定位以及和同伴进行交流。

海豚的"发声感应器"位于海豚前额正中处,一般向四个方向发射超声,即正前方,身体上方和身体两侧,但主要还是集中在正前方。集中在正前方和身体两侧的超声波能帮助海豚及时发现前方有没有鱼、乌贼、虾等食物或者凶猛的鲨鱼。海豚向身体上方发射的超声波主要是用来测定自身的潜水深度。在水中发射的超声波到达海面后,遇到空气会有部分被反射回来,海豚接收并分析反射波信号就可知道自己离开海面的远近。

海豚"发生感应器"还可以像照相机一样聚焦。当海豚想了解前方某一区域的情况时,它可以将超声波束聚拢后针对这一区域进行发射,如此一来,便能接收到较强的反射超声信号，帮助海豚能更清晰地判断这一区域的“隐秘”，从而使海豚及时做好捕猎或逃离的准备。

海豚间的交流

海豚大脑的记忆容量和信息处理能力与灵长类动物不相上下。海豚也同人类一样具有团队协作精神，有时会为完成任务而结成小队。当然，它们也需要彼此交流。自从出生起，它们就会发出各种各样的叫声，如鸣笛声、滴答声、吱吱声。有时一只海豚发出叫声，另一只会作出回应，像是在进行一问一答。有时，一个小群体中许多海豚以不同的方式同时发声，听起来就像很多人在聚会上交谈一样。声音不仅是海豚捕食和躲避天敌的武器，也是同类间互通消息的工具。

其实，就像人类之间交流时会用手势和改变面部表情的方法表达感情和想法一样，海豚也会通过身体姿势、颔的碰撞、吹起的水泡、鳍的接触这些非语言形式来进行交流。

训练海豚的训练师就是根据海豚不同的发声，以此来判断海豚的情绪变化。比如，海豚突然发出尖叫声，同时伴随拍颚、摆尾，那就说明海豚发怒了；它们互相之间爱抚和碰触时，又会发出亲密的咯咯声；而口哨声表示它们在表明彼此的身份。

动物的防御

大自然界中，各种动物之间由于食物关系而形成食物链，每种生物都是食物链中的一个重要环节。动物为了生存，除了要有获取食物的能力外，还要时时防备食物链中的捕食者。经过长期的自然选择，每种动物都逐渐形成了其独特的适应性特征。不同的动物有不同的防御手段，它们的防御手段可谓五花八门、多种多样。

螳螂、蜘蛛和负鼠等以假死的方法来逃避敌人的捕捉，它们利用捕食者只进食活猎物的特点，可以在短时间内保持假死状态，从而逃避捕捉；变色龙是当之无愧的“伪装高手”，它的肤色会随着环境的变化而变化，而昆虫也有“模仿”的武艺；大部分动物在遭遇捕捉后都会利用一切可用的武器进行反击，因为这是它们最后的逃生机会……

1. 我都死了，你还不走——假死

很多动物都以“装死”，即假死的方法来逃避敌人的捕捉，如很多甲虫、螳螂、蜘蛛和负鼠等。它们利用捕食者只进食活猎物的特点，可以在短时间内保持假死状态，之后便会突然飞走或逃走。

打不死的蟑螂

据说原子弹爆炸，影响区内所有的物种都会死亡，但却有一种生物能坚强地活下来。那么，这种强悍的生物是谁呢？其实，它并不神秘，而且大家也都十分熟悉，它就是“小强”，也是“四害”之首——蟑螂。蟑螂，有很多名称，正式名称为蜚蠊，根据不同品种，又有大蠊、小蠊、光蠊、蔗蠊、土鳖等名称。还有别名负盘、黄婆娘、灶虮子，外号小强，属昆虫纲蜚蠊目。2001 年 11 月，美国科学家在俄亥俄州东部的一个煤矿里发现了一块大约 3 亿年前的蟑螂化石。由此推测，蟑螂是比恐龙更早的地球定居者，它在地球上已经生活了 3.5 亿年。

蟑螂之所以生命力顽强是源于它的食性。它属于杂食性昆虫，而且食物种类极其丰富。人和动物的各种食物、排泄物和分泌物以及垃圾均可为食，尤其喜食香、甜、油的面制食品。它的耐饥力很强，其中德国小蠊在有水无食时可存活 10～14 天，在无水有食时存活 9～11 天，在无水无食的条件下仍可存活 1 周。美洲大蠊在无水无食的条件下竟生存 43 天。在过度饥饿的情况下，有时蜚蠊会互相残食或食其卵鞘。

蟑螂通过吃、吐、排泄的方式，以及在食物和衣服上爬行，能传播 50 多种疾病。蟑螂可谓罪大恶极，是令人深恶痛绝的害虫。因此，消灭蟑螂迫在眉睫。

但是,它可没这么好对付。有时家里出现蟑螂,当用杀虫剂对着喷或是使用书本等物品用力敲打时,大部分蟑螂一会儿工夫便会"六脚朝天"了。如果你只是把这些蟑螂的尸体扫到垃圾堆中,那么,不久之后你会发现垃圾中的蟑螂尸体不翼而飞了。难道它们死了又复活了?当它遇到危情,便会假死,以此逃离险境。这便是它的假死现象。待它意识到已安全了,便"死而复生",继续给人们捣乱。

会装死的骗子

负鼠主要分布于拉丁美洲,是一种比较原始的有袋类动物。负鼠体形较小,小的有老鼠那么大,最大的也不过像猫一样大。

负鼠的天敌很多,比如狼、狗等等。当负鼠被狗、土狼等捕食者追赶时,会发出威慑的嗥叫声或嘶叫声,如果这一招不起作用,它还有一绝活:装死。身体突然变得瘫软,脸色突然变淡,嘴巴大张,眼睛紧闭。

如果这种普通的假死还不足以迷惑对方的话,负鼠会从肛门旁边的臭腺排出一种黄色液体,这种极臭的液体能迷惑敌人,使敌人相信它已经死亡很久并且已经腐烂了。因为大多数捕食者都喜欢新鲜的食物,一旦食物死亡,身体就会腐烂并且全身布满病菌,所以,备感困惑并带有一定恐惧感的捕食者,通常会放弃,不再去捕食它。待捕食者离开,负鼠便立马恢复正常,也正是因为这种绝招,负鼠获得了"骗子"的称号。

2. 看我七十二变——昆虫的拟态

在自然界中,变色龙可谓是当之无愧的"伪装高手"。它的肤色会随着环境的变化而变化,可以防止被敌人发现,从而过着"逍遥自在"的生活。像这样,一种生物在形态、行为等特征上模拟另一种生物,从而使一方或双方受益的生态适应现象便叫做拟态。那么,昆虫又会怎么"模仿"呢?

北美的副王蛱蝶

北美的副王蛱蝶是无毒的,是许多鸟类的捕食对象。它因模拟王蝶,即黑脉金斑蝶而闻名。可食的副王蛱蝶模仿黑脉金斑蝶的颜色和形状，几乎一模一样，它通过这种模拟形似的方式获得保护，免遭捕食。

黑脉金斑蝶很难吃，加上它的幼虫因取食萝藦草而使得成虫血液中含有一种毒糖苷，能使取食它的鸟类呕吐。黑脉金斑蝶鲜艳的颜色显示它是不适口的。而"模拟"黑脉金斑蝶的副王蛱蝶无毒。因此，如果鸟类曾先吃过北美副王蛱蝶，那么以后黑脉金斑蝶也会受到袭击；但是，若吃过黑脉金斑蝶，鸟类会中毒呕吐，以后就不敢再伤害这两种蝴蝶。所以，凭借着酷似黑脉金斑蝶的外表，鸟类及其他捕食者都会对副王蛱蝶敬而远之。

兰花螳螂

你猜出图中这种伪装完美的昆虫是什么了吗？如果不是亲眼目睹，真的很难相信，这种与兰花颜色几近的便是螳螂。这种螳螂长得像朵粉红淡雅的兰花，它可是昆虫中有明星之称的兰花螳螂。

兰花螳螂是分布于马来西亚和印度尼西亚的一种花卉螳螂，堪称世界上进化得最完美的生物。它们看上去非常像一朵兰花，擅长隐藏于类似的花卉丛中，期待着其他美味可口的昆虫落在花上，然后进行猎捕。在很多不同种类的兰花上会生长着各自的兰花螳螂，而且它们能随着花色的深浅调整自己身体的颜色。

初生幼体呈现特殊的红黑二色组合；在第一次蜕皮之后才会转变为白色和粉红色相间的兰花体色；到成虫之后，粉红色会消失而出现棕色的斑点，体色也会由乳白色转变为浅黄色。这种体色的转变也更添加了饲养的乐趣。

3. 我可不是花瓶——警戒色的作用

有些动物并没有拟态以进行隐蔽，而且还身着一身鲜艳的外衣，可是很怪，它们的天敌居然对它们完全没有兴趣，有时候甚至视而不见，这是为什么呢？原来它们大多有一种怪味或者有毒，使敌人上过当，极其难吃的味道或者它们的毒刺给敌人留下了永久的记忆。人们通常把以奇颜怪色警告敌人的自卫方法称为警戒色,它的作用不再是隐蔽自己而是起警戒作用。

色彩鲜艳的东方铃蟾

东方铃蟾,俗名臭蛤蟆、红肚皮蛤蟆,德国人称它为警蛙。主要分布于朝鲜、中国和俄罗斯交界地区。一般栖息于小山溪石下和草丛中,主要以昆虫为食,属于益虫。东方铃蟾比较长寿,寿命可达14年以上。传说这种蟾蜍的产地在山东烟台。

东方铃蟾体形微小玲珑,体长在4~5厘米。背部一般是黑绿相间的斑纹,但是体色可同环境色泽一起加深到棕色甚至黑色。皮肤粗糙,背部布满了斑点和大小不等的刺疣。腹面呈橘红色,有黑色斑点。趾间有蹼;雄蟾无声囊。

东方铃蟾受到惊扰时,会有反捕行为。刚受到惊扰时,先是身体不动,四肢蜷缩,然后,头部吻端和躯干部末端翘起,前肢和后肢慢慢地向背部抬起,最后,举起前肢,头和后腿拱起过背,形成弓形,露出腹部鲜艳醒目的花斑。

东方铃蟾身体腹部鲜艳的花斑就属于警戒色。它皮肤腺的分泌物具有怪味,含有剧毒。这种对险情的反应,是向捕食者暗示它的皮肤有毒的一种信号。

猫头鹰蝴蝶

猫头鹰蝴蝶的名字来源于它们翅膀上的图案,被称为八种最奇幻的蝴蝶之一。它们翅膀上有着跟猫头鹰眼睛一样的花纹,常见于墨西哥的热带雨林中以及南美洲。它们体形比较大,所以落地的时候有些困难。

在猫头鹰蝴蝶的下层两侧翅膀上,分别有一个像猫头鹰眼睛一样的图案。这种图案的功能就是欺骗捕食者,让敌人误认为有一双凶神恶煞的大眼睛动物正在瞪着它们,从而吓跑敌人。很明显,这也是一种警戒色。

另外,有的生物学家提出,这种猫头鹰图案还有其他益处。那就是蝴蝶下层翅膀是身体较弱的部分,这样的图案可以恐吓捕食者,使其不敢轻易下手,最多也就攻击上层较硬的翅膀,这样可以减轻伤害。

可爱的金龟子

大家还记得中央电视台少儿节目《大风车》吗?大家对里面的“金龟子”应

该更是印象深刻吧？她可爱的模样深深地印在我们儿时的脑海中。那么，我们现在就了解一下“金龟子”吧。

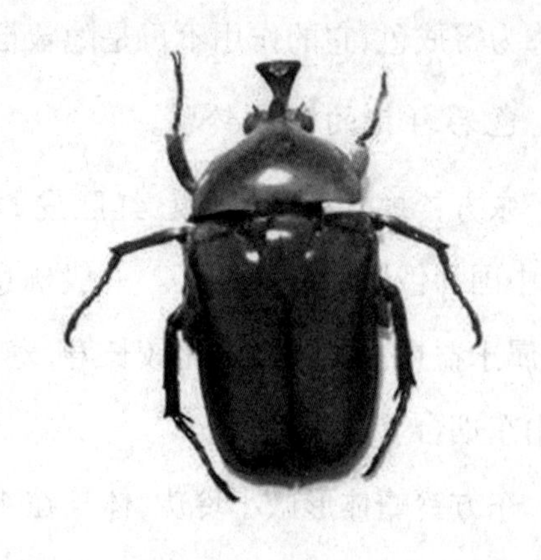
金龟子

金龟子，学名瓢虫，也称为红娘、金龟、臭龟子、花大姐。它们大多有着鲜艳的外衣，并生有黑色、黄色或白色的斑点，也有一些没有斑点。瓢虫并不全都是益虫，有的是害虫。那么，怎么区别它们呢？常见的瓢虫大都属于益虫，比如二星瓢虫、六星瓢虫、七星瓢虫、十二星瓢虫、十三星瓢虫、赤星瓢虫、大红瓢虫等。这些瓢虫主要以蚜虫为食。但十一星瓢虫和二十八星瓢虫属于害虫，它们以棉花、小麦、豇豆等为食。

有一个十分有趣的现象，那就是属于益虫和害虫的两种瓢虫，它们界限明显，各自有各自的传统，它们互不相扰，互不通婚。只在双方地盘的交界处，它们才是混杂的。而且，它们之间存在生殖隔离，绝对不产生“混血儿”。科学家们发现，即使强迫害虫中不同种类的瓢虫进行交配，它们也只能生出第一代，第二代就没有生殖能力了。

凶猛的胡蜂

拟态的作用对于动物是十分重要的，比如食蚜蝇对蜜蜂的模拟便很好地保护了自己，那么，食蚜蝇为什么要模拟蜜蜂，而不是其他动物呢？因为蜜蜂有着黑黄相间的条纹，而这些条纹就像路边的警示牌一样，一直警告着我们蜜蜂是有螯刺的。蜜蜂这种黑黄相间的条纹便是警戒色。

胡蜂，也称黄蜂、马蜂，是蜂家族的一员，全世界都有分布。其毒性很大。

胡蜂长约 40 毫米，触角和翅为橘黄色，身体呈黑色，上面有黄条纹和成对的斑点。成虫一般多呈黑、黄、棕三色相间，或为单一色，体色也会随着年龄的增长而变深。胡蜂若受到攻击，便以刺反击，捕食者吃过苦头，就学会了躲避它们。它们身体上这种醒目的黄黑条纹，往往令敌人望而生畏。

胡蜂对运动中的物体识别清晰，所以一旦不小心碰到蜂巢时，千万不可奔跑，最好的躲避方法就是趴在地上不要动。

胡蜂是很好的药材，可以治疗风湿痹痛。蜂房也可入药，有镇痛、驱虫、消肿解毒的功效。昂贵的胡蜂蜂毒可治疗关节炎，其药用价值极高，对医疗新产品的研制和生产有着重大意义。所以养殖胡蜂具有较高的经济效益和广阔的开发前景。

4. 看我天罗地网的本事——蜘蛛的策略

一提起蜘蛛，大家都不会陌生。有人觉得它们的外貌丑陋，有人认为它们毒性非凡，甚至会惧而远之。其实不然，蜘蛛同时，也是人类的帮手。在农田中蜘蛛捕食的大多是农作物的害虫。同时，蜘蛛还是很好的中药药材。

在自然界中，蜘蛛作为生物链的较底层，它们面临着多种多样的天敌。蟾蜍、蛙、蚊、蜥蜴、蜈蚣、蜜蜂、鸟类等都会捕食蜘蛛。那么，弱小的蜘蛛是怎样来防御这些天敌的呢？

会装饰的蜘蛛

聪明的蜘蛛可以制造装饰物——即自我模型来转移天敌的注意。例如，二角尘蜘会按照自己的样子制成一个与实物相仿的装饰物模型，用来转移天敌的注意力。

这种蜘蛛用昆虫残体和卵囊等来装饰蜘蛛网。它们会把昆虫残体和卵囊制成跟自己大小一样、外观和形状类似的装饰物。对于捕食者大黄蜂来说，这些装饰物跟蜘蛛的颜色相同，而且，反射光线的方式也一样，所以大黄蜂很难区分同时出现在蛛网上的蜘蛛和装饰物。

这种诱骗方法往往非常有效，大黄蜂经常会把诱饵当做可口的美味进行攻击，从而使蜘蛛趁机溜走。

捕鸟蛛

你听说过能捕鸟的蜘蛛吗？因捕食鸟类而得名的捕鸟蛛是蜘蛛中的“巨

人”，它的大小与成人的拳头相当(5～15厘米)，四足向外展时体宽可达25～30厘米。来自南美洲的巨大捕鸟蛛甚至可以长出30厘米长的体形和2.5厘米长的毒牙。亚马孙巨人食鸟蛛，荣获“世界最大的蜘蛛”称号应该是毫无争议的。

那么，体形如此之大的捕鸟蛛，它的天敌又会是谁呢？

这种蜘蛛的防御方式一般有三种：一是踢毛(南美蜘蛛才会)或者射出尾部的排泄物；二是摆出攻击姿态驱赶敌人；如前两种方法还不奏效，它们便会使出第三招：三十六计走为上计。

有些蜘蛛腹部上长有独特的细毛，这些细毛重量很轻可以悬浮在空气中，一旦对手粘上，就会又痒又痛。遇到危险时，蜘蛛便会踢掉这些独特的毛来防身。甚至部分人类都会对捕鸟蛛的毛产生过敏反应。

也有些蜘蛛不会踢毛，但其尾部射出的排泄物也可令哺乳动物产生过敏反应。

当其摆出进攻姿势驱赶敌人时，如还无效果，它们只能快速躲回巢中，躲避敌人。

另外，捕鸟蛛头部还生有一对强有力的螯肢，其上长有螯牙，好像一把弯钩，能自如上下勾。螯牙下连有毒腺，毒液能从螯牙的尖端分泌出来。毒液可以置人于死地或者痛苦好几天。但目前基本没有捕鸟蛛咬人致死的报道。

5. 三十六计，走为上计——逃遁

《孙子兵法》第三十六计，走为上。这是人类战场上的出名招数，然而，许多动物也会熟练地运用此招。

夜蛾、瞪羚、乌贼等等，虽然它们具体的逃跑方法大相径庭，但方式却是差不多的，它们都是借此招数，轻松脱逃。

夜蛾的反雷达装置

其貌不扬的蝙蝠在黑暗中测量距离、位置、方向的灵敏度比飞机上的雷达

更精确，它是利用超声波来定位与追踪猎物的高手，基本百发百中。但是，有一种小小的夜蛾却能从它的嘴边逃之夭夭。这是怎么回事呢？

原来夜蛾的身上长着一个特殊的“耳朵”，专门接受超声波，我们称之为鼓膜器。鼓膜器能够听到蝙蝠发出的超声波。

当蝙蝠还在 30 米远的地方时，夜蛾就能感知它所发出的微弱超声波信号，而且还能据此判断出它的方位和速度。一旦蝙蝠发现了夜蛾，它发出叫声的频率会突然升高，以便把目标保持在探索范围内。听到频率升高的夜蛾也知道了自己处境的危险性。此时趁着距离较远，夜蛾便采取直线飞行，尽快飞出蝙蝠的搜索区。

夜蛾在离蝙蝠 10 米以外时大多能逃脱追击。如果在 10 米以内，夜蛾鼓膜神经中的脉冲就会达到饱和频率，说明危险近在咫尺。这时的夜蛾已来不及继续收听蝙蝠飞行方向的信号了，它必须采取紧急措施，采取飘逸不定的不定向飞行——翻跟头、转圈子或是曲折地飞行，以使蝙蝠难以捕捉。还有一招，那就是收起翅膀干脆直线往下落，这时它翅膀挥动的频率消失，蝙蝠探测不到超声波。掉在地上或是钻进草丛中的夜蛾便可借此机会隐蔽起来。

据说，夜蛾还有其他的防护设备。它的身上有一层厚厚的绒毛，这层绒毛可以吸收蝙蝠发来的超声波，使蝙蝠的探测作用缩小。另外，有的夜蛾足部关节上的振动器，能发出其他的声音，可以干扰蝙蝠的探测作用，这也是一种“反雷达装置”。也有的夜蛾能进行拟态，它们模仿不能食的蛾子发出的超声波，以逃避捕捉。

乌贼的逃跑术

娇小的乌贼会怎么对付身躯庞大的抹香鲸呢？

乌贼，本名乌鲗，乌贼为俗写，又称花枝、墨斗鱼或墨鱼，但它并不是鱼类，而是软体动物。乌贼的最大特色就是在它遇到强敌时会“喷墨”，然后借机逃生。这也是我们把它称为“乌贼”、“墨鱼”的原因。所以一般的海鱼要想捕猎乌贼是不容易的，乌贼的墨汁还含有毒素，可以用来麻痹敌害。

乌贼有隐身的好本领,但是抹香鲸在潜水时可以利用声呐在黑暗中找到乌贼。抹香鲸的速度很快,足以追上乌贼,但乌贼动作敏捷,能够逃过抹香鲸的追击,溜之大吉。

乌贼的游泳速度非常快,是无脊椎动物中的冠军。这主要是因为它游泳方式的特殊性。它与一般鱼类靠鳍游泳不同,它靠的是肚皮上漏斗管喷水的反作用力前进的。乌贼头部的腹面有一个漏斗,这个漏斗是乌贼的重要运动器官。漏斗管的喷射能力就像火箭发射一样,使乌贼在海水中的速度可达到每秒 15 米以上,最大时速甚至可达 150 公里,比任何一种鱼类速度都要快。在海中遇到对手,它便凭着它的好本领,逃之夭夭。万不得已,也会释放墨汁,把周围的海水染成黑色,使敌人看不见它。在这黑色烟幕的掩护下,趁机逃跑。

6. 打不死你,吓死你——对敌人的威吓

我们已经讲了好多行动敏捷、逃跑快速的动物,但是,那些不能迅速逃跑或者已经被捉住的动物该怎么办呢?别担心,它们还有别的高招,那就是威吓。蟾蜍、伞蜥蜴、螳螂等可以利用威吓手段进行防御。

青蛙的膨胀退敌法

青蛙皮肤光滑、身体苗条且善于跳跃,蟾蜍皮肤粗糙、身体臃肿且不善跳跃,因而,蟾蜍为了躲避已经近在咫尺的敌人,进行逃跑肯定是不占优势的。蟾蜍的身上有许多肉瘤,极其丑陋,仔细看不禁要起鸡皮疙瘩。但是对于饥饿的捕食者而言,看起来丑陋也不会影响它们的食欲。但是蟾蜍们有其他的方法御敌。当其受到攻击时,它们会吸入空气使整个身体膨胀起来,并用四肢把身体支撑起来,用体形极大的假象来威吓敌人。

澳大利亚的甘蔗蟾蜍,体形巨大,可以长到 13 公斤。它在遇到强敌时,除了会运用这种威吓手段外,还会把身体的毒性当做武器。其毒液可以毒死鳄鱼、蛇等大型食肉动物。但鳄鱼往往意识不到这种动物的危险,将它们吞食后,便会导致死亡。

澳大利亚的这种蟾蜍对于鳄鱼的生存产生了巨大的影响，澳洲野狗、袋鼠因为吃了甘蔗蟾蜍中毒身亡的事件也时有发生，本地的居民和政府都十分重视。

伞蜥蜴的“裙边”脑袋

伞蜥蜴分布于澳大利亚西、北部和新几内亚南部，其体形犹如顶着个斗篷，所以又称“斗篷蜥”。它是一种非常有名的“膨胀”动物，平时它们体形较小，而且看起来极其瘦弱，你可别小看它们，因为它们可以瞬间变为猛兽。

伞蜥蜴拥有细长的尾巴，而且尾部长度达身体全长的三分之二。颈部四周长有舌骨所支撑的伞状领圈皮膜，并带有炫目的色泽。在遇到敌人时，蜥蜴脖子上悬垂的伞状领圈皮膜会突然展开，瞬间从视觉上改变了自己的体积，从而把食肉动物的注意力都集中到它那突然出现“裙边”的脑袋上。此时的伞蜥蜴张开鲜艳的粉红色或者黄色的大嘴巴，露出满口牙齿，并发出“嘶嘶”的声音。

对人类来说，这种伪装看起来似乎有点愚蠢，但是对饥饿的猫鼬或其他哺乳动物来说，这种方法足以打消它们的食欲。皱褶蜥蜴的声音和视觉展只是吓人的把戏。不过只要能把用餐者吓跑，它就不会成为其他动物的美餐。

7. 别惹我，狗急了也会跳墙——看我的反击

大部分动物遭遇捕捉后都会利用一切可用的武器进行反击，因为这是它们最后的逃生机会。也有一些动物的反击极其特殊，当然这也源于它们反击武器的特殊性。如电鳗、电鳐可以自身放电，电击敌人；剑鱼具有剑状的吻部，可以刺伤敌人。

凶猛的电鳗

电鳗，分布在南美洲亚马孙河和圭亚那河，长可达 2.75 米，重达 22 公斤。体表光滑无鳞片，背部黑色，腹部为橙黄色。没有背鳍和腹鳍，但臀鳍特别长，是其主要的游泳器官。它的尾部长度可达全身的五分之四。它不是真正的鳗类，而属裸背鳗科。

电鳗属于电鱼，能产生电流，是放电能力最强的淡水鱼。放出的电流主要用于捕食和防御，但高达650伏特的电压足以将人击昏。因此，人们称它为“高压线”。另外，也有人认为，电鳗放电是源于其对氧气的需要，因为水电解后可以产生氢气和氧气。但电鳗连续放电后，需要经过一段时间休息和食大量丰富的食物后，才能恢复原有的放电强度，所以一般情况下，电鳗都会不时地浮上水面，吞入空气，进行呼吸。

扁平的电鳐

电鳐与电鳗相似，以能发电伤人而闻名。分布于世界热、温带水域，我国东南沿海也有分布，但体形小一些。最大的个体可达到2米，最小的可达到0.3米。电鳗皮肤光滑，体表柔软，头与胸鳍形成圆或近于圆形的体盘，尾部呈粗棒状，像团扇。电鳐活动缓慢，底栖，以鱼类及无脊椎动物为食。如不被触及则对人无害。经济价值微不足道。

世界上电鳐种类繁多，发电能力也各不相同。非洲电鳐发出的电压达标准家用电压，在220伏左右；中等大小电鳐发出的电压在70伏左右；较小的南美电鳐则只能发出37伏的电压。

电鳐发电原理与电鳗相似，也是一种生物发电器。但也有不同之处。电鳐的一对发电器，位于体盘内，在头部的两侧；电鳐身上的电板多达200万块；电流也是从正极流到负极，但电流的方向是从电鳐的背面流到腹面。

人们很早便知道这种鱼会放电，而且还巧妙地运用它们的发电原理为自己服务。早在古希腊和罗马时代，医生们就用电鳐的放电原理来治疗病人的痛风、头痛和癫狂症等疾病。

动物的捕食

食物是动物生存的必要条件，只有进化出高超的狩猎本领才能在严酷的自然环境中生存。所以掠食者们不断磨炼着自己的捕食技巧,进化出更精妙的身体结构,并向我们展示了像艺术一样的优雅、完美、甚至有点可怕的捕食技术。

如军队一般纪律严明、训练有素的行军蚁,数量巨大,所向披靡;螳螂虾有着鲜艳夺目的外壳,它拥有惊人的破坏力的超强神秘武器;蜘蛛不仅拥有自然界所有纤维的细丝,并且利用这种细丝练就了一身超人的绝妙本领;蛇则充分利用自然界所赋予的资源,充分体现着结构与功能相适应的原理;鸟儿们自由翱翔于天际,能躲避陆地的掠食者,还能在高空捕食猎物,可以说是立于不败之地……

1. 弯刀武士——行军蚁

如果你在野外,你最怕遇上什么动物呢？老虎,狮子,还是发狂的熊？遇到这些动物无疑是九死一生,但是和下面登场的杀手比起来,老虎狮子只是温顺的小猫,熊也只能落荒而逃,它们就是行军蚁。

行军蚁本身并不可怕,可怕的是一大群行军蚁席卷而来。行军蚁主要栖息在非洲和亚洲,在长途"行军"时会建立临时蚁穴。它们对人类最大的威胁也就在于行军。当五千万只蚂蚁组成的军团穿堂入室,五千万饥饿的食袋就在四处寻找补给。于是,年轻人或者儿童就有可能被大团的行军蚁覆盖,从而窒息而死。蚂蚁军团会进入人的肺里,最后从里到外把人全部吃掉,只留下一具骨架。

可怕的行军蚁军团

行军蚁又称军团蚁,生活在南美洲、亚洲和非洲的热带地区,是所有蚂蚁中最复杂又最迷人的一种。行军蚁的得名与其习性有很大关系,它们一般会组成上百万的群体,就像一支训练有素的军队,不断行军,在行进中发现、吃掉或搬运猎物。行军蚁行动非常迅速。虽然每一只行军蚁都非常小,一滴水就可以将它冲走或者淹死,但是它们联合起来的力量太大了,没有什么东西能将它们挡住。碰到沟壑它们就抱成团,像球一样滚下去连接到对岸,形成一个蚁桥,让大军通过。更宽一点的沟壑,前面的蚂蚁军团便会毫不迟疑地冲下去,好像盖房子夯实基础一样,直到将沟壑填平,让大军通过,当然,这种场面是很悲壮的,因为这和自杀差不多,不少蚂蚁都被冲走或者掉队了,但是没有蚂蚁会退缩。

其他种类的蚂蚁一般都是独自觅食,有时会派遣侦察兵,而行军蚁则出动大军。虽然视盲,它们看不到前方的物体,但凭借大规模集体行动却能够从容制服猎物。人们研究得最多的一种行军蚁——布氏游蚁的进攻队形被称为“大围剿”,多达20万只蚂蚁倾巢出动,蜂拥成群,展成宽达15米的扇形编队前进。这些斗志昂扬的战士全副武装,躯壳刚硬好似铁甲,大颚强壮有力,锋利有如弯刀。唾液中含有高浓度的溶解组织的酶,所以被几百只行军蚁叮咬会苦不堪言。行军蚁一旦在行进的路上遇到猎物就会蜂拥而上,一场屠戮在所难免。即便是一只伪装的像一片带有四肢的绿叶的蝗虫也难以幸免,因为蝗虫的伪装对行军蚁毫无用处。行军蚁几乎没有视力,是根据气味和反射来确定目标、调整行动。一旦确定猎物的位置,猎杀信号就会迅速传遍整支军队。然后它们发起有组织的攻击,把猎物制服。

行军蚁军团的信息技术

行军蚁通过相互之间传播化学信息进行交流,这种方法被称为“金字塔嗅味”。这是协调几十万只行军蚁行为的一种快捷有效的方法。整个蚁群根据气味作出整体反应,就像一个由许多个体组成的超有机体。行军蚁的相互依赖性很强,单个行军蚁脱离群体就会迷失方向,孤独无助,最终死亡。所有决定都由集体制定,单个行军蚁不施号令。行军蚁简单的眼睛无法捕捉图像,但是能够察觉亮光。有推测说,工蚁的作用其实就像一只巨大的复眼,在猎食时利用太阳光定位。

2. 重拳出击——螳螂虾

这是一个善于打埋伏的家伙。在一片寂静的海底,一只螃蟹披着它那盾甲一样的外壳外出觅食了。不过它犯下一个致命的错误:居然闯入了螳螂虾的领地。在前方的不远处,螳螂虾正静静地等着美餐送上门。突然,螃蟹似乎觉察出了一丝危险,绕道而行,迅速爬到一个倒置的玻璃瓶下。现在螃蟹有了两个坚实的防御,似乎可以高枕无忧了。螳螂虾追至玻璃外,两只色彩斑斓的螯肢高举在胸前,迅猛地攻向玻璃。在快得难以觉察的一瞬间,只听一阵尖利刺耳的声音传来,坚固的玻璃已然被敲成碎片,螃蟹在劫难逃。如此强大的攻击力来自于仅仅10厘米的身躯,不得不让人为之惊叹!螳螂虾是何许人也?

惊人的重拳

螳螂虾长得像虾,外形如螳螂,但既非虾,亦非螳螂,实为甲壳纲口足目动物,横行于世界温暖的近海水域中,4亿年前便已出现在地球上。依据"武器"的不同,螳螂虾大致可以分为两种:一类使"矛",一类使"捶"。前者用螯肢上锋利的尖刺穿透猎物,后者则用螯肢关节处的瘤节砸碎厚重的贝壳。如果你想把它当做宠物养在水族馆或者鱼缸里,那可得小心了,它会让你损失惨重——轻则杀死你的其他水族宠物,重则砸碎你的鱼缸!如果按比例放大到人类大小,螳螂虾的重拳足可以把混凝土墙壁洞穿。

如此小巧的动物是如何在瞬间做到这些的呢?加州大学伯克利分校的三位动物学家决定一探究竟。为了看清在攻击的一瞬间发生了什么,需要把出击的画面放慢。为此动物学家们采用了高速摄像系统,每秒钟可以拍摄5000多帧画面,这要比普通摄像机快上100倍。当摄像机转动时就能够以极高的速度采集画面,有了这些画面,动物学家们就可以计算出螳螂虾的出击速度。据计算,螳螂虾的出击速度是每秒钟19米,这相当于时速70公里,在最高峰时其加速度相当于重力加速度的1万多倍,相当于子弹射出枪膛的加速度。

接着动物学家们逐格分析每一个画面,终于揭示出螳螂虾的秘密武器——外壳。螳螂虾有一种又大又慢的肌肉,它们缓慢地将螯肢卷回去,通过几个节点内的肌肉压缩来积聚能量,包括壳内的一个特化的马鞍形结构,一个"小栓子"把螯肢固定就位。然后等它们准备出击的时候,它们就会打开那个"小栓子",被压缩的壳突然恢复到最初形态,从而以致命的速度把螯肢急推向前。

定期更换的铠甲

可是,这样强大的攻击力在破坏对手甲壳的同时,就不会伤害到自己吗?事实上,螳螂虾的肢端常常会出现一些麻坑和损伤,部分肢端损伤严重时甚至无法直接击中猎物。不过别担心,螳螂虾自有办法。无论这种伤害有多严重,螳螂虾都会通过周期性蜕去外骨骼来修补这种损伤。蜕皮后的螳螂虾会变得比较脆弱,但仍然极具攻击性,受到惊动便会从洞穴中冲出来攻击对方,即使对它构不成什么威胁。当甲壳变硬时,螳螂虾又会成为海洋中无可匹敌的攻击手,抑或是轻量级的世界冠军。

3. 无法企及的纺织大师——蜘蛛

有一种动物,它们或者设置陷阱,悠然自得地盘踞一隅守株待兔,或者主动出击,用致命毒汁置猎物于死地,或者立志如徐霞客般游览名山大川,四处游走,抑或就地伪装,神鬼不知地捕杀猎物。有的甚至可以自己做一个气球,随风飘荡,好不优哉!在我们生活的周围经常可以见到,它便是蜘蛛。

几乎所有的蜘蛛都可以用毒液来保护自己或杀死猎物。不过,只有约 200 种会叮咬人,并可能构成人类的健康问题。被许多较大的物种叮咬可能会相当痛苦,但是不会产生持久的健康问题。除了个别种类主要为草食性外,其他已知的蜘蛛大多是以肉食为主的掠食者,大部分是掠食昆虫、其他蜘蛛和多足类,比如蜈蚣、马陆等,但也有较大的物种非常凶悍,可以捕捉鸟类和蜥蜴。

传说中的蛛丝

蜘蛛大多都能纺丝,丝是由蜘蛛腹部的纺织腺分泌的。幼蛛利用游丝飘到高山顶上,定居的蜘蛛用来建筑居所,游猎的蜘蛛巡游各处,猎捕害虫,而大多数蜘蛛则用丝编织罗网。可见这种丝多么重要,而正是这种丝让蜘蛛名扬四海。

它是自然界力学性能最优良的天然蛋白质纤维,它比人类的头发还细,只有 100 纳米;它很轻,如果有一根足够长的丝环绕地球赤道,那么,这根丝的重量还不足450克;这根丝很强,是相同细度的高规格钢筋强度的5倍,一根直径10毫米的蜘蛛丝甚至可以拉住一架正在飞行的喷气式飞机;它很韧,可以伸长40%而没有损害,比人类辛苦做出并引以为自豪称为“现代纤维生产技术的路标”的芳纶纤维还要坚韧。

织网的艺术家

结网蜘蛛是我们非常熟悉的一类,它们利用腹部末端的纺织器的尖端分泌黏液,这种黏液一遇空气即可凝成很细的丝。这种以丝结成的网具有高度的黏性,是蜘蛛的主要捕食手段。由于是设计陷阱捕食猎物,蜘蛛总是把网建在猎物经常来往的地方。网的形态多种多样,有的网是松散的乱糟糟的一团;有的网呈片状铺在草地或其他植被上;有的网织成精致的漏斗状;园蛛所织的网呈典型的垂直圆网状。有一种蜘蛛很特别,它将身体吊在空中,在两个前足之间撑着一张丝质网,过往昆虫一旦被网粘住就逃脱不了被吃掉的命运。

园蛛所织圆网的设计特点尤其值得注意。首先,它的结构符合经济学原理,即以最少的用丝量覆盖最大的面积,网线上往往还要加上一些黏性液滴以增加俘获猎物的效果。蛛丝的粗细、密度和强度绝不会让猎物穿网而过或落在网上又轻易逃脱。其次,黏性的网线具有很大的应变力和弹性,无论是风吹还是猎物的挣扎都不能将其撕破。再次,整张网只需要少数几个附着点,因此,蛛网可以安置在很多地方,也可以是任何一个方向。

网就像一个空中过滤器,捕获那些未看见细丝、飞行力不强的昆虫。网虽复杂,但一般在1个小时内即能织成,多在天亮前完成。若网在蜘蛛捕食时遭到破坏,则另织一张新网。蜘蛛自身为什么不被网黏住,以及在织网时如何切断弹力极强的丝,这些问题迄今尚未完全了解。

织圆网时,蜘蛛放出一丝,随风飘荡。如果丝的游离端未能黏在某物上,则蜘蛛把丝拉回吃掉。若该丝牢固地黏在某物(如树枝)上,则蜘蛛从该丝桥上通过,再以丝将它加固。蜘蛛在桥的中央固着一丝,自身坠在一条丝上往下垂,到地面上或另一树枝上,把此丝黏着。蜘蛛回到中心,拉多根从网中心向四周辐射的辐射丝。然后，蜘蛛爬回网中心，从里向外用干丝拉临时的螺旋丝，各圈螺旋丝之间间距较大。然后蜘蛛爬到最外围，自外向网中心安置带黏性的干紧密的捕虫螺旋丝。一边结，一边把先前结的不带黏性的干螺旋丝吃掉。

网全部完工后，有的蜘蛛从网中心拉一根丝（信号丝）爬到网的一角的树叶中隐蔽起来。若有昆虫投网，透过信号丝的振动便可闻讯而来取食。有的蜘蛛头朝下留在网中心，等候猎物，有猎物时先用丝将其缠绕，再叮咬之并将其携回网中心或隐蔽处进食或贮藏。蝶蛾类较大，易于逃脱，故先叮咬后用丝捆缚。有的蜘蛛则结共用网，如漏斗蛛会筑一大网，几百只蜘蛛共同捕食。

蜘蛛的消化系统太狭窄了，以至于它们无法吃大块的固体。所以，对于粘上网的昆虫，它们会注入特殊的消化酶，这种消化酶能使昆虫昏迷、抽搐，直至死亡，并使肌体发生液化，液化后蜘蛛便可以吮吸的方式进食了。

小小蜘蛛在太空

2008年美国奋进号航天飞机前往国际空间站执行科研任务，随同的还有两个特殊访客——蜘蛛。美国国家航空和航天局计划让它们在空间站生活3个月，研究它们在失重状态下如何结网和捕食。

在身处无重力状态的最初的日子里，蜘蛛们只能漫无目的地织网，最后的成果也显得杂乱无章，与地球上相比大失水准。不过，仅仅在一周之后，它们就找到了自信和窍门，又能织出正常且均匀的网。空间站的负责人说："蜘蛛能如此神速地适应太空环境，这让我们惊叹不已。"

蜘蛛

4. 冷血杀手——蛇

它是《圣经》中引诱夏娃的诱惑物，也是哈利波特书里和电影中的常客，它一路滑行，进入世界神话和通俗文化中，带来或美丽或神秘或恐怖的传说。它便是本节的主角——蛇。

生物研究指出，蛇大概于白垩纪由蜥蜴类演化而来，在地球上存在的历史已经超过1.3亿年，它们已经进化成一种高度灵活的脊椎动物，除了水平爬行，有的甚至拥有垂直攀爬以及迅速入水的能力，而有的蛇甚至可以飞行，但所有的蛇都已没有了四肢，只有少数几种还存有后肢的痕迹，例如蟒蛇。

在本节中，你将了解到蛇的基本形态结构、如何行走、如何捕猎等，在这个过程中你还将了解一些特别的蛇。

蛇的基本知识

蛇是无足的爬行动物的总称，属于有鳞目。正如所有爬行类一样，蛇类全身布满鳞片。大部分是陆生，也有半树栖、半水栖和水栖的。目前全球共有3000多种蛇类，遍布全世界，热带最多。最短如细盲蛇（约有10厘米），最长如蟒蛇及蚺蛇（最长纪录约9米以上）。

说蛇冷血，其实并不是它的血液是冷的。冷血动物指的是它们的体温会随着外界温度的改变而改变，也称变温动物。除了鸟类和哺乳动物，其他动物都是变温动物。它们缺少保持体温恒定的生理机制，但是，相比恒温动物，同样重量的变温动物只需要1/10～1/3的能量过活，因此也只需要相对少的食物，这样，它们一个很大的优势便在于，可以在外界环境或食物供给变化比较大的情况下存活。

蛇的行走千姿百态，或直线行走或蜿蜒曲折而前进，这是由蛇的结构所决定的。蛇全身分头、躯干及尾三部分。头与躯干之间为颈部，界限不很明显，躯干与尾部以泄殖肛孔为界。蛇没有四肢，全身被鳞片遮盖，有保护肤体的作用。

蛇的内部结构分为：皮肤系统、骨骼系统、肌肉系统、呼吸系统、消化系统、泄殖系统、神经系统、感觉器官和染色体等十大部分。

蛇的大嘴

蛇类主要以鼠、蛙、蟾蜍、蜥蜴等为食，一般不会视人类为猎物。蛇类根本不知道人类有多怕它们,所以往往在感觉到人类靠近的时候,它们就会躲藏起来。多数蛇类都不会主动攻击人类,只有它受到惊吓或伤害时才会发动攻击。除了一些巨大的蛇类(如蟒蛇、蚺蛇)外,大多数无毒的蛇类都不会给人类带来威胁。

所有蛇类都是肉食性动物,无论是广食性蛇类还是狭食性蛇类,采食均是"囫囵吞枣"。蛇采食时,不是咬碎后一口一口地慢慢往下吞。而是采取"囫囵吞枣"的方式整体吞食。蛇类虽然没有四肢,但它们有密排倒钩的锯齿牙,因而一旦捕到食物后便用牙钩挂住食物直接吞入腹中。如果捕到难以直接吞咽的大个食物,便会先用自己身体的前半部分迅速将食物缠绕几圈,并且越缠越紧,待其完全窒息死亡,将其挤压变细后再慢慢进食。蟒蛇在吞食较大食物时便是采用此种方法。而毒蛇捕食时通常采用突然袭击的方法,先是猛咬一口,将毒液注入所捕动物体内,咬住稍等片刻后再进行吞食;但有时也会先把动物松口扔掉,待几分钟后动物中毒或死亡时,再从容不迫地找寻食饵的头部,从头部开始,但也有从咬获部位开始吞食的情况,如虎斑蛇、赤链蛇等。

蛇看起来很小,却能够吞食比它们的头大许多倍的食物,比如蟒蛇能把鹿整个吞下。蛇没有咀嚼齿,它用牙齿咬住食物,同时用身体肌肉把食物整个推向胃里。蛇在吞食的时候,看起来十分困难,下颌如同脱臼一般。其实,蛇的下颌骨左右两半并未愈合,而是靠松弛的韧带连在一起;腭骨、翼状骨、方骨和鳞骨彼此形成能动的关节,因此,口可以张开到130度(人的口只能张到30度),食物入口后,分泌大量唾液,润滑食物。下颌包住食物,靠一些骨的交替运动推动食物下移,蛇的肋骨腹端是游离的,食物可以畅通无阻地被送到胃中。

蛇消化食物很慢,每吃一次要经过5~6天才能消化完毕,但消化高峰多在食后22~50小时。如果吃得多,消化时间还要长些。蛇的消化速度与外界温度有关,科学家观察到游蛇在5℃气温下,消化完全停止,到15℃时消化仍然很慢,消化过程长达6天左右,在25℃时,消化才加快进行。

进化赐予的秘密武器——毒液

在进化过程中，有的动物进化出更快的速度作为绝杀武器，有的动物进化出更强大的力量与对手肉搏，而毒蛇则进化出了致命的毒素杀对手于无形。毒蛇的可怕在于它的毒牙，在上颌骨上生有大型管状或沟状的毒牙，或者是空心的，或者具有沟槽。蝰蛇和响尾蛇的毒牙设计得十分巧妙，毒牙平时向后倒放在口中，张口时随上颌骨而直立。蛇毒一般是以蛋白质为主的复合物质，平常贮存在头部后方的毒素腺中。毒腺是由唾液腺演化而来的，位于头部两侧、眼的后方，包藏于颌肌肉中。当毒蛇咬其他动物时，毒腺外围的肌肉收缩，毒液便沿毒液管和毒牙的管或沟注入猎物体内。毒素中的蛋白质大都是神经毒素、肌肉毒素及细胞毒素等多种毒素的混合物质，这些毒素会直接攻击生物的神经系统及肌肉系统，也可能导致呼吸系统障碍、机能麻痹，最终令生物死亡。几乎所有蛇毒都蕴含“玻璃酸酶”，这是一种会令毒素迅速扩散的蛋白质。

5. 空中猎手——飞鸟

茫茫草原，早晨的阳光洒向大地。一只草原鼠决定出洞觅食。它来到洞口，壮了壮胆，小心地探出鼻子嗅了嗅，好像没事；又紧张地往外望了一眼，立即缩回去，再试几次……似乎还是没事。终于，它大胆地钻出洞，倚着一个个隐蔽物，寻找觅食的路线。突然，一种不祥的感觉袭来，草原鼠警觉地四处张望；可不料“呼”的一声，一对强有力的尖爪从它头顶猛扑过来，将草原鼠重重地击倒，还来不及反应，皮肉已被爪尖刺入；紧接着一只更大的尖钩刺入草原鼠的颈部，草原鼠失去了知觉……

鸟类的基本知识

鸟类通常是带羽、卵生的动物。它们的身体呈纺锤形、前肢进化为翼，体表有羽毛，体温恒定，胸肌发达，骨骼愈合、薄、中空，脑比较发达。它们有极高的新陈代谢速率，长骨多是中空的，有气囊可以进行双重呼吸，没有膀胱则可以减少身体质量。这些身体特征都很适应飞翔。

根据现有的化石证据,最早的鸟类大约出现在1.5亿年前。经过亿万年的演化,鸟类成为适应陆地生活最成功的高等脊椎动物之一。其特有的飞翔能力,大大拓宽了生活的范围。鸟类一般生活在森林、草原、山岭、水域等地带,不同鸟类食性也不同,食肉、食植、杂食皆有。所谓"螳螂捕蝉,黄雀在后",不少食肉性的鸟类都是捕食高手。

飞行、锐眼、利喙——制胜的武器

猛禽的飞行系统非常发达,体形较大者可以利用气流长时间悬停于空中,体形较小者亦可以通过控制振翅进行短时间的悬停,这种悬停姿态可以帮助它们发现和追击猎物。隼形目鸟类翅形多长而尖,有利于高速飞行,鸮形目鸟类翅形宽而圆,廓羽松软,飞行速度虽然不是很高,但是产生的声音很少。大型猛禽的翅强壮有力,可以成为除喙和脚之外第三件攻击猎物的武器。

隼形目的猛禽均在白昼活动,为了获得更好的视野以进行狩猎,它们经常会长时间在高空悬停。大型猛禽的悬停依靠的是日光辐射引起的上升气流,它们大多有感知上升气流的能力,在暖气团中伸展双翅盘绕上升;小型猛禽的悬停大多依靠翅和尾羽的配合。隼、鵟等类群的鸟类,有时会振翅悬停或盘旋于草场上空,以惊吓驱赶鼠类、兔子等猎物。在气象条件不好的情况下,隼形目的猛禽多会选择山崖、树顶、电线杆的顶部等视野开阔的位置蹲踞,其目的仍然在于获得良好的视野以便捕猎。

动物学家发现,鸟眼有许多与众不同之处。首先,鸟都有一双明亮的大眼睛。虽然鸟眼看上去小如豆粒,但实际上它们的眼球是很大的,两只眼球的重量加起来,往往比脑子还重。例如,鸵鸟每只眼球的直径有50毫米,比人的两只眼睛加起来还大。

更重要的是,鸟的眼睛非常灵活,它们同时具有望远镜和放大镜的功能,既能望远,又能放大。这是因为连接眼球的肌肉,能很快地将眼球的晶状体拉成扁平状或挤成圆形,就像望远镜和放大镜调节焦距一样,使物体的形象变得十分清晰。有人做过一个实验,把微小的虫卵先后放在离鸟2米和2.5厘米远的地方，结果鸟都能准确无误地啄食。

鸟类的视力极佳，也是因为它们眼睛视网膜上的视觉细胞特别多的缘故。例如，隼的视网膜中央的凹陷处，视觉细胞多达150万个；而人眼同样部位的视觉细胞却只有20万个。难怪隼的视力如此敏锐了。

喙是鸟类上下颌包被的硬角质鞘，起到哺乳动物唇和齿的作用。喙的主要功能是取食和梳理羽毛。喙的形态由于鸟类取食方式的不同而有很大的变异。

鸟的喙可大致分为以下各类：

食昆虫的鸟——尖而细长，方便从窄缝中把昆虫抽出。

食果子的鸟——粗短成圆锥形，方便把坚硬的果子咬破。

食肉的鸟——粗壮、尖端锐利及钩曲，方便捕杀及撕开猎物。

食鱼的鸟——尖长及锐利，方便叉着游动的鱼。

食浮游生物的鸟——扁平而宽阔、边缘具有滤水的栉缘，方便在水中过滤浮游生物。

另外，个别的鸟喙也有不同的独特形态，如交嘴雀的喙上下无法对齐是交叉的，这样可以方便交嘴雀从鲜松果中取出松子；剪嘴鸥的下喙比上喙大而长，它贴近水面飞行时，可以用下喙在水中捞取食物；而红鹳的上喙隆起而庞大，正是为了低头捞取水中的藻类。

6. 伶牙俐齿——啮齿动物

中美洲的清晨，阳光明媚，鸟儿在林间欢快地叫着。“咚咚咚……”那是什么声音？原来卷尾猴在吃早餐，一个个硬壳果被它啃了两下就扔了，真浪费。这也难怪，虽然硬壳果肉很美味，可是外面保护它的外壳却奇硬无比，用石头也砸不开。所以卷尾猴只是把外面薄薄的果肉吃了，剩余的果壳便随手丢掉，不过与此同时，另一个动物正竖着耳朵倾听食神的召唤，它便是刺豚鼠。刺豚鼠既不会像某些猴子那样会使用工具，也不见得比猴子力气大，但是它有杀手锏——一副强而有力的尖利牙齿，它只是气定神闲地坐着，用两只灵巧的前爪抱住硬壳果，不论外壳多么坚硬，都经不住它的一咬。

吃坚果的大师

刺豚鼠属于哺乳纲啮齿目动物，这类动物专长咬东西，大至树皮树枝小至种子昆虫，食源不能说不广。它们是哺乳动物中种类最多的一个类群，也是分布范围最广的哺乳动物，几乎无处不在，全世界大约有2000多种，我国大约有210种，从赤道到两极圈内，从平原到高山雪域都有它们生活的踪迹。除了少数种类外，一般体形较小，数量多，繁殖快，适应力强，在长期的演化过程中形成辐射适应，能生活在多种多样的环境中，其中大多数种类住在洞穴里，也有的在地底挖洞，特别是生活在干草原或荒漠化草原上的物种，由于栖息地的隐蔽条件比较差，它们的洞系一般极其复杂。还有一些种类为树栖和半树栖；个别种类为半水栖。它们如此之强的适应能力，使它们成为了现在最为成功的哺乳动物。

那么，刺豚鼠到底有什么奥秘使它们竟能咬穿如此坚硬的果壳呢？答案是它们的牙齿。啮齿动物的上下颚都有一对门牙，门牙前面是珐琅质，背面则是由较软的牙质构成。咬东西时牙质比珐琅质磨损得快，逐渐地牙齿边缘削得如凿子一样锋利。并且同其他哺乳动物的牙齿不同，啮齿目动物的门牙可以终生生长，不停地填补磨损，成就了它们无坚不摧的绝技。

啮齿目动物千姿百态，形态大小不一。有矫健的爬树高手，好比松鼠，它们咬开松果，享受其他哺乳动物高攀不来的美味松子。而爱伯特松鼠不仅能用牙咬开松子，还能咬走美国黄松树枝的末梢，吃它底层营养丰富的树皮。要是在漫长的冬季松果不够吃，这可是极珍贵的后备粮食。爱伯特松鼠的口味极其特别，只能在长有大量美国黄松的地方生存。

不过大部分松鼠都没那么挑剔，它们的首选美食是橡实。橡树通常秋天结出大量果实，对灰松鼠来说是好消息，它们需要暴食增肥来抵御寒冬。还要积极防饥，埋藏一些好过冬。美国弗吉尼亚树林内的松鼠做法却不是那么简单，这儿有两种橡实：红橡实和白橡实。它们模样差不多，白橡实不久就会发芽，发了芽便不能吃，红橡实则要待明年春天才发芽。松鼠留意到区别，所以做了不同处理。松鼠找到白橡实，马上吃掉，不然便会发芽，但遇上红橡实，多半会埋起来为冬天储粮。松鼠色盲，看不出两种橡实的区别，它们全凭气味断定哪枚该及时吃，哪枚该作储备。可是聪明的读者你可能会问，要是碰上白橡树果实累累，而红橡树果实则寥寥无几怎么办呢？别担心，遇到这种情况，松鼠会改变策略。你可能会觉得它会大嚼白橡实，谁知它轻轻一咬后便把橡实埋起来，它到底打什么算盘？其实聪明的松鼠咬走了橡实顶部的种子胚，没有了胚，橡实就永远也不会发芽，储存一个冬季照样保持新鲜。经过演化松鼠可以准确无误地咬走种子胚，使得果实物尽其用。

土拨鼠的四季

植物可吃的部分当然不仅是种子，欧洲阿尔卑斯山土拨鼠吃整株植物，同类间争夺吃草地盘。山上的土拨鼠在春末结束冬眠，从地洞里钻出来马上重新划分领土疆界，叫嚣和摆尾只是前奏，示警不收效，唯有决战。年长的雄性土拨鼠负责应战，它们的配偶则把守家园观战。争夺领地成功的胜方，由面颊的腺体排放发放气味为领地定界。仲夏时分，山区大致和平，阿尔卑斯山夏季短暂，土拨鼠们必须分秒必争来进食。凭借尖利的门牙，它们可以轻易地咬断坚韧的花茎和草茎，迅速增重。秋天，土拨鼠们必须作最后冲刺，在地洞中囤积干草作冬眠床垫。十月，寒冷的天气降临，地洞内土拨鼠的体温已降至 2 摄氏度，心跳每分钟只有两三下，它们已进入冬眠，靠体内的脂肪储备维持到转年四月。

土拨鼠

7. 陆地上的速度之王——猎豹

进化是一场捕食者和被捕食者之间的竞赛，而且更多情况下，速度就意味着更多的生存。目前人类的百米世界纪录为 9 秒 58，也就是时速大约 37 千米，而有一种动物，当它全速奔跑时，时速可以超过 110 千米，相当于百米世界冠军的三倍快。它就是陆地上奔跑速度最快的动物——猎豹。

速度是祖先留下的财富

猎豹与老虎、狮子等同属于食肉目猫科动物，是现存猫科动物中最古老的一种。它个头不大，成年猎豹体长 140 ~ 220 厘米，体重约 50 千克，尾长约 76 厘米，站立时肩高约 75 厘米。猎豹在猫科动物中体形较小，但不失其大猫的基本特质，身体健壮，胸膛壮阔但腰部纤细。

它的头部较小，有对高视力的眼睛，鼻子两边各有一条明显的黑色条纹，从眼角处一直延伸到嘴边，如同两条泪痕，这也是它们区别于其他大猫们的最显著的特征之一，这两条黑纹有利于吸收阳光，从而使视野更加开阔。猎豹主要分布在非洲的草原地带，栖息于有丛林或疏林的干燥地区。

猎豹的捕食方式与狮、虎、豹等猫科动物不同，它基本上是独居在开阔的草原上，依靠自身的速度来捕猎，而非偷袭或群体攻击。它那高视力的眼睛，确保它能发现远处的猎物。一旦发现后，它不是立即猛追，而是先悄悄接近，到距离猎物 80 ~ 270 米时，才飞奔并扑向目标。速度是猎豹的秘密武器。20 世纪中后期，科学家们在野外对猎豹的奔跑速度进行了反复观察和测定，测出猎豹在崎岖不平的原野上，短距离的奔跑时速可达 130 千米左右，奔跑时每一步的距离可以达到 7.01 米。同时，科学家还测出了猎豹的加速能力，它可以在即将捕到猎物不到两秒钟的瞬间，将时速从每小时 1.61 千米跃增到 64.37 千米。这样惊人的加速能力，不但称雄于动物世界，而且在人类的汽车世界也难以与之抗衡。

猎豹这种超速的奔跑本领是从何而来的呢？这就要从猎豹的祖先说起。

距今大约 30 ~50 万年之前，当猎豹刚刚出生时，它们和剑齿虎等身躯庞大的捕猎者生活在一起，360 多公斤的剑齿虎身长是猎豹的两倍，体重是猎豹的八倍。作为顶级捕猎者，剑齿虎把动作缓慢的大型动物市场完全垄断了。但市场也给快速的捕猎者留下了空间，而猎豹及其祖先就是快速的猎手，它们追杀大型捕猎者无法追到的猎物，速度能够保证猎豹的生存。另外，猎豹生活在宽阔的草原地带，这也迫使它们具备高速追击的本领，才能获得食物和躲避敌害。因此，猎豹进化成为最适合奔跑的动物，它们的身体已经进化到每一个细节，从鼻尖到尾巴，这一切都帮助它们跑得更快。

一切都是为了更快

猎豹的头颅在所有猫科动物中相对尺寸最小，其空气动力学设计犹如子弹从风中穿过。锁骨极小且极其灵活，就像一个微小的传动轴有利于快速急转弯。庞大的胸腔包裹着一个强有力的心脏和超大的肺部，以便为肌肉输送能量。四肢修长而又轻巧，跟腱很长，有着极佳的减震功能。爪子不可伸缩，和狗的相似，每跨出一步都会插入土中提供抓地力。还有沉重的尾巴，极大地保持了奔跑时的重心平衡，帮助猎豹控制转向，这是因为猎豹的猎物之一瞪羚已经进化出了空中转向的本事，于是猎豹就利用它船舵一样的尾巴，一甩就能完成很急的急转弯。

此外，猎豹的快速奔跑还有一个最重要的原因。任何奔跑的动物要提高速度要么加大步幅，要么加快频率，而猎豹既加大了步幅又加快了频率。科学家们曾对人类的奔跑进行过研究，发现奔跑者需要有强有力的腿部肌肉，这些肌肉使腿部重重落地进而把跑步者弹入空中，从而实现长长的弹跳式跨越，然而猎豹的四肢却纤长而细弱，那么它们如何实现长距离的跨越呢？实际上猎豹的超快速度依仗的是它柔韧的脊柱。猎豹把脊柱弯曲起来，就像压紧的弹簧一样，然后整个身体飞了出去，在空中跨越的距离可达 7 米左右，是身长的 5 倍以上。猎豹的这些得天独厚的身体结构，使其当之无愧地荣获“奔跑冠军”的桂冠。

让我们行动起来

目前,在猎豹的主要栖息地——非洲,猎豹的数量为九千头到一万两千头,其中有大约10%的猎豹是生活在圈养的状态下。但是在四十多年前,就是在1960年的时候,猎豹的数量是现在猎豹数量的两倍以上。这就说明猎豹正濒临灭绝,它们的分布区在萎缩,数量在下降。造成猎豹数量减少的原因是什么呢?一是猎豹的栖息地被破坏,猎豹的捕猎对象像羚羊、角马等动物的分布区都在减少,猎豹的食物来源也就少了。另一个原因是猎豹的生态系统被人为分割了,人口在增加,人类在猎豹等很多动物的生活环境里兴建了村庄、道路等,把猎豹的栖息地分割隔离,这时猎豹的群体就会比较小,寻找配偶会很困难,种群难以延续。第三个原因就是人类的捕杀,有些人把拥有猎豹皮看作是身份和地位的象征,因此国际上便有了猎豹皮的贸易。现在由于《濒危物种国际贸易公约》的约束,这种贸易受到了限制。但是走私仍然存在,猎豹仍然被偷猎者捕杀。

科学家们告诉我们,自然界中各个物种之间、生物与周围环境之间都存在着十分密切的联系,当一种物种消失时,会给这个系统带来很大的影响。因此,保护猎豹便有了重要的意义。人们已经开始行动起来,建立很多国家公园和自然保护区,保护猎豹的栖息地。人们也开始人工养殖猎豹,尽可能增加猎豹的数量。同时禁止猎豹皮的贸易,可以大大减少对猎豹的猎杀。

夕阳下,猎豹静静地矗立在广阔荒疏的原野上,金黄色的外表在瑰丽的阳光中显得如此高贵肃穆,不知道明天又会有怎样的命运在等待着它们……

动物生存趣谈

1. 动物消暑奇招

人们可以舒舒服服地待在有风扇或空调的房子里度过炎热的夏天。那么,动物又是如何度过它们的夏天的呢？

蜗牛进壳

生活在非洲沙漠中的蜗牛，每当盛夏来临，就会钻到沙砾中，然后将身体缩进壳内。它们的外壳上会形成一层薄薄的隔膜，以减少体内水分的散失，直到天气转凉后才会从沙砾中爬出来活动。

蜘蛛挖洞

在炎热的非洲撒哈拉大沙漠里，生活着一种大蜘蛛。夏天的时候，它们会在沙里挖一个洞，然后在洞口吐丝，织一张密网挡住阳光，悠然地躲在洞里纳凉。

猴摇尾巴

天气炎热的时候，长尾猴总爱摇摆它们那长长的尾巴。原来，它们的尾巴里有一条特殊的静脉，能将体内产生的热量迅速地散发出去。

大象洗澡

大象在热天会不停地扇动大耳朵，以产生凉风，给自己的头部降温。当它们来到泉水或河边时，常会用长鼻子汲满水，喷向自己的背部和腹部，痛痛快快地洗凉水澡。

蜜蜂风扇

炎热的夏天，蜜蜂会在蜂巢里一起用较快的频率振动翅膀，其作用就像电风扇，能吹出阵阵凉风，有助于巢内空气流通，从而保持空气新鲜，并能降温4℃～6℃。

白蚁建塔

非洲白蚁避暑的方法更巧妙，它们会营造起高大的蚁塔，形似金字塔。蚁塔的外壳厚约50厘米，开有许多“气窗”，里面布满了密密麻麻的隧道，弯弯曲曲，长约几百米，看上去就像是一个“空调房间”。尽管外面烈日炎炎，里面却是一片清凉的世界。

2. 老马识逢

春秋时期，山戎国侵犯燕国，齐桓公带兵救援，打下了山戎的都城。齐军在返回自己的国家时，不料在一个山谷中迷了路。这时跟随齐桓公的管仲说："老马不论走多远，都能从原路回去，我们可以利用老马的智慧，让它们来带路。"于是他们挑了几匹老马在前面引路，整个队伍跟在后面。果然，几匹老马出色地完成了向导任务，把齐兵领出了山谷。

英国有一个矿主，把一匹马从饲养场赶进矿井拉车，这匹马整整 10 年没有到过地面。10 年以后，它的身体已经非常衰弱，不能干活了，矿主就把它带到了地面上。不料它一出矿井，就一口气跑回了阔别 10 年的饲养场，它的记忆力真让人惊奇。

据科学家研究，马的内耳中有一种特别的"曲折感受器"，这种感受器就像人的眼睛，能判断运动的方向和周围的环境，这就是"老马识途"的秘密。

3. 狼的智慧和处世天性

狼是最凶猛的动物之一，通常喜欢集群活动，它们的处世哲学带给我们许多有益的启示。

狼是一种不可思议的动物，它们具有超常的精力、速度和能量，有丰富的嚎叫信息和身体语言，还有非常发达的嗅觉。它们为了生活和生存而友好相处，为了哺育和保护后代而相互合作。狼的群居生活一般是 7 匹为一群，每一匹都要为群体的繁荣与发展承担一份责任。它们也是最团结的动物，绝不会在同伴受伤时独自逃走。同样，狼之所以能成功猎杀比自己更大更凶猛的动物，秘诀之一就是只要它们一声呼啸，狼群便会从四面八方涌来，然后齐心协力地制伏对手。"恶虎难斗群狼"说的就是这个道理。狼知道自己是狼而不是老虎，所以它们只做自己有能力做的事，知道什么时候该进攻，更知道什么时候该后退。

狼知道如何用最小的代价换取最大的回报。狼在追捕兔子时,知道兔子第七步所跳的位置,所以它们会及时扑向那里捕捉兔子。狼群的社会秩序非常牢固,每个成员对自己的地位和作用都非常了解。狼群在进食时,我们能很容易地看到类似屈膝行礼、鞠躬、哀叫和拥抱的声音或动作,而这一切都依每个成员的地位而定。

狼是最善于交际的肉食性动物之一,它们的交流方式有很多,比如嚎叫、用鼻子相互摩擦、用舌头舔、采取支配或从属的身体姿态、使用包括眼、唇、面部表情以及尾巴的位置来交流,或用复杂精细的身体语言、气味等来传递信息。

狼在每次攻击前都会先去了解对手,不会轻视对手,所以狼一生的攻击和捕猎活动很少失败,面对形形色色的诱惑,狼一般都不会上当。

公狼会在母狼怀孕后一直保护母狼,直到它产下小狼。当小狼具有了独立生活的能力时,公狼依然会细心地照顾母狼和它们的孩子。

寒冷的冬天,狼群依然会踏着积雪寻找食物。它们最常用的一种行进方法是单列行进,一匹挨着一匹。作为开路先锋,领头狼的体力消耗最大,它需要在松软的雪地上率先冲开一条小路,以便让后边的狼保存体力。当领头狼累了的时候,它便会让到一边,让紧跟在身后的那匹狼接替它的位置。这样它就可以跟在队尾,养精蓄锐,迎接新的挑战。

4. 鬣狗的生存之道

鬣狗是动物王国中最具有"团队意识"的猛兽。在捕猎时,它们的分工非常明确,并且各司其职,一旦确定了捕猎的目标,几乎从不失手。

鬣狗通常在夜间捕食,它们能以每小时 65 千米的速度追逐奔跑速度达每小时 40 千米的斑马或角马群。鬣狗可以单独、成对或 3 只一起猎食,也能整群一起围猎。单独捕猎往往收获不大,但若是成群猎食,则大多数时候都会有收获。

鬣狗具有百折不挠的韧劲。当狮子、豹等捕获了猎物,一群鬣狗经常会潮水般地围拢来，它们不停地发出噪音，以给对方制造强大的心理压力，使对方因为恐惧而不得不放弃到嘴的食物。当对方势力强大时，尽管它们不敢贸然强夺，但它们却能够耐心等待，等待对方饱餐后离开。有时候，它们不得不付出苦苦等待好几个小时的代价，但最终都会有所收获。

鬣狗非常顽强，也很好斗。为了争夺其他猛兽捕获的食物，它们时常会主动挑起战争。在非洲草原，它们和狮子是前世冤家。论个体作战能力，鬣狗显然不是狮子的对手，但是，若要论群体优势以及顽强的战斗精神，狮子则是不及鬣狗的。一般来说，它们不会轻易放弃与狮子争夺食物，除非首领被杀。正因为它们具有非常顽强的作战精神，才得以和狮子共享草原资源。

5. 刺猬

刺猬属哺乳类食虫目刺猬科，原来名叫“猬”，由于全身长满尖锐的硬刺，因而得名“刺猬”。

刺猬虽然体型不大，但其他动物一般都不会去招惹它们，因为它们一身从毛发蜕变而成的锐刺是它的最佳的防身武器。当情况危急时，它们会收起头和脚，全身蜷缩成一个解不开的刺球。这时要是敌人来犯，一定会被刺猬尖锐的硬刺所伤。因此，不但强敌隼鸟的尖嘴伤不了它们，就连狡猾的狐狸也拿它们无可奈何。

刺猬很顽皮，喜欢攀爬树干，即使一不小心失足，它们的锐刺也会保护好它们，使它们不会因跌落而摔伤。

刺猬的身上长满尖刺，那么刺猬妈妈在生产时，会不会被刺猬宝宝戳伤呢？这倒不用替它们担心，因为在生产时，刺猬宝宝身上的刺质地柔软、数量稀少（有的根本尚未长出），因此不会伤到刺猬妈妈。

刺猬的适应能力极强，能够在各种不同的环境中生活，因此在森林、草原与田野到处都能见到它们的踪迹。

刺猬是夜行性动物，白天它们常躲在田野的隐蔽处或大树的空穴中休息；

到了晚上，它们会一边行走一边发出“呼噜呼噜”的喘息声，四处觅食。

刺猬的食物很广，许多不同的小动物与小昆虫都是它们的食物，例如小蜗牛、蛞蝓、蠕虫、蛴螬（金龟子的幼虫）等。最值得一提的是，它们能捕杀毒蛇，是毒蛇的克星。当刺猬攻击毒蛇时，会用利齿咬一下毒蛇的背部，然后迅速地将身体蜷缩起来，等待毒蛇反击；接着咬第二口，再次蜷缩身体等待反击；在咬第三口时，不但会咬穿蛇的背部，而且会咬碎其脊椎骨，使毒蛇毙命，最后再慢条斯理地从尾部将整条蛇吃掉。

靠着坚韧的锐刺的保护，毒蛇在反击时，每每只能咬到刺猬的锐刺，而咬不到它们的皮肤，这就是刺猬能打败毒蛇的主要原因。

6. 野骆驼的“空调器”

野骆驼属哺乳纲偶蹄目反刍亚目驼科，是我国一级重点保护动物，它们与被誉为“沙漠之舟”的家骆驼有3点区别：一是头、耳较小；二是绒毛较短；三是驼峰坚硬呈圆锤形，不像家骆驼的那样扁、斜。

野骆驼主要生活在远离海洋的中亚、西亚以及我国西北部的戈壁沙漠，是名副其实的沙漠动物。沙漠地区气候干燥，水源缺乏，植被稀疏，冬季干冷而夏季干热，大气透明度大，光照强烈，风沙滚滚，昼夜温度变化剧烈。

野骆驼是如何来适应沙漠生活的呢？这要从野骆驼的体温调节及其保水、节水的装置说起。

野骆驼的皮下脂肪很少，人们为此称其为“瘦骆驼”，皮下脂肪少利于身体散热，并可借此调节体温。它们皮肤的汗腺极少，高温时很少出汗，这就避免了蒸发失水。

野骆驼是恒温动物，但体温的昼夜波动较大，白天可升到40℃，夜间可降至34℃，这种大幅度的体温波动，对缩小动物与环境间的温差十分有利。白天体温升高便于积蓄热量，更利于承受夜间低温的侵袭，野骆驼的皮肤上生有长短两种绒毛，组成了具有很强隔热保温功能的毛被，而且它的绒毛的脱换方式十分特殊。每年5月野骆驼开始脱毛，但长绒毛脱得非常缓慢，直至9月新绒毛长出后，老绒毛才完全脱去，平时我们见到骆驼一大块一大块的长绒毛拖在身边，就是这个原因。

这种脱毛方式使绒毛和皮肤之间形成了一种特殊的空间小气候，能防止白天高温和日照辐射，又避免了夜间低温时散热过多。野骆驼的皮肤和绒毛就是这样随着季节、环境、温度、昼夜的变化来自动调节体温的。

野骆驼的鼻孔能自由启闭，不但可以防止风沙的侵袭，而且卷轴状的鼻甲骨使鼻腔黏膜的表面积增大了约1000平方厘米，是人类的近80倍。野骆驼在呼吸时，这层鼻腔黏膜又成了"热量交换器"：吸气时，外界空气进入鼻腔，使鼻腔湿润和温热，利于保护肺部；呼气时，湿热的肺气又通过鼻腔得到冷却和水分回收。野骆驼的肺活量很大，呼吸频率很低，为每分钟16次，这样就避免了过多的呼吸失水。可见野骆驼的呼吸系统具有奇妙的保水和调温功能。

野骆驼是反刍动物，胃室较多，容积也较大，一次食草量和一次饮水量都很可观，因此即使较长时间不进食、不饮水也没有问题。

野骆驼的大肠有很强的吸水能力，它们排出的粪便如核桃球般干燥，从而最大限度地减少了排便失水，野骆驼尿液的浓度很高，而且排尿量小，这又减少了排泄失水。野骆驼的血液浓度也高，且耐脱水能力强，当脱水使其体重降低22%时，其血液的各项生理常数依然能保持不变，一旦饮水，10分钟后其血量即可恢复到原来的水平。

野骆驼由于具备综合调节体温的"空调系统"，又有善饮水、生水、保水、节水的习性，所以能世世代代生活在黄沙滚滚的大戈壁荒漠之中。

7. 会模仿的枯叶蝶

枯叶蝶是一种善于模仿枯叶的蝴蝶，当它停留在树枝上时，一双翅膀就像叶子的形态和颜色，不过这"叶子"呈枯黄褐色，所以敌害不容易发现它，只有在它起飞的时候，才知道它是蝴蝶，这就是枯叶蝶的拟态。

枯叶蝶通常生活在树木茂盛的山岳地带，常在悬崖峭壁下的葱郁的混交林间活动。雄蝶在活动时，常常会到伸出溪涧流水上空2米多高的阔叶树叶上栖息，等候雌蝶飞过而追逐交尾。如果遇到敌害，它就会立即飞入丛林，停栖在藤蔓或树木枝干。枯叶蝶飞翔的速度很快，行动敏捷，当它隐匿在树叶间时，敌害是很难发现它的。枯叶蝶栖息时，一般是头部向下，尾部朝天，常静止在没有树叶的粗干上。

生活在峨眉山的蝴蝶中，以拟态逼真的枯叶蝶最为著名。峨眉山的枯叶蝶属于中华枯叶蝶，它的体色艳丽，姿态优美，飞舞时常露出翅膀的背面，其色彩可与凤蝶媲美。枯叶蝶翅膀的背面大都为绒缎般的墨蓝色，闪动着耀眼的光泽。它们的前后翅点缀着白色的小斑点，前后翅的外缘均镶嵌着深褐色的波状花边。其双翅合并后酷似一片枯叶，依次由褐色、橙黄色、蓝色将蝶翅正面三等分。一条纵贯前后翅中部的黑色条纹和细纹，很像树叶的中脉和支脉；后翅的末端拖着一条和叶柄十分相似的“尾巴”，当它们在树枝上静止不动时，很难分辨出是蝶还是叶。

8. 撒尿捕猎的貂熊

貂熊又名“月熊”、“狼獾”、“山狗子”，因既像貂又像熊而得名。貂熊分布于西伯利亚、北欧、北美洲北部及我国内蒙古、黑龙江、新疆阿勒泰地区。貂熊体毛长密粗糙，一般为黑褐色，夏季毛色变为棕红色，爪子弯长、尖利。

貂熊体型较小，连头带尾长约1米。别看它的个子不大，却是小型肉食类动物中最凶悍的一种。貂熊性情凶猛、机警、顽强，有时会对小鹿和幼熊发起攻击，有时能拖走比自己体重大数倍的动物尸体，驯鹿、马鹿一类大型食草动物的雌兽和幼仔都免不了会遭到它的毒手。有时貂熊还会捕食狐狸、野猫一类的食肉兽，甚至连猞猁都要让它三分。貂熊既善于长途奔走，又善于攀援，有时还采用由树枝上突然飞降下去的捕猎方式，加上它的爪牙比较锐利，力气也大，猎物十有八九都逃脱不了。

貂熊

貂熊通常单独活动，有自己的领域范围，除了发情季节，它一般不允许其他貂熊进入自己的领地。当遇到强大的敌害时，它会向对方的脸上喷射带有恶臭的肛腺分泌物，使来犯敌人嗅到后晕头转向，而貂熊则借此机会逃之夭夭。貂熊栖息在森林苔原和针叶林中，它自己不挖洞、不筑巢，常借住在熊、狐等动物的洞穴中，有时会以山坡裂缝及石头的空隙为家，有时又栖身于倒木之下或枯树洞之中。貂熊的活动范围十分广阔，有时可达几百平方千米，可谓是“四海为家”。貂熊属于珍贵毛兽，现存数量极少，是我国一级保护动物。

貂熊非常狡猾，也很凶猛。饥饿时它便会撒一泡尿，用尿在地上画个圈。在圈中的小动物就好像中了魔法一样，竟不敢跑出圈外，从而束手就擒，貂熊便能悠闲地享受自己的美餐。

更为奇妙的是，当貂熊被豺、狼、狗熊等追赶时，它就会立刻边转圈边撒尿，把自己围在尿圈内，猛兽便会立刻边呕吐边逃跑，从而放弃追捕。原来，貂熊的尿液特别臊臭，小动物闻了不敢动弹，大型猛兽闻了也会恶心呕吐而避之不及。

有人认为貂熊生性凶猛，在自然界几乎没有天敌，但貂熊真的那么厉害吗？有人认为貂熊的尿液里有特殊的麻醉成分，能麻痹动物的神经中枢，然而科学家们至今也没有从中找到这种特殊的成分。它究竟存不存在呢？还是另有原因？除了貂熊以外，人们还发现黄鼠狼甚至田螺都能“画地为牢”捕猎食物。它们的本领似乎更为高强，只是绕猎物一圈就能使猎物无法动弹。这又是怎么回事呢？具体的原因还有待进一步探索。

在我国大兴安岭林海深处散居着鄂伦春族人，有些人家会养上一两只貂熊，主人搜集貂熊的尿液来保护婴儿、家园的安全。

9. 蚂蚁独特的才能

蚂蚁是最常见的昆虫之一，只要是有土有草的地方，就能找到它们的踪迹。但是，蚂蚁许多有趣的行为与人类的社会活动有着惊人的相似之处。

有一种叫“农蚁”的蚂蚁，它们能耕种自己爱吃的蚁米。农蚁在蚁巢附近播种蚁米之后，为了使蚁米茁壮成长，农蚁会用牙咬去其他所有的植物，只让蚁米生长。当蚁米成熟后，农蚁会全体出动，把收获的米粒全都搬运到地下仓库储存起来。

更有趣的是，南美洲的切叶蚁还会种蘑菇，它们从树上咬下新鲜的树叶，拖回蚁巢内的种植室，把树叶咬碎后堆成堆，当做培养基，然后在上面培植一种特殊的小蘑菇菌，就像人们在室内人工培育蘑菇一样。长成的小蘑菇就成了切叶蚁的主要食物。

蚂蚁不仅是天才的“种植能手”，而且还是灵巧的“建筑师”。蚁巢是蚂蚁群的“家”，一般分为地面和地下两部分。建造地面部分时，蚂蚁会先搬运来潮湿的黏土，接着用嘴将其搓成一个个小泥团，然后像泥瓦匠砌墙那样，把小泥团一块块地垒上去，还不停地用嘴和脚压紧泥团。围墙砌好后，蚂蚁还会找来树叶搭成圆形屋。

蚁巢的地下部分更了不起，有的蚁巢的直径竟达30米。巢内分为许多层，各层设有走廊、厅堂、仓库、育婴室等。黄蚁的巢更复杂，竟有三四十层，每层之间还有二十多道隔墙，真是精巧无比，难怪昆虫学家们都把蚁巢称做“蚁城”。

昆虫学家们还发现，刚刚出生的小蚂蚁是在“职业教师”的照看下，在专门的“托儿所”里度过童年的。这些担任“教师”的蚂蚁会系统地培养小蚂蚁在蚁巢范围内活动的各种本领。令人惊奇的是，一旦蚂蚁生了病，就会得到“医生”的照顾，“医生”每天都会对生病蚂蚁的身体进行检查，必要时还会送到“医院”治疗，有的甚至还会给受伤的蚂蚁动手术。

小小的蚂蚁为什么会如此聪明呢？昆虫学家认为，在动物世界中，头部与身体比例最大的就是蚂蚁。蚂蚁的脑袋里生有50万个神经细胞,可以接收各种复杂的信号。蚂蚁的身体又像一个小小的化工厂能生产一种叫做"信息素"的化学物质。蚂蚁正是依靠聪明的头脑和"信息素"在蚁群之间进行各种交流,如相互告诉哪里有食物、哪里有危险、怎样照顾幼蚁等。蚂蚁虽小,但是它们的行为充分显示了它们独特的才能。

10. 先出触角的蜗牛

蜗牛的头部有两对能伸缩的触角,人们把它们比做"牛角"。其实蜗牛的触角与牛角的功能不同,蜗牛的触角不是武器而是感觉器官。前面一对小触角有嗅觉功能,后面一对大触角有触觉和视觉功能。蜗牛的触角对于蜗牛了解外界情况太重要了,没有触觉,蜗牛会到处碰壁;没有嗅觉,蜗牛会找不到食物。休息时,蜗牛的触角会翻转缩入壳内;爬行时,触角会首先伸出。大的长触角就像盲人的探路杖,当大触角接触到障碍物时,就会立即改变前进的方向。大触角的顶端各有一眼,也叫"眼触角",眼呈浅杯形,杯壁由许多排列整齐的视觉细胞形成,叫"视网膜",视觉细胞底部连着视神经纤维,这些视神经纤维集合成视神经,并通到脑部。但蜗牛的视力很差,弱光下能看到约6厘米远,强光下则只能看到0.4~0.5厘米远。这和蜗牛生活在阴暗处,以及只在黄昏或夜间出来活动的习性是相适应的。

也正因为触角的种种作用,所以蜗牛总是"先出来触角,后出来头"。

11. 企鹅"托儿所"

企鹅是南极的象征,它们生活在高纬度地区的严酷环境中,并且顽强地抚育着小企鹅。其中,最有名的是阿德利企鹅的育儿方法及过程。每到南极的夏天,企鹅就会聚集到固定的繁殖场所开始繁殖。

阿德利企鹅的繁殖地在离南极海岸比较远的内陆地区,有时候企鹅们从海岸跋涉到繁殖地,不吃也不喝,并且不停地走7~10天。繁殖地的规模相当大,企鹅们会形成一个多达数万只的集体，多的时候，甚至会超过几十万只。

公企鹅会先回到繁殖地，选择一个自己满意的地方做巢，等待母企鹅的到来。大部分阿德利企鹅夫妇每年都是同一对在一起生活。其中也有因同伴死去而寻找新伴侣的，但数量很少。它们的感情非常深厚，很少会轻易离开彼此。

企鹅夫妇熟悉彼此的声音，它们通过鸣叫声来找到对方。找好伴侣后，阿德利企鹅夫妇就会在它们用石块做好的窝里交尾产卵，每对夫妇的地盘只有1平方米大小。通常每次繁殖可以产2个蛋。产完蛋后，一直没有进食的母企鹅就会让丈夫照顾蛋，自己去海里觅食。当然，被留下的丈夫就得空着肚子继续孵蛋。

虽然被留下的丈夫空着肚子在那里孵蛋很辛苦，但出去找食的母企鹅也是非常累的。进食后恢复了体力的母企鹅很快就会回来接替丈夫孵蛋。

虽然是夏天，在极地仍然相当寒冷，阿德利企鹅必须在这样的气候条件下孵蛋，而且它们的巢是用石头做成的。虽然其保温效果并不十分理想，但别担心，企鹅父母自有一套别出心裁的方法来孵蛋。

它们先把蛋放在自己的脚掌上。这样，蛋就不会直接和冰冷的地面接触。不过光是这样还不够，它们还会把脂肪饱满的肚子覆盖在蛋上，以加快蛋的孵化。

企鹅父母下腹部的毛在孵蛋期会呈三角形脱落，露出肌肤，这叫做“孵蛋斑”，也是大多数鸟类中常见的一种身体变化。但企鹅的绒毛很厚，而且露出的皮肤也有很多褶皱，蛋的很大一部分都被包裹在褶皱里。并且企鹅皮肤的表面有很多血管浮出，这样就能形成温暖的“墙壁”。企鹅夫妇会把蛋完全包裹在肚子的这个部位，使蛋紧紧贴着“墙壁”来孵。这样，即使是在寒冷的气候条件下，蛋也不会变冷。这真是一个高明的方法。

企鹅夫妇就这样轮流进食和孵蛋，大约经过35天后小企鹅就被孵化出来了。在蛋孵化后的3个星期内，企鹅父母仍然和平常一样，一个留守巢穴，一个去补充能量和寻觅喂孩子的食物。小企鹅的食欲非常旺盛，随着它们身体的逐渐长大,父母运来的食物已经远远不够,于是,父母只好把孩子留在窝里,一起出去觅食。这个时候,被父母留下的孩子就会集合在一个地方,这个集合地被称为"托儿所"。

这个"托儿所"不单单只有小企鹅,还有"保姆"。担任这个工作的是那些还没参加繁殖的个体或是繁殖失败的企鹅。

"保姆"们会在"托儿所"的外围分散站立,把出来玩耍的小企鹅带回去,或是把袭击它们的大贼鸥赶走。通常一个企鹅集群里会有几个"托儿所",有时候,不同集群的小企鹅们也会组成一个"托儿所"。

大贼鸥是阿德利企鹅最大的天敌,不少企鹅蛋和小企鹅都因被其袭击而夭折。而"托儿所"把父母不能看管的小企鹅们聚集到一起,这样就能使它们受袭击的概率比单独活动的时候低。

12. 识数的动物

俄罗斯曾有一匹智力超群的马,它在拉车运粮时,每次只肯拉 20 袋粮食。每次装车完毕,它总要回头"数数"粮车上粮食的数量,如果超过了 20 袋,它是不会拉的。这也许是偶然的巧合或是条件反射所致,也或许是动物的一种本能,具体原因还有待进一步研究。

科学家经过试验证明,鸡知道数量的多少。有人在鸡面前放了 3 个小盘,盘内各放 1、2、3 条虫子,结果鸡每次都是先到放 2 条虫和 3 条虫的盘中抢吃,而对放 1 条虫的盘子不屑一顾。这说明它们似乎知道 2 和 3 比 1 多,所以要先到虫子多的盘中抢食。

13."心有灵犀"的动物

有一只名叫安东尼的狗,它和主人约翰·曼弗夫妇住在美国的弗吉尼亚州。

安东尼懂得人类的语言,经常和曼弗夫妇交流。在主人与安东尼说话时,它吠一声表示“是”，吠两声表示“不是”，吠三声表示“不知道”。有一次，约翰发现安东尼的声音有些嘶哑，便问它：“你是不是喉咙痛？”安东尼吠了一声。“一直都痛吗？”安东尼吠了两声。“是不是只在叫的时候才会痛？”安东尼吠了一声。于是约翰带它去看兽医，诊断结果是，安东尼喉咙发炎，只有叫的时候才会痛。

像安东尼这样能与主人进行心灵沟通的狗并不在少数。俄国的驯狗专家弗拉基米尔·杜诺夫就曾训练过一只名叫马斯的狗。他在房间里放置了几张桌子，上面分别摆上许多种物品。杜诺夫要做的是，在另一个房间里，以心灵感应的方式让马斯把其中一张桌子上的电话簿拿来。实验开始了，只见杜诺夫把马斯放在椅子上，双手握住它的嘴和鼻子，非常专注地凝视着它的眼睛，因为他想把自己脑子里的命令无声地传达给它。马斯两次走到门口，又两次返回到杜诺夫身边，表示它已经忘记了主人的指示。杜诺夫再一次重复他无声的命令，第三次，马斯终于走出房门，进入了另一个房间，不一会儿，嘴里叼着那本电话簿回到了主人身边。显然，杜诺夫不在另一房间的现场，因而马斯并不是因为受到主人的某种暗示才完成任务的。

还有一位叫贝卡特洛夫的科学家曾邀请杜诺夫到列宁格勒做实验。这次与杜诺夫合作的是一只叫比基的狗。总共做了六项实验，在做第五项实验时，贝卡特洛夫忽然提出要代替杜诺夫来做。按原先的计划，贝卡特洛夫要让狗跳到一张圆桌上坐着。下面这段话是他当时的实验记录：“我全心全意地想着圆桌的形状，同时注视着狗的眼睛。没过一会儿，它便冲向圆桌，拼命地绕着它转圈。实验虽然失败了，但我反省后找到了原因：我当时专心想的不是圆桌，而是狗跑向圆桌，然后跳上去坐着的整个过程。这个原因相当关键。经过修正，第二次实验中，狗果然完全按照我的意愿去做了。”总之，贝卡特洛夫完全信服了。

东西方科学家们以“特例式”或“代表群式”给动物们做过无数次实验，证明人类可以通过心灵感应的方式把信息传达给动物，动物也同时具备接收、领会信息的能力。另外，动物本身也具有超感应能力，并能利用这种心灵力量去影响其他事物，以达到自己的目的。

14. 会挣钱的大象

大象能帮人类做很多力所能及的事情，是人们的好帮手、好朋友。

在东南亚的一些国家，人们将大象捕获后，就会将其驯养成家象。驯养后的家象既能耕地，又能运木材。它们的力气非常大，长鼻子可以轻轻松松地卷携起重几吨的木材，还能按照主人的意愿将木材运送到目的地，而且会将木材轻轻地放到指定地点，还会用鼻子试一试放得是否稳当，如果不稳，它就会去找一些小石块来垫好。要是木材太长，另一头大象会主动来帮助它一起搬运。在锯木厂里，大象站在电锯旁边，会来回传送木料、成品，还能把木板堆得整整齐齐。

在斯里兰卡，每当大象干完活，人们就会奖励给它们爱吃的香蕉、木瓜等水果。有人还教会了大象用钞票来换取水果。后来，人们为了鼓励大象多干活，有时还会赏给大象一些钞票。它们得到钞票后，会把钞票藏在树洞或者它们认为比较安全可靠的地方。当大象想吃水果时，就会用自己的长鼻子把钞票拿出来，然后到水果店，自己买水果吃。

大象不但可以帮助人类干体力活，它们还能当“警察”，维持公共秩序。印度某城市有一个秩序非常混乱的菜市场，当地政府很伤脑筋，不知道该如何治理。后来，他们想到请两头大象来整顿市场秩序。这两头大象用鼻子把占道经营的小贩的货筐和自行车等卷放到一边。违章者得向这两位“警察”交付25派萨（印度货币单位）的罚款，才能领回自己的东西。谁要是耍赖少给了罚金，这两头大象就会把这些钱币抛得远远的。弄不好，耍赖者自己还会被大象卷起，抛向空中，经过“大象警察”的整顿，市场秩序从此就变好了。

15. 绵羊也会对你笑

英国剑桥大学神经科学家肯爵克经过研究后发现，绵羊能够分辨出人类的50种表情，也能认识其他绵羊的类似表情。他说，绵羊能辨认的表情之一就是笑,绵羊也会对人类作出笑的表情,而且绵羊比较喜欢微笑或者作其他一些让人放松的表情,绵羊认出这些表情的差错率不到5%。

英国剑桥巴都拉汉研究所的科研人员对羊进行智商测验后发现,羊的智商很高。他们让羊在电子显微屏上辨认人类,如果辨认正确就能获得奖励,结果,羊辨认的准确率达到100%,可见羊的智商很高。

16. 猪的智慧

会救生的猪

意大利有位动物学家曾成功地训练了一对会救生的猪。这对救生猪曾在阿尔卑斯山区的雪崩中很快找到了3名被埋在雪中的旅行家。要是没有这两头救生猪的话,这3名旅行家的生命就岌岌可危了。因为他们被埋在雪崩深处,是很难被人类发现的。而猪的嗅觉非常灵敏,它们能嗅到被埋在雪中深处的人,所以被称为“会救生的猪”。

会缉毒的猪

德国汉诺威市警察局的警犬训练学校曾成功地训练了一头能帮助警察缉毒的猪,它的名字叫“路易斯”。路易斯在经过18个月的精心训练后,能嗅出藏在地下70厘米深处的毒品,而这个深度是一般狗的鼻子都不能嗅到的,可见猪的嗅觉比狗还要灵敏。

美国竟有“猪警察”

在美国的警察队伍中,近年来加入了一股新的力量,它们是一些训练有素的“猪警察”。如有一头名叫“阿诺特”的“猪警察”,它主要协助警方查找毒品。

会看门的猪

狗能看门守院是大家都知道的事,但猪能为主人看门守院,可能有些人还不知道。在印度南部的一些村庄里,家家户户都养有“看门猪”。这些“看门猪”身体高大,力气也很大,嘴巴很长,獠牙外露,看上去非常凶恶,坏人一看就怕。它们喜欢趴在主人的家门口,当陌生人登门时,它们便会“哼哼”地叫几声,以引起主人注意。如果坏人要强行入内,它们就会冲过去咬人,而坏人只能夺路而逃。

很聪明的猪

一般人都认为猪很愚蠢,其实猪是相当聪明的。英国伟大的生物学家达尔文曾说:“猪的智能并不亚于狗。”英国剑桥大学的科学家做过一个有趣的试验,他们把猪和狗分别放在冷室内,教它们如何按动电钮打开暖气,结果,猪只用1分钟就将暖气打开了,而狗却用了2分钟才将其打开。科学家经过多种试验证明,凡是狗能学会的技能,猪都能学会,并且它们学习的速度要快,学习效果也要好。所以,猪其实是一种很聪明的动物。

会捕鱼的猪

在南太平洋托克芬群岛的法考福岛上,生活着三百多头会游泳的猪,它们会捕鱼,鱼类是它们的主要食物。这些猪在寻找食物时,常会在较浅的海水里游来游去,捕食一些小虾和软体动物,有时也能捕捉鱼类充饥。托克芬农业局长希丹尤里说,他亲眼看到过这些猪抓住过约15厘米长的鱼,然后以很快的速度吞到了肚子里。因为鱼具有丰富的营养,即便是普通的猪也很爱吃。

17. 能干的猴子

在美国,人们会饲养猴子,让它们来充当“保育员”。瘫痪在床的病人在家里无人照料时,人们就会请猴子来帮忙;瘫痪者坐在手推车里,或者躺在床上,只要用手指向自己需要的东西,猴子就会马上将它取来,递到病人手上;取拖鞋、拿书或报纸,它们样样都会做;猴子还会给病人喂饭、开灯或关灯、在唱机转盘上装唱片、取钥匙帮病人开门等等。

猴子还能干“护士”的活儿呢!有个日本兽医到非洲去旅行,带了一只机敏的猴子回国。他为猴子取名“葛歌”,并不时训练它,让它协助自己工作。只用了几个月的时间,许多护士的工作葛歌都会了,而且它还能很好地照料动物

"病员"。如给"病员"喂食、搀扶"病员"散步、带领"病员"做康复运动等。当兽医给动物进行外科手术时,它就帮着递接剪刀,拿药品,帮兽医按住动物的四肢,防止动物乱动。

猴子还会当铁路"扳道员"。南非伊丽莎白港的一个铁路扳道员在一次火车事故中不幸被轧断了双腿,经医院抢救,虽然保住了性命,但却不能下地干活儿了。幸好他家里养着一只聪明能干的猴子,名叫"杰格姆"。对于简单的家务劳动,杰格姆一学就会,它还会照料花园里的花木。更让人惊讶的是,它居然当上了铁路"扳道员",连续工作了 9 年,没有出过一丝差错。

新加坡养猴场的一只猴子能听懂至少 25 个马来语单词,人们只要发出命令,它就会以很快的速度按照主人的要求去做。比如,如果主人需要树叶和鲜花,它就会很快地爬到高大的树上,采摘主人需要的树叶和花朵。植物学家去森林采集标本的时候,常让它们当助手。

18. 狒狒放牧

生活在非洲和阿拉伯半岛的狒狒,是一种大型猴类。狒狒头大,面孔光光的,身上长有浅灰褐色的毛;手脚又粗又壮,生有黑毛。雄狒狒身高 70 多厘米,从头部两侧到肩部都披着长毛,就像披着一件蓑衣,所以它们又被叫做蓑狒。

狒狒大都栖息在半沙漠地带,群居在植物稀少的石山上,以昆虫、小型爬行动物和野生植物为食。

狒狒很聪明,经过训练的狒狒可以帮人类做很多事情,是人类的好帮手。

非洲有个牧场,牧民们常会驯养狒狒来牧羊。有一天,狒狒赶着一群羊去草地吃草,在放牧的过程中,它发现少了两只羊,于是它立即赶回羊栏,并发出叫声,呼唤迷途的两只羊归队。后来,狒狒终于找到了这两只羊,原来是人们在挤奶后忘了把它们放出羊栏。

狒狒对自己的放牧工作既认真又负责。它每天都会按时赶着羊群到草场上吃草,羊离群了,它就会马上大声呼唤它们回来。太阳快下山了,它就会赶着羊群回家。羊妈妈回栏后，小羊羔肚子饿了，"咩咩"直叫，狒狒就会主动抱起小羊羔，送到它妈妈身边吃奶，从不会搞错。母羊只有两个乳头，假如它生了3只小羊羔，狒狒就会把另一只小羊羔偷偷送到生独子的母羊那儿去吃奶，工作做得既周到又合理。有这么称职的狒狒帮自己放牧，牧民们该是多么省心啊！

19. 黑猩猩的智慧

科学家曾经做过许多实验来观察黑猩猩是否具有"智慧"。在一次实验中，两位美国科学家对4只捕获不久的非洲黑猩猩进行饲养，并进行了"智力"测验：在同一间屋子里，将4只黑猩猩用铁丝网隔开，在层子的一角放置2只完全相同的箱子，参加测验的人分别扮演"友好者"和"欺骗者"。开始时，几个"欺骗者"从箱子里取出香蕉当着黑猩猩的面自己吃得津津有味，几个"友好者"却从另一个箱子里取出香蕉给黑猩猩吃，然后让黑猩猩分别指出哪只箱子里有香蕉。黑猩猩对"欺骗者"旁的箱子指的是空箱子，表示了自己的不信任；而对"友好者"旁的箱子指的则是有香蕉的箱子，表示了友好和信任。

狒狒

他们又进行了另一个实验：不让黑猩猩知道哪个箱子里有香蕉，"欺骗者"指着空箱子，表示里面有香蕉，黑猩猩相信了，但是它们上当了；"友好者"指着有香蕉的箱子，黑猩猩也相信了，它们吃到了香蕉。这时，有2只黑猩猩很快就知道该相信谁了。它俩对"欺骗者"的指点，先是不理不睬，过了一会儿，它俩就知道，"欺骗者"指的这只箱子肯定没有香蕉，这时，他们就会奔向另一只箱子去取香蕉。看来，黑猩猩在和人类相处的过程中，已经对信任和不信任有了一定的概念和区分能力，并且这还是一类比较复杂的关系，所以，它们有智慧是不可否认的。

20. 狗的学习能力

学会潜水的狗

瑞典著名潜水员纳黑林的狗，名叫“拉吉”。它借助一种特制的潜水器，可深潜在海中达20分钟之久。在第一次潜水时，拉吉只潜到海底1.8米的深度，就急忙浮出了水面。后来，它的主人纳黑林与法国著名潜水员合作，研制出了适合拉吉使用的潜水器。从此，拉吉就成为了世界上第一只加入人类潜水活动的狗。

潜水犬训练学校

在法国南部的葛拉马特市有一所专门训练潜水犬的学校。训练有素的纽约蓝种潜水犬体型高大，善于游泳，它能长时间待在冰冷的水中而不会冻僵。这种潜水犬可以代替潜水员在天气寒冷、风大浪急等恶劣的气候条件下从事安全抢救、打捞落水者的工作。

部队中的狗

早在15世纪，法国君主路易十一世就曾建立了一支军犬队作为他的内卫。第二次世界大战时，苏联将500条狗分别划分成了4个军犬连，作为反坦克的“敢死队”。美军入侵越南期间，美越双方都使用军犬进行了侦察、干扰等活动。近年来，英国还训练了一支由狗组成的跳伞队，用于空降后搞破坏。在近距离的冲刺中，狗奋勇扑敌，常迫使手持武器的士兵失去战斗力。

会爬树的狗

一个名叫奥登的美国人特别喜欢狗，但非常讨厌猫。他说，经过训练，狗也一样会爬树。他选了一只名叫扁鼻的狗，当那狗只有1个月大的时候，他就开始训练它爬树，并且从不间断，渐渐地，扁鼻懂得了如何用爪紧抓着树干往上爬。1年之后，只要它一听到奥登的口令，就会敏捷地爬到树上，吓得树上的猫不断发出阵阵惊叫。现在，扁鼻能爬到7米多的高度。

会捡网球的狗

英国一家网球场驯养了一只专门拣球的狗。当运动员打球时，这只狗便会在球场外等候，球一出场地，它就会立即奔过去，用嘴巴把球叼起来，送到运动员手中，然后又会马上回到原来的地方准备拣下一个球。

狗叼足球入网

有一次，德国多尔蒙德足球队和吉尔布雷足球队经过1个多小时的激战后，双方的比分仍然是0:0。比赛马上就要结束了，观众们断定这场球赛是难分胜负了。然而，就在这时，奇迹出现了。只见一只毛茸茸的小哈巴狗从观众区跑进了球场，用短短的小嘴叼起足球，在数万名观众、3位裁判员和22名运动员的眼皮底下，飞快地把球叼进了吉尔布雷足球队的球门。

会识别红绿灯的狗

美国有一位名叫戴继德的司机，因违反交通规则被拘押过。原来，他双眼的辨色能力很差，无法识别红绿灯的颜色。从那以后，他便训练了一条狗，开车时让狗和自己并排而坐，并让狗根据红绿灯的不同颜色发出不同的叫声（狗虽然看不见绿灯，但却可以看见红灯和蓝灯，如果它判断没有红灯，那就表明是绿灯），于是，他便根据狗的叫声来开车，再也没有出过问题。

小狗会驾车“逃遁”

居住在美国宾州的布朗太太养了一只很聪明的小狗，名叫小老千。每次布朗太太去超级市场，都会将它留在车里。有一次，布朗太太从超级市场出来，发现狗和车都不见了，于是她马上报警。警察在距离超级市场约400米的地方找到了布朗太太的汽车。令人惊奇的是，小老千正笔直地坐在驾驶室里，两只前爪还放在方向盘上。原来布朗太太离开车时忘了关开关，小老千一不小心就驾车“逃跑”了。

21. 兔子的智慧

兔子耳朵的功用大

兔子的耳朵在动物界中是特别长的，并且还具有特别的功用。兔子在野生动物中属于比较弱小的群体，它们体型轻小，既没有粗长的角，也没有锋利的牙齿，更没有坚硬的利爪，并且还常常遭到捕食者的威胁，它们要眼观四面，耳听八方，所以耳朵必须特别长，而且还要特别大。在炎热的夏季，兔子的大耳朵还能帮助身体散热。寒冷的冬季，耳朵紧贴背部，则具有保暖的功效。

兔子可用于田间除草

荷兰的一个农业研究人员发现，家兔从来不吃番茄的茎叶，于是他们把兔子放进番茄地里，多放几次它们就能把杂草吃光，但番茄的茎叶却没有受到丝毫损坏。但兔子喜欢吃成熟的番茄，所以在番茄成熟时就不能将兔子放到田里了。

兔子能战胜岩鹰

有一种活跃在洼地里的野兔，如果遇到凶恶的大型岩鹰的袭击，狡猾的野兔会先拼命地逃跑，以求得侥幸逃脱，但若一旦发现逃跑无望，它们就会突然翻身使自己仰面朝天，然后在岩鹰那铜爪铁喙还没有到达的瞬间，猛地将身体贴地并弓起腰杆，将自己那一对强健的后腿，狠狠朝天蹬去，这一招往往会不偏不倚、不早不晚地猛击到岩鹰的胸部，轻者会使岩鹰负伤逃去，重者则会使其翻滚坠地，吐血而亡。

22. 蚂蚁认路

我们常常能看到一群群蚂蚁在忙碌地搬运着食物，看上去有条不紊，秩序井然。那么，它们是如何识别道路的呢？难道它们也会像我们人类一样用眼睛来认路吗？

其实，蚂蚁走路时的样子很像盲人，它们的触角跟盲人手里的竹竿一样，每走一步都会用两根“竹竿”不断地敲地，这是在探路。不过蚂蚁的触角比盲人的竹竿还要管用，因为它们的触角有两种功能：一是触觉作用，通过触角接触外部世界，就能探明前方物体的轮廓、形态和硬度，以及前进道路的地形起伏等情况。这跟盲人竹竿的作用是完全相同的；另一种是嗅觉作用，通过闻嗅来识别物体，并进而判断其是否对自己有用。这是盲人的竹竿所没有的功能。

蚂蚁在走路的同时，还会从腹部末端的肛门和腿上的腺体里不断分泌出少量的、带有特殊气味的化学物质，叫做“标记物质”，使其沾染在路上，留下痕迹。远离蚁巢的同窝蚂蚁在回巢的时候，就会用它们特殊的鼻子——触角，闻着这条气味路标前进，这叫做“气味导航”。

但蚂蚁是用什么方法来重新建立新路标的呢？

它们采用的是另一种定位手段。那就是靠太阳的位置，用天空中的偏振光来导航，这叫做“天文路标”。偏振光是指只在某个方向上振动，或者在某个方向上的振动占优势的光。太阳光本身并不是偏振光，但当它穿过大气层，受到大气分子或尘埃等颗粒的散射后，就会变成偏振光。有一种生活在沙漠中的蚂蚁，在离开自己的巢穴时，总是弯弯曲曲地前进，到处寻找食物，可是一旦得到食物后，即使在离巢很远的地方，它们也能找到最直、最近的路线回到自己的巢穴。

科学家在蚂蚁身上做了一个实验，他们给蚂蚁戴上“有色眼镜”——使它们通过具有各种颜色的滤光片来观察天空。结果发现，让蚂蚁看波长为410纳米以上的光线时，蚂蚁就像迷了路一样，找不到方向了；但如果给它们看波长在400纳米以下的光线时，它们能很容易地找到前进的方向。而紫外线的波长正是在400纳米以下，也就是说，蚂蚁是用紫外线来导航的。

23. 海洋里的“大夫”们

海洋动物也会生病。如果它们得了病，要到哪里去医治呢？别担心，因为海洋中设有专门的“医疗队’、“医疗站”，还有许多不辞辛劳、手到病除的“医生”呢！

在热带海域里，有一种叫做“彼得松岩”的清洁虾，它们常在鱼类聚集或经常活动的海底珊瑚间找到适当的洞穴，办起“医疗站”，全心全意地为海洋动物们免费治病。开始，彼得松岩虾在洞口舞动起长在头顶的一对比身体长得多的触须，前后摇摆身体，以招徕“病员”。从这儿游过的鱼要是想看病，就会游到“医疗站”去。这时，清洁虾就会爬到鱼的身上，像医生一样先察看病情，接着用锐利的“钳”把鱼身上的寄生虫一条一条地拖出去，然后再清理受伤的部位。有时，为了“治疗”病鱼的口腔疾病，它们还得钻到鱼儿的嘴巴里，在一颗颗锋利的牙齿之间穿来穿去，剔除牙缝中的食物残渣。对于鱼身上任何部位的腐烂组织，清洁虾绝不会留情，都会一一“动手术”将其彻底切除。登门求医的鱼很多，包括一些凶猛的鱼，有时病鱼会依次等候“门诊”，有时它们会争先恐后地蜂拥在“医生”周围。

生活在温带海域的清洁虾与生活在热带海域的清洁虾不同，它们不设立固定的“医疗站”，而是组成流动的“医疗队”，到处“巡回义诊”。它们治病细心、熟练，“手术”干净利落，对不同的患者都是一视同仁，深受“病号”欢迎。一条清洁虾在 6 小时内就能医治近 300 条病鱼。

别看这些“医生们”的外表平常，貌不惊人，但它们却很聪明。为了容易被“病员”识别及免于被凶狠的生物捕食，它们的身上都有特殊的标志。它们的外形、色彩和体态都很容易被认出来，同时也会受到特殊的保护。

假如有机会潜入深海，你就会看见一些凶猛的大鱼停在一种金黄色小鱼的面前，张开鱼鳍，一动也不动，小鱼见了，便会毫不犹豫地迎上前去，紧贴着大鱼的身体，用尖嘴东啄啄、西啄啄，甚至将半截身子钻入大鱼的鳃盖中。其实，小鱼这是在给大鱼“治病”。

鱼“大夫”身长只有 3 ~ 4 厘米，这种小鱼色彩艳丽，游动时就像一条飘动的彩带，因而当地人称它们“彩女鱼”。栖息在珊瑚礁中的各种鱼类，一见到彩女鱼就会游过去，把它们团团围住，甚至还有可能出现几百条鱼围住一条彩女鱼

"求医"的现象。

这就是自然界中一种神奇的"合作"关系:"鱼大夫"用尖嘴为大鱼清除伤口的坏死组织,啄掉鱼鳞、鱼鳍和鱼鳃上的寄生虫,而这些脏东西正是"鱼大夫"的美味佳肴。这种合作对双方都很有好处,生物学上将这种现象称为"共生"。

24. 沙漠动物的觅水本领

在"淡水贵如油"的沙漠里,动物们的生存竞争是围绕着水展开的。也正是在这种恶劣的环境下,动物王国的沙漠之子们都练就了一身觅水求生的本领。

功用种子

生活在澳洲荒漠上的小蹼鼠就能够从土壤中吸取水分。

这种可爱的小动物是靠食用各种植物的种子来维持生命的,但当小蹼鼠在觅食过程中得到干燥的种子之后,它们并不急于将种子吃掉,而是会先将种子装进它们那特殊的颊袋中运回到洞穴里。这些干燥的植物种子的渗透压竟有400~500个大气压之高,足以将洞穴中的哪怕一丁点儿水分都统统吸收到种子里。在种子没有吸进足够的水分之前,小蹼鼠是不会吃掉它们的。通过这些植物的种子,小蹼鼠就能从土壤中得到身体所需要的水分了。

蓄水系统

在澳大利亚的沙漠里生长着一种浑身长刺的四脚蛇。在一般人看来,它们身上的那些小倒刺和突起物是专门对付食肉动物的防御武器,可谁曾想到这些小倒刺还具备特殊的蓄水功能呢?

实际上,四脚蛇皮肤的角质层上有无数个小孔,小孔的开口在小刺之间的凹陷处,水滴正是通过小孔渗入皮肤的。四脚蛇的皮肤深层组织却没有小孔,水分并不能长驱直入向体内纵深渗透,但也没有就此打住或散失。水分在皮肤里朝四脚蛇的头部流动,一直流到毛细血管网络汇合成的两个多孔小囊里。这两个小囊长在四脚蛇的嘴角两侧，是一对绝妙的水分收集器，四脚蛇只要动一下颌部，水滴就会自动冒出来。

所以，沙漠中常能见到四脚蛇浸泡在不可多得的水中，用其皮肤吸附大量的水分，汇集于囊中以备不时之需。而且，四脚蛇身上小刺的温度低于皮肤，一旦到了夜晚，小刺就能从空气中聚集水分形成水滴，并迅速地被"干旱"的皮肤吸收。

自身造水

在荒漠上生存的所有动物都有自身造水的本领，即通过动物体内的脂肪"燃烧"产生水和二氧化碳。

水被肌体保留和吸收，二氧化碳则被排出体外，为自然界中的植物所享用。蛇、蜥蜴、狮子、斑马、羚羊、长颈鹿和鸵鸟等动物，它们都在体内储存了大量脂肪，只不过它们的脂肪通常都不分布在皮下，而是在特殊部位储存着，如骆驼的驼峰、肥尾羊的尾巴。骆驼的驼峰可以储存 110～120 千克的脂肪；肥尾羊的尾巴也能存储 10～11 千克的脂肪。实际上，这些动物身上的特殊部位是沙漠之子们的天然储水器。

25. 狼群的分食原则

狼群在荒凉的雪地上奔跑着，它们已经好几天没有进食了，早已饥肠辘辘。但猎物就在前面，狼群拼命地追赶，终于，一只狼捕到了猎物。

接下来，它们就要开始分享猎物了。首先是最强壮的狼，即咬死猎物的狼先吃，然后是强壮的狼来分吃，最后才轮到身体瘦弱的狼。如果食物不够，体弱的狼根本就吃不上食物。猎物一吃完，狼群又开始奔跑起来，向下一个猎物追去。狼群就这样不停地奔跑着，以度过漫长的冬季。

狼群的分食原则是先强后弱。因为猎物总是跑在最前面的狼首先捕获的，没有它们，就无法捕获到食物。从另一个意义上说，跑在最前面的狼必须保持一定的体力，如果这一部分狼跑不动了，获取食物的难度也就加大了，这对狼群来说,导致的结果将是灾难性的。

26. 残酷的公狼决斗

每年冬末春初的时节,处于交配期的狼就会形成较大的狼群。这时,常有几十只甚至更多的公狼,追逐着发情的母狼。

这种狼群往往带有很大的破坏性,哪怕母狼攻击的是一只凶猛的公牛,公狼也会立刻冒着被公牛踢死、顶死的危险,一拥而上,把这头公牛撕成碎块。当然,这种现象很少发生,因为处于交配期的狼群大都活动在人迹罕至的深山旷野里。

但是,像这样大的狼群保持不了多长时间。在追逐中,一些比较弱小、老迈的公狼,因为敌不过其他壮年公狼,在死亡和威胁的面前,它们就不得不退出这场角逐。只有极少数极其凶狠强壮的公狼才有机会接近母狼。然而在没有打败所有的对手之前,任何一只公狼都没有和母狼交配的机会。于是,一场接一场的激烈战斗便在群狼之间展开了。

有一次,哈萨克猎人巴图尔在打猎时亲眼目睹了两只公狼决斗的场面。当时,他藏在一棵树上。

决斗的两只公狼中,一只全身呈深灰色,长得更强壮一些,似乎也更年轻一些;另一只公狼的体表呈浅灰色,没有对手雄壮,年纪也要稍大--些。只见双方鬣毛直竖,四腿紧绷,双眼直直地瞪着对方。那种要拼个你死我活的劲头,即使胆大的人看了也禁不住胆战心惊。

它们互相攻击的过程十分惨烈,有时是刨起漫天尘土互相冲击,有时是相互撕裂、切割彼此的身体。在这场激烈的战斗中,唯一能保持冷静的便只有那只被追求的母狼了,它是这一场决斗的旁观者,不介入战斗,也不偏袒任何一方,只是静静地在一边等候,然后和胜利的一方离开,繁衍下一代。

出人意料的是,这场决斗的胜利者竟是那只没有对手强壮的浅灰色的公狼。

战斗开始时，它处于守势，两只肩膀都被对手撕开了，浑身都沾满了血。但它脚步不乱，无论对方从哪个角度攻击，都无法将它推倒。

等到对方攻势减弱，它在追逐中节省下来的力量才全部发挥出来。它开始向敌人进行有力的冲击，战斗的速度一加快，疲惫的一方便暴露出了自己的薄弱部位。

就在那只较大的公狼被冲歪身子，想转身保持平衡时，这只浅灰色的公狼已经闪电般地冲了过去，一口咬住了对方的咽喉部位……

被咬的狼将头激烈地左右甩动，并用前爪抓挠对方，把对方拖出 20 多米远，企图挣脱对方致命的尖牙。但是，那只经验丰富的浅灰色公狼却死死咬住并用牙齿切断了对手的喉咙，使之血尽气绝，结束了这场触目惊心的血战。

然后由这只最凶猛、最机智的公狼与母狼交配。狼的这种在繁殖中的竞争，是一种自然选择，虽然看起来很残酷，但却合乎科学道理：它使狼在种群的遗传中，一代比一代更凶猛，一代比一代更顽强。

27. 大象跺脚传递信息

大象是生活在陆地上的体型最大的哺乳动物。提到大象，人们首先想到的就是它们那长长的鼻子。最近，美国斯坦福大学的最新研究报告显示，大象有一套非常复杂的“地震交流系统”，即通过地震波将信息传递给远方的同类，其主要方式是跺脚或用嘴发出“隆隆”的声音，从而使地面产生震动。

据悉，在动物界中，昆虫、鼹鼠、鱼、海豹以及爬行动物常利用震动信号来寻找配偶，确定捕食对象的位置以及划定自己的领地范围。但是，大象的地震交流方法看起来更复杂，信号也传播得更远。

研究人员发现，即使在听不到同类声音的情况下，大象也能通过地震波感知到同类发出的各种信息，包括用跺脚发出的警告信号、用嘴发出的问候信号等，并且能作出相应的反应。尤其是雌象对这些信号的感知度更高，也更敏感。并且，它们能发出 20 赫兹的低频率的“隆隆”声，这种声音在理想的条件下通过空气能传播到9.7千米以外的空气中。有研究人员说:“我们认为大象通过它们的脚来感知地下的震动。震动波可以通过大象的骨头从它们的唧趾传到耳朵,或是大象运用了腿对地震的敏感性。”

研究人员指出,目前的证据表明,大象发出的地震信号不但能表明其所处的位置,还能传递出它们当时的情绪。

28.缝纫专家——缝叶莺

鸟类是动物界中的能工巧匠,许多鸟儿不仅歌声婉转动听,而且还有让人叹为观止的绝活。有的鸟儿会木匠活、泥瓦匠活,有的鸟儿会织布、编草,而有的鸟儿则会缝纫,比如会用“针”和“线”筑巢的缝叶莺。

缝叶莺体长10厘米左右,身上的羽毛呈橄榄绿或暗褐色,头顶的羽毛为棕色,就像一顶帽子。缝叶莺多分布在东南亚、印度及我国南部地区。它们生性好动,飞行速度快,飞翔时还会挥动它们长长的尾巴,主要以枝叶或花朵上的昆虫为食。在村庄附近的灌木丛和树林中经常可以看到它们活蹦乱跳的身影。

作为鸟类中的“缝纫专家”,缝叶莺用缝纫建造家园的绝活令人拍案叫绝。每年的4~8月是缝叶莺交配的时节,为了给自己的孩子们营造一个舒适的家,缝叶莺便早早地开始“穿针引线”,缝叶筑巢。筑巢前先要选择一个安全隐蔽的地方,同时要有两片大的树叶作为窝的基本材料。一切准备就绪后,缝纫工作就开始了。第一步是用嘴叼住树叶的一端,同时配合脚用力拨树叶,使之变成长长的像袋子一样的形状。第二步开始缝纫,它们的“针”就是它们那又尖又长的嘴,线则是早就找好的野蚕丝、植物纤维或蜘蛛丝,它们先用“针”在叶子边上弄一个小孔,在它们的“针”和有力的双脚的共同作用下,穿针引线,两片树叶就这样被缝合了起来。奇妙的是,缝叶莺还会像人类那样一边缝一边打结,以防脱线。缝好叶袋后,任务还没有完成,为了防止用来筑巢的叶子的柄部枯黄脱落,它们还会找来一些草茎将叶柄固定住。然后会把巢做得有一定的倾斜度,这是为了避免雨水将干燥的巢窝内部淋湿。最后,它们还会在自己的窝里铺一些柔软的物体作为自己舒服的“睡床”。这样,一个精致的巢就缝好了。缝叶莺就是在这样一个安全、温暖、舒适的“家”中生儿育女的。

29. 动物的巢穴与房屋

在自然界中,动物的窝巢各具特色。有的动物筑起的巢穴能置敌人于死地,防御性很强;有的动物筑的巢则既美观,又实用。

蜜蜂是动物界杰出的建筑师,它们设计的蜂巢不仅能遮风避雨,而且用的材料最少,空间利用率也最高。泥黄蜂在建筑自己的家园时,会先将土和水混合在一起搅拌成泥浆,然后为自己的宝宝搭建泥浆“育婴房”。别瞧不起这个小土墩儿,它不但能防风避雨,还能抵挡其他昆虫的入侵。用泥土构造的巢穴白天凉爽,夜间温暖,十分舒适。

人们从这些具有神奇功能的生物材料中受到了很大的启发。墨西哥人模仿泥黄蜂的巢穴建造了泥砖结构的房屋,白天能防晒,夜晚能防寒;印第安人也是用这种晒干的泥砖来建房的。如今越来越多的建筑师开始倾向于这个既古老又现代的建筑方法。建筑师威廉姆斯模仿印第安人早期建筑的会场形状,沿着洼地的线条建成了半圆形的卧室。建造房子的主要材料有泥土、黏土和稻草,掺杂在泥砖墙内的稻草起到了坚固墙体和保持室温的作用。建筑师们还将许多现代科技应用在了古老坚固的泥土构造中,看起来既和谐又漂亮。房子的房顶玻璃夹层中流动着聚苯乙烯颗粒,冬天将这种物质存放在一个装置中,白天让聚苯乙烯颗粒充分吸收阳光,将小颗粒放到房顶的玻璃夹层里,形成了一个保温的“帘子”。这种方法既不影响居住的舒适性又可以节省一半的取暖费,还减少了二氧化碳的排放量,弱化了温室效应,可谓一举三得。

澳大利亚成群的白蚁常将洞穴建成 5 米高的土墩儿,平整的表面既可以利用早晚的日光又能免于遭到中午的暴晒。我们再仔细观察一下白蚁洞穴内部的多孔结构,其洞内有近 4 米深的地下水慢慢流过,阳光的热量使得凉爽而潮湿的冷空气上升,在整个洞穴中形成了对流,有助于保持洞穴内空气的新鲜。

生物体内的冷热调节功能是其存活的一个重要因素,是一个热量交换器。科学家们从人体的循环系统想到了一个办法:将细小的毛细血管状的管子环绕在墙壁内,就像人体内的动脉、静脉一样有热量交换的功能。如果把温度较低的水灌入这些小管子,墙壁的温度就会下降,它们与屋内的高温空气自动进行热量交换,从而达到制冷的效果。

为了达到保暖或制冷的目的,小细管通过热量的传输调节温度。我们可以将小管子安装在天花板、地板或墙壁里,还可以用一些装饰物装饰起来。这种隐形空调的价格和成本要低廉很多。由于没有气流的流通,你也许不会注意到这是一个装有空调的房间,而如此节约、方便的生物空调必将受到欢迎。

30. 红眼豹捕食先声夺人

在非洲的大草原上,生活着一种红眼豹。这种豹不仅嗅觉灵敏、动作敏捷,而且还十分聪明。当它们捕食野猪的时候,也就是将它们的机智体现得最淋漓尽致的时候。

当红眼豹碰到野猪群时,它们并不急于发起攻击,而是先冷不防地发出一阵大吼,那吼声就像是晴天突然响起一声闷雷。野猪群会被这突如其来的巨大而恐怖的叫声惊吓住,锐气也会大减,然后一窝蜂地掉头四散逃窜。这时,红眼豹便会乘机尾随其后,紧迫不舍。经过几千米甚至上万米的奔逃,野猪中的老弱病残者就开始掉队了,这时,红眼豹就会不失时机地以极快的速度猛扑上去,一阵噬咬,然后美美地饱餐一顿。

31. 鹊鸲"仿声"诱敌

分布在我国四川、河南等省的鹊鸲,食量很大,每到繁殖季节,它们的食量更是会大大增加。为了确保雏鸟的健康成长,鹊鸲每天都要喂雏逾百次。为了获得足够的食物,鹊鸲除了直接寻找蝗虫的幼虫、苍蝇、蚂蚁、金龟子等昆虫外,它们还会模仿多种夜行性昆虫的叫声,以诱捕到更多的食物。

动物学家经过调查后发现，鹊鸲至少能发出 6 种不同的鸣叫声，这些叫声在金铃子、油葫芦、蟋蟀、蝼蛄等昆虫听来都非常顺耳，极具诱惑力。每当鹊鸲发出这些具有诱惑力的叫声时，昆虫们便以为是“盟军”在呼唤，并纷纷用回声来响应，甚至主动爬出洞穴。这时，捕食欲旺盛的鹊鸲便会主动上前猎捕。就这样，鹊鸲生活范围内的不同种类的昆虫大都成了它的美食。

32. 苍鹭伪装捕食

苍鹭多生活在日本，它们觅食的方法非常独特。当苍鹭的肚子饿得发慌时，它们便会瞪直眼睛，注视着池塘中游来游去的小鱼。当它们发现小鱼时，就会飞到附近的树林中，衔来一根嫩枝，并将其折成几段，再丢入池中，还不时地用嘴移动小树枝。水中的鱼儿误以为是小虫，就会浮上水面来抢食，苍鹭便可乘机捕食，美美地饱餐一顿。

33. 聪明的食蚁兽

当食蚁兽发现蚁穴时，它们就会用尖锐而弯曲的前爪把蚁穴抓破一个洞，然后把细长并且富有黏液的舌头伸入洞穴。它们的舌头非常灵活，当黏满白蚁、蚂蚁或蚁卵之后，它们就会立即将其送回口中饱餐一顿。

食蚁兽

食蚁兽捕食后不会破坏整个蚁穴，当它们吃掉蚁穴的一部分蚁类后，就会离开再寻找其他的蚁穴。这个被攻击过的蚁穴在很短的时间内就能恢复正常，等蚁穴复原,食蚁兽就会再度光顾。它们从来都不会一次吃光整窝的蚁类,因为那样的话,它们就有可能断粮。你瞧,食蚁兽多聪明呀!其实,它们的这种进食方法或原则也是可持续发展的一种体现。

34. 鹈鹕团结捕食

鹈鹕是大型水鸟,它的一对翅膀伸展开来的宽度在 1 米以上,身长可达 2 米,体重 10 ~20 千克。这样的身长与体重,在鸟类中算得上是庞然大物了。

不但如此,鹤鹕还有一个长约 30 厘米的大嘴巴。它的喙扁长,下颚非常发达,有一个呈戽斗型、伸缩自如的红色喉囊。远远望去,它们的脖子上就像挂着一个红色的大袋子,这也是鹈鹕一个非常有趣的特征,极易辨识。

鹈鹕的体重在鸟类中虽然很重,但由于它们的皮下组织、骨腔、羽毛里等都充满了空气,并且它们的脚趾问都长有蹼,所以它们不但能像软木塞一样浮在水面上,而且还善于游泳,这对它们捕食鱼类是大有帮助的。

鹈鹕身强体壮,食量很大,平均每天要吃 2 千克左右的食物。它们除了喜欢吃鱼类,还爱吃青蛙、小鸟、甲壳动物等。它们不会潜水,有时会因啄食河蚌反被蚌壳牢牢夹住嘴巴,最后窒息死亡。

鹈鹕捕食的方式非常有趣。全世界共有 7 种不同种类的鹈鹕,只有分布在美洲沿海地区的褐鹈鹕采用从空中俯冲而下插入水中的捕鱼方式,其余 6 种均采用互助合作的方式捕鱼。

我们经常能看到 20 只左右的鹈鹕在水面上围成一个半圆形,一边游泳,一边伸开宽大的翅膀,用力拍打水面发出声响。原来,它们是想把鱼群驱赶到水浅的地方,然后它们就会张开大嘴巴,把一条条鱼儿捞入自己戽斗型的红色喉囊里。然后收缩喉囊,水就会被排出嘴外,这样它们就能饱餐一顿了。

鹈鹕的这种互助合作的捕鱼方式,既省时又省力,并且还能捕到更多的鱼,从而大大提高了捕食效率。

35. 捉蛇能手——雕鸮

雕鸮是我国鸮类中体型最大的一种,捕鼠的能力自然不在话下。但它们真正令人惊叹的绝活是非常善于捕捉凶猛狡猾的蛇。当它们发现蛇从草丛中缓缓爬出来的时候,就会立即变得兴奋起来,眼睛发出炯炯的光芒,并且转动着圆圆的脸盘,似乎在心中默默估算着对方的实力。然后它们就会瞄准蛇的头部,从树上猛扑过去。可惜进攻没有成功,因为它们没有算准蛇的要害部位。蛇非常愤怒,并且已经开始发起反击。它以极快的速度转过身来企图用自己的身体将雕鸮缠住。这是最危险的时刻,也是反败为胜的最佳时机。雕鸮展开巨大的双翅,巧妙地躲开了蛇的缠绕。此时蛇已经有些疲惫,并疏于防守,雕鸮立即用锐利的爪子刺穿了蛇的鳞甲,深入到蛇的身体里,然后用喙猛啄蛇头后面相当于心脏的部位。痛苦万分的蛇经过激烈的挣扎,终于体力不支,松开了身体,成了雕鸮的一顿美餐。

36. 豺狗的捕食智慧

有一种被称做"豺狗"的动物,非常狡猾凶残,善于群体捕猎,且配合十分默契,猛兽看到它们都会躲让不及,堪称"山中之王"。

豺狗喜欢群居,经常三五成群一起活动。一旦发现猎物,其中一只豺狗就会连吓带"哄"地尽量拖住猎物,不让猎物逃得太快,而其他几只豺狗就会分别从两侧夹击,堵住猎物的逃路。这时,猎物进退两难,靠近其尾部的豺狗就会乘机跳上猎物的背部,然后用利爪掏出猎物的肠子,在猎物肚空血尽之时,豺狗便会一拥而上,抢拖撕咬,将猎物吃得干干净净。

豺狗常会捕食野猪和山麂等中小型的野生动物,有时也会到乡村附近偷猎家畜。当遇到牛时,便会有一只豺狗跑到牛的面前嬉戏,另一只豺狗则跳到牛背上用前爪在牛屁股上抓痒。当牛感到无比舒服而翘起尾巴时,豺狗便会乘机痛下'杀手"。

豺狗非常狡猾，当它们发现幼小的羚羊时，不会直接对其发起攻击，而会先向母羚羊发起挑衅。这时，母羚羊会先将小羚羊放在一边，然后用自己的双角勇敢地迎接豺狗的进攻。雄羚羊也在附近，它牢牢守护在小羚羊身边。豺狗想对它发起进攻，但由于它的双角坚硬而锋利，豺狗根本不是它的对手。因为雄羚羊要保护孩子，所以不能前去为"妻子"助阵。

但是，有的时候，雄羚羊因担心自己的"爱妻"斗不过豺狗，常常会控制不住自己，将子女放在一边，跑去和妻子一同与豺狗战斗。这也正中了豺狗调虎离山的奸计。这时，马上会跑出另一只豺狗，把小羚羊飞快地叼走。等到同伴叼着小羚羊走远后，豺狗们就会主动收兵，去庆贺胜利，饱食羚羊肉。

豺狗是山林一霸，然而，在举止斯文、行动笨拙的大熊猫面前，它们却很少占到便宜。豺狗袭击大熊猫时，大熊猫只需用前脚将头抱住，全身紧缩成一个大圆球，然后一骨碌滚下山坡。当大熊猫看到一只豺狗已经冲到自己面前的时候，它们就会以大树为后盾，毫不畏惧地坐在树下，与豺狗摆开阵势。当豺狗扑过来时，大熊猫便朝豺狗狠击一掌，往往会将豺狗打得晕头转向。

37. 螳螂捕食

说起螳螂，大家都会想到它们特有的一对捕获足，那是螳螂捕食的杀手锏，也为它们赢得了"虫国猛虎"的美誉。

螳螂是冷面杀手，无论比它们小还是比它们大的昆虫，它们都毫不畏惧，"挥刀就砍"且速度极快，整个捕猎过程只需 0.05 秒。

螳螂不仅习性凶猛好斗，而且捕食方式也诡诈多变。螳螂的拟态为它们采取突然袭击提供了便利条件。分布在热带地区的黠螳螂。常将前足拟态成花瓣状，然盾偷偷埋伏在树叶和花丛中，乍一看就像一朵盛开的紫白色的兰花，许多前来采蜜的昆虫就这样被它们吞到了肚子里。有一些螳螂喜欢拟态成树叶和树疤，守候在黄蜂经常出入的地方，往往能出其不意地将黄蜂捕获。还有一种生活在热带沙漠地区的螳螂，身体呈绿色，头部有一扁平突起，光滑明亮，当它们伏在草丛中时，头部的突起物就像一滴露珠那么晶莹透亮，能吸引夫批昆虫前来解渴，结果都无一例外地成为了螳螂的美食。

法国著名的昆虫学家法布尔对螳螂捕食的场面作过详细而精彩的描述："螳螂发现了一只灰色的大蝗虫，它突然摆出了可怕的姿势：张开翅膀，斜斜地伸向两侧，后翅直立，看起来就像船帆一样，身体上端弯曲得像一条曲柄，并且发出毒蛇喷气的声音。它们把全身的重量都放在后面的四只足上，身体的前部完全竖起来，一动不动地站着，眼睛直直地盯着蝗虫，蝗虫只要稍稍移动，螳螂也会随之转动它的头。这种举动的目的很明显，就是要使对方产生强烈的恐惧心理，并且不战自败。果然，蝗虫这种昆虫世界中的跳高、跳远冠军，此时似乎忘了逃走，而只是傻愣愣地趴在原地，甚至还会莫名其妙地向前移动。当螳螂可以够得着它的时候，就用两爪出击，两条锯子似的前足重重地压下去，这时蝗虫再抵抗也没有什么作用了，最终成了它的猎物。"

俗话说："虎父无犬子。"即使是刚孵化出的螳螂幼虫，也能捕食粉虱、蚜虫、叶蝉等小型害虫，其捕虫期可达4~5个月之久。

38. 北极熊的捕食策略

北极熊对于游速远远超过自己的海豹等猎物常常会"智取"。当发现远处冰块上有海豹在休息时，北极熊就会悄悄地潜水过去，上岸后会先用前爪遮住自己黑色的鼻子，然后出其不意地出现在海豹面前，海豹在措手不及的情况下，通常会因为来不及逃跑而成为北极熊的猎物。

北极熊有时也会趴伏在冰窟窿附近的冰块上，耐心地等待海豹露面。当海豹露出海面呼吸时，它就会以"迅雷不及掩耳"之势，突然冲上前去用前爪猛击海豹的头部，有时还会借助冰块杀死猎物。北极熊每天至少要吃4千克的海豹肉，如果捕杀的海豹较多，它们就会只吃其皮和脂肪，其他部分则会被北极狐等动物分食。

当成群的野鸭在河里潜游时，北极熊会悄悄潜到野鸭的身下，然后用自己的前爪用力地抓住野鸭的爪子。至于长着獠牙的成年海象，在海岸上也敌不过北极熊，而只能逃到水中去躲避。

39. 狡猾的赤狐

赤狐是杂食性动物，家鼠、田鼠、黄鼠、袋地鼠、金花鼠等在内的各种野鼠和野兔都是它的主要食物，而鸟、鸟蛋、蛙、鱼、昆虫以及草莓、橡子、葡萄等野果或浆果也是它爱吃的食物。如果食物一时吃不完，赤狐就会精心选择一个隐蔽的地方，将食物小心翼翼地埋藏起来，再经过一番伪装，消除各种痕迹后才会离开。

赤狐生性狡猾，记忆力很强，听觉、嗅觉都很发达，行动敏捷且耐久力强。赤狐不像其他犬科动物多半以追捕的方式来获取食物，而是想尽各种办法，用计谋来捕食猎物。它常常会出现在植物茂盛且野鼠、野兔活动频繁的地带，根据气味、足迹和叫声等来寻找猎物的踪迹，然后机警地、不动声色地接近猎物，甚至将身子完全趴在地上匍匐前进，以免惊吓到猎物。捕猎时，赤狐会钻入洞穴之中或者岩石、树木之下，并蹲伏下来，作好伺机而动的准备，然后先轻步向前，紧接着加快脚步，最后变成疾跑，突然出击抓捕猎物；有时还会假装痛苦或追着自己的尾巴来引起穴鼠等小动物的注意，等它们靠近后，再突然上前捕捉。

40. 昆虫的自卫方法

为了求得生存，繁衍后代，在长期适应环境的过程中，昆虫形成了多种“自卫术”，常见的有：

保护色

生活在青草地上的蚱蜢，身披一件绿色的“外衣”，与其栖息的环境色彩相一致。这样，就连目光敏锐的鸟儿也很难发现它了。

警戒色

瓢虫又名“花大姐”，背部呈橙红色，还镶有几粒或十几粒的黑色斑点。形状和色彩看上去都很奇怪，从而引起鸟儿的警戒。

拟态术

生活在南方竹林中的竹节虫，当它静止时，六肢会紧紧靠着身体，触角和第一对细足会重叠在一起，向前伸直。当它趴在竹枝上时，活像一根分节的小竹枝条，隐蔽得十分巧妙。

恐吓术

螳螂在面临危险时，身体就会耸立，网状的大翅膀也会张开，并会高高举起自己的两把“大刀”，摆出一副要砍向敌人的架势，吓得敌人转身逃跑。

假死术

当叩头虫受到惊吓时，会蜷缩六足，仰面朝天，躺在地上装死。等到周围都没有动静时，它才会猛然收缩身体，“嘭”的一声，来个“前滚翻”，然后匆匆逃走。

断足术

有一种蚊子的足部特别长，足关节间的相连处很脆弱。当受到外来袭击时，它常会先将足部举起；如果足部被敌害咬住，它便会断足溜走。

烟幕术

放屁虫受到惊扰时，常会用两条后腿往地上一撑，然后猛然收缩肌肉，“轰”的一声，从肛门里排出一股带有硫磺气味的气体，自己则乘机逃之夭夭。

41. 斑马的自我牺牲精神

当大群斑马受到狮、虎等猛兽的攻击时，大部分时候它们都是集体拼命逃跑，但当它们发现已经来不及逃走的时候，为了保护大群斑马的安全撤离，常常会有一头年老的斑马奋不顾身地掉转头冲向虎豹，和对方来一场你死我活的斗争，如果还是无法战胜敌人，它就会长嘶一声，就地倒下任凭敌人吃掉自己。

42. 麻雀拟伤

麻雀属鸟纲雀形目雀形科，因为羽毛上分布有麻点而得名。麻雀生性活泼好动，喜欢到处玩耍。它们似乎对人类充满了好奇，因此喜欢和人类接近，并且经常在人类居住的附近活动。

不过，麻雀对人类有一定的防备，总是保持在恰当的距离，以保护自己。它们有时会在阳台上玩耍嬉戏，似乎不害怕人类，但当我们走近时，它们就会迅速飞走。

鸟类为了保护它们的幼鸟，大都会表现出拟伤行为，麻雀也不例外。所谓拟伤行为，是指亲鸟假装受伤来欺骗敌人，以救助幼鸟的行为。

比如我们在路边捡到一只还不太会飞的幼小麻雀，正打算将它带走时，会突然间飞来一只麻雀，就像受伤了一样躺在地上，当我们放下手中的小麻雀，准备去查看它受伤的情况时，它却突然起身带着小麻雀迅速飞走了。这就是麻雀的拟伤行为。

麻雀的身形虽然比较小巧，但它们对环境的适应能力却很强。在气候适应方面，一年四季我们都能见到在觅食或是嬉戏着的麻雀。不论在烈日高照的炎夏，还是在冰天雪地的寒冬，都能看到它们活跃的身影，这也体现了它们良好的环境适应能力。

43. 胡须弹涂鱼扮小丑求爱

在澳大利亚的东北海岸，生活着一种能在陆地上生活的鱼类——胡须弹涂鱼，它们也是世界上唯一一种能在陆地上生活的鱼类。

胡须弹涂鱼善于在地下打洞穴居。每到繁殖季节，雄鱼的身体便会由褐色变为较浅的灰棕色，并扮成小丑的模样向异性求爱。它们将尾鳍尽可能地竖起来，然后猛地绷直身子，在空中翻一个跟斗，就像是小丑在表演一样。这种连续不断的动作往往会引起雌鱼的注意，受到雌鱼的喜欢，不过有时，它们的这种表演还会引来“情敌”。这时,它们就会更加卖力地表演,有时还会加进一些特技动作,以免“意中人”被别人抢走。在表演中,它们每隔一段时间都会停下来观察,看雌鱼是否对自己有兴趣或有没有被“情敌”带走。有时候它们还会钻到自己的洞穴中,然后很快又会钻出来,以此来炫耀自己。

雌鱼一旦钻进洞穴就出不来了。因为这时,雄鱼会以极快的速度赶到洞口,含起一些泥土悄悄将洞口堵住。而雌鱼只得顺从地做它的“新娘子”。

44. 角马的“调包计”

在非洲的塞仑盖特大草原上,生活着一种相貌古怪奇特的兽类。它们的体型看上去很像马,但它们的头上又长着一对像水牛角一样弯弯的犄角,额部和颈部还生有密密的鬣毛。因此,人们根据它们的长相为其取名为“角马”。

角马既不是马也不是牛,而是一种大型羚羊。它们喜欢集群生活,常常几万头、几十万头甚至上百万头聚集在一起,组成浩浩荡荡的“大军”在大草原上迁徙。

浩荡的角马群引来了垂涎欲滴的食肉动物。狮子、猎豹和鬣狗常常紧紧地跟随在它们的后面,伺机将老、弱、病、残和掉队的角马吃掉。在角马群中有许多怀孕待产的雌角马,因为它们在生产的时候往往会离群,所以最容易受到食肉野兽们的袭击。为了保护自己和后代,雌角马生就了一套同敌人进行周旋的特殊本领。

鬣狗是角马最危险的敌人,雌角马发现它们上午一般都躲在土洞里睡觉,于是雌角马便将分娩的时间选在了上午。为了避免自己势单力薄被敌人伤害,怀孕的雌角马还会聚到一起行动,集体进行分娩。虽然雌角马生产的速度很快,只要十几分钟,但小角马要在 3 天以后才能跟随母亲快速奔跑。这 3 天对于角马母子来说都是相当关键也是性命攸关的 3 天,不过,我们也不必为角马母子担心,在这几天里,角马母子如果遇到鬣狗的袭击,角马妈妈就会在危急时刻把产后还一直留存在体内的胎盘迅速排出。当鬣狗争食这一美味时,一时还顾不上攻击小角马,角马妈妈便会带着小角马迅速逃离。这便是雌角马的“调包计”,往往能在关键时刻帮助它们脱险。

45. 会“金蝉脱壳”的睡鼠

人们常把在危急关头像蝉脱壳一样,将无关紧要的外壳留下来以分散敌人的注意力,从而使自己巧妙脱身的计谋叫做“金蝉脱壳之计”。其实,有很多动物,为了逃避敌害,求得生存,都会使用这个计策。像蜥蜴、虾和蟹这些爬行动物、节肢动物,当它们的足部或尾部被敌害捉住后,它们就会弃足弃尾而逃,这样,虽然丢掉了足或尾,但却保住了性命。而且用不了多久,它们新的足或尾就会重新长出来。

睡鼠是一种生活在树上的小动物,它们时常会被一种外形很像山猫的野兽追捕。虽然睡鼠很会爬树,但是它们的对手也是爬树的能手,而且它们一见到睡鼠就会穷追不舍。遇到这样凶悍的敌人,睡鼠看来是在劫难逃了,然而,就在对手咬住睡鼠尾巴的时候,奇迹发生了:只见睡鼠将尾巴上的皮整个落下来,留在了敌人的嘴里,然后拖着已经没有了皮毛的尾巴迅速溜走了。当敌人还在为捕捉到“猎物”欣喜若狂的时候,它哪里会想到自己是中了睡鼠的“金蝉脱壳之计”,当它们醒悟过来,为时已晚。虽然“金蝉脱壳之计”是睡鼠的保命绝招,但它们终生只能使用一次,因为尾皮脱落后就不会再长出来了。那裸露的尾巴会逐渐萎缩,然后被睡鼠自己啃食掉。没有尾巴的睡鼠的尾根处会长出一簇长毛,看到这样的睡鼠,人们就可以断定它们曾经有过一次九死一生的经历。除了睡鼠,黄鼠、山鼠也具有这一奇特的本领。

46. 天蛾“偷梁换柱”

吃厌了树叶的天蛾知道蜂蜜的味道非常香甜,于是,它便打起了蜜蜂的“主意”。它飞到正在采蜜的工蜂身边,只需轻轻一声“呼唤”,工蜂便会立即停止“工作”,然后像向导一样领着天蛾向蜂房飞去。

原来天蛾有一个奇怪的特长,那就是善于模仿年轻蜂王的声音,并且模仿得惟妙惟肖,工蜂听到这种声音,不会有丝毫怀疑。

天蛾

蜂群是"社会性"极强的组织,蜂王的权力至高无上。无论蜂王到哪里,它的前后左右都簇拥着由工蜂担任的侍从蜂。蜂王休息时,侍从蜂会一口一口地轮流献上珍奇的王浆和香甜的蜂蜜来供奉这位尊贵的母亲。蜂王所到之处,工蜂会纷纷让道回避。若蜂王有巡查巢房的"旨意",工蜂们会义无反顾地用自己的身体搭起"索桥",以供蜂王通过。

在工蜂的引导下,天蛾来到蜂巢旁,同样以声音作为"敲门砖"。负责警卫的蜜蜂以为是蜂王驾到,急忙施礼迎接。天蛾毫不客气,直奔蜂巢,一顿饱餐之后,还会偷盗一些蜂蜜,将其藏在身体里,然后在工蜂的欢送下,大摇大摆、镇定自若地飞出蜂房。

47. 狡猾的狐狸

在许多童话和民间故事里,狐狸的狡猾和奸诈给人们留下了深刻的印象。的确,在兽类中,狐狸是一种机智而又狡猾的动物。

狐狸长得像狼,但比狼小。由于分布地域的不同,狐狸的毛色有着很大的差别,既有黄褐色、灰褐色的草狐,也有火红色、赤褐色的红狐,还有毛色纯白或者全黑的白狐、黑狐。狐狸的分布地域很广,世界各地都能见到它们的踪迹。

狐狸生活在草原、森林、半沙漠、丘陵地带,居住在树洞或土穴中,常在傍晚外出觅食,天亮时才回家。由于狐狸的嗅觉和听觉都很好,加上行动敏捷,所以常能捕捉到各种老鼠、蜥蜴、昆虫、野兔、小鸟、鱼、蛙和蠕虫等。狐狸有时候还会潜入农舍偷猎家禽、家畜。

当狐狸发现小鸟、野兔等猎物后，并不会立即上前追捕，而是装疯卖傻，比如翻筋斗、打把势，以及作出许多稀奇古怪的动作来吸引猎物的注意。趁着猎物们只顾好奇、放松警惕的时候，它们就会一边表演，一边偷偷地靠近猎物，直到距离缩短到只有几米远时，就会猛扑上去将猎物擒获。

有时，狐狸遭到猎狗的追击，它们就会飞快地逃进牛群，在牛粪上打个滚，然后再跑向别处。当猎狗追到牛群时，狐狸身上的气味早已消失，猎狗便失去了追击的目标。

狐狸常单独生活，生育时才会结成小群。它们的警惕性很高，当感觉自己周围的环境存在危险时，它们就会在当天晚上搬走，去一个安全的地方安家，以防不测。

48. 白狐：深挖洞，广积粮

白狐主要分布在亚欧大陆和北美大陆地区树木较少的苔原地带。在欧洲，它们主要以旅鼠和田鼠为食，也吃野兔、鱼类，甚至还会袭击驯鹿和小牛。它们饥饿时显得有点饥不择食，也吃植物的果实、浆果等，或漫游海岸捕捉贝类，甚至连动物的尸体它们也不嫌弃。

许多鸟类也是它们袭击的目标。白狐常在海鸥、鸭和许多沿岸鸟的鸟巢周围窥探，伺机捕食小鸟、鸟蛋甚至捕杀成鸟。白狐会游泳，可以到达最遥远的岛屿，还能穿过浮冰，必要时它们还能在浮冰之间游泳，到达一些人类几乎无法靠近的地方。

白狐的聪明之处，若借用我们人类常用的一句话来说就是“深挖洞，广积粮”。

白狐“深挖洞”体现在：它们喜欢在丘陵地带筑巢，且长期居住。它们的巢高约30厘米，面积约1平方米，入口处有近20厘米高、30厘米宽，在150～180平方米的范围内一般都有几个出入口。若遇到暴风雪天气，它们可以呆在窝里一连几天都不出去。若一个出入口遭受袭击，它们还可以从另一个出入口逃走。它们很爱惜自己的巢穴，年年都会对其进行一些维修和扩展。

“广积粮”体现在：夏天，当食物丰富时，白狐会把一部分食物储存起来。当它们捕获到较多的猎物而又吃不了时，它们会将剩余的部分带回窝里，并储存在石头下、石缝中或者埋在地下，等到了冬天捕获不到食物时再慢慢享用。它们所挖的地窖可以储存很多食物，有人曾经发现在一只白狐的地窖里储存有50只旅鼠和40只小海鹦。这些动物还几乎按着一定的顺序摆放着，尾巴都朝着同一个方向。

49. 动物的天然药材

野兔——马莲、蛛丝

能跑善跳的野兔患了肠炎以后，就会四处奔波，寻找干枯的马莲来吃，吃过不久，肠炎之痛就会减轻直至消失。如果受伤了，它们还会用蜘蛛网上的黏丝来止血。科学家们经试验后发现，蜘蛛网具有很好的消炎、止血、止痛功效。于是人们向兔子学习把这种蜘蛛网作为止血、止痛的药材应用到了现代医学中，效果甚佳。

蛇——云南白药

有人看到一条被樵夫的利斧砍掉一大段尾巴的蛇，负伤窜入了灌木丛中，并从一株植物上咬下了几片叶子，将其嚼烂后敷在了自己身体的伤痛部位，片刻之后，血就被止住了。人们发现了这种植物的神奇功效，便将这种植物采撷后加入到了治疗跌打损伤的药方中，其止血的疗效更加显著了，这便是誉满全球的云南白药。

狗——半边莲

有一种专治毒蛇咬伤的草药，名叫“半边莲”，它是由我国古代的一名蛇医发现的。一次，这名蛇医外出给人治病，路上，他看见一条狗被蛇咬伤后，往山里一阵猛跑，他急忙跟着这条狗想去看个究竟。那条狗正在吃长在山坡背面阴湿地面上的一种草，吃完后它的蛇毒症状就消失了。蛇医把这种草带回了家，经确认后，他发现原来是一株半边莲。此后蛇医便将其用于治疗毒蛇咬伤，疗效显著。

黑熊——松脂

如果熊的身体受了伤，它们就会用松脂来涂抹伤口，效果显著。

猴子——金鸡纳树

生活在南美洲热带森林中的动物们非常容易得一种疾病——疟疾，一旦染上这种疾病，就会高烧不退，身体因寒冷而发抖、打寒战。这种疾病是通过蚊子传播的。生活在这里的猴子一旦被蚊子传染上疟疾，便会马上食用一种名为“金鸡纳树”的树皮，只需几分钟，症状就会消失，猴子又可以像平时一样活蹦乱跳了。

长臂猿——香树叶子

有人在美洲看到了一只长臂猿，发现它的腰上有一个大疙瘩，还以为它长了什么肿瘤呢！仔细一看，才发现长臂猿受了伤。那个大疙瘩，是它自己敷的一堆嚼过的香树叶子。这是印第安人用来疗伤的一种草药，长臂猿也知道它的疗效，所以用它来疗伤。

野猪——藜芦草

野猪非常贪吃，常会到处觅食。如果它们吃了有毒的东西，就会又吐又泻，这时它们就会急急忙忙去寻找藜芦草来吃，吃后会呕吐不止。藜芦草里面含有一种生物碱，有催吐的作用，野猪吃了藜芦草，就有助于它们将吃过的有毒的东西吐出来。以吐治泻，是一种治疗肠胃炎非常有效的方法。

大象——泥灰石

大象生病以后，会找很多具有医疗作用的野草和水草吃，如果找不到，它们就会吞服大量的泥灰石。人们对泥灰石的化学成分进行了检验，发现泥灰石中含有丰富的氧化镁、钠和硅酸盐，对身体的一些疾病有治疗作用。

黄羊——“山泪”

在乌兹别克斯坦,猎人们常常遇到一件怪事儿:受了伤的野兽总是朝一个山洞跑。有一个猎人决定将它查个水落石出。一天,又有一只受伤的黄羊朝山洞方向跑去,猎人就跟踪到隐蔽的地方观察,只见那只黄羊跑到峭壁跟前,把受伤的身子紧紧贴在上面。没过多久,这只流血过多、身体十分虚弱的黄羊就恢复了体力,然后它离开了峭壁,朝陡峭的山崖跑去。猎人在峭壁上发现了一种黏稠的液体,像是黑色的野蜂蜜,当地人管它叫“山泪”,原来,野兽们就是用它来治疗自己的伤口的。

科学家们对“山泪”进行了研究,发现这是一种含有多种微量元素的物质,其中所含的微量元素达30种之多。“山泪”是受到阳光的强烈照射而产生的,它可以使伤口快速愈合,还能使折断的骨头复原。用它来治疗骨折,比一般的治疗方法效果要好得多。在我国的新疆、西藏等地也发现了多处有“山泪”的地方。

海豹——海藻

海豹受伤后会觅食一种具有愈合功能的海藻。

鹿——豆类植物

当鹿中了猎人的毒箭后,就会迅速寻找豆类植物的茎叶食用,用以解毒自救。

吐绶鸡——安息香树叶

在北美洲南部,生活着一种野生的吐绶鸡,也叫“火鸡”。它们长着一张稀奇古怪的脸,人们又称它们为“七面鸟”。如果大雨淋湿了小吐绶鸡的身体,它们的父母就会让它们吞下一种苦味草药——安息香树叶,来预防感冒。中医认为,安息香树叶具有解热镇痛、预防感冒的功效。

50. 动物的物理疗法

泥浆浴

野猪经常在深山老林里四处跑动，皮肤上常会伤痕累累，这时，它们便会跑到泥潭里去打滚，使全身都沾满泥巴。这是一种泥浆浴，就好比人类给伤口上药和包扎一样，先使伤口与外界隔离，然后再靠身体自身的抵抗力来使伤口复原。

野牛的皮肤上长癣后，会长途跋涉到湖边，在泥浆中先进行彻底的"沐浴"，然后再爬上岸，慢慢将泥浆晾干，之后，又会再跑到湖里"沐浴"，直到把癣治好为止。

洗泥浆浴并非野牛的"专利"，犀牛和河马等动物也有这个爱好。因为泥浆浴不仅能治病疗伤，还能有效预防疾病。

湿敷

湿敷是医学上的一种消炎方法，猩猩常用这种方法来治病。如果得了牙髓炎，猩猩就会把湿泥涂到自己的脸上或嘴里，等消炎后，再拔掉病牙。

温泉浴

温泉浴是一种物理疗法。有趣的是，熊和獾也会用这种方法来给自己或子女治病。

美洲黑熊有个习惯，年纪一大，就喜欢跑到含有硫磺的温泉里洗澡，因为这种温泉浴对它们的老年性关节炎有良好的疗效。

当獾发现自己的"子女"得了皮肤病后，就会带领小獾到温泉里浸泡，以消炎解毒，直到身体痊愈。

美洲灰狼一年到头都在含有硫磺的泉水中洗澡，以确保身体健康。

蚂蚁浴

在俄罗斯境内的某一林区经常可以看到一些有气无力的狗獾，它们躺在蚁巢里任蚁群撕咬它们的身体。原来，这些狗獾巧妙地利用了蚂蚁撕咬时分泌的蚁酸来医治风湿病或寄生虫病。看来，许多风餐露宿的猎人喜食蚂蚁粉和蚂蚁制品是具有一定科学道理的。

如今,用蚂蚁制品来治疗风湿病或增强机体的抗病能力,不能不说是一种触类旁通、由此及彼的运用。

51. 动物的截肢手术

豹

1961 年,日本一家动物园里一头小豹的左“胳膊”被一只大狗咬伤,骨头也断了。兽医给它做了骨折部位的复位手术,打上了石膏,缠上了绷带。没想到,手术后的第二天,小豹就把石膏绷带咬碎了,还把受伤的“胳膊”从关节的地方咬断了。鲜血马上流了出来,小豹接着又用舌头舔伤口,不一会儿,血就凝固了。胳膊断了以后,伤口渐渐长好了,小豹给自己做了一次成功的“外科截肢手术”。小豹好像知道,骨折以后伤口会化脓,后果是很危险的。经过自我治疗,它终于保住了性命。

蚂蚁

昆虫学家曾经仔细观察了一场蚂蚁的激战:一只蚂蚁向对方发起猛烈攻击,而另一只蚂蚁只是实行自卫防御,结果它的一条腿被折断了。原来这并不是一场真正的格斗,而是蚂蚁在给受伤的同伴做截肢手术,并且做得很成功。

52. 动物的复位治疗

如果黑熊的肚子被对手抓破了,即使内脏都露了出来,它也能把内脏塞回去,然后再躲到一个安静的角落里“疗养”几天,等待伤口愈合。

如果青蛙被石块击伤,内脏从口腔里露了出来,它就会始终呆在原地不动,然后慢慢将内脏吞进肚里,直到 3 天以后身体复原,它就又能跳到池塘里捉虫子了。

动物们是多么聪明啊! 这便是它们的一种复位治疗方法。

53. 动物的自我治疗

当动物们中毒、生病时，它们的自救行为常让人类惊叹。

狼和山犬能够自己收缩胃肌。当它们怀疑自己吃了有毒的食物后，便会立即收缩胃肌，把胃里的东西吐出来，以防中毒。

动物们不仅懂得自我治疗的方法，而且还知道一些积极的预防措施，能有效防止疾病发生。

鳄鱼在冬眠前，会吞下不少石头、粗木块，以及其他一些不容易消化的东西。原来，鳄鱼是怕自己在冬眠的时候，消化器官的功能会减弱，就先吃下一些坚硬的东西，让胃不停地工作。

第十四章　动物之最

哺乳动物之最

1. 最大的哺乳动物

世界上最大的哺乳动物是蓝鲸，这种动物分布于世界各海域。

它体重约 170 吨，身长可达 30 米左右。蓝鲸的头非常大，舌头上能站 50 个人。

蓝鲸经过 1 年左右的妊娠期后，小蓝鲸一般在冬季从母体中分娩出来。刚出生的幼鲸就重达 2.6 吨，长 7.5 米。小幼鲸体重的增长速度非常快，一般在母亲喂奶后 24 小时，它的体重就能增加约 100 千克，平均每分钟增加约 70 克。幼鲸在长到 7 个月时，其体重可达 23 吨左右，身长有 16 米，并开始学着张嘴吞食各种浮游生物。小蓝鲸经过 5 年的成长就成年了。成年蓝鲸一般能生存 50 ~80 年。

浑身是宝的蓝鲸用途广泛，其脂肪可制造肥皂；鲸肉可被制作成味道可口、富有营养的美食；鲸肝含有大量维生素；鲸骨可提炼胶水；鲸血和内脏器官又能制成优质肥料。因此，人类常常肆意捕杀蓝鲸，以此牟利。这导致了蓝鲸的数量急剧下降，目前蓝鲸已成为世界上濒临灭绝的哺乳动物之一。

2. 最小的陆生哺乳动物

小型鼩鼱，是一种以昆虫、蜘蛛和其他一些无脊椎动物为食的似鼠小动物，体形与河狸相似，它是世界上最小的陆生哺乳动物。它身长5厘米，仅尾巴就有2.5厘米长，生活在欧洲南部、亚洲和非洲北部的森林和灌木丛中。鼩鼱同时也是食虫动物中最大的家族。它每天都要消耗掉比自身重量还重的食物，因此，不管白天还是黑夜它们都在觅食，并且需要每2～3小时进食1次，并快速消化食物，以补充身体表面丧失的热量，保持体温恒定。

3. 海洋中最小的哺乳动物

如果说蓝鲸是海洋中最大的哺乳动物，那么，海洋中最小的哺乳动物是什么呢？答案是生活在从太平洋的千岛群岛到北美洲西海岸海域的海獭。雄海獭有1米多长，尾巴长30厘米，体重10～12千克；雌性比雄性小一些，只有7～9千克。它不但善于游泳，而且能潜入海底，以海星、海胆、贝类、海参等为食。海獭几乎终年生活在海中，很少上岸活动。海獭的毛皮轻暖、耐磨、结实，如制成裘皮帽衣领，使用几十年也不会坏掉。正因如此，海獭被大量捕杀，到1911年时，数量已不足千头，经过国际动物保护协会的不懈努力，目前已增加了一些。

4. 一次生育最多的哺乳动物

无尾猬，一种分布于非洲马达加斯加岛和柯摩罗群岛上的哺乳动物，是野生动物中一次生育幼崽数量最多的。在一次生产中，无尾猬最多可产崽31头（成活30头）。一般情况下，无尾猬一次产崽12～15头。排满腹部的24个乳头，使无尾猬能够顺利地哺育自己的幼崽。

5. 妊娠期最长和最短的哺乳动物

亚洲象是妊娠期最长的哺乳动物。其妊娠期平均为609天（超过20个月）。最长的近2年之久。由于亚洲象怀孕周期太长，致使幼象出生率极低。目前，亚洲象的数目不足3.5万头。

分布在南美洲中北部的美洲鼩、生活在澳大利亚东部的一种猫科动物，以及较为罕见的水鼩是世界上已知的妊娠期最短的哺乳动物。它们的妊娠期常常只有12~13天,有时仅有8天。

6. 最长寿的哺乳动物

大象在哺乳动物中是最长寿的,它能活60~70年,而人工饲养的大象比野生象寿命更长。曾经有报道称,一种生活在哥拉帕格斯群岛的长寿象能活上180~200年。

7. 最高的哺乳动物

世界上最高的哺乳动物是长颈鹿。

长颈鹿主要分布在非洲的埃塞俄比亚、苏丹、肯尼亚、坦桑尼亚和赞比亚等国。但奇怪的是,长颈鹿的祖籍却在亚洲。据研究,2000多万年至约200百万年前,中国和印度的一些地区长期生活着长颈鹿,虽然它们的颈和腿没有现代长颈鹿那么长,但是它们已经完全具有现代长颈鹿的大部分特征。随着地球生态环境和气候的逐渐变化,曾经存在过的那些脖子稍短一点的长颈鹿已经不能适应环境的变化,而长脖子的长颈鹿则依靠其自身的身体特征生存了下来。

现代长颈鹿的身高有5~6米,是世界上最高的哺乳动物。现代长颈鹿有异常敏锐的眼睛和大脑。现代长颈鹿的脑袋成了它很好的自卫武器,它前额的那块凸出来的坚硬骨瘤,甚至能顶死一只大羚羊。现代雌性长颈鹿一般要怀胎14个月,每2年才能生1只小长颈鹿。长颈鹿的平均寿命也不是很长,一般14~15年,当然也有例外,寿命长的能活到30岁以上。

8. 爬行最缓慢的哺乳动物

三趾蝓是一种分布在南美洲赤道地带的哺乳动物。它在地面上爬行的速度为每分钟1.8~2.4米。在树上,它爬行得较快些,能达到每分钟4.6米,是世界上爬行最缓慢的哺乳动物。

9. 世界上最小的滑翔哺乳动物

世界上最小的滑翔哺乳动物是羽尾袋鼯。

羽尾袋鼯广泛地分布在澳大利亚东部,因为在它的尾侧有两排毛发,看起来很像羽毛,所以我们叫它羽尾袋鼯。它是一种会滑翔的袋鼯,十分乖巧、可爱,体重一般在10~14克。羽尾袋鼯一般都习惯生活在树上,并且大多数羽尾袋鼯的侧部都长有皮膜,其尾部的羽毛状的毛发也可以帮助其飞行。它滑翔的时候,只需要把四肢伸展开来就可以了。

10. 最原始的卵生哺乳动物

世界上现存最原始的卵生哺乳动物是鸭嘴兽。

鸭嘴兽仅生活于澳大利亚,是一种非常奇怪的动物。它长着兽的身体,但是却长着一张类似鸭子的嘴巴,因此得名“鸭嘴兽”。鸭嘴兽还有一个更奇怪的地方,它能分泌乳液进行哺乳,科学家认为它是哺乳动物,但是它又能下蛋,换句话说它又是卵生的动物,是不是很奇怪?

鸭嘴兽过着两栖生活,陆地和水里它都能生存。它的嘴的外形虽然很像鸭子,但是却像哺乳动物的嘴巴一样有感觉神经,并且不像鸭子的嘴巴那样坚硬,甚至可以弯曲。它身体表面的皮毛也很有特色,远远地看上去是一种暗褐色,并且带有非常漂亮的光泽,入水时也不会被弄湿。它一般都以水里的虾、蚯蚓、昆虫的幼虫以及一些软体动物为食。

11. 最著名的有袋类哺乳动物

世界上最著名的有袋类哺乳动物是袋鼠。

袋鼠因它的身体特征而得名,因为在它的前腹部有一个袋子,科学家叫它育儿袋,育儿袋是用来哺育小袋鼠的。因为袋鼠虽然是哺乳动物,但不像其他哺乳动物那样在体内有胎盘,所以小袋鼠出生时都是不成形的,需要在育儿袋里面进行后天哺育,这是袋鼠与其他哺乳动物的最大区别,这也表明袋鼠是世界上最原始的哺乳动物之一,因为它的生育特征和早期原始哺乳动物有很多相像之处。

袋鼠素有“活化石”之称,它在地球上已经生活了1亿年。但遗憾的是,袋鼠目前只分布在澳大利亚,并且数量已经不是很多了。

12. 生活在海拔最高处的哺乳动物

世界上生活在海拔最高处的哺乳动物是牦牛。

据统计,世界上85%的牦牛都生活在中国,在中国的喜马拉雅山脉和青藏高原等地区,尤其是海拔3000~5000米的高寒地区,这些地方一年四季的平均气温都在-40℃~-30℃,但这并不影响牦牛的生存。牦牛长有非常密而且长的黑褐色的皮毛,御寒能力特别强。另外,牦牛的四肢也比较健壮,能抵御寒冷!在世界上像牦牛一样生活在海拔这么高的地方的动物可谓寥寥无几。牦牛最高的生存极限是海拔6400多米,可见牦牛的生存能力的确是极强的。

13. 陆地上最大的食肉哺乳动物

陆地上最大的食肉哺乳动物是棕熊。

棕熊在地球上存在的时间相当长,我国古代,人们把它叫做“罴”,大概的意思就是说棕熊的体型很大。棕熊身体的平均长度为1.8~2米,平均体重为150~250千克。当然最大的棕熊的身长和体重可就不止这么一点点了。据说最大的棕熊身体长度可达4米多,体重有757千克呢!这该是一个怎样的庞然大物呢?因为它比较喜欢在针叶林或者针阔叶混交林生活,所以棕熊主要分布于欧亚大陆和北美洲大陆,在我国的东北、西北和西南地区就分布着大量的棕熊。

棕熊的身体庞大,但是这并不影响它捕食,因为它跑得非常快。它能轻而易举地得到猎物,驼鹿、驯鹿、野牛、野猪等大型动物在它的眼里都是美食,有时它也捕食一些小动物。其实棕熊不仅吃肉,像蘑菇、野菜、水果和各种各样的坚果也是它们的食物。

14. 最凶猛的海洋哺乳动物

世界上最凶猛的海洋哺乳动物是虎鲸。

虎鲸在世界各个海域都有分布。它的外表相当漂亮，躯体半白半黑，在它眼睛的后方和身体的两侧都对称地分布着椭圆形的白斑。但是，漂亮的外表下隐藏着的却是虎鲸凶残的本性。虎鲸是世界上所有海域里最凶猛的动物，素有“海上霸王”和“杀人鲸”之称，只要它那硕大的嘴巴一张开，锋利的牙齿就会露出来，看上去非常可怕，再加上它背部巨大的背鳍，完全就是一副凶神恶煞的样子。虎鲸主要以海豚、海豹、海狮以及海象等海洋哺乳动物为食。虎鲸喜欢群居，很多虎鲸的力量加起来甚至能吃掉比它大好几倍的蓝鲸。

15. 最大的陆生哺乳动物

生活在陆地上的哺乳动物中，最大的要数非洲象了。成年雄性非洲象一般体重在4吨以上，雌性非洲象的体重也能达到3~3.5吨。人们曾经发现一头非洲公象，肩高3.5米，体重6~7吨，是有记载的最大的非洲象。按照生活地域的不同，非洲象可以分为非洲草原象和非洲森林象两种。生活在草原的非洲象一般重达6吨，耳朵大且下部尖，不论雌雄都长有长而弯的象牙。生活在森林的非洲象体形要小一些，身高2.5米，耳朵较圆，象牙较直且呈粉红色。非洲象也是最大的食草动物，它们的主要食物是草、草根、树皮、树芽、灌木、水果和蔬菜。非洲象的平均寿命为60~70岁。

16. 最小的象

在非洲的刚果森林里有一种体形很小的象，被当地人叫做“蛙犬”。这种象身材非常短小，身高不过1.5米，皮肤细润，性格文静，像一个小姑娘，所以也被称为“小姐象”。这是已知的最小的象种。

2008年，科学家在非洲坦桑尼亚考察的时候拍到了一种袖珍“小象”的照片。这种“小象”的大小和一只猫差不多,外形酷似老鼠,体重只有700克。面部呈灰色,身上是黄色的,腿是黑色的,全身上下只有鼻子像大象的鼻子。它们以蚯蚓和昆虫为食,遇到危险时,常常用后腿猛然跳起来,然后迅速逃跑。有些人认为它是一种老鼠,但是经过基因学家的鉴定,这种动物和大象确实有亲缘关系。动物学家认为:“它的体重只有700克,把它称为‘象’似乎有点牵强,但是从本质上可以这样认为。”

17. 跳得最高的哺乳动物

袋鼠一般身高2.6米,体重约80千克。它们前肢短小,可以抓握东西,后肢发达,经常举起前肢,靠后肢的力量坐在地上。它们的后腿强健而有力,总是以跳代跑,最高可跳4米,最远可跳13米以上。当袋鼠长到三四岁的时候,体力发展到极点,一个小时可以跳长达65千米的路程。可以说,袋鼠是跳得最高最远的哺乳动物。

根据袋鼠用强健的后腿跳跃的方式很容易把它们与其他动物区分开来。袋鼠在跳跃过程中用尾巴保持平衡。袋鼠的尾巴又粗又长,长满肌肉。当袋鼠休息的时候,可以用尾巴帮助支撑身体;当缓慢行走的时候,尾巴可以当做第五条腿;当袋鼠跳跃的时候,尾巴可以帮它跳得又快又远。

18. 皮毛最保暖的动物

北极熊生活在北极,把家安在北冰洋周围的浮冰和岛屿上。它们生活在冰天雪地的环境中却能处之泰然,多亏了那身厚厚的皮毛。北极熊的毛非常特别,虽然看起来是白色的,实际上却是透明中空的。人眼之所以看到白色的皮毛,是因为毛的内表面粗糙不平,把光线折射得非常凌乱而形成的。这样的构造有助于将阳光折射到皮肤上,促进热量的吸收,而且有隔热的作用,可以防止身体的热量向外散发,此外还有防水的功能。

皮毛最外面一层是粗厚的保护毛,保护毛下面是浓密的细绒毛,绒毛下面的皮肤却是黑色的，我们可以从它们的眼睛周围、鼻头、嘴唇的皮肤窥见其皮肤的原貌。黑色的皮肤有助于吸收热量。此外，皮肤下面厚厚的脂肪层也可以把严寒隔绝在体外。

幼熊出生几个月后，身上就会长出浓密的绒毛和粗厚的保护毛，并长出7厘米厚的皮下脂肪层，因此它们在零下几十摄氏度的环境中也能活动自如。

19. 最凶猛的陆地哺乳动物

孟加拉虎又叫“印度虎”，主要生活在孟加拉和印度。孟加拉虎一般生活在茂密的山林、灌木和野草丛生的地方。它们喜欢独来独往，一年中除了少量的时间和配偶在一起之外，绝大多数时间都是单独行动的。一般在早晨、黄昏和夜晚活动，白天则在丛林中休息。它们是陆地上最凶猛的动物，没有任何动物会对他们构成威胁。当孟加拉虎捕食的时候，它们会先瞄准猎物的咽喉，然后用强大的咬劲咬断较小动物的颈椎，或者让较大的动物窒息。

印度虎

孟加拉虎可以在一天内吃掉30千克的肉，然后在接下来的几天内不进食。它们最喜欢吃的食物是野猪、野鹿、野牛、白斑鹿、黑羚，有时候豹、狼、鬣狗等凶猛的动物也会成为它们的腹中餐。它们甚至能爬上树捕食灵长目动物，偶尔也会攻击小象和犀牛。

20. 跑得最快的动物

世界上跑得最快的哺乳动物是非洲猎豹。它主要分布在非洲南部，是猫科类食肉动物，它主要的猎物是野兔、鹿类和羚羊。猎豹擅长奔跑，它目光敏锐、身体强悍，在追捕猎物时速度能达到每小时110多千米。它只需要2秒钟就能从静止状态突然间提升到时速70千米的飞奔状态，它的奔跑速度真是非同一般！

非洲猎豹的巢穴一般都在杂草丛生的地方、森林深处或沼泽之内，很不容易被人类和其他动物发现，这样非常有助于猎豹繁衍生息，雌性猎豹一次能生育1～6只小猎豹，小猎豹在1岁左右就能够独立生活了。

21. 最为濒危的猫科动物

世界上最为濒危的猫科动物是苏门答腊虎。有人甚至预测：如果我们再不采取措施，苏门答腊虎很可能很快就会从地球上消失！

苏门答腊虎是一种体型相当小的老虎，平均身长大约为2.4米，体重不超过120千克。它的皮毛不像其他种类的老虎那样油光闪亮，但还是非常漂亮的。由于它仅仅分布于苏门答腊地区，因此得名苏门答腊虎。现在世界上几乎所有的苏门答腊虎都分布在印度尼西亚岛上的5个国立公园中，纯粹野生状态的已经很少了。随着经济的发展及土地的过度开发，适合苏门答腊虎生存的野生环境已经被严重破坏，其猎物也越来越少了。前些年还有人捕杀苏门答腊虎，这些都是造成苏门答腊虎数量迅速减少的原因。

22. 最漂亮的猫科动物

雪豹因终年生活在雪线以上而得名，被誉为“世界上最美丽的猫科动物”。雪豹外形似虎，头小而圆，尾粗长，比身体略长或等于身长。成年雪豹体长110～130厘米，尾长80～90厘米，体重30～60千克。全身布满柔软细密的白毛，白毛上有黑斑，头部斑纹小而密，背部、体侧和四肢外部形成不规则的黑色斑点和黑色环纹，越往体后黑环越大。由肩部开始，黑斑形成三条线直至尾根，后部的黑环宽而大，至尾端最为明显，尾尖黑色。耳部灰白色，边缘黑色。胡须颜色黑白相间，颈部、胸部、腹部、四肢内侧及尾巴下面都是白色。

雪豹行踪诡秘，常在夜间活动。专家根据雪豹栖息地的范围和每只雪豹的领地范围推测，目前世界上只有3500～7000只野生雪豹。世界各地动物园中共有600～700只，因此雪豹在国际IUCN物种濒危等级中被列为濒危物种，在我国被列为国家一级保护动物。

23. 体型最大的猫

猞猁，又叫马猞猁、野狸子，曾被认为是短尾猫科动物的一个亚种，如今大部分动物学家都认为几种短尾猫科动物各自属于独立物种。猞猁形似家猫，但是比家猫的体型大很多，体长0.9～1.3米，体重18～32千克。身体和四肢粗壮，前肢短而后肢长，短短的尾巴不及后足长，尾尖呈钝圆，与它的身体很不相称。体色为粉棕色或灰棕色，并遍布褐色斑点。耳尖上耸立着丛毛和两颊下垂的长毛是猞猁的明显特征。猞猁生活在森林灌木丛中，擅长攀岩和游泳，早晨和黄昏活动频繁，喜欢捕杀狍子等中小型兽类。

除了猞猁之外，还有一种大型猫叫做“金猫”。金猫体长0.9米，尾长0.5米，体重12～16千克。如果算上尾巴的长度，金猫要比猞猁长，但是就体型来看，还是猞猁更大一些。金猫体毛为棕红或金褐色，也有褐色或黑色的。所有种类的金猫都有一样的脸谱，在眼上角有一道镶黑边的白纹。

猞猁和金猫虽然分布广泛，但是由于人类的捕杀和城市化的加剧，导致它们的数量越来越少。在国际上，它们被列入《濒危野生动植物种国际贸易公约》附录Ⅱ。在我国，它们被列为国家二级保护动物。

24. 最大的猫科动物

东北虎又叫西伯利亚虎、亚洲虎、东亚虎，是现存最大的猫科动物。它们主要分布在我国东北部的小兴安岭和长白山地区。雄性东北虎体魄雄健，体长2.6～2.8米，尾长1米，肩高1米以上，体重300～450千克。有记录的最大野生东北虎体重达750千克。体色夏天为棕黄色，冬天为淡黄色。东北虎头大而圆，耳朵短，前额的黑色横纹被一道竖纹串通起来，形似“王”字，因此有“丛林之王”的美称。

东北虎栖居在森林、灌木和野草丛生的地带，喜欢独居，白天睡觉，夜间行动。它们有锋利的爪子和牙齿，可以捕食大中型哺乳动物，比如野猪、黑鹿、狍子。由于野猪和狍子经常破坏森林，所以东北虎也被称为“森林保护者”。

野生东北虎现存只有400多只，大部分在俄罗斯，在我国的数量不足20只。东北虎在我国被列为国家一级保护动物，在国际上被列为濒危野生动物。

25. 世界上最稀有的豹亚种

东北豹又叫银钱豹、朝鲜豹、阿穆尔豹，是金钱豹的东北亚种。东北豹体形比虎小，尾巴长，毛长而厚，体色为乳黄或乳白色，布满圆形或椭圆形的黑褐色斑点或斑环，很像古钱。东北豹多栖息在多树的平原，善于攀树并隐藏在树上。它们昼伏夜出，主要以中小型食草动物或啮齿类动物为食。东北豹冬季交配，每次产仔2～3只，寿命大约20年。

东北豹曾大量分布在俄罗斯远东地区、我国东北地区以及朝鲜半岛北部的茂密丛林。但是，由于人们大肆捕猎，导致目前东北豹濒临灭绝，野生数量不到100只，比东北虎还要少。在国际上，东北豹被定为一级濒危动物。

26. 和人类亲缘关系最近的动物

黑猩猩有约99%的基因与人类相同，是与人类亲缘关系最近的动物，与人类有共同的祖先。黑猩猩属于猿猴亚目窄鼻组猩猩科，是猩猩科中较小的一类。黑猩猩站立时高1～1.7米。雄性体重56～80千克，雌性体重45～68千克。它们体表布满黑色短毛，面部呈灰褐色，眼窝深凹，眉骨很高，手长24厘米，犬齿发达，齿式与人类相同，手和脚呈灰色并覆有稀疏的黑毛，臀部有一块白斑，没有尾巴。

黑猩猩主要生活在非洲的热带雨林和草原的边缘地带。它们性情温顺，过集体生活，每群有2～20只，最多可达80只。它们能用各种姿势表达复杂的思想感情，能辨别不同的颜色，发出32种不同意义的叫声，还会使用简单的工具，据测定，黑猩猩的智力水平相当于两三岁的小孩，是仅次于人类的聪慧的动物。

27. 最早的灵长类动物

美国耶鲁大学人类学系的学者萨吉斯在一份报告中提供了一份根据化石绘制的图片。那是一具初期灵长类动物的骨骼化石，距今大约有5600万年的历史。这具骨骼化石可以检验关于灵长类动物起源的推测是否正确。该化石的显著特征是具有可以伸向与其余四趾相反方向的大脚趾。大脚趾上长有指甲而非爪子。但是这个物种的眼睛是分在面部的两侧而不是朝向前方，它的身体结构也不适宜跳跃，因此这个物种属于过渡期的动物，是已知最早的灵长类动物。

28. 最大的灵长类动物

大猩猩是世界上最大、最强壮的灵长类动物，站立起来可达2米高，体重接近300千克。大猩猩的爆发力很强，发达的前臂能够折断直径10厘米的竹子。它们丑陋的面孔和巨大的身体看起来非常吓人，实际上它们是非常温和的，以树叶、嫩芽、花、果实和树枝为食。

在非洲的热带雨林里才可以看到大猩猩的身影，它们以家族的形式生活在一起。一个家族大概有12个成员，由一个年长的雄性大猩猩担任首领。成年雄性大猩猩后背有一些银色的毛发，因而被称做“银背”。“银背”白天带领家人寻找食物，晚上折些树枝搭一个温暖的窝让家族成员在树上休息，而它则在树下巡逻。如果遇到危险，它就会挺身而出，用前爪拍打自己的前胸并大声吼叫，以此吓跑敌人，保护自己的家人。

29. 最濒危的灵长类动物

据统计，全球1/3的灵长类动物处于灭绝危险期，导致它们灭绝的主要原因是对其栖息环境的破坏、非法野生动物贸易和商业打猎活动。《美国国家地理》杂志公布了世界上濒危的25种灵长类动物,其中数量最少的是中国的海南黑冠长臂猿。它们主要生活在中国海南低海拔的热带雨林地区,目前存活的不到20只。海南黑冠长臂猿的学术分类向来存在争议,这更显它们的珍贵和重要。

海南黑冠长臂猿体长40~50厘米,体重7~10千克,前肢明显长于后肢,头上长有一顶“黑帽”,没有尾巴。这种动物雌雄异色,雄性通体黑色,头顶有短而直立的冠状簇毛;雌性通体金黄,头顶有菱形或多角形黑色冠斑。

早在1989年,海南黑冠长臂猿就被列为我国的国家一级保护动物。在1996年,海南黑冠长臂猿被列为全球极度濒危物种。

30. 眼睛占身体比例最大的猴

在苏门答腊岛南部和菲律宾的一些岛屿上生活着一种奇特的猴子。这种猴子个头很小,身长只有8.5~16厘米,尾长13~27厘米,体重80~165克,体形像松鼠。这种猴子最特别的地方在于眼睛,小小的脸庞上长着一对圆溜溜的大眼睛。眼球的直径达1.6厘米,与身体极不相称,好像戴着一副大大的眼镜,所以人们叫它“眼镜猴”。

眼镜猴头大而圆,脸盘向前,耳壳薄而无毛,颈部短,颈部几乎可以旋转360°,前肢短,后肢长,趾骨长,趾尖有圆形吸盘。它的每只眼睛重达3克,比脑子还重。眼镜猴是夜间行动的动物,它们的眼睛适于夜间捕食。昆虫、青蛙、蜥蜴和鸟类是它们捕食的对象。它们对危险非常警觉,即使睡觉的时候也会睁着一只眼睛。

如果按身体比例来计算,眼镜猴在三个方面都是世界第一:眼睛最大、耳朵最大、趾骨最长。

31. 世界上最小的猴子

世界上最小的猴子是侏儒狨猴,身高仅10~12厘米。刚出生的侏儒狨猴只有3厘米,成年侏儒狨猴只有成人的中指那么大,体重80~100克。猴毛呈黑色,密而长。这种猴子外形像哈巴狗,非常可爱。

侏儒狨猴生活在南美洲亚马孙河上游的森林中,栖息在热带雨林树冠上层,很少到地面活动。它们以水果、坚果,以及其他植物性食物为食,也吃昆虫、青蛙、小蜥蜴、鸟蛋等,还喜欢捉虱子吃。它们最大的敌人是鸟类。侏儒狨猴以家族形式结群生活,3~12只生活在一起。它们白天活动,夜晚睡在树洞里,休息的时候,肚皮贴在树干上,有时用爪子刺进树皮以支撑身体。

32. 冬眠时间最长的动物

很多动物在冬天来临之前都会吃得饱饱的,长得胖胖的,为冬眠做好准备。不同的动物冬眠的时间不等,世界上冬眠时间最长的动物要数睡鼠了。顾名思义,睡鼠就是一种特别爱睡觉的鼠类,每年有5~6个月的时间处于冬眠状态,一年中几乎有一半的时间都在睡觉。即使在不是冬眠时间的夏季,它们也整天呼呼大睡。睡鼠冬眠时不吃不喝,各种生理活动减慢,身体变得僵硬,连呼吸都几乎停止了。这些小家伙睡觉的时候,任何声音都吵不醒它们。

睡鼠的体型很小,体长8.5~12厘米,尾长7.5~11.5厘米,体重30~100克。它们的外形像老鼠,前肢短小,长有一对乌黑的大眼睛,耳朵又大又圆,但是却像松鼠一样身上长有长毛。它们主要栖息在树上,在枝杈间营巢。它们以浆果、坚果、谷粒为食,有时也吃小虫子。

33. 潜海最深的海洋哺乳动物

在深海中,有巨大的浮力和压力。对于用肺呼吸的哺乳动物来说,潜入深海不是一件容易的事。人类潜入70多米的深度最多只能屏气2~3分钟。海豚、海豹等海洋哺乳动物都是潜水高手,一个猛子扎下去,就是几十米,甚至上百米。然而,真正的潜水冠军要数抹香鲸,它以屏气法可以潜水一个小时之久,最大的潜水深度为2200米。

抹香鲸体长 18 ~ 25 米,体重 20 ~ 25 吨,由于头部特别大,占体长的 1/3. 因而又有“巨头鲸”之称。它们主要栖息在南北纬 70。之间的海域中。它们的身体背面呈暗黑色,腹部为银灰或白色,身体粗短,行动缓慢,易于捕杀。其肠道内能够分泌著名的香料龙涎香,因而经常遭到捕杀,数量越来越少,目前已经被列为濒危动物。

34. 最稀有的水生哺乳动物

白鳍豚是我国特有的淡水豚类,数量奇少。它是研究鲸类进化的珍贵活化石,是国家一级保护动物,也是世界上最濒危动物之一,被人们称为“水中大熊猫”。

白鳍豚仅分布在长江中下游的干流江段,它们以鱼为食,结群活动,小群 2 ~ 3 头,大群 10 ~ 16 头。白鳍豚体长 2 米,体重 100 ~ 200 千克,吻突狭长,约 30 厘米,皮肤细腻光滑,背部为浅灰蓝色,腹部为洁白色,体表呈流线形。白鳍豚的视觉器官已经退化,眼小如瞎子,耳孔如针眼,但是大脑特别发达,有敏锐的声呐系统,头部还有超声波功能,能够将几万米远的声音传入脑中。

2006 年,由中国、美国、英国、德国、瑞士和日本的专家组成的联合调查组在长江进行了为期 38 天的搜寻,结果没有发现白鳍豚,可能白鳍豚已经成为第一种被人类灭绝的鲸类。

35. 雌雄体型相差最大的兽类

雌雄体型差异最大的兽类是北海狗。雄兽体长 200 ~ 240 厘米,体重 180 ~ 300 千克;雌兽体长约为 145 厘米,体重 63 千克。有些雄兽与雌兽体形差异竟达 5 倍以上,如此大的差异在动物界是很少见的。雄兽和雌兽在一起,很像成体和幼仔在一起。

北海狗体形呈纺锤形,头圆,吻短,眼睛较大,牙齿较小,尾巴非常短。它们体毛厚密,长有粗毛,并有短而密致的绒毛。但是四肢表面的毛极少,皮下脂肪很厚。四肢短，呈鳍状，前肢长且大，用于游泳，后肢在水中时朝后，帮助游泳，在陆地上时才弯向前方，帮助行走。

北海狗主要分布在太平洋的白令海、鄂霍次克海以及科曼多尔群岛、千岛、阿留申群岛等地的沿岸及岛屿，在我国见于山东即墨、江苏如东等黄海海域和广东阳江、台湾高雄的南海海域。它们生活在海洋中，有洄游习性，冬春季节向南方游去，夏秋季节又从南方分批回到繁殖地。北海狗以鲱鱼、沙丁鱼、青鱼等各种鱼类为食，尤其喜欢吃乌贼，常潜水到深处去捕食，其潜水速度之快也是令许多动物望尘莫及的，甚至超过鲸类和海豚。

36. 繁殖能力最强的哺乳动物

旅鼠是小型啮齿动物，是哺乳动物中种类和数量最多的一类，主要分布在北美洲、欧亚大陆和北极地区。它们体形椭圆，四肢短小，比普通老鼠要小一些，体长 10 ~ 18 厘米，尾巴粗短，耳朵很小，上下各有一对门牙，没有犬齿，吃东西的时候下颌前后运动。

旅鼠

旅鼠是世界上繁殖能力最强的哺乳动物，从春季到秋季都可以繁殖。成熟旅鼠是哺乳动物中最年轻的父母，雌鼠 20 ~ 40 天就可成熟并开始生育，雄鼠 44 天可成熟。妊娠期 20 ~ 22 天，一胎可产 9 仔，一年多胎。如果一对旅鼠从 3 月份开始繁殖，那么到 8 月底 9 月初就会变成 160 多万只的庞大队伍！就算因为气候、疾病、天敌等原因死掉一半，也还有 80 多万只存活下来。

旅鼠的数量急剧膨胀，破坏了植被，导致食物减少，这时它们就会用一种奇怪的方式来减少群体的数量。首先，它们在天敌面前变得无所畏惧，甚至具有挑衅性，它们的毛色由灰黑色变为醒目的橘红色，使天敌更容易发现它们，以便多多地消灭它们。如果暴露的方式不能减少旅鼠的数量,它们就会选择“死亡大迁移”——几十万旅鼠大军聚集在一起,朝着同一个方向迁移,只留下少数负责传宗接代。它们白天休息,晚上前进,沿途不断有旅鼠加入,最后形成几百万只组成的大军。它们一直沿着笔直的路线前进,爬过高山峻岭,游过河流湖泊,绝不绕道。到了大海,它们就纷纷跳下去,直到被海浪吞没。

37. 最聪明的海洋哺乳动物

海豚属于一种小型的鲸类,是最聪明的海洋哺乳动物。经过训练,海豚可以跳火圈、打乒乓球、拖小船、开电源开关等。在海洋馆里,我们可以看到海豚做各种表演。经过训练的海豚甚至可以学会单词,模仿人类的发音。

海豚的大脑是动物中最发达的,人脑占人体重量的 2.1%,而海豚的大脑占身体重量的 1.7%。海豚的大脑由完全隔离开的两部分组成,当一部分工作的时候,另一部分休息,并且脑子上有很多较深的沟回,脑的面积很大,脑细胞发达。海豚能够发出超声波,然后根据声波的反射快速确定周围物体的位置,不但能迅速发现目标,还能把两个非常相似的物体区分开。

海豚既不像胆小的动物那样见到人就躲开,也不像凶猛的动物那样见到人就攻击,它们性情温顺,喜欢亲近人类,曾经发生过很多次海豚救人的事。

38. 嘴巴最大的陆生哺乳动物

世界上嘴巴最大的陆生哺乳动物是河马。如果一个成年河马张开嘴巴,一个成年人的身体都塞不满。河马嘴里长着稀疏的獠牙,当它们自卫攻击时足以将粗大的尼罗鳄咬成两半。河马嘴巴大,食量也大,一天最多可以吃掉 130 千克短草。

河马主要生活在非洲的大河和湖沼附近,以草、水草、树叶、水果等植物为食。河马觅食、交配、产仔、哺乳都在水中进行。

成年雄性河马体长 3.75 ~ 4.6 米,体重可达 2500 ~ 4000 千克。雌性比雄性小,体重不会超过1500千克。它们四肢粗短,身体像个粗圆筒。鼻孔在嘴的上面,与眼睛、耳朵在一条直线上。当它们泡在水里的时候,就可以兼顾呼吸、视觉和听觉了。

39. 舌头最长的动物

食蚁兽生活在中美和南美,主要生活在从墨西哥到阿根廷北部的草原和森林中。它们以蚁类为食,所以叫做“食蚁兽”。食蚁兽专门捕食蚂蚁和白蚁,为了获得更多的食物,它们的身体特征高度特化:骨长并且大致呈圆筒形,长长的鼻吻部长有复杂的鼻甲,齿骨细长,没有牙齿。食蚁兽最特别的地方在于它们长有世界上最长的舌头,可以伸进蚁窝的通道。舌头上有一层黏液,可以把蚂蚁沾在舌头上,美餐一顿。食蚁兽的舌头长达60厘米,每分钟可伸缩150次。它的尾巴还可以像扫帚一样把蚂蚁扫到一起,然后吃掉。

食蚁兽的嗅觉非常灵敏,它们靠鼻子找到蚁穴,用爪子把蚁穴扒开,然后把长鼻子伸进蚁穴,用舌头舔食蚂蚁。一头食蚁兽在一个蚁穴只吃140天左右,然后换一个蚁穴。这样可以保证自己领地内蚁穴中的蚂蚁存活下来,过段时间再美餐一顿。

40. 最耐渴的动物

树袋熊,又叫考拉、无尾熊,是澳大利亚珍贵的原始树栖动物。Koala源自澳大利亚土著语言,意思是“不喝水”。树袋熊从它们取食的桉树叶中获得90%的水分,它们只在生病或干旱的时候才喝水,有些树袋熊能够一生不饮水。

树袋熊的名字里虽然有个“熊”字,但是它不属于熊科动物,而属于有袋动物。它们像袋鼠一样在育儿袋里哺育幼仔,大约一年之后,小树袋熊才开始独立生活。树袋熊身长70~80厘米,体重8~15千克,身上覆盖着浅灰色皮毛,鼻子大而圆,一双圆溜溜的眼睛和两只毛茸茸的耳朵,样子非常可爱。它们虽然看起来笨笨的,但是行动非常敏捷,对它们来说从一棵树上跳到另一棵树上是轻而易举的事情。它们白天在树上睡大觉，晚上才寻找食物，桉树叶就是它们的美味佳肴。

41. 最喜欢吃盐的动物

豪猪属于啮齿类动物，身体肥壮，体长55～70厘米，尾长8～14厘米，体重10～14千克。豪猪从肩部到尾部长满黑白相间的2万多根尖刺。当遇到敌人的时候，这些刺就会竖起来，刷刷作响，警告敌人离它们远点。如果敌人不知好歹，它们就会弓着身子冲过去，把尖刺扎进敌人的身体。被豪猪的刺刺中之后，就很难拔掉，伤口会感染，伤者会感到非常痛苦，甚至会致命。

豪猪栖息在低山的茂密森林中，在亚洲、非洲、欧洲、美洲都有分布。亚洲、非洲和欧洲的豪猪生活在地上，美洲的豪猪却是攀树的。它们白天躲在洞穴里睡觉，晚上出来觅食。它们吃花生、番薯、玉米、瓜果、蔬菜等农作物。此外，它们是世界上最喜欢吃盐的动物，非常喜欢寻找各种含盐的食物咀嚼。比如，它们会啃人用出汗的手握过的锄头把手，甚至咬碎玻璃，只为得到其中的一点盐分。

42. 最会挖洞的动物

土拨鼠又叫旱獭，生活在北美洲和欧洲大陆的山林中，是动物界中最会挖洞的动物。土拨鼠体长37～65厘米，体重4.5千克左右。它们没有颈部，耳朵很小，尾巴像兔子的尾巴，四肢短短胖胖的，嘴巴前排长着一对大大的门牙，体色为棕黄色。它们用前爪进食的样子非常可爱。虽然土拨鼠看起来呆呆傻傻的，其实它们行动非常敏捷，一旦有什么风吹草动，就会立即钻到地下。

土拨鼠集群穴居，它们挖洞的本领非常强，挖的地道深达数米，里面干净舒适。它们的洞穴构造复杂，分为主洞、副洞、避敌洞。主洞很深而且有多个出口，是它们冬眠的时候居住的地方，副洞则用于夏天居住。一年中，它们要在洞穴内蛰伏半年之久。它们夏天和秋天吃很多东西，长得胖胖的，为冬眠做准备。

冬眠的时候，它们的新陈代谢活动降到最低。但是，第二年冬眠结束的时候，土拨鼠就会变得很瘦。

43. 最爱干净的动物

浣熊生活在美洲靠近河流、湖泊的丛林中。它们有一个非常有趣的习惯，每次吃东西之前都要把食物放在水里洗一洗再吃，有时候用来清洗的水比食物还脏，它们也要洗洗再吃。浣熊正是因为这个习性而得名的，它们算得上最爱干净的动物了。

浣熊的体型很小，只有 7～14 千克。它们的嘴巴像狐狸，胡须像猫，前爪像猴子，体色由灰、黄、褐等颜色混杂在一起，全身毛茸茸的，非常可爱。浣熊的种类很多，有长鼻浣熊、长尾浣熊、蜜浣熊、食蟹浣熊等。有些浣熊的尾巴上有黑白相间的环纹。浣熊通常吃鱼、蛙和小型陆生动物，也吃野果、坚果和种子。生活在都市近郊的浣熊常常潜入人类居住的地方偷窃食物，加上它们眼睛周围的毛色是黑色的，好像戴了一个面罩，因而被人们称为“食物小偷”。

44. 形态最特殊的鹿

有一种鹿长得非常特殊，它的犄角像鹿，面部像马，蹄子像牛，尾巴像驴。因此这种鹿被叫做“四不像”，也叫麋鹿。麋鹿是我国特有的动物，是与大熊猫齐名的世界珍稀动物。

麋鹿曾广泛分布在我国华北低洼的沼泽地区，到了明清时代，在野外灭绝，成为园林动物。最后一群麋鹿保留在“南海子”皇家猎苑，仅有 120 只。八国联军入侵北京时，把麋鹿抢杀一空，从此麋鹿在我国绝迹。有些麋鹿被运往欧洲一些国家，英国乌邦寺庄园把麋鹿豢养起来，并让它们繁衍生息。1985 年，在世界保护自然国际组织的协助下，英国乌邦寺庄园赠送给中国第一批麋鹿，从此麋鹿回到它们的祖先生活的地方。经过科研人员的努力，麋鹿成功繁衍，现在已经有五六百只。麋鹿属于我国一级保护动物，被 IUCN 列为濒危动物。

45. 最小的鹿

鼷鹿是世界上最小的鹿科动物，只有兔子那么大。身高只有20厘米左右，身长不到50厘米，尾长5～7厘米，体重1.5～2千克。这种鹿雌雄都没有角，雌性的獠牙短而不露，雄性的獠牙露在唇外。鼷鹿的背部为黄褐色，腹部为白色，喉部有白色条纹。四肢细长，主蹄又尖又窄。

鼷鹿主要分布在东南亚热带灌木丛和草丛中，它们以植物的嫩叶、茎和浆果为食。它们主要在早晨和黄昏活动，喜欢单独活动，善于隐蔽，反应迅速，行动敏捷，能够像兔子一样跳跃奔跑。当它们受到惊吓时，也能游泳，但是不善于游泳，因而涉水后常常被人捕获。

46. 最大的鹿

世界上最大的鹿是驼鹿，驼鹿的肩高近2米，体长2.5米，体重500千克，个头仅次于长颈鹿和大象。迄今发现的最重的驼鹿重达1吨。它的体形像牛，但是比牛高大。因为背部明显高于臀部，像驼峰，所以叫做“驼鹿”。驼鹿的头大，颈粗，吻部突出，鼻孔较大，鼻形像骆驼，四肢高大，尾部较小，毛色为黑棕色。雄性有角，角上部为铲形，上面有很多小叉，最多可达30个。雄驼鹿的角非常大，有的超过1.8米长，宽度达到0.4米。

驼鹿分布在北半球的高寒地带，在我国分布在大小兴安岭地区。它们最喜欢吃植物的嫩枝条，夏季大量采食多汁的草本植物。在春夏季节，它们喜欢在盐碱地舔食泥浆。雄鹿单独活动，雌鹿和幼仔生活在一起。它们虽然拖着巨大的身躯，但是行动非常敏捷，还可以游泳、潜水，甚至能潜入5米深的水下吃水草。

47. 最大的羚羊

非洲中部和南部的开阔平原上生活着世界上最大的羚羊——大角斑羚。大角斑羚的个子巨大，而且角呈螺旋状，所以也叫大羚羊或者非洲旋角大羚羊。

这种羚羊体长2米,肩高约1米,体重可达210千克,最重的几乎可达到1吨,比水牛还要粗壮。它们有黑色的短鬃毛,喉部有下悬的肉垂,蹄毛是棕色或灰黄色的,肩背部有细细的白色斑纹。大角斑羚不论雌雄都有角,雌羚的角比较细长,长达1米左右,雄羚的角短而笨重,前额处有一撮黑毛。

大角斑羚常常几只或十几只结成小群,以年长的雄大角斑羚为王,一起觅食和活动。

48. 最大的犀牛

犀牛是非常珍贵的大型野兽。世界上的犀牛主要有五种,白犀和黑犀产于非洲,印度犀、爪哇犀、苏门犀产于亚洲。其中体形最大的要数白犀,它们身高1.5~1.8米,身长3.6~4.2米,雌性重约1.8吨,雄性重约2.3吨。在陆地动物中,白犀牛的体形仅次于大象。刚出生的小白犀体重就达65千克。

白犀的前额扁平,肩部突出,上嘴皮扁平,嘴呈方形,从前额到鼻子长着两个角,前角大于后角,前角长约0.8米,后角长约0.5米。雌白犀的角要比雄白犀的角长一些。白犀并不是白色的,而是蓝灰色或棕灰色的。它们虽然是大块头,但是性情比较温顺,很爱睡觉,喜欢群居。它们生活在非洲中部和南部的大草原和林地,用宽平的唇部,像割草机一样啃食青草。

49. 最大和最小的斑马

斑马是最著名的非洲动物之一,因身上布满起保护作用的条纹而得名。斑马的条纹漂亮而雅致,是适应环境的保护色,也是同类之间互相识别的标志。斑马有三种,一种是普通斑马,一种是个头较小的山斑马,另一种是世界上最大的细纹斑马。

山斑马是最小的斑马,肩高1.2米左右,鬃特别短,吻呈棕黄色,喉部有一个喉袋,耳朵像驴耳朵一样大。身上的条纹黑色多于白色,腹部没有条纹。从腹部到尾巴基部有几条横的短纹和大腿上的长宽条纹形成对比。这是其他斑马所没有的。山斑马的数量已经很少了。

细纹斑马是最大的,也是大家认为最漂亮的一种斑马。它们肩高 1.4 ~ 1.6 米,耳朵又大又圆,吻部呈灰色,鬃长而发达,身上的条纹又细又密又多,四肢上的条纹特别细密,腹部为白色,没有条纹,背部有一条很宽的纵纹。这种大斑马产于肯尼亚北部、索马里和埃塞俄比亚,常常 10 ~ 12 只结成小群。

50. 最小的熊

马来熊也叫狗熊、太阳熊,是熊科动物中的最小成员。它们身高约 1.2 ~ 1.5 米,体重 40 ~ 50 千克。刚出生的马来熊只有 19 厘米长,体重为 300 多克。马来熊全身黑色,毛短绒稀,头比较圆,眼睛和耳朵很小,唇和鼻子裸露,呈棕黄色,眼圈为灰褐色,颈部又宽又短,尾巴很短,趾基部连有短蹼,身体胖胖的,看上去憨厚可爱。

马来熊产于马来西亚、泰国、印度尼西亚、越南、缅甸,以及中国的云南。它们虽然看起来笨重,但是身体非常灵活,擅长爬树,喜欢居住在低洼地带的热带林区。马来熊以果实、椰子树苗和虫类为食,有时也吃小动物。它们与其他熊类有不太一样的地方,前肢和前掌向内侧弯曲。一般的熊会冬眠,马来熊因生活在热带或亚热带,所以从来不冬眠。

51. 最大的啮齿动物

水豚因体型像猪且水性好而得名。水豚是世界上最大的啮齿动物,体长 1 ~ 1.3 米,身高 0.5 米左右,体重 27 ~ 50 千克。背部从红褐色到暗灰色,腹部为黄褐色,脸部、四肢外缘和臀部有些黑毛。水豚身体粗笨,头大颈短,耳朵小而圆,眼睛的位置接近头顶,鼻吻部异常膨大,末端粗钝,上唇肥大,裂为两半,尾巴短。前肢 4 趾,后肢 3 趾,趾间有半蹼,适合划水,趾端有蹄状的爪。

水豚生活在巴拿马运河以南植物茂盛的沼泽地中,它们以家族群居,每群不超过 20 头。它们喜欢晨昏活动,但是因为人类的捕杀,转为夜间活动。水豚主要吃野生植物,也吃牧草、水稻、甘蔗、各种瓜类和小树的嫩皮。它们善于游泳和潜水,经常站在齐腰的水中吃水草,或者长时间隐匿在水草中一动不动。

52. 最懒的动物

世界上最懒的动物是树懒。它可以用爪子倒挂在树枝上几个小时不移动,所以叫做"树懒"。树懒生活在南美洲的热带雨林中,它们的脑袋圆圆的,耳朵很小,尾巴很短,毛色为灰褐色,与树皮的颜色很接近。由于长时间不动,它们身上竟然长出了绿苔,这些绿苔成了保护色,使它们很难被别的动物发现。

树懒

树懒以果实和树叶为食,它们从来不用为吃喝发愁,因为热带雨林中一年四季都有充足的树叶,树叶里有充足的水分,所以它们也不用找水喝。吃饱之后,它们就用爪子倒挂在树枝或树藤上睡觉,每天睡十七八个小时。长期生活在树上,使它们丧失了地面活动的能力。如果把一只树懒从树枝上捉下来,放在地面上,它连站都站不稳,只能靠前肢拖着身体前行。它们移动2千米的距离需要一个月的时间,比乌龟还慢。

53. 最臭的动物

世界上最臭的动物是臭鼬。臭鼬体形如家猫,体长51~61厘米,体重0.9~2.4千克。头、眼、耳都很小,四肢短,尾巴长呈刷状。两眼间长着一道白色纹,两条宽阔的白背纹从颈背一直延伸到尾基,非常醒目,好像在警告敌人:"离我远点!"如果敌人继续进攻,它就会使出拿手绝活,掉转身体,竖起尾巴,对敌人喷出一种恶臭的液体。这种液体是由尾巴旁的腺体分泌出来的。如果被这种液体喷到眼睛,就会造成短时间的失明。这种强烈的臭味在800米范围内都能闻到。大部分猎食者见到臭鼬之后都会转身离开，除非它们太饿了。

臭鼬一般生活在树林、草原或沙漠中，它们白天在洞穴中睡觉，晚上外出觅食，以青蛙、鸟类、鸟蛋和昆虫为食。

54. 最狡猾的动物

狐狸是举世公认的狡猾的代名词，它们确实是世界上最狡猾的动物。如果看到猎人在布置陷阱，它们会悄悄地跟在猎人后面，等猎人设好陷阱离开后，它们会在陷阱旁边留下一种特殊的气味，告诉同伴“这里有陷阱，请绕行”。

狐狸是肉食性动物，以蛙、鱼、虾、蟹、鸟类及其卵、昆虫以及健康动物的尸体为食。美洲鸵的蛋对狐狸来说有点大，没有办法一口吞下去，狡猾的狐狸就把它踢开或者用“以卵击石”的方法把它敲碎。很多食肉动物在面对刺猬那身尖利的刺时会感到无可奈何，但是狐狸有办法。它把刺猬拖到水里，当刺猬伸出头来呼吸的时候，就一口咬住它，慢慢吃掉。如果看到鸭子在河里游水，狐狸还会用草做掩护，偷偷潜入河里把鸭子抓住吃掉。

此外，狡猾的狐狸把自己的洞穴弄得像个大迷宫一样，曲曲折折，有很多出口。

55. 最大的兽群

世界上最大的兽群是非洲角马。角马长得像牛，是东非地区数量最多的牧食性野生动物。它们喜欢群居，常聚集成一大群在宽阔的草原上觅食。角马只吃鲜嫩的草，这使它们必须长途跋涉寻找草料，因此它们几乎总在迁移，寻找雨后更新的草地。迁徙中的角马汇聚成巨大的群体，整个群体大概有100万头。浩浩荡荡的角马群每天要走48千米，通过一个地区往往要好几天，沿途的村庄淹没在他们的扬尘中。它们常逗留在离水源32~48千米的地方，每两三天到水源饮水一次。那些与之相遇的同类，则加入迁徙队伍中。这种大规模的迁徙使沿途的庄稼遭到灾难性的毁灭。

56. 最高的犬种

世界上最高的犬种是大丹犬。大丹犬原产于丹麦，后来在德国改良，因此也叫“德国马士提夫犬”。母犬身高一般都在70厘米以上，公犬身高在76厘米以上，体重在45千克以上，十分威武，是良好的看守和护卫犬。有一只名叫“吉布森”的大丹犬后腿站立的高度达2.18米，是世界上最高的犬。

大丹犬具有高贵的气质和非凡的勇气，并且性情温和，被称为“随和的巨人”。

57. 最小的犬种

世界上最小的犬种是吉娃娃，它是小型犬里的最小型，以其娇小的体形广受人们的欢迎。吉娃娃的来源众说不一，有人认为此犬原产南美洲，有人认为此犬随着西班牙的侵略者到达美洲，也有人说此犬源自中国。

吉娃娃身高15～23厘米，体重1～3千克，越小越受人喜爱。头部圆形，耳朵大而薄，眼睛大而圆。它们优雅、警惕、动作迅速。吉娃娃不仅是可爱的小型宠物犬，还具有大型犬狩猎和防范的本领。它们虽然体型娇小，但是对其他大犬一点都不胆怯，对主人非常忠心。

吉娃娃分为短毛种和长毛种两种，短毛种的毛柔顺贴身，富有光泽，长毛种背毛丰厚，非常怕冷。

58. 跑得最快的马

英国纯血马是世界上跑得最快的马，也是世界上最名贵的马，主要用于赛马和改良当地品种。英国纯血马的渊源可追溯到公元3世纪的阿拉伯马和柏布马。这种马身高1.5～1.7米，体重约450千克，头形优美，胸阔背短，身材匀称，腿骨短，脚步轻快，步幅长，并且具有很强的爆发力，奔跑时速度快而且耐劳，它们创造并保持着5000米以内的中短距离跑的世界纪录。近百年来没有一个其他品种的马超过它。这个品种遗传稳定，适用性广，是世界公认的最优秀的骑乘马品种之一，对改良其他品种的奔跑速度非常有效。

英国纯血马的神经系统高度敏锐灵活，对外界刺激非常敏感，很容易被激怒。它们虽然跑得快，但是持久力稍差，不善于长距离奔跑。

59. 最小的马种

法拉贝拉马是世界上最小的马种，它们身高只有50~70厘米，相当于中型犬大小，非常纤巧可爱。这种马是阿根廷经过150多年的培育形成的马种，是人类培育的珍贵马种之一。它们聪明友善，性情温和，是对人类最忠诚的动物之一，是儿童非常向往的伙伴。法拉贝拉马是名贵的玩赏动物，高度在76厘米以下的小马售价都在1万美金以上，马越小售价越高。

几个世纪之前，法拉贝拉马的祖先被西班牙殖民者带到美洲殖民地，有些马被西班牙人遗弃在野外，在优胜劣汰的自然法则作用下，强壮而体形小的马生存下来。它们适应了当地多山的环境，变得更加聪明、灵活、矫健。1845年，爱尔兰商人Newtall发现了这些身形娇小的马并培育这些马，繁殖更小的后代。Newtall的养子J,Falabella继承了这项事业，并用自己的姓给这种马命名，继续培养更小的马。

60. 最耐久的马

蒙古马主要产于内蒙古草原，是典型的草原马种。它们体形不大，身高1.2~1.35米，体重267~370千克。它们身躯粗壮，四肢坚实有力，体质粗糙结实，头大额宽，胸阔身长，腿短，关节和肌腱发达，体毛浓密，毛色复杂。

蒙古马是世界上最古老的马种之一，也是世界上最耐久的马。它们8小时可以走60千米的路，在草原上驰骋可日行50~100千米，连续跑10余天都没问题。经过训练的蒙古马在战场上英勇无畏，历来是一种良好的军马。它们耐劳，而且不畏寒冷，生命力极强，能够适应非常粗放的饲养管理。

61. 最大的牛

印度野牛也叫野牛、野黄牛、白肢野牛等，主要产于亚洲南部和东南部的山地森林和草原中。它们是世界上现存牛类中体形最大的一种。雄性印度野牛体长2.5～3.3米，尾长0.7～1米，肩高1.9～2.2米，体重800千克左右。雌性印度野牛比雄性印度野牛小三分之一到四分之一。

印度野牛的头部和耳朵都很大，眼睛瞳孔为褐色，但是由于反光，看起来像蓝绿色，鼻子和嘴唇都是灰白色，额顶突出隆起，肩部隆起，延伸到脊背中部然后逐渐下降，尾巴很长。四肢粗而短，下半截呈白色，被当地人形象地称为"白袜子"，所以印度野牛也叫"白肢野牛"。雄性印度野牛的体色接近黑色，雌性印度野牛的体色为乌褐色，幼仔的体色为淡褐色或赤褐色。印度野牛无论雌雄都有角，雌性的角比雄性小一些。雄性印度野牛的角长达0.6～0.75米，弯度相当大，两角之间的宽度达0.9米。角的颜色为淡绿色，角尖为黑色。

印度野牛喜欢群居，以一头体形较大的雌性野牛为首领。如果发现异常情况，首领就会用鼻子哼气，发出信号之后，整个牛群就会立即奔逃，它们虽然身体笨重，逃跑时却异常迅速。它们非常有团队精神，跑在前面的野牛会等后面的个体追上来再一起奔跑。它们一般不会主动攻击人，除非它们受了伤，或者被逼得走投无路的时候，才会变得十分凶狠。照顾幼仔的雌印度野牛也会非常勇猛。